TEUBNER-TEXTE zur Informatik Band 30

W. Lehner

Multidimensionale Datenbanksysteme

TEUBNER-TEXTE zur Informatik

Als relativ junge Wissenschaft lebt die Informatik ganz wesentlich von aktuellen Beiträgen. Viele Ideen und Konzepte werden in Originalarbeiten, Vorlesungsskripten und Konferenzberichten behandelt und sind damit nur einem eingeschränkten Leserkreis zugänglich. Lehrbücher stehen zwar zur Verfügung, können aber wegen der schnellen Entwicklung der Wissenschaft oft nicht den neuesten Stand wiedergeben.

Die Reihe „TEUBNER-TEXTE zur Informatik" soll ein Forum für Einzel- und Sammelbeiträge zu aktuellen Themen aus dem gesamten Bereich der Informatik sein. Gedacht ist dabei insbesondere an herausragende Dissertationen und Habilitationsschriften, spezielle Vorlesungsskripten sowie wissenschaftlich aufbereitete Abschlußberichte bedeutender Forschungsprojekte. Auf eine verständliche Darstellung der theoretischen Fundierung und der Perspektiven für Anwendungen wird besonderer Wert gelegt. Das Programm der Reihe reicht von klassischen Themen aus neuen Blickwinkeln bis hin zur Beschreibung neuartiger, noch nicht etablierter Verfahrensansätze. Dabei werden bewußt eine gewisse Vorläufigkeit und Unvollständigkeit der Stoffauswahl und Darstellung in Kauf genommen, weil so die Lebendigkeit und Originalität von Vorlesungen und Forschungsseminaren beibehalten und weitergehende Studien angeregt und erleichtert werden können.

TEUBNER-TEXTE erscheinen in deutscher oder englischer Sprache.

Multidimensionale Datenbanksysteme

Modellierung und Verarbeitung

Von Dr.-Ing. Wolfgang Lehner
IBM Almaden Research Center, San Jose, USA

B.G.Teubner Stuttgart · Leipzig 1999

Dr.-Ing. Wolfgang Lehner

Geboren 1969 in Vilseck. Von 1989 bis 1995 Studium der Informatik mit Nebenfach Mathematik an der Universität Erlangen-Nürnberg; Diplom 1995. Von 1995 bis 1998 wissenschaftlicher Mitarbeiter am Lehrstuhl für Datenbanksysteme der Universität Erlangen-Nürnberg bei Prof. Dr. H. Wedekind; Promotion 1998. Seit Dezember 1998 am IBM Almaden Research Center, (CA) U.S.A.
Arbeitsschwerpunkte: Datenbankunterstützung im Anwendungskontext „Business Intelligence“: Multidimensionale Datenbanksysteme, „Data Warehouse“-Systeme.

ISBN-13: 978-3-519-00310-6 e-ISBN-13: 978-3-322-86766-7
DOI: 10.1007/978-3-322-86766-7

Gedruckt auf chlorfrei gebleichtem Papier.

Die Deutsche Bibliothek – CIP-Einheitsaufnahme
Ein Titelsatz für diese Publikation ist bei
Der Deutschen Bibliothek erhältlich

Vorwort

Der Einsatz von Datenbanksystemen in der Funktion als Administrations- und Kontrollsystem hat sich unter Nutzung einer mittlerweile ausgereiften Datenbanktechnologie in weiten Anwendungsbereichen durchgesetzt. Als ein sich neu entwickelndes Anwendungsgebiet mit durchaus historischen Wurzeln ist die Datenbankunterstützung zur statistischen Analyse von Massendatenbeständen zu sehen. Die Möglichkeit einer immer umfassenderen elektronischen Aufzeichnung unterschiedlichster Vorgänge, angefangen von digitalen Sensoren zur Temperaturüberwachung, über elektronische Zahlungssysteme beim täglichen Einkauf bis hin zu Satellitensystemen für die Erderkundung, resultiert in einer explosionsartigen Vergrößerung der Datenbestände. Während es technisch problemlos möglich ist, Datenbestände im Terabyte-Bereich im Direktzugriff zu *speichern*, ist die Frage nach einer effizienten *Auswertung* der Daten noch größtenteils unbeantwortet. Globales Ziel einer generellen Auswertestrategie von Massendatenbeständen muß sein, eine Kette von Analyseschritten zu definieren und datenbanktechnisch zu unterstützen. Ziel ist dabei, durch einen *Aggregationsprozeß* von Daten zu Informationen zu gelangen und darauf aufbauend durch einen *Interpretationsprozeß* aus diesen Informationen erkenntnisreflektierende Hypothesen abzuleiten und zu verifizieren. Das vorliegende Buch konzentriert sich dabei auf den ersten Analyseschritt einer effizienten Aggregatverarbeitung im Kontext eines multidimensionalen Datenmodells.

Während in der traditionellen Datenbanklehre der Begriff der Transaktion als Mittel der *Konsistenzsicherung* im Zentrum steht, bildet im Bereich der Datenbankunterstützung zur Auswertung von Massendatenbeständen die *Zugriffsunterstützung* den thematischen Schwerpunkt. Aus der Sicht des Anwenders wird im Kontext multidimensionaler Datenbanksysteme auf logischer Ebene unter 'Zugriffsunterstützung' die adäquate und explizite anwendungsspezifische Abbildung von Selektions- und Ausweisungsstrukturen gesehen. Aus systemtechnischer Perspektive wird auf physischer Ebene im Rahmen eines Verarbeitungsmodells ein auswertungsorientiertes Bereitstellen und Nutzen vorberechneter Summendaten unter dem zentralen Begriff der 'Zugriffsunterstützung' subsumiert.

In diesem Buch werden beide Aspekte aufgegriffen, indem nach einer umfassenden Einführung in das Anwendungsgebiet der aktuelle Forschungsstand in bezug auf Datenbanksysteme im Bereich multidimensionaler Datenverarbeitung reflektiert wird und Mängel an bestehenden Ansätzen aufgezeigt werden. Im Rahmen der CUBESTAR-Methodologie wird ein durchgängiger Ansatz für ein erweitertes multidimensionales Datenmodell, ein empirisch gestütztes redundanzbasiertes und partitionsorientiertes Verarbeitungsmodell und ein relationales Implementierungsmodell vorgeschlagen.

Das vorliegende Buch dokumentiert die Forschungsergebnisse meiner Tätigkeit als wissenschaftlicher Mitarbeiter am Lehrstuhl für Datenbanksysteme der Universität Erlangen-Nürnberg. Thematisch gestützt wurden große Teile dieser Arbeit durch das von der Deutschen Forschungsgemeinschaft geförderte Forschungsprojekt "Darstellung und kostenoptimierte Verarbeitung komplexer Tabellen in statistischen Datenbanksystemen", welches in den vergangenen zwei Jahren von meinem wissenschaftlichen Lenker und Leiter Herrn Prof. Dr. H. Wedekind geleitet wurde. Herrn Prof. Dr. H. Wedekind möchte ich an dieser Stelle meinen Dank aussprechen. Von ihm habe ich während meiner Zeit als sein wissenschaftlicher Schüler und Assistent mehr als nur reines Fachwissen erworben. Desweiteren geht mein Dank an Herrn Prof. Dr. F. Hofmann für die Übernahme des Korreferates und an Herrn Prof. Dr. U. Lipeck als Mitherausgeber dieser Buchreihe für die sorgfältige Durchsicht des Manuskriptes.

Mein Dank aus fachlicher Sicht richtet sich weiterhin an meine Kollegen vom Lehrstuhl für Datenbanksysteme, in deren Mitte es stets angenehm zu lehren und zu forschen war. Mein Dank richtet sich dabei insbesondere an die Mitglieder der Forschungsgruppe "Statistical & Scientific Databases", namentlich Jens Albrecht, Holger Günzel und Michael Teschke. Darüber hinaus bin ich meinen beiden ehemaligen Kollegen Dr. Thomas Ruf und Dr. Thomas Kirsche zu aufrichtigem Dank verpflichtet. Beide haben mir sowohl durch ihr tiefes Fachverständnis als auch durch die Herstellung von Industriekontakten und den damit einhergehenden Problemen aus der Praxis immer wieder forschungsrelevante Aspekte vermittelt. Einer nicht namentlichen, aber dafür umso nachhaltigen Erwähnung bedarf es an dieser Stelle weiterhin aller Studenten, die durch die Anfertigung von Seminar-, Studien- und Diplomarbeiten oder als studentische Hilfskraft indirekt an diesem Buch mitgewirkt haben.

Aus persönlicher Sicht gebührt mein Dank meinen Eltern und meiner Frau Anne-Kathrin, die mich stets mit allen zur Verfügung stehenden Mitteln unterstützt haben. Besonders Anne mußte oftmals entweder ganz auf die Anwesenheit ihres Partners verzichten oder einen gestreßten Menschen erleiden. Ihr gebührt besonderer Dank.

San Jose (CA), im Juli 1999 Dr. Wolfgang Lehner

Inhaltsverzeichnis

A Multidimensionale Datenanalyse: Exemplarischer Einsatz und allgemeine Methodik

Tritt im alltäglichen Leben der Terminus 'Datenbanksystem' auf, so werden damit weitläufig Anwendungen wie Reservierungssysteme, elektronische Buchungssysteme im kaufmännischen Bereich, etc., also allgemein transaktional arbeitende Systeme assoziiert. Erst seit Mitte der 90-er Jahre rückt der Anwendungsbereich der datenbankgestützten statistischen Datenanalyse sowohl in den Mittelpunkt der Datenbankforschung als auch in den kommerziellen Bereich vor, obwohl gerade die beschreibende Statistik eines der ältesten Anwendungsgebiete elektronischer Datenverarbeitung ist. Dieser Teil des Buches dient dazu, das Anwendungsgebiet der statistischen Datenanalyse aus dem Blickwinkel der Datenbanksysteme allgemein einzuführen, spezifische Eigenschaften abzuleiten und Anforderungen aufzustellen, die es von Seiten der Datenbanksysteme zu erfüllen gilt.

Dazu wird im ersten Kapitel der Prozeß der statistischen Datenanalyse skizziert und gemäß der sich daraus ergebenden Phasen der Datenerfassung, -auswertung und -darstellung eine Taxonomie von Fachtermini aus dem Bereich der Datenbanksysteme vorgenommen. Es wird sich zeigen, daß die in dieser Arbeit verfolgte Technik der multidimensionalen Datenanalyse im Bereich der *Auswertung* anzusiedeln ist. Diese Einteilung wird exemplarisch in Kapitel 2 bei der Darstellung der Konzepte des 'Data Warehousing' und 'Online Analytical Processing' untermauert und entsprechend detailliert. Das Konzept des 'Data Warehousing' wird dabei als Prozeß zur Bereitstellung einer konsistenten und auswertungsorientierten Datenbasis eingeführt. Eine multidimensionale Datenanalyse, wie sie unter dem Konzept des 'Online Analytical Processing' einzustufen ist, basiert auf dieser konsistenten Datenbasis und besitzt die Aufgabe, dem Benutzer eine multidimensionale Sicht auf das zugrundeliegende Datenmaterial und auf die daraus effizient abgeleiteten statistischen Kennzahlen zu ermöglichen. Nach dieser exemplarischen Einführung in das Anwendungsgebiet der multidimensionalen Datenanalyse, steht in Kapitel 3 die Aufarbeitung allgemeiner Methoden einer multidimensionalen Datenanalyse an. Untersucht wird dabei das Verhältnis von Mikro- zu Makrodaten, die Dimensionalität eines multidimensionalen Datenraumes während des Prozesses der statistischen Datenanalyse und die formale Beschreibung abgeleiteter Daten. Darüber hinaus wird eine sprachkritische Rekonstruktion klassifikatorischer Strukturen vorgenommen, die für eine effiziente Aggregatverarbeitung wesentlich sind.

1 Einleitung

Die Möglichkeit einer weitreichenden elektronischen Datenerfassung impliziert in vielen Anwendungsszenarien ein exorbitantes Wachstum des zu verarbeitenden Datenvolumens. Trotz der Tatsache, daß die heutige Speichertechnik den direkten Zugriff auf Datenmengen im Tera-byte-Bereich erlaubt, tritt die Forderung nach einer effizienten und weitreichenden statistischen Datenanalyse immer mehr in den Vordergrund. Ein Ziel zukünftiger Entwicklungen in dem Bereich der Datenbanksysteme muß daher sein, effiziente datenbankgestützte Auswertesysteme für die Analyse von Massendaten bereitzustellen.

Im ersten Abschnitt dieser Einleitung wird das Anwendungsgebiet der statistischen Informationssysteme eingeführt und bezüglich unterschiedlicher Anforderungen und Eigenschaften charakterisiert. Der allgemeinen Einführung schließt sich eine kurze Beschreibung von zwei Projekten aus der öffentlichen Hand und der Privatwirtschaft an. Mit diesem Hintergrund erfolgt im dritten Abschnitt eine Ein- und Abgrenzung der in diesem Buch behandelten Arbeitsgebiete. Das Kapitel schließt mit der Darlegung des strukturellen Aufbaus dieses Buches.

1.1 Statistische Informationsverarbeitung

Der Bereich der statistischen Auswertung empirisch erhobener und volks- oder betriebswirtschaftlich relevanter operativer Datenbestände reflektiert historisch gesehen wohl das älteste Anwendungsgebiet in der elektronischen Datenverarbeitung. Als die klassischen Anwendungsgebiete statistischer Auswertungen sind die Bereiche der Bevölkerungs-, Umwelt- und Wirtschaftsstatistik der öffentlichen Hand zu nennen. Anfang der 80-er Jahre wurde vor allem durch die Datenbankgruppe am 'Lawrence Berkeley National Laboratory' ([Wong81] und [HaMc83]) die Notwendigkeit erkannt, eine spezielle Datenbankunterstützung für den Bereich der statistischen Analyse von Massendaten bereitzustellen ([Shos82], [ShOW84]). Seither hat sich, ausgewiesen durch eine anhaltende Serie von Fachkonferenzen, die Gattung der '*Statistical & Scientific Database Management Systems*' (SSDBMS) als Dach für sämtliche Forschungsaktivitäten auf diesem Gebiet herausgebildet. Mittlerweile wird eine enorme Bandbreite von Anwendungen unter diesem Gattungsbegriff subsumiert. Wie in den nachfolgenden Ausführungen erläutert wird, weisen jedoch Anwendungen, welche die statistische Analyse empirisch erhobener Massendatenbestände als vorrangiges Ziel besitzen, spezifische Eigenheiten und spezielle Anforderungen auf, die es sowohl beim Entwurf von Datenbankschemata als auch bei der systemtechnischen Entwicklung von Datenbanksystemen zu berücksichtigen gilt.

Interessanterweise findet eine explizite auswertungsorientierte Informationsverarbeitung verstärkt seit den 90-er Jahren auch zunehmend in der Privatwirtschaft statt. In der Tradition von 'Management / Executive Information Systems' (MIS / EIS; [MeGr91]) treten die Schlagworte '*Data Warehouse*' ([Inmo92], [Kimb96]) als das *Konzept für die Bereitstellung von historischen und konsistenten Datenbeständen* und '*OnLine Analytical Processing*' (OLAP; [CoCS93]) als ein *multidimensionales Analysekonzept* immer stärker in den Vordergrund ([Toto97]). Werden diese Konzepte genauer betrachtet, so fällt eine starke Übereinstimmung der Eigenschaften, Anforderungen und vorgeschlagenen Lösungen mit dem Bereich der 'Statistical & Scientific Databases' auf ([Shos97]). Vor einer detaillierten Betrachtung der Begriffsklärung erscheint es jedoch angebracht, den allgemeinen Prozeß der statistischen Datenanalyse zu skizzieren und daraus die grundlegenden Eigenschaften des Anwendungsfeldes abzuleiten.

1.1.1 Prozeß der statistischen Datenanalyse

Das Ziel einer statistischen Datenanalyse ist die Gewinnung statistischer Informationen aus einer Menge von *beobachtbaren Objekten* (Abbildung 1.1). Da dieses Ziel durch eine physische Untersuchung aller beobachtbaren Objekte nicht direkt erreichbar ist, wird das Hilfsmittel eines *statistischen Informationssystems* notwendig. Dabei werden drei grundlegende Analysephasen durchlaufen.

In der ersten Phase der *Datenerfassung und Datenproduktion* werden die Objekte, welche der statistischen Auswertung zugrundeliegen, im Rahmen einer Stichprobe bestimmt ('Beobachtung'). Ergebnis dieser *Erfassungsphase* ist eine in sich konsistente und die Grundgesamtheit repräsentierende Erfassungs- bzw. Rohdatenbasis als Ausgangspunkt für die sich anschließende Phase der *Auswertung*. In der Phase der Auswertung wird die Menge der *beobachteten Objekte* in statistische Kennzahlen transformiert. Im Bereich der beschreibenden Statistik, die im Gegensatz zur beurteilenden Statistik im Rahmen dieses Buches zur Debatte steht, erfolgt der Übergang von Einzelindividuen zu möglichst charakterisierenden Aussagen über eine Menge von Individuen unter Anwendung der *Aggregation**. Typische Aggregationsoperationen sind die Summation, die Durchschnittbildung und die Berechnung des Medians. Als konzeptionelle Grundlage wird für diesen Schritt ein *multidimensionales Datenmodell* vorgeschlagen. Nach Abschluß der Analysephase findet ein

Rückgriff auf Einzelindividuen meist nicht mehr statt. Dieser Rückgriff verbietet sich insbesondere in Bereichen mit datenschutzrechtlichen Belangen. In der dritten Phase der *Darstellung* statistischer Kennzahlen wird die problemorientierte Datenbasis, die sich als Ergebnis des Analyseschrittes definieren läßt, für die anschließende Interpretation des Zahlenmaterials durch den Benutzer graphisch aufbereitet.

Jeder Prozeß der Informationsgewinnung bildet eine logische, auf die Grundgesamtheit der beobachteten Individuen bezogene Einheit und ist somit bzgl. des jeweiligen Analysezeitpunktes in sich abgeschlossen. Typischerweise wird ein Prozeß *periodisch* mit einer *erweiterten Grundgesamtheit* durchgeführt, indem dem Datenbestand aus vorangegangenen Analyseschritten eine Menge neu beobachteter Objekte hinzugefügt wird. Die Menge von Objekten aus vorangegangenen Perioden bleibt insbesondere aus rechtlichen und aus Gründen der Nachvollziehbarkeit früherer Analysen unverändert. Der Fall, daß innerhalb einer Periode die bestehende Grundgesamtheit *verändert* wird, wodurch sich eine neue Klasse von iterativen Informationsgewinnungsprozessen ergibt, wird in diesem Buch vollständig ausgeklammert. Dieses iterative Vorgehen impliziert auf der Datenbankseite eine umfas-

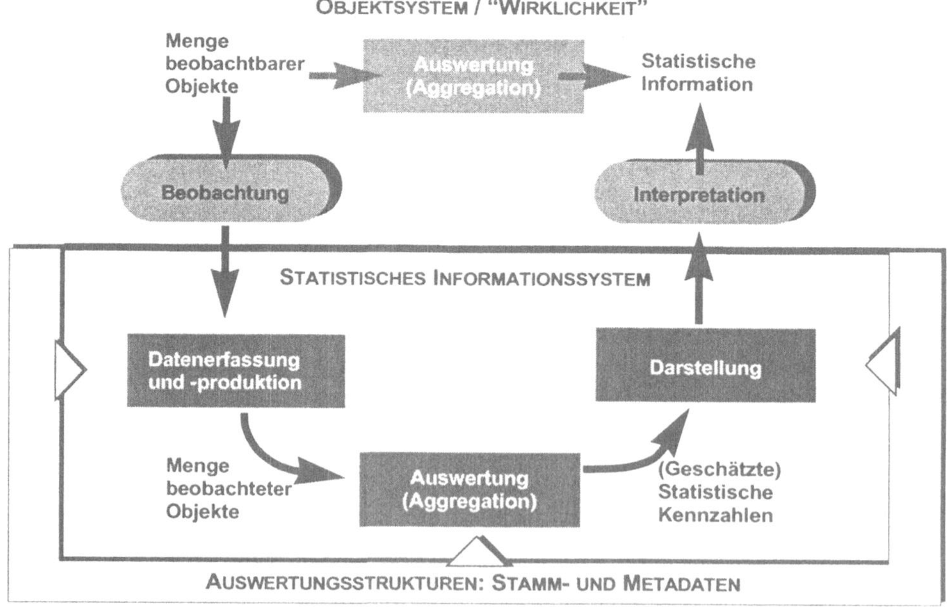

Abb. 1.1: Prozeß der statistischen Datenanalyse (angelehnt an [Sund91])

* Der Begriff der 'Aggregation' darf in diesem Zusammenhang nicht mit der Aggregation als Mittel der Abstraktion ([SmSm77]) verwechselt werden, obwohl vor Durchführung einer Aggregation ein Vorgang der Abstraktion notwendig ist.

sende Betrachtung des Begriffs der *Konsistenz* ([Lenz97]), wie sie in diesem Kontext beispielsweise in der Arbeit von [TeUl98] vorgenommen wird. In dem Zusammenhang der Informationsgewinnung erfolgt eine Abgrenzung dieses Buches außerdem dahingehend, daß auf die Darstellung des auf dem Informationsbegriff aufbauenden Schrittes des Wissenserwerbs (‘*Knowledge Discovery*’ / ‘*Data Mining*’) aus statistischen Kennzahlen verzichtet wird. Diese Darstellung würde eine Untersuchung des Begriffs der *Relevanz* erfordern, was weit über die systemtechnische Untersuchung dieses Buches hinausgeht. Stattdessen wird für diese Thematik auf die weitläufige Literatur verwiesen. [FPSU96] dient dabei als guter Einstiegspunkt in diesen Themenbereich.

1.1.2 Charakteristika statistischer Informationsgewinnung

Wie aus der Diskussion des Prozesses der statistischen Informationsgewinnung ersichtlich ist, führt die Eigenschaft der stetigen Vergrößerung der Grundgesamtheit dazu, daß das zugrundeliegende Datenvolumen stets anwächst. Eine Datenbank als Grundlage eines statistischen Datenanalyseprozesses weist somit im Vergleich zu einer im operativen Betrieb, d.h. im ‘Alltagsgeschäft’ laufenden Datenbank mit ‘update-in-place’-Semantik typischerweise ein um ein Mehrfaches größeres Datenvolumen auf. Weiterhin gilt es als ein wesentliches Charakteristikum zu betonen, daß nach einer möglicherweise sehr aufwendigen und umfangreichen Datenproduktionsphase die Grundgesamtheit von beobachteten Individuen für den aktuellen Analyseprozeß spezifiziert ist und während der Auswertephase stabil bleibt. Diese Eigenschaft wird in dem Optimierungsansatz ausgenutzt, der im Rahmen dieses Buches vorgestellt wird.

Der Anwendungsbereich der statistischen Datenanalyse weist gegenüber transaktional orientierten Anwendungsmustern aus der Sicht der Datenmodellierung das wesentliche Kennzeichen auf, daß neben Meta- und Objektdaten ([Ortn95]), die Daten der Objektebene entsprechend ihrem Verwendungskontext in *quantifizierende* und *qualifizierende Daten* eingeteilt werden ([Shos82]):

- *Quantifizierende Daten:*
  Die Menge der quantifizierenden Daten reflektiert die Menge von beobachteten Objekten, welche selbst Gegenstand der Analyse sind. Beispiele numerischer quantifizierender Daten sind Temperaturangaben, Verkaufswerte oder Anzahl von Geburten. Eine inhaltliche Bedeutung erhalten quantifizierende Daten erst dann, wenn sie in einen durch qualifizierende Daten bestimmten Kontext eingebettet werden.

- *Qualifizierende Daten:*
  Die Menge der qualifizierenden Daten besitzt die Aufgabe, den gesamten Analyseprozeß zu begleiten und zu unterstützen. So dienen sie während der Datenerfassung zur Identifikation einzelner zu betrachtender Objekte. Während der Auswertungs- und Darstellungsphasen (Abbildung 1.1) besitzen sie die fundamentale Aufgabe der Selektionsunterstützung und der Ergebnisausweisung (Abschnitt 3.2). Qualifizierende Daten reflektieren hochgradig semantisches Wissen über 'externe' Zusammenhänge der jeweiligen Anwendung. Als Beispiele sind zu nennen: Regionalstrukturen, Produktstämme oder temporale Datenstrukturen (Kalender). Qualifizierende Daten werden oftmals auch als *Stamm-* oder *Masterdaten* bezeichnet.

Dieser fundamentalen Unterscheidung ist sowohl beim Schemaentwurf in einem adäquaten Datenmodell als auch bei der Abbildung effizienter Verarbeitungs- und Implementierungsstrukturen und -operationen Rechnung zu tragen.

1.1.3 Versuch einer Taxonomie der Begriffe 'SSDBMS', 'Data Warehouse' und 'Online Analytical Processing'

Prinzipiell weist das Anwendungsgebiet der 'Statistical & Scientific Database Management Systems' eine enorme Bandbreite und eine Vielzahl von Spezialanwendungen auf. Wird der Argumentation von [Shos97] gefolgt, so fallen viele der Anwendungen in die Klasse von Applikationen, welche typischerweise mit den Schlagworten 'Data Warehouse' und 'Online Analytical Processing' (OLAP) beschrieben werden.

Der Bereich der 'Statistical & Scientific Databases' setzt normalerweise auf einer bereinigten und konsolidierten Rohdatenbasis auf. Der Schwerpunkt liegt in der Modellierung komplexer und umfangreicher semantischer Strukturen, der Integration komplexer statistischer Methoden und der Einhaltung des Datenschutzes ('*data privacy*'). Sämtliche Ansätze in diesem Bereich beziehen sich hauptsächlich auf die Phase der Datenauswertung. Besonders in früheren Arbeiten wird die Darstellungsproblematik statistischer Informationen beispielsweise durch komplexe statistische Tabellen ausführlich diskutiert. Die Konzepte des 'Data Warehouse' und 'OLAP' hingegen sprechen gemeinsam alle drei Phasen der Datenanalyse an. Der Begriff 'Data Warehouse' fokussiert die Phase der Datenerfassung mit dem Ergebnis der Bereitstellung einer konsolidierten Rohdatenbasis. 'OLAP'-Anwendungen, bedingt durch ihre ursprüngliche Modellierungsschwäche nur für einfach strukturierte Anwendungsszenarien gedacht, setzen mit ihren Konzepten auf diesen Datenbestand auf und legen den Schwerpunkt auf eine *effiziente* (‘*online*’) multidimensionale Datenanalyse und entsprechende Darstellung der statistischen Kennzahlen.

Zusammenfassend läßt sich feststellen, daß der Terminus ‘Statistical & Scientific Databases’ (SSDB) weitgehend als Synonym zu ‘Online Analytical Processing’ verwendet werden kann, wobei der ‘SSDB’-Bereich die Modellierung und Verarbeitung komplexer Zusammenhänge, der ‘OLAP’-Bereich hingegen die effiziente Verarbeitung relativ einfach strukturierter Zusammenhänge fokussiert. Wünschenswert ist es, zum einen auswertungsseitig die Effizienz von einfachen OLAP-Anwendungen in komplexen Anwendungsszenarien bereitzustellen und zum anderen modellierungsseitig ausgefeilte Schemaentwurfsmethoden aus dem ‘SSDB’-Bereich in den ‘OLAP’-Bereich zu übertragen. Wesentlich jedoch für das gesamte Anwendungsfeld ist der modell- und systemtechnische Umgang mit Aggregationen zur Repräsentation überwiegend summarischer Kennzahlen.

1.2 Beispiele statistischer Informationsverarbeitungssysteme

In diesem Abschnitt werden exemplarisch zwei Installationen multidimensionaler statistischer Informationsverarbeitungssysteme vorgestellt, um den bisher geschaffenen Kontext für den Leser in Bezug auf das ‘exotische’ Anwendungsgebiet der ‘SSDB’ bzw. ‘Data Warehouse’/’OLAP’ zu erweitern und zu verdeutlichen. Konkret wird an dieser Stelle auf zwei Projekte, je ein Beispiel aus der öffentlichen Hand und dem privatwirtschaftlichen Sektor, eingegangen: die Regionaldatenanalyse bei ‘Statistics Norway’, dem norwegischen statistischen Zentralbüro in Oslo, und die Paneldatenanalyse bei der ‘Gesellschaft für Konsum-, Markt- und Absatzforschung’ in Nürnberg (GfK). Während des Verlaufs der Forschungstätigkeiten, deren Ergebnisse in diesem Buch dokumentiert sind, wurden jeweils konkrete Projekte mit den Installationen durchgeführt, so daß auf tiefgehende Sachkenntnisse der jeweiligen Projekte zurückgegriffen werden kann.

1.2.1 Regionaldatenanalyse bei 'Statistics Norway'

Eines der klassischen Anwendungsgebiete, wenn nicht sogar die Wiege der Datenanalyse im Bereich technisch-wissenschaftlicher Anwendungen, ist in der Statistik der öffentlichen Hand zu sehen. Dieses Anwendungsgebiet läßt sich weiter in eine Vielzahl von Teilbereichen untergliedern. Der Bereich der *Bevölkerungsstatistik* umfaßt die Auswertung von demographischen Tendenzen hinsichtlich einer Bewertung der Lebensqualität (Einkommensverhältnisse) und Lebenserwartung (Kindersterblichkeit, Krebserkrankungen; [KaWi98], [BFRW97]). Ein weiterer klassischer Teilbereich ist in der Umweltstatistik zu sehen, welcher sich von der Beobachtung globaler Klimaveränderungen bis zu lokalen Waldschäden erstreckt ([Wegn95]). Als letzter Teilbereich, auf dem der Fokus eines Forschungsprojektes mit dem statistischen Zentralbüro Norwegens ('Statistics Norway') liegt, ist die ökonomisch-orientierte Untersuchung der Einnahmen und Ausgaben der öffentlichen und privaten Haushalte.

In dem Bereich der Kontrolle der öffentlichen Leistungen und Ausgaben baut 'Statistics Norway' mit Sitz in Oslo und ca. 1300 Beschäftigten unter dem Akronym *KOSTRA* ('Kommune STat RApportering'; [Titl96]) eine Regionaldatenbank auf, welche eine Integration von Informationen aus allen öffentlichen Einrichtungen der 454 kommunalen Regierungsbezirke umfaßt. Im Verlauf des Prozesses der statistischen Datenanalyse erfolgt in einem ersten Schritt eine manuelle Erfassung von relevanten Daten in Form von (elektronischen) Fragebögen in jeder öffentlichen Einrichtung Norwegens. Pro Erfassungsperiode werden über 100.000 sowohl personenbezogene als auch organisationsbezogene Fragebögen im Zentralbüro gesammelt, einem Erfassungsprozeß mit Plausibilitätsprüfungen und Korrekturen unterzogen, in einem zentralen statistischen Informationssystem gespeichert und nach Anonymisierung personenrelevanter Daten über das *WorldWideWeb* sowohl den öffentlichen Einrichtungen als auch zu einem überwiegenden Teil der norwegischen Bevölkerung zur Verfügung gestellt ([Berb98]).

Herauszuheben ist im Rahmen der Darstellung des KOSTRA-Projektes der multidimensionale Charakter der auszuwertenden Daten. Informationen werden in einem vierdimensionalen Auswertekontext dargestellt. Dieser setzt sich grundsätzlich aus dem *Zeitpunkt der Erfassung* bzw. der Zugehörigkeit zur Auswerteperiode und aus dem *Sender des erfaßten Datums* zusammen. Ein Sender oder Erfassungsgegenstand entspricht dabei entweder einer öffentlichen Einrichtung oder einer einzelnen Person. Die beiden weiteren qualifizierenden Komponenten adressieren zusammen einen konkreten Untersuchungsgegenstand (z.B. Arbeitszeitaufwand), der sich aus einer *Menge von Teilgegenständen* (z.B. Aufwand für Administration, für Forschung, für Lehre) und einer *Menge möglicher Antworten* (0%, 5%, 10%, ...) zusammensetzt. Eine ausführliche Zusammenfassung der multidimensionalen Modellierung dieses Anwendungsszenarios ist in [GLEF98] zu finden.

Das KOSTRA-System wurde im Jahr 1995 initiiert und befindet sich aktuell in der Realisierungsphase unter Verwendung des relationalen Datenbanksystems ORACLE. Für eine ausgewählte Menge an Kommunen wird Ende 1998 der Testbetrieb aufgenommen; für die vollständige Realisierung unter Einbezug aller Kommunen ist das Jahr 2000 anvisiert.

1.2.2 Paneldatenanalyse bei der 'Gesellschaft für Konsum-, Markt- und Absatzforschung'

Als zweites Beispiel eines statistischen Informationssystems wird das geplante Paneldatenanalysesystem der 'Gesellschaft für Konsum-, Markt- und Absatzforschung' (3000 Mitarbeiter weltweit, Firmensitz in Nürnberg) im Bereich 'Handelsforschung Non-Food' als Beitrag aus dem privatwirtschaftlichen Bereich kurz skizziert. Das sich momentan im Aufbau befindliche System ist aus zwei Gründen an dieser Stelle erwähnenswert. Erstens wurden von Seiten der Universität mehrere Kooperationen mit der GfK durchgeführt, die in teilweise engem Zusammenhang mit den in diesem Buch vorgestellten Konzepten stehen. Zweitens orientieren sich die im Rahmen dieses Buches zur Illustration verwendeten Beispiele an dem Marktforschungsszenario der GfK.

Die Dienstleistung der GfK im Bereich Handelsforschung läßt sich zusammenfassend dadurch charakterisieren, daß in einem ersten Schritt Verkaufszahlen von Handelsunternehmen gesammelt, bereinigt und mit Gewichtungsfaktoren versehen zu einer repräsentativen Grundgesamtheit hochgerechnet werden. Basierend auf diesem Datenbestand werden in einem zweiten Schritt statistische Kennzahlen generiert, welche dem produzierenden Gewerbe zur *Entscheidungsunterstützung* in Bereichen wie Marketing, Produktentwicklung, etc. verkauft werden. In der Erfassungs- und Datenproduktionsphase des Anwendungsgebietes der Handelsforschung werden diese Verkaufszahlen zu einer Rohdatenbasis zusammengeführt. Dieser aufwendige Prozeß erstreckt sich von der physischen Erfassung des Zahlenmaterials über Datenträger bzw. der Durchführung einer 'Mini-Inventur' durch Außendienstmitarbeiter direkt beim Händler bis zur statistischen Gewichtung von Verkaufsdaten einzelner Geschäfte oder Filialen einer Handelskette. In einer zweiten Phase werden sowohl umfangreiche Standardberichte als auch Ad-Hoc-Sonderanalysen auf dem Ausgangsdatenbestand durchgeführt, welche in einer dritten Phase durch statistische Tabellen bzw. Graphiken dargestellt werden. Für einen weiteren Überblick wird der Leser auf [Ruf97b], für eine detaillierte prozeßorientierte Beschreibung der Paneldatenanalyse auf [JaST97] verwiesen.

Bezogen auf die Multidimensionalität des Auswertesystems, läßt sich die konsolidierte Rohdatenbasis durch ein dreidimensionales Schema beschreiben, indem jeder Verkaufswert durch die Angabe des jeweils *vertriebenen Artikels*, des spezifischen *Händlers* und dem *Erfassungszeitpunkt* bzw. der aktuellen *Berichtsperiode* identifiziert wird.

Ein neues, auf der multidimensionalen Vorstellung basierendes Auswertesystem befindet sich momentan im Aufbau ([ALTK97]). Ziel ist, das bestehende Altsystem abzulösen und gleichzeitig Kundenwünsche nach kürzeren Berichtsperioden, flexiblerer und interaktiver Datenexploration, sowie länderübergreifenden, d.h. internationalen Analysen zu befriedigen. Die Aufnahme des Testbetriebes ist für Herbst 1999 geplant.

Mehrere Projekte mit der GfK haben gezeigt, daß sich, wie bereits skizziert und in Abschnitt 2.3 detaillierter erläutert, die multidimensionale Auffassung der zu analysierenden Daten als überaus problemadäquat erweist ([LeRT95a]). In einem Projekt zur Untersuchung des Potentials der Anfragebeschleunigung durch *redundant vorgehaltene Aggregate* ([BLRT96] bzw. zusammenfassend in [LeRT96a] und [LeTe97]) wurde die Motivation für den verarbeitungsorientierten Teil geboren. In dieser Untersuchung wurde eine repräsentative Menge von Anfragen bestimmt, deren semantische Abhängigkeiten untereinander analysiert und Laufzeitmessungen durchgeführt wurden. In einem ersten Szenario wurden alle semantischen Beziehungen zwischen den einzelnen Anfragen ignoriert und isoliert voneinander stets gegen die Rohdatenbasis ausgeführt. Parallel dazu wurde in einem zweiten Szenario auf materialisierte Ergebnisse aus einer initialen 'Vorberechnungsphase' bei der Beantwortung einer Anfrage zurückgegriffen. Dabei zeigte sich zum einen eindrucksvoll, daß der Ansatz einer redundanzbasierten Optimierung der Aggregatverarbeitung in einer realen Umgebung einsetzbar ist. Zum anderen bringt dieses Vorgehen, wie die jeweiligen Messungen belegt haben, erhebliche Geschwindigkeitsvorteile mit sich. Zur praktischen Anwendbarkeit dieses Ansatzes bedarf es jedoch eines dynamischen und sich an dem Referenzverhalten orientierenden Aggregatverwaltungssystems, wie es in in Abschnitt 8.3 vorgeschlagen wird. Eine weitgehende Zusammenfassung der durchgeführten Projekte findet sich in [Ruf97a].

1.2.3 Zusammenfassung

Ziel dieses Abschnittes ist, die Bandbreite des Anwendungsfeldes statistischer Informationssysteme aufzuzeigen und konkret an zwei Beispielen zu detaillieren. Interessant ist dabei, daß sich der im vorangegangen Abschnitt eingeführte Prozeß der statistischen Datenanalyse unter Anwendung des multidimensionalen Datenmodells in beiden Szenarien wiederfindet. Weitere Anwendungsgebiete, wie Molekularbiologie, Fertigungsqualitätskontrolle oder Banken- und Finanzwesen, werden detailliert in [Ruf97a] beschrieben und gegenübergestellt. Der an spezifischen Anwendungsszenarien interessierte Leser sei auf diese Sekundärliteratur verwiesen.

1.3 Gegenstand und Struktur des Buches

Die vorangegangenen Abschnitte zeigen, wie sich ein statistischer Analyseprozeß aufgliedert und welche Eigenschaften das Anwendungsgebiet hinsichtlich einer datenbankgestützten Auswertung aufweist. Im Zentrum dieses Buches steht die Diskussion um eine effiziente *Aggregatverarbeitung in multidimensionalen Datenbanksystemen* aus datenbanktechnischer Sicht. Argumentiert wird unter diesem Thema, daß zu einer effizienten Verarbeitung sowohl ein problemadäquates *Datenmodell* als auch ein entsprechendes *Verarbeitungs- und Implementierungsmodell* notwendig ist.

Ziel dieses Buches ist die Aufarbeitung des aktuellen Forschungsstandes auf diesen Gebieten und die Erarbeitung eines durchgehenden Ansatzes für eine effiziente Datenanalyse, die im Rahmen der CUBESTAR-Methodologie vorgenommen wird. Das Buch gliedert sich in drei Hauptteile, die im folgenden kurz skizziert werden.

Im ersten Teil des Buches *"Multidimensionale Datenanalyse: Exemplarischer Einsatz und allgemeine Methodik"* wird versucht, dem Leser einen Eindruck von den speziellen Eigenschaften und Anforderungen des Anwendungsgebietes der beschreibenden statistischen Datenanalyse zu vermitteln. Dazu werden im Anschluß an diese Einleitung zunächst die Konzepte des *'Data Warehouse'* und *'Online Analytical Processing'* als exemplarisches Anwendungsgebiet umfassend aufgearbeitet und erläutert. Insbesondere erfolgt eine informelle Einführung in die Philosophie der multidimensionalen Datenauffassung, die diesem Buch zugrundeliegt. Im dritten Kapitel wird, ausgehend von der vorangegangenen exemplarischen Einführung, eine Darstellung der allgemeinen Methodik multidimensionaler Auswertungen vorgenommen. Zentral in diesem Kapitel ist die $\alpha\beta\gamma\tau$-Notation zur Beschreibung von

Makrodaten im Zuge einer statistischen Auswertung und die sprachkritische Rekonstruktion der multidimensionalen Aggregation im Kontext von extensionalen und intensionalen Aspekten klassifikatorischer Strukturen.

Der zweite Teil des Buches *"Modellierungs- und Verarbeitungsmethodologie in der multidimensionalen Datenanalyse"* umfaßt im wesentlichen die Beschreibung und Diskussion des aktuellen Forschungsstandes, sowohl modell- als auch auswertungsseitig. Im vierten Kapitel werden dazu Modellierungstechniken multidimensionaler statistischer Ansätze untersucht. Insbesondere im Hinblick auf den dritten Teil des Buches ist die Gliederung dieser Untersuchung wesentlich und charakteristisch für die Struktur der gesamten Buches:
Üblicherweise teilt sich die Untersuchung eines Modells in die Beschreibung des *Strukturkonzeptes* und im Rahmen eines *Manipulationskonzeptes* in die Darstellung von Operationen auf den jeweiligen Strukturen auf. Diese Sichtweise ist in statistischen Anwendungen nicht mehr aufrecht zu erhalten, sondern muß vielmehr um eine dritte Komponente eines *Datenorganisationskonzeptes* erweitert werden. Das Datenorganisationskonzept spiegelt die Mechanismen wider, die unter dem Begriff der 'qualifizierenden Daten' subsumiert werden und die Aufgabe einer adäquaten Abbildung komplex strukturierter Anwendungswelten besitzen. Die Aufarbeitung der Modellierungsansätze in dem vierten Kapitel orientiert sich an dieser Aufteilung. Im fünften Kapitel wird die relationale Abbildung dieser multidimensionalen Strukturen diskutiert. Dabei werden zwei unterschiedliche Varianten der relationalen Abbildung multidimensionaler Strukturen vorgestellt und bewertet. Weiterhin erfolgt eine Darstellung der Durchführung von Aggregationsoperationen auf Ebene der Anfragesprache. Wesentlich ist in diesem Kapitel jedoch, daß Restrukturierungstechniken erläutert werden, die es bis zu einem bestimmten Grad erlauben, vorberechnete und materialisierte Auswertungen zur Laufzeit für die Beantwortung einer Anfrage zu nutzen. Das letzte Kapitel in dem zweiten Teil widmet sich der Klassifikation und detaillierten Darstellung unterschiedlicher Präaggregationsmethoden, die in der Literatur bekannt sind. Eine Präaggregationsmethode ermittelt diejenigen Vorberechnungen die für einen maximal vorgegebenen Mehraufwand an Speicherplatz einen möglichst großen Nutzen zur Laufzeit erbringen.

Der dritte Teil des vorliegenden Buches enthält eine Darstellung der CUBESTAR-Methodologie. Die darin enthaltenen drei Kapitel gliedern sich in die Beschreibung des in CUBESTAR eingesetzten erweiterten multidimensionalen Datenmodells, in die Vorstellung des redundanzbasierten Verarbeitungsmodells und in die Erläuterung des relationalen Implementierungsmodells. Die Darstellung des multidimensionalen Datenmodells in Kapitel 7 erfolgt, analog zur Darstellung in Kapitel 4, aufgeteilt in die Beschreibung des Datenorganisations-, Datenstruktur- und Datenmanipulationskonzeptes. Als zentrales Konzept wird dabei das 'Multidimensionale Objekt' eingeführt. Multidimensionale Objekte reflektieren die Basiskomponenten einer effizienten redundanzbasierten Aggregationsverarbeitung und der entsprechenden relationalen Abbildung. Dazu werden in Kapitel 8 eine schemabasierte Apriori- und eine adaptive und partitionsorientierte Präaggregationsstrategie vorgeschlagen und im Rahmen einer Simulation eine tendentielle Einordnung hinsichtlich ihres Nutzens hin vorgenommen. Kapitel 9 umfaßt die Darstellung der logischen CUBESTAR-Architektur und, begleitet durch eine Vielzahl von Beispielen, die Abbildung multidimensionaler Strukturen und Operationen auf das relationale Datenmodell bzw. auf Ausdrücke der relationalen Anfragesprache SQL.

Das Buch schließt mit einer Zusammenfassung und einem Ausblick über künftige Arbeiten im Bereich der multidimensionalen Aggregatverarbeitung im Kontext des CUBESTAR-Projektes.

2 'Data Warehouse' und 'Online Analytical Processing'

In diesem Kapitel werden die Konzepte des 'Data Warehouse' und 'Online Analytical Processing' als exemplarisches Anwendungsgebiet der multidimensionalen Datenanalyse eingeführt. Schenkt man Marktprognosen Glauben, so ist 'Data Warehouse' vor allem Eines: *"Big Business"*. Wurden 1996 nur $4.5 Milliarden für 'Data Warehouse'-Projekte ausgegeben, so wird für das Jahr 2000 ein Umsatz von $15 Milliarden prognostiziert ([Meta98]). Auch im wissenschaftlichen Bereich hat das Konzept des 'Data Warehouse' und die daraus resultierenden Anforderungen an Datenbanksysteme sowohl auf modellierungstechnischer aus auch auf systemtechnischer Ebene neue Impulse induziert. Einen umfassenden Überblick über forschungsrelevante Themen auf diesem Gebiet gibt [Wido95]. Die darin enthaltenen Ausführungen werden durch die Arbeiten von [ChDa97] und [WuBu97] ergänzt.

Der erste Abschnitt in diesem Kapitel versucht das Konzept des 'Data Warehouse' aus datenbanktechnischer Sicht zu erläutern und eine möglichst umfassende Definition zu geben. Weiterhin untersucht dieser Abschnitt die Gründe für die Notwendigkeit eines 'Data Warehouse' / 'OLAP'-Systems zusätzlich zur operativen Datenverarbeitung. Es wird sich zeigen, daß sowohl aus nutzungsgetriebenen als auch aus datenbanktechnischen Gründen eine von der operativen Datenverarbeitung getrennte und parallel laufende Informationsversorgung motiviert ist.

Der zweite Abschnitt skizziert den Rahmen einer konzeptionellen 'Data Warehouse'-Architektur. Dabei werden in einem ersten Schritt die drei Schichten dieser Architektur, verantwortlich für die *Datenerfassung und -aufbereitung*, *Datenbereitstellung* und für die *multidimensionale Analyse*, herausgestellt und hinsichtlich ihrer Funktionalität und den damit einhergehenden Problemen skizziert. In einem zweiten Schritt werden unterschiedliche Konfigurationen der einem 'Data Warehouse' zugrundeliegenden Datenbasen angesprochen.

Der letzte Abschnitt dieses Kapitels eruiert schließlich die fundamentalen Anforderungen, Möglichkeiten und Eigenschaften des 'Online Analytical Processing' (OLAP). Dabei wird den beiden thematischen Ausrichtungen dieser Arbeit, Modellierung und effiziente Verarbeitung von Aggregaten, besondere Aufmerksamkeit geschenkt.

2.1 Das Konzept des 'Data Warehouse'

Wie bereits die Überschrift für diesen Abschnitt betont, ist unter dem Begriff des 'Data Warehouse' kein fertig konfektioniertes Produkt, sondern vielmehr ein Konzept eines umfassenden statistischen Analysewerkzeuges zur Bereitstellung und Auswertung eines dispositiven Datenbestandes zu sehen. Zunächst wird versucht, eine Definition bzw. Eingrenzung durch eine Spezifikation von Anforderungen und Charakteristika zu geben. Im zweiten Teil wird die propagierte Trennung von operativen und dispositiven Umgebungen eingehend motiviert.

2.1.1 Versuch einer Definition von 'Data Warehouse'

In der diese Thematik begleitenden Literatur wird eine Vielzahl von Definitionen des Begriffs 'Data Warehouse' vorgenommen. Ziel dieses Abschnitts ist es, dem Leser einen Eindruck von der grundlegenden Idee des Begriffs zu vermitteln, ohne sich auf eine ausufernde Diskussion über eine exakte formale Begriffsfestlegung einzulassen.

Die Idee eines 'Data Warehouse' besteht darin, neben dem klassischen transaktionsorientierten Datenverarbeitungsstrang der operationalen Umgebung eine parallele Informationsverarbeitungsschiene zur statistischen Auswertung des operativen Datenbestandes einer Organisation zu etablieren. Abbildung 2.1 illustriert diese grundlegende Idee. Während operationale Umgebungen zur Abwicklung transaktionaler Dienste zur Verfügung stehen, bietet die 'Data Warehouse'-Umgebung unterschiedlichen Anwendungen aus den Bereichen 'Decision Support' oder 'Data Mining' eine konsistente und historisch gewachsene Datenbasis. Im allgemeinen können drei orthogonale Anforderungen an eine 'Data Warehouse'-Datenbasis aufgestellt werden:

- *Auswertungsbreite:*
  Statistische Auswertungen begnügen sich nicht mit Datenbeständen, die auf einzelne organisatorische Untereinheiten begrenzt sind. Die Ausgangsdatenbasis für organisationsumfassende Auswertungen muß nahezu alle lokalen operativen Datenbestände umfassen, indem periodisch materialisierte Datenbanksnapshots ([AdLi80]) verschiedener operativer Systeme in einer einheitlichen Datenbasis zusammengeführt werden.

- *Auswertungstiefe:*
  Durch den Prozeß der Aggregation werden 'höherwertige' Informationen erzeugt. Gleichberechtigt zu aggregierten Informationen ist der Rückgriff auf Aussagen über Einzelindiviuen im Zuge einer Detailanalyse. Ein 'Data Warehouse'-Datenbestand kann sich somit nicht auf aggregierte Daten beschränken, sondern muß Daten von feinster Granularität beinhalten. Diese Forderung ist insbesondere im Hinblick auf die Fähigkeit, jederzeit komplexe und detaillierte statistische Auswertungen, die oftmals den Bezug zu Einzelwerten voraussetzen, zu ermöglichen.

- *Auswertungszeitraum:*
  Statistische Auswertungen sind stets mit einer temporalen Komponente versehen. Insbesondere verlaufsorientierte Auswertungen, wie beispielsweise die Analyse der 'Entwicklung von Absatzzahlen in den letzten 12 Monaten', gilt es in einer 'Data Warehouse'-Umgebung zu unterstützen. Die periodisch eingebrachten Datenbanksnapshots der einzelnen operativen Systeme dürfen somit nicht verworfen werden, sondern müssen erhalten bleiben und neue Abzüge dem Datenbestand hinzugefügt werden.

Somit läßt sich das Konzept des 'Data Warehouse' als ein anhaltender Prozeß charakterisieren, der Detaildaten aus vielen heterogenen Datenquellen zu einer semantisch konsistenten Datenbasis zusammenführt, um eine effiziente Ausführung von organisations- und zeitumfassenden, komplex strukturierten und explorativen Anfragen zu ermöglichen. Eine weitaus prägnantere und geläufigere Definition, geprägt durch W.H. Inmon ([Inmo92]), der häufig als der 'Vater' des 'Data Warehouse'-Gedankens angeführt wird, sei an dieser Stelle dem Leser nicht vorenthalten:

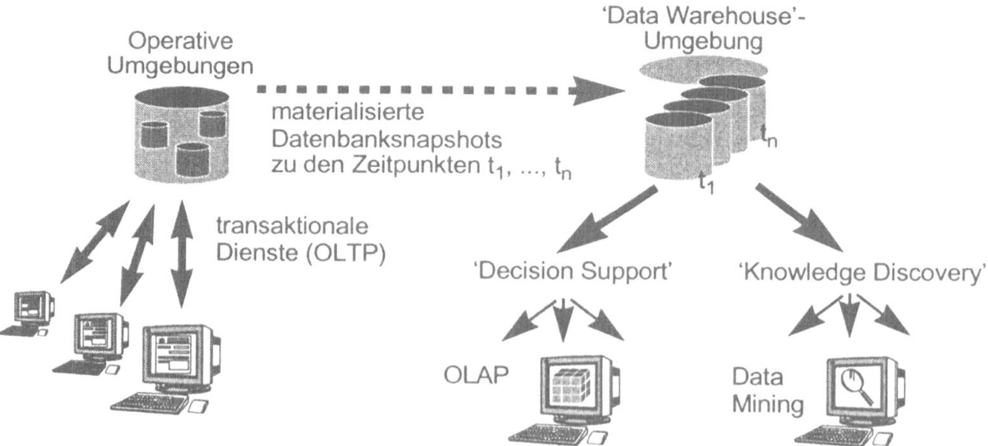

Abb. 2.1: Operative und 'Data Warehouse'-Umgebung

"A Data Warehouse is a subject-oriented, integrated, time-varying, non-volatile collection of data that is used primarily in organizational decision making."

(W.H. Inmon)

Die einzelnen Eigenschaften dieser Definition verdienen eine detaillierte Untersuchung:

- *themenorientiert ('subject-oriented'):*
  Der konzeptionelle Schemaentwurf einer 'Data Warehouse'-Datenbasis ist nicht organisiert nach den Anwendungen, wie Finanzmanagement oder Produktionsplanung, sondern nach den Themen wie beispielsweise Auftrags- oder Kundenanalyse einer Organisation.

- *integriert ('integrated'):*
  Während der Erfassung müssen Inkonsistenzen sowohl auf syntaktischer als auch auf semantischer Ebene entfernt werden, so daß von einer semantisch konsistenten Datenbasis ausgegangen werden kann.

- *zeitbezogen ('time-varying'):*
  Wie bereits in der Darlegung des Auswertungszeitraumes angedeutet, spielt der temporale Aspekt eine fundamentale Rolle. Zeithorizonte variieren stark und sind entsprechend abhängig vom jeweiligen Einsatzbereich; 5-10 Jahre sind nach [Inmo92] als durchaus realistisch einzustufen.

- *dauerhaft ('non-volatile'):*
  Einmal eingebrachte operative Daten verlassen das 'Data Warehouse' nicht wieder. Die 'update-in-place'-Semantik operationaler Datenbanken wird durch eine 'append-only'-Semantik in der 'Data Warehouse'-Umgebung ersetzt.

2.1.2 Trennung von operativen und 'Data Warehouse'-Umgebungen

Bei näherer Betrachtung der grundlegenden 'Data Warehouse'-Idee stellt sich die Frage, ob die Trennung von operativen und 'Data Warehouse'-Systemen unabdingbar ist oder durch Erweiterung der operativen Systeme vermeidbar wäre. Wie im folgenden gezeigt wird, fordern eine Reihe konzeptioneller Unterschiede sowohl aus der Sicht der Verwendung, d.h. nutzungsorientiert, als auch aus der Sicht der Verarbeitung, d.h. datenbankgetrieben, eine systemtechnische Trennung von operativen und 'Data Warehouse'-Umgebungen ([Fink95]).

Tabelle 2.1 umfaßt eine Menge von nutzungsgetriebenen Aspekten für einen Vergleich von 'Online Transaction Processing' (OLTP) mit der Kombination aus 'Data Warehouse' und 'Online Analytical Processing'.

	Online Transaction Processing	**Data Warehouse / Online Analytical Processing**
Anwendungsbereich	Administration / Kontrolle: >> Operative Datenverarbeitung	Entscheidungsunterstützung: >> Dispositive Datenverarbeitung
Art und Einheit der Interaktion	sich wiederholende, strukturierte und überwiegend vordefinierte Zugriffe: >> Transaktion	Ad-hoc-Zugriffe für interaktive Datenexploration und vordefinierte Zugriffe für Standardberichte: >> Statistische Analyse
Verarbeitungseinheiten und -charakteristik	Einfüge-, Änderungs- und Löschoperationen von überwiegend einzelnen Datensätzen geklammert in einer Transaktion: >> 'update-in-place'-Semantik	überwiegend lesender und aggregierender Zugriff auf große Teile des Gesamtdatenbestands: >> 'append-only'-Semantik
Zentraler Fokus	>> "Data In"	>> "Information Out"

Tab. 2.1: Nutzungsgetriebene Unterscheidung von 'OLTP' gegenüber 'OLAP'

Grundlegend unterscheidet sich der Anwendungsbereich der operativen von der dispositiven Datenverarbeitung im 'Data Warehouse'-Bereich durch die statistische Analyse zur Entscheidungsunterstützung. Bei der Interaktion von Benutzer und Datenbanksystem überwiegen im transaktionalen Betrieb kurze und sich wiederholende Zugriffe überwiegend auf einzelne Datensätze. Reservierungs- und Buchungsvorgänge einzelner Posten sind typische Beispiele für eine derartige Verarbeitungscharakteristik. In der 'Data Warehouse'-Umgebung herrschen sowohl Ad-Hoc-Zugriffe zur Realisierung einer interaktiven Datenexploration ('*Browsing*'), wie sie insbesondere im Bereich des 'Online Analytical Processing' (Abschnitt 2.3) betrieben werden, als auch langlaufende und stets vordefinierte Zugriffe zur Generierung von sich periodisch wiederholenden Standardberichten vor. Die entsprechende Verarbeitungscharakteristik weist dementsprechend einen überwiegend lesenden Zugriff auf üblicherweise große Teile des Gesamtdatenbestandes auf. Plakativ läßt sich der Fokus der Datenverarbeitung in der 'OLTP'-Umgebung mit '*Data In*', in der 'OLAP'-Umgebung mit '*Information Out*' beschreiben.

Wesentlich umfangreicher fällt der Vergleich der beiden datenverarbeitenden Umgebungen bei der Betrachtung von datenbanksystemtechnischen Aspekten aus. Tabelle 2.2 listet die einzelnen Punkte auf und skizziert die jeweiligen Eigenschaften.

	Online Transaction Processing	Data Warehouse / Online Analytical Processing
Art der zu verwaltenden Information	aktuelle und sich dynamisch ändernde Werte: >> Datenisolierung	bereinigte, historische und statische Einzeldaten; verdichtete Summendaten: >> Datenkonsolidierung
Design des konzeptionellen Schemas	anwendungsorientiert (E/R-basiert); hochgradig normalisiert mit Ziel der Redundanzfreiheit	themenbezogen (Star-/ Snowflake); teilweise denormalisierte Schemata / gezielte Verletzung der Redundanzfreiheit
Nebenläufigkeit	hoch bis extrem hoch: Einhaltung der ACID-Eigenschaften	von geringem Interesse
Physische Zugriffscharakteristika	einzelsatzorientierter Zugriff / Index-/Hashzugriff über Primärschlüssel	verlaufsorientiert, verdichtend / sequentieller Lesezugriff (Scan-Operation)
Datenbankgröße	10 Megabyte bis mehrere Gigabyte	5 Gigabyte bis mehrere Terabyte
Geforderte Antwortzeit	Bruchteile von Sekunden (maximal 2-3 Sekunden)	Sekunden- bzw. Minutenbereich
Metrik	Transaktionsdurchsatz	Anzahl von Anfragen

Tab. 2.2: Datenbanksystemgetriebene Unterscheidung von 'OLTP' gegenüber 'OLAP'

Hauptziel eines Datenbanksystems im 'Online Transaction Processing'-Betrieb ist die Wahrung der Konsistenz durch die Realisierung des Transaktionskonzeptes. Bei einer hohen Nebenläufigkeit von Schreibern und Lesern gilt es, durch den Einsatz von Sperr- und Protokollierungsmechanismen die ACID-Eigenschaften ([GrRe93]) für einen aktuellen und konsistenten Datenbestand zu wahren. Um Änderungsanomalien auszuschließen, bedingt diese Forderung, daß das der Anwendung zugrundliegende konzeptionelle Schema hochgradig normalisiert vorliegt. Ein konzeptionelles Schema in einer 'Data Warehouse' / 'Online Analytical Processing'-Umgebung hingegen weist häufig aus Gründen der Zugriffsoptimierung zur Laufzeit eine teilweise Denormalisierung auf. Darüber hinaus kommt häufig eine explizite und gezielte Verletzung der Re-dundanzfreiheit durch Integration abgeleiteter Summendaten zu Einsatz. Auf physischer Datenbankebene unterscheiden sich die beiden Einsatzgebiete von 'OLTP' und 'OLAP' dahingehend, daß 'OLAP'-Anfragen in einem sequentiellen Lesezugriff auf eine große Anzahl von Datensätzen mit einer geforderten maximalen Antwortzeit im Minutenbereich zugreifen müssen. Eine typische statistische Analyse, ausgeführt auf einem entsprechenden operativ betriebenen Datenbanksystem, würde somit die Nebenläufigkeit extrem reduzieren. Für den 'OLTP'-Bereich hingegen herrschen Indexzugriffe auf einzelne Datensätze vor, was in einer entsprechend kürzeren maximalen Antwortzeit resultiert.

Generelles datenbanktechnisches Ziel im 'OLTP'-Betrieb ist die Maximierung des Transaktionsdurchsatzes ('*transactions per second*'), während in einer 'Data Warehouse'-Umgebung die Anzahl statistischer Anfragen zu maximieren ist, was einer gänzlich anderen Bewertungsmetrik entspricht. Ziel ist somit die Entwicklung einer Gattung von Datenbanksystemen mit einem reduzierten Transaktionsmechanismus und einer Optimierung beispielsweise von sequentiellen Leseoperationen durch Einsatz geeigneter Indexverfahren ('bitwise-Index'; [ONGr95], [ChIo98]).

Trotz einer Trennung von operativen und 'Data Warehouse'-Systemen auf system- und datenbanktechnischer Ebene ist der Trend einer direkten Rückkopplung ('*closed-loop feedback analysis*') auszumachen, indem ein 'Data Warehouse' in die alltäglichen Geschäftsprozesse integriert ist und die sich daraus für die Leitung einer Organisation ergebenden wichtigen Erkenntnisse wiederum direkt dem operativen Betrieb zugeführt werden.

2.2 Konzeptionelle 'Data Warehouse'-Architektur

Nachdem im vorangegangenen Abschnitt die Idee des 'Data Warehouse'-Ansatzes ausführlich diskutiert wurde, wird in diesem Abschnitt anhand von Abbildung 2.2 der Rahmen einer entsprechenden 'Data Warehouse'-Architektur vorgestellt.

2.2.1 'Data Warehouse'-Architektur entsprechend den Phasen des Prozesses statistischer Datenanalyse

Die konzeptionelle 'Data Warehouse'-Architektur (Abbildung 2.2) läßt sich, angelehnt an den Prozeß der statistischen Datenanalyse, wie er in Abschnitt 1.1.1 methodisch eingeführt wird, anhand der nachfolgend skizzierten Phasen erläutern:

- *Datenerfassung und -aufbereitung ('data gathering' und 'data cleansing'):* Systemtechnisch müssen zur Datenerfassung heterogene elektronische Datenverarbeitungssysteme als Datenquellen verfügbar gemacht werden. Kommerzielle technische Lösungen ([Info98a], [Pris98]) bieten hier die Integration unterschiedlichster Systeme (beispielsweise über ODBC, Extraktion von Datenbankprotokollierungsdateien, usw.) an. In einem sich daran anschließenden

Transformationsschritt sind alle am Extraktionsprozeß beteiligten Datenquellen auf eine einheitliche syntaktische Ebene zu konvertieren. Als extrem aufwendig ist der Prozeß der Eliminierung semantischer Inkonsistenzen zwischen den einzelnen Datenquellen während des Datenaufbereitungsprozesses anzusehen.

- *Datenbereitstellung:*
  In der Phase der Datenbereitstellung müssen die periodisch eingebrachten Datenbestände der bereits bestehenden Datenbasis hinzugefügt werden. Ziel ist eine hinsichtlich der sich anschließenden multidimensionalen Analyse möglichst optimal konfigurierte Datenbasis. Optimalität erstreckt sich dabei auf die Definition von Partitionierungen, Spezifikation von physischen Hilfsstrukturen und inkrementeller Aktualisierung potentiell vorhandener bzw. Berechnung neuer Summendaten. Durch Datenpartitionssperren und entsprechendem Blockieren von Anfragen muß eine permanente Verfügbarkeit des 'Data Warehouse'-Systems gewährleistet werden.

- *Multidimensionale Analyse:*
  In der dritten Phase, welche einer logischen multidimensionalen Verarbeitungsschicht entspricht, werden statistische Analysen aufbauend auf dem multidimensionalen Datenmodell ermöglicht. Dabei kommen unterschiedliche Methoden wie Visualisierung ([Keim95]), Data Mining ([Han98]) oder die interaktive Datenexploration ('OLAP'; Abschnitt 2.3) zum Einsatz. Hauptcharakteristikum ist

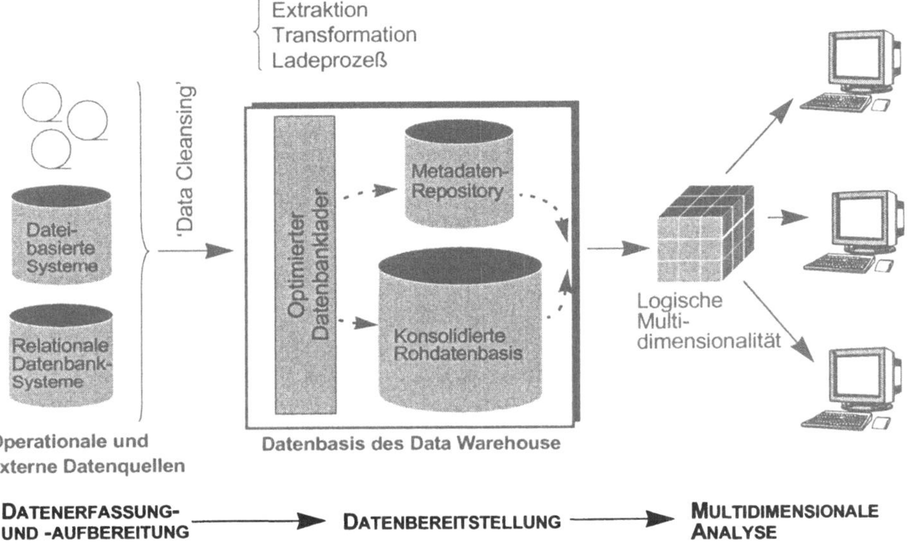

Abb. 2.2: Konzeptionelle 'Data Warehouse'-Architektur

der Zugriff auf die in der Datenbasis gespeicherten Fakten (*quantifizierende Daten*) durch stark anwendungsorientierte Auswertestrukturen (*qualifizierende Daten*), die direkt die Fachtermini der jeweiligen Anwendung reflektieren.

2.2.2 Konfigurationen der Datenbasis eines 'Data Warehouse'

Eine weitere Verfeinerung einer 'Data Warehouse'-Architektur wird erzielt, indem die Konfiguration der Datenbasis des 'Data Warehouse' betrachtet wird. Hierzu sind jeweils unabhängige 'Konfigurationsdimensionen' auszumachen, deren Ausprägungen für eine realisierungstechnische Konfiguration einer 'Data-Warehouse'-Datenbasis jeweils miteinander kombiniert werden können:

- *Integration externer Datenquellen:*
  Erfassungsorientiert wird unterschieden, ob Einzeldatensätze physisch in die Datenbasis kopiert oder je nach Anfrage konkrete Anforderungen an die untergeordneten Systeme weitergeleitet werden ('*drill-through*'). Letzteres Verfahren kann nur dann Anwendung finden, wenn die Ausgangssysteme die Anforderungen an Zeitbezug und Effizienz erfüllen können. Darüber hinaus können aufwendige Analysen eine starke Beeinträchtigung der untergeordneten, meist operativen Systeme, implizieren.

- *Integration von Summendaten:*
  Auswertungsorientiert ist zu entscheiden, ob zum Rohdatenbestand zusätzlich redundante Summendaten in die Datenbasis aufgenommen werden. Summendaten können zusammen mit den Rohdaten oder in einer eigenen Datenbankinstanz (beispielsweise auf einem eigenen Rechner) in die 'Data Warehouse'-Datenbasis integriert sein.

- *Unterstützung von 'Data Marts':*
  Das Konzept von 'Data Marts' besteht in der Aufteilung der großen 'Data Warehouse'-Datenbasis in kleine themenorientierte Datenspeicher. Diese Aufteilung kann in einer 'Data Warehouse'-Konfiguration entweder gar nicht, nur partitionierend oder überlappend erfolgen. Zusätzlich ist zwischen einer rein virtuellen und hybriden Konfiguration zu unterscheiden. Bei einer virtuellen Konfiguration wird die 'Data Warehouse'-Datenbasis für jede Anfrage aus einzelnen 'Data Marts' ad-hoc (virtuell) gebildet. In einer hybriden Konfiguration existiert zusätzlich zu den themenorientierten Datenbasen für lokale Auswertungen physisch eine große 'Data Warehouse'-Datenbasis für 'Data Mart'-übergreifende Auswertungen.

2.3 Multidimensionale Datenexploration: 'Online Analytical Processing'

Nach der Erläuterung der Idee und Architektur des 'Data Warehouse'-Ansatzes wird in diesem Abschnitt das Konzept der multidimensionalen Datenexploration 'Online Analytical Processing' diskutiert. Die Menge von Anwendungen, die auf der bereinigten und konsolidierten Datenbasis eines 'Data Warehouses' aufsetzen, lassen sich, wie aus Abbildung 2.1 hervorgeht, in zwei Klassen einteilen. Unter dem Oberbegriff '*Knowledge Discovery*' ([FPSU96]) dienen instanzbasierte 'Data Mining'-Techniken dem Auffinden von vorhandenen Korrelationen, Mustern und Trends. Wesentliches Kennzeichen dieser Klasse von Anwendungen ist das Fehlen eines formalen Modells, da diese Anwendungen erst zur Laufzeit auf Basis des untersuchten Datenbestands 'modellbildend' tätig werden. Demgegenüber weisen unter dem Oberbegriff '*Knowledge Verification*' interaktive Datenexplorationsmethoden ein formales Modell als Grundlage des Entscheidungsprozesses auf. 'Online Analytical Processing'-Anwendungen verwenden als Modellierungs- und Navigationsgrundlage das multidimensionale Datenmodell, welches im folgenden informell eingeführt wird, um dem Leser eine grundsätzliche Vorstellung von der multidimensionalen Modellierungs- und Analyseidee zu vermitteln. Dies erscheint insbesondere mit Blick auf die Darstellung des aktuellen Forschungsstandes im Teil B dieser Arbeit motiviert. Eine vollständige und exakte Einführung in das multidimensionale Datenmodell wird im Rahmen der Darstellung der CUBESTAR-Methodologie (Teil C) vermittelt.

2.3.1 Die Evolution des 'Online Analytical Processing'

Die Entwicklung von 'OLAP'-Anwendungen läßt sich bis in die 60-er Jahre zurückverfolgen. Jede statistische Auswertung wurde explizit programmiert und im 'Batch'-Betrieb ausgeführt. Mit fortschreitender Entwicklung datenverarbeitender Infrastruktur wurde diese inflexible und teuere Methode in den 70-er und 80-er Jahren durch die Entwicklung dedizierter entscheidungsstützender Analysewerkzeuge unter der Bezeichnung '*Executive-*' bzw. '*Management Information Systems*' abgelöst. Diese Werkzeuge wurden zwar mit zunehmender Ergonomie der Benutzeroberflächen immer einfacher und intuitiver zu bedienen, waren jedoch aus der Sicht der Datenversorgung auf die operationalen Datenbestände beschränkt. Die Idee der multidimensionalen Analyse unter dem Schlagwort 'Online Analytical Processing' wurde erstmals von E.F. Codd 1993 in einem Dokument zur Evaluierung von

'OLAP'-Produkten in 12 Regeln festgeschrieben ([CoCS93]). Obwohl diese Regeln teilweise heftiger Kritik ausgesetzt und diversen Erweiterungen unterzogen wurden ([PeCr95]), sind die im folgenden herausgestellten Hauptpunkte der *Unterstützung einer multidimensionalen Sichtweise auf den Datenbestand* und *Gewährleistung einer kurzen Antwortzeit, die unabhängig von dem einer multidimensionalen Anfrage zugrundeliegenden Datenvolumen ist,* für eine Charakterisierung der Anforderungen an ein adäquates 'OLAP'-Produkt bestimmend. Als ein weiterer 'Meilenstein' in der Entwicklung des 'Online-Analytical-Processing' darf die Einrichtung des 'OLAP Council' ([OLAP98a]), als ein Zusammenschluß von OLAP-Produktherstellern gewertet werden. Ziel dieses Zusammenschlusses ist die Festlegung einer einheitlichen Terminologie und die Spezifikation einer einheitlichen Schnittstelle für einen multidimensionalen Datenzugriff ([OLAP98b]).

2.3.2 Logische multidimensionale Sichtweise

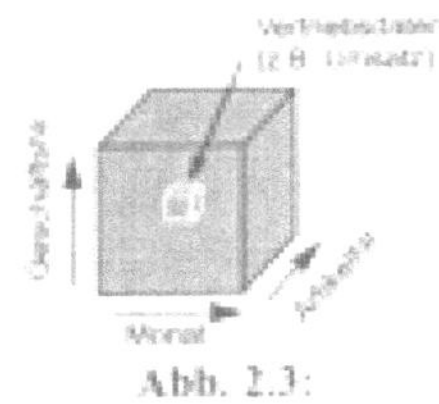

Abb. 2.3: **Konzeptuelle Ebene: Würfelmetapher**

Die multidimensionale Sichtweise auf den Gesamtdatenbestand bildet aus Modellierungsgesichtspunkten die Grundlage einer erfolgreichen und intuitiven Datenanalyse. Die prinzipielle Idee besteht darin, daß der Datenbestand als multidimensionaler Würfel dargestellt wird, wobei der quantitative Teil den Zellen und der qualitative Teil den Kanten des Würfels entspricht. Entsprechend dem Drei-Schema-Architekturmodell für Datenbanksysteme nach ANSI/SPARC ([TsKl78]) entspricht ein konkreter Datenwürfel einem Schema auf konzeptioneller Ebene. Abbildung 2.3 illustriert diese Würfelmetapher an dem in Abschnitt 1.2.2 eingeführten Beispielszenario der Marktforschung. Der den Ausgangsdatenbestand repräsentierende Datenwürfel besteht aus den Kanten 'ArtikelNr', 'GeschäftsNr' und 'Monat'. Die Zellen des Würfels enthalten potentiell für jede Kombination einen numerischen Zahlenwert, wie Umsatz- oder Lagerbestandszahlen.

Je nach Sichtweise auf externer Ebene des Drei-Schema-Architekturmodells werden durch Rückgriff auf die in den qualifizierenden Strukturen hinterlegten anwendungsspezifischen Fachtermini, 'Scheiben' oder Teilwürfel aus dem Gesamtwürfel herausprojiziert ('slice' und 'dice'-Operatoren*). Abbildung 2.4 illustriert drei unterschiedliche Sichtweisen, wobei jeweils eine Kante auf einen Teilbereich eingeschränkt wird.

Abb. 2.4: Externe Ebene: Unterschiedliche Sichtweisen auf einen Datenwürfel

Auf jeden derart ausgewählten Teilbereich sind entsprechende Summations,- Sortierungs-, und Filteroperationen auszuführen. Die folgenden Anfragen mit Bezug auf das laufende Beispiel der Marktforschung dürfen als typische, jeweils isoliert zu betrachtende OLAP-Anfragen eingeordnet werden:

- Wie lauten die Gesamtverkaufszahlen für das laufende Jahr aufgeschlüsselt nach Vertriebskanal und Produktgruppe?
- Welche Geschäfte tätigen zusammen 80% der Gesamtverkäufe für eine bestimmte Marke?
- Wie lauten die Hauptkonkurrenten für jeweils jede Marke von Produkten der Unterhaltungselektronik?

2.3.3 Dünnbesetztheit multidimensionaler Datenwürfel

Auf Ausprägungsebene weisen multidimensionale Datenräume üblicherweise einen geringen Füllgrad bzw. einen hohen Grad an Dünnbesetztheit ('*sparsity*') auf, da konkret im Fall der Marktforschung nicht jedes Produkt in jedem Geschäft zu jedem Zeitpunkt verkauft wird. Unbesetzte Zellen eines multidimensionalen Datenraumes sind somit modellinhärent im Rahmen eines *multidimensionalen Datenstrukturkonzeptes* zu sehen. Im Vergleich dazu wird im relationalen Datenmodell (Abschnitt 5.1) prinzipiell zwischen momentan nicht verfügbaren Datenwerten ('not available'-Nullwerten) und systematisch nicht besetzten Attributwerten in der Rolle von 'not-applicable'-Nullwerten, die einen strukturellen Modellierungsfehler anzeigen, unterschieden ([NaWe89]).

* Die im Zusammenhang mit 'slice'-/'dice'-Operatoren genannten Navigationsoperatoren 'drill-down'/ 'roll-up' setzen die Kenntnis eines bisher noch nicht eingeführten hierarchischen Datenorganisationskonzeptes voraus, so daß deren formale Definition im Rahmen der Beschreibung des CUBESTAR-Datenmodells auf Abschnitt 7.3.1 verschoben wird.

Unbesetzte Zellen eines multidimensionalen Datenwürfels sind aus der relationalen Sichtweise als nicht existierende Tupel und somit als nicht existierende Information im Sinne von 'not-available'-Nullwerten aufzufassen. Die Frage nach der Behandlung von 'not-applicable'-Nullwerten in der multidimensionalen Auffassung, deren Auftreten darauf hindeutet, daß an der entsprechenden Stelle aus Sicht der modellierten Miniwelt kein gültiger Wert existieren darf, rückt den Begriff der Konsistenzerhaltung in den Mittelpunkt. Eine multidimensionale Datenauswertesicht geht jedoch insbesondere in der Anwendung des 'Online Analytical Processing' bereits von einer konsistenten Datenbasis als Ergebnis des 'Data Warehouse'-Ansatzes aus. Die Behandlung von 'not-applicable'-Nullwerten muß bei der Erstellung dieser konsistenten Datenbasis und somit bereits beim Ladevorgang erfolgen. Da die multidimensionale Sichtweise konzeptionell keinen Anspruch an eine Konsistenzerhaltung erhebt, findet auch keine explizite Unterscheidung von Nullwerten statt, sondern wird als nicht-existente Information gesehen, die für den Aggregationsprozeß ignoriert wird.

Diese Argumentation in dem Kontext eines multidimensionalen Datenstrukturkonzeptes wird bei der Diskussion um eine adäquate Nullwertbehandlung in einem *multidimensionalen Datenorganisationskonzept* exakt umgedreht. Für eine derartige Diskussion wird an dieser Stelle auf Abschnitt 5.2.4.2 verwiesen.

2.3.4 Realisierungsalternativen der multidimensionalen Sichtweise

Neben der Forderung einer multidimensionalen Sichtweise auf logischer Ebene ist den zwölf Regeln von Codd eine effiziente Abbildung dieser logischen Multidimensionalität auf physischer Ebene zu entnehmen. Prinzipiell lassen sich auf interner Ebene, bezogen auf das Drei-Schema-Architekturmodell, zwei grundlegende Realisierungsalternativen multidimensionaler Datenbanken unterscheiden (Abbildung 2.5):

- *Multidimensionale Realisierung:*
  Unter dem Akronym 'MOLAP' für 'multidimensionales OLAP' versteckt sich der Ansatz, logische multidimensionale Strukturen und Operationen direkt auf physischer Ebene abzubilden. Dies erfordert neue multidimensionale Speicherstrukturen (multidimensionale Arrays) und insbesondere ausgefeilte Komprimierungstechniken, um die Dünnbesetztheit der Datenwürfel auf physischer

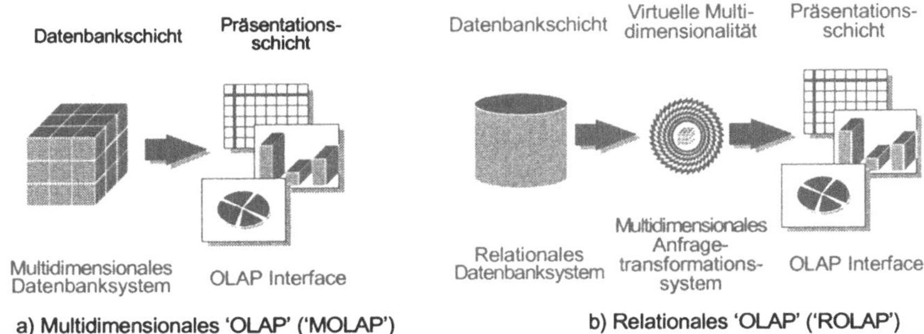

Abb. 2.5: Interne Ebene: Unterschiedliche Realisierungsalternativen

Ebene effizient zu abzubilden.
Vertreter des MOLAP-Ansatzes sind beispielsweise die Systeme Essbase von 'Arborsoft' ([Arbo98]) und 'Express' von Oracle ([Orac96]).

- *Relationale Realisierung:*
Die Idee der relationalen Realisierung logischer multidimensionaler Datenstrukturen ('ROLAP'; [Info95], [Micr96]) besteht darin, durch eine zusätzliche Schicht eines 'multidimensionalen Anfragetransformationssystems' der Präsentationsschicht eine virtuelle Multidimensionalität vorzuspielen und multidimensionale Anfragen auf eine Sequenz von SQL-Anfragen, die an das relationale Datenbanksystem gestellt werden, abzubilden. Die Menge der Ergebnistupel wird dann der Präsentationsschicht wieder in multidimensionaler Form übergeben. Als relationales Schema wird dabei häufig das Muster eines Star-/Snowflake-Schemas vorausgesetzt (Abschnitt 5.2.2 und 5.2.3).
Hauptvorteil einer relationalen Realisierungsalternative ist zum einen die modellinhärente Komprimierung von Nullwerten durch nicht-existierende Tupel in einer Relation und zum anderen der Rückgriff auf ausgereifte Datenbanktechnologie zur Verwaltung der hohen Datenvolumina. Als Vertreter des ROLAP-Ansatzes sind an dieser Stelle exemplarisch die kommerziellen Systeme von MicroStrategy ('DSS-Suite'; [Micr98b]), Informix ('MetaCube'; [Info98c]) und Information Advantage ('DecisionSuite'; [Info98b]) zu nennen. Auch die in dieser Arbeit vorgestellte Implementierung von erweiterten Modellierungs- und Verarbeitungskonzepten basiert auf einer relationalen Abbildung (Abschnitt 9.2 und 9.3).

Die in den letzten Jahren teilweise heftig geführte Debatte um die 'bessere' Realisierungsalternative ([Coll96], [Whit97]) scheint mittlerweile einer Mischform ('HOLAP' = Hybrides 'OLAP') gewichen zu sein. In dieser Mischform werden üblicherweise Detaildaten mit hohem Datenvolumen in einem relationalen Datenbanksystem, verdichtete Summendaten in multidimensionalen Strukturen physisch abgelegt. Als kommerzielle Vertreter dieser Techniken sind die Produkte Holos ([Seag98]) und Microsoft OLAP Server ([Auro98]) zu nennen.

2.4 Zusammenfassung

Mit der Einführung der statistischen Datenanalyse im privatwirtschaftlichen Bereich hat das klassische Forschungsgebiet der 'Statistical & Scientific Databases' neuen Aufschwung erhalten. In diesem Kapitel wird das Konzept des 'Data Warehouse' erläutert und bezüglich der prinzipiellen Idee und der konzeptionellen Architektur diskutiert. Ergebnis eines 'Data Warehouse'-Prozesses ist die Bereitstellung einer integrierten und semantisch konsistenten Datenbasis, auf der unterschiedliche Analysewerkzeuge aufsetzen. Bei der gesamten Beschreibung konnte jedoch nur ein Bruchteil der mit einem 'Data Warehouse'-Projekt zusammenhängenden Themengebiete angesprochen werden. Punkte wie die Erstellung einer konsistenten Datenbasis durch Angleichung auf Schema- und Ausprägungsebene, Bakkup- und Recovery-Strategien von sehr großen Datenbanken, Datensicherheit, Skalierbarkeit und Parallelität sowohl beim Laden als auch bei der Auswertung, sowie der Aufbau eines Metadaten-Repositories können im Rahmen dieser Arbeit nicht weiter detailliert werden. Vielmehr wird auf die inzwischen weitläufige Fachliteratur verwiesen (z.B.: [BeSm97], [Kimb96], [BiAl97]).

Als Beispiel einer multidimensionalen Analyse wird im dritten Abschnitt das Konzept des 'Online Analytical Processing' und die multidimensionale Denkweise eingeführt. Als Implementierungsgrundlage der multidimensionalen Würfelmetapher wird dabei eine relationale und eine multidimensionale Variante skizziert. Die relationale Variante kann die Vorteile einer ausgereiften Datenbanktechnologie mit einer standardisierten Schnittstelle vorweisen. Die multidimensionale Variante hingegen reflektiert die natürliche und intuitive physische Repräsentation multidimensionaler Strukturen und ermöglicht die direkte Abbildung hochgradig spezifischer Operatoren, die im relationalen Fall mit Hilfe von SQL aufwendig nachgebildet werden müssen. Eine multidimensionale Implementierung weist trotz mehrfacher Versuche ([OLAP98b]) als entscheidenden Nachteil das Fehlen einer standardisierten Zugriffsschnittstelle auf. Ein weiterer Versuch, einen de-facto-Standard zu etablieren wird aktuell von der Firma Microsoft, basierend auf der 'OLE DB for OLAP'-Programmierschnittstelle und 'MultiDimensional eXpression' (MDX) als textuelle Anfragespezifikation, unternommen ([Micr98a]). Hinsichtlich aktuell verfügbarer multidimensionaler Implementierungen muß die Frage nach der Skalierbarkeit für die Verwaltung von Daten im Terabyte-Bereich skeptisch beurteilt werden. Demgegenüber werden relationale Datenbanksysteme durch Erweiterung der Anfragesprache durch Konstrukte wie z.B. TOP(n), usw. und Verbesserungen auf physischer Zugriffsebene (*'bitwise'-Index*, *'foreign column'-Index*, ...) für einen Einsatz im Bereich 'Data Warehouse' optimiert.

3 Allgemeine Methodik multidimensionaler Datenanalyse

Den Untersuchungsgegenstand in diesem Kapitel bildet die Beschreibung der allgemeinen Methodik einer multidimensionalen Datenanalyse. Diese Erörterung erweist sich an dieser Stelle als dringend geboten, um zum einen das exemplarische Anwendungsgebiet des 'Data Warehouse' und 'Online Analytical Processing' wieder zu verlassen. Zum anderen ist ein allgemeines und grundlegendes Verständnis der multidimensionalen Datenanalyse für die Reflexion des aktuellen Forschungsstandes notwendig, die in dem nachfolgenden Teil vorgenommen wird.

Die Darstellung grundlegender Methoden in diesem Kapitel besteht im ersten Abschnitt aus der Darlegung des stufenweisen Übergangs von Mikro- zu Makrodaten und der Einführung einer an [Sund91] angelehnten allgemeinen Notation von Makrodaten. Im zweiten Abschnitt wird das Konzept der *Klassifikation* als anwendungsorientiertes Zugriffs- und Ausweisungsraster multidimensionaler Datenbestände eingeführt. An dem fortlaufenden Beispiel der Marktforschung wird sich zeigen, daß es bei der Modellierung sowohl extensionale als auch intensionale Zusammenhänge zu beachten gilt. Im dritten Abschnitt erfolgt die Darstellung multidimensionaler Aggregation durch eine sprachkritische Rekonstruktion.

3.1 Mikro- und Makrodaten in multidimensionalen Auswertungen

Während im vorangegangenen Kapitel die Begriffe 'Rohdaten' und 'Summendaten' verwendet werden, sind in der Fachsprache des Bereichs der 'Statistical & Scientific Database Management Systems' die Termini *Mikro-* und *Makrodaten* obligatorisch. Mikrodaten entsprechen den Einzelbeobachtungen und sind somit das Ergebnis der Erfassungs- bzw. Bereitstellungsphase. Makrodaten hingegen stehen für eine auswertungsorientierte Zusammenfassung von Mikrodaten und entsprechen somit dem Ziel der Auswertungsphase. Orthogonal zu Mikro- und Makrodaten sind weiterhin *Metadaten* zu sehen*, die die Menge von Mikro- und Makrodaten vollständig und widerspruchsfrei beschreiben. Den Gegenstand von Metadaten bil-

* In [Lenz93] wird in diesem Zusammenhang sogar von einer 3M-Architektur (Mikro-, Makro- und Metadaten) gesprochen.

den beispielsweise Beschreibungen sowohl der Erhebungs- und der Speicherungstechnik, als auch Hochrechnungs,- Auswertungs- und Ausgaberegeln von Mikro- und Makrodaten. Eine sich an die Verarbeitung wissenschaftlicher Experimente orientierte Einteilung abzudeckender Metadaten läßt sich in die Bereiche *Konfigurationsdaten* zur Beschreibung der Meß- und Simulationsanordnung, *Instrumentierungsdaten* als Verzeichnis der Vorgehensweise oder der Versuchsdurchführung und *Daten zur Ablage von Expertenwissen* vornehmen ([Mich91]). Für den Bereich 'Data Warehouse' existiert eine Einteilung von Metadaten in gegenstandsbezogene Metadaten ('*object meta data*') zur Beschreibung einzelner Objekte und in ablaufbezogene Metadaten. Ablaufbezogene Metadaten werden weiter unterteilt in Daten zur Beschreibung des gesamten Data Warehouse-Prozesses ('*process meta data*'), d.h. beispielsweise wann welche Quellen mit welchen Kontroll- und Korrekturverfahren in die konsolidierte Datenbasis eingebracht werden und in Protokolldaten ('*event meta data*'), d.h. welche Aktionen auf dem Data Warehouse ausgeführt wurden ([Glea97]).

Metadaten werden somit während des gesamten statistischen Informationsprozesses generiert und müssen permanent verfügbar sein. Im Bereich der statistischen Auswertung wurden eine Vielzahl von Ansätzen zur Metadatenverwaltung vorgeschlagen. Im Rahmen dieses Buches kann und soll jedoch nicht auf die Anforderungen der Metadatenverwaltung eingegangen, sondern auf entsprechende Literatur verwiesen werden. So enthält beispielsweise [UN95] eine Zusammenstellung aufzeichnungsrelevanter Metadaten während eines statistischen Analyseprozesses. [McCa82] beinhaltet eine umfassende Auflistung von Strukturen und Eigenschaften von Metadaten sowie eine Darlegung von Ideen und Anforderungen an ein adäquates Metadatenmanagementsystem. In [Froe97] wird der konkrete METASTASYS-Ansatz als formale Grundlage einer Metadatenverwaltung im Bereich statistischer Informationsverarbeitungssysteme skizziert.

3.1.1 Übergang von Mikro- zu Makrodaten

Der Übergang von Mikro- zu Makrodaten durchläuft, wie bereits in Abschnitt 1.1.1 angeführt, mehrere Verarbeitungsstufen. Tabelle 3.1 enthält eine Auflistung des Übergangs, wobei in diesem Zusammenhang speziell die Angabe der Dimensionalität der Daten in der jeweiligen Verarbeitungsstufe betont werden soll.

Innerhalb dieses Prozesses erscheint es auffallend, daß die Mikrodaten zu Beginn und die erzeugten Makrodaten am Schluß des Verarbeitungsprozesses eine niedrige Dimensionalität aufweisen, während den Zwischenergebnissen in den mittleren

Verarbeitungsstufe	Datenebene	Dimensionalität
Erzeugung der Rohdatenbasis	Mikrodaten	niedrig
Kalibrierung / Grobprüfung		niedrig
optional: Anonymisierung		niedrig
Strukturanpassung	Pre-Makrodaten	hoch
Validierung (Filterung, Qualitätsprüfung)		hoch
optional: Anonymisierung		hoch
Statistische Korrekturrechnungen (Hochrechnung, Schätzungen)	'lower-level'-Makrodaten	hoch
optional: Anonymisierung		hoch
optional: Präaggregation		hoch
Anwendungsbezogene Aggregatberechnung	'higher-level'-Makrodaten	niedrig
Darstellung / Interpretation ('post-processing')		niedrig

Tab. 3.1: Verarbeitungsstufen von Mikro- zu Makrodaten (nach [Froe97])

Verarbeitungsstufen eine hohe Dimensionalität zu Eigen ist. Dies ist dadurch begründet, daß die Erfassung statistischer Phänomene typischerweise basierend auf Eigennamen erfolgt, wie es in den motivierenden Beispielen der Regionaldatenanalyse von 'Statistics Norway' und der Paneldatenanalyse der 'GfK' gezeigt wird (Abschnitt 1.2). Da sämtliche Auswertungen jedoch sowohl klassifikations- als auch eigenschaftsbezogen sind (Abschnitt 3.2.2), erhöht sich die Dimensionalität während des Verarbeitungsprozesses entsprechend. Eine Dimensionalität von 30 und höher ist während der Verarbeitung keine Seltenheit. Zur Ausweisung des konkreten Ergebnisses ist in der letzten Verarbeitungsphase wieder eine Reduktion der Dimensionalität multidimensionaler Daten dadurch implizit vorgegeben, daß im allgemeinen nur 5-6 dimensionale Daten adäquat durch statistische Tabellen und sonstige graphische Hilfsmittel dargestellt werden können.

3.1.2 Beschreibung von Makrodaten

Ein Umgang mit Makrodaten im Rahmen eines adäquaten Verarbeitungsmodells fordert eine formale und darstellungsneutrale Beschreibung von Makrodaten. Im Bereich statistischer Informationssysteme erfolgt dies üblicherweise durch die im folgenden vorgestellte $\alpha\beta\gamma\tau$-Struktur ([UN95]). Der semantische Aspekt eines Makrodatums wird danach durch vier Komponenten beschrieben, die jeweils mit einem griechischen Buchstaben benannt werden. Das Konzept der αβγτ-Struktur geht auf Arbeiten von Sundgren zurück ([Sund91]):

- *Gegenstands- / α-Komponente ('selection property'):*
  Die α-Komponente dient der Festlegung des jeweiligen statistischen Phänomens und beschreibt die Menge aller zur Auswertung beitragenden Gegenstände (Mikrodaten).

- *Zustands- bzw. Entstehungs- / β-Komponente ('summarized variables'):*
  Die β-Komponente spezifiziert das Schema für die aus den Mikrodaten gewonnene statistische Charakteristik (Makrodaten). Dies erfolgt normalerweise durch Angabe einer Aggregationsfunktion mit jeweiliger Variablen.

- *Ausweisungs- / γ-Komponente ('cross classifying variables'):*
  Die γ-Komponente legt die Kombination von klassifizierenden Eigenschaften fest, die das jeweilige Makrodatum repräsentiert.

- *Zeit- / τ-Komponente ('time parameter'):*
  Die τ-Komponente bestimmt die Auswerteperiode, d.h. das Zeitintervall, für das die eingehenden Mikrodaten den aktuellen Wert des Makrodatums ergeben.

Als Illustration der αβγτ-Struktur für eine Charakterisierung von Makrodaten genüge die in Abbildung 3.1 aufgeführte statistische Tabelle und die nebenstehende Darstellung in der Komponentenstruktur. Die α- und die τ-Komponente schränken den der Auswertung zugrundeliegenden Bereich ein. Die γ-Komponente bestimmt das Schema der resultierenden Tabelle, d.h., daß für je eine Kombination aus den Ausprägungen der in der γ-Komponente spezifizierten Variablen ein Summenwert für die Gesamtverkaufszahlen (β-Komponente) hinterlegt wird.

β-KOMPONENTE
γ-KOMPONENTE
Σ(Verkäufe):
τ-KOMPONENTE
Monat = '01/98'
Land = 'Deutschland' nach Region
Produktgruppe = 'Video' nach Produktfamilie
α-KOMPONENTE

a) Beschreibung aufgegliedert nach αβγτ-Komponenten

		Produktfamilie	
		Camcorder	H1im-recorder
Region	Norddeutschland	125	278
	Süddeutschland	205	316

b) Darstellung als statistische Tabelle

Abb. 3.1: Beispiel zur αβγτ-Struktur zur Beschreibung von Makrodaten

Die sich an dieser Stelle anschließende Frage, die in den nächsten beiden Abschnitten beantwortet wird, lautet, wie der Übergang von Mikro- zu Makrodaten aus Sicht der Auswertung vorgenommen und durch ein entsprechendes Datenorganisationskonzept unterstützt werden kann.

3.2 Einsatz klassifikatorischer Strukturen zur Aggregationsunterstützung

Im Gegensatz zur Einzelsatzverarbeitung in transaktionalen Anwendungen orientieren sich statistische Auswertungen, wie der Übergang von Mikro- zu Makrodaten gezeigt hat, nicht an Individuen, d.h. Einzelgegenständen, sondern an aggregierten und möglichst charakterisierenden Aussagen über eine *Menge von Individuen.* Die zentrale Frage, die sich für ein anwendungsorientiertes Zugriffsmodell stellt, liegt somit in der Suche nach einer Festlegung von auswertungsorientierten Gruppen, über die jeweils Aggregationsoperationen ausgeführt werden. Im Kontext der multidimensionalen Auswerteidee besteht die Grundauffassung darin, solche Strukturen im Rahmen eines expliziten Datenorganisationsschemas zum Zeitpunkt des Schemaentwurfs zu spezifizieren und anhand der so statisch vorgegebenen Strukturen die im Rahmen eines Datenstrukturkonzeptes definierten Mikrodatenbestände auszuwerten.

Allgemein ist der Entwurf eines Datenorganisationsschemas als methodisch-technische Vorarbeit für einen statistischen Analyseprozeß aufzufassen und als äußerst anwendungskritisch einzustufen. Aufgabe eines solchen Schemas ist es, einen Rahmen vorzugeben, in welchem sich der Anwender - positiv formuliert - im Sinne eines Leitfadens zur Auswerteunterstützung navigierend bewegen und somit bereits 'vorgedachte' Auswertestrukturen ausnützen kann. Negativ ausgedrückt bedeutet dies jedoch auch, daß sich der Anwender in diesem Zugriffsraster bewegen muß, was beispielsweise im Gegensatz zur relationalen Modellierungsidee in einer Einschränkung der 'völligen Beliebigkeit' resultiert. Um diesen Konflikt zwischen auswertungsunterstützender Einschränkung und eingeschränkter Auswertefreiheit abzuschwächen, hat sich im Bereich der multidimensionalen Datenanalyse, neben wenig geläufigen Konzepten wie 'Decision Support Trees' o.ä., das Prinzip einer mehrstufigen Klassifikation als adäquates und universelles Mittel erwiesen. Als wesentliches inhaltsorientiertes Grundproblem beim Entwurf einer Klassifikation läßt sich dabei die Wahl von Klassifikatoren, also die die einzelnen Klassen bestimmenden Merkmale, ausmachen. Wie sich besonders schön am nachfolgend eingeführten

Beispiel einer Regionalklassifikation (Seite 50) zeigt, fällt diese Problematik jedoch dem Schemaentwurf und nicht dem Modellentwurf zu. Ein Modell, wie es im Rahmen der CUBESTAR-Methodologie im Teil C eingeführt wird, muß lediglich die Mittel für einen 'sauberen' Schemaentwurf bereitstellen.

3.2.1 Das Prinzip der Klassifikation

Eine Klassifikation dient der Einteilung eines vorliegenden Gegenstandsbereichs und reflektiert einen wesentlichen Bestandteil einer Systematik als Beschreibung eines methodisch geordneten Zusammenhangs eines abgegrenzten Wissensgebietes. Wie bereits angedeutet, ist die Frage nach der Durchführung einer Klassifikation entscheidend, da das Ergebnis als ein Datenorganisationsschema in einem korrespondierenden Datenmodell angesehen wird. In der Literatur ([Mitt84]) wird dazu oftmals zwischen einer natürlichen und einer künstlichen Klassifikation unterschieden. So erscheint beispielsweise die Aufteilung von Pflanzen und Tieren gemäß phylogenetischer, d.h. stammesgeschichtlicher Kriterien in Ordnungen, Familien, Gattungen und Arten als natürlich, während eine Klasseneinteilung gemäß des Gewichtes als künstlich empfunden wird. Im allgemeinen ist diese Unterscheidung jedoch hochgradig inhaltsorientiert und bleibt somit der Anwendung überlassen.

Grundsätzlich erfolgt eine Klasseneinteilung, indem paarweise disjunkte Unterklassen einer festspezifizierten Menge von Gegenständen definiert werden. Eine zweiteilige Klasseneinteilung heißt *Dichotomie*, eine dreiteilige *Trichotomie*. Als Beispiel für eine Klasseneinteilung oder einstufige Klassifikation diene die anthropometrische Klassifikation menschlicher Schädel, festgelegt durch den kephalischen Index (entnommen aus: [Hemp74]). In Tabelle 3.2 ist für jeden möglichen Index eine Zugehörigkeit zu einem bestimmten Bereich definiert (*Vollständigkeit der Zerlegung*); die einzelnen Bereiche sind paarweise disjunkt (*Ausschließlichkeit der Zerlegung*).

Bezeichnung:	Kephalischer Index c(x)
Dolichokephalie:	c(x) ≤ 75,0
Subdolichokephalie:	75,0 < c(x) ≤ 77,6
Mesatikephalie:	77,6 < c(x) ≤ 80,0
Subbrachykephalie:	80,0 < c(x) ≤ 83,0
Brachykephalie:	83,0 < c(x)

Tab. 3.2: Beispiel einer einstufigen Klassifikation

Neben einer 'flachen' Partitionierung eines Datenbestandes und Benennung der einzelnen Partitionen besteht ein wesentliches Kennzeichen einer klassifikatorischen Zugriffsstruktur darin, das Prinzip der Klasseneinteilung rekursiv, mit Ziel der Schaffung einer 'Begriffspyramide' fortzusetzen. Für die Nennung von Beispielen mehrstufiger Klassifikationen wird der Bereich der Wirtschafts- und Sozialstatistik (nach [KrNS96]) bemüht. Dabei läßt sich eine Vielzahl unterschiedlicher Klassifikationen identifizieren:

- *Wirtschaftszweigklassifikationen:*
  Bei der Klassifikation von wirtschaftenden Einrichtungen, ihrer Waren und Dienstleistungen repräsentiert die Stellung der wirtschaftenden Einheiten (Produzenten, Händler, Endverbraucher), die Art der produzierten bzw. verkauften Waren und Dienstleistungen, etc. die klassifikationsbestimmenden Merkmale. Die in der Bundesrepublik Deutschland seit 1993 geltende Wirtschaftszweigsystematik des Statistischen Bundesamtes ([Stat94]) beruht auf einer Ergänzung des Klassifikationssystems der Europäischen Gemeinschaften (N.A.C.E, Rev. 1) und unterscheidet fünf Gliederungseinheiten, wie sie in Tabelle 3.3 aufgeführt sind.

Gliederungseinheiten	
17	Abschnitte
31	Unterabschnitte
60	Abteilungen
222	Gruppen
503	Klassen

Tab. 3.3: Gliederungsebenen von Wirtschaftszweigen

  Nachfolgend sei als Beispiel die hierarchische Identifikation der Wirtschaftszweigklasse 'Baumwollaufbereitung und -spinnerei (DB.17.11)' genannt:

- Abschnitt	D:	Verarbeitendes Gewerbe
- Unterabschnitt	DB:	Textil- und Bekleidungsgewerbe
- Abteilung	17:	Textilgewerbe
- Gruppe	17.1:	Spinnstoffaufbereitung und -spinnerei
- Klasse	17.11:	Baumwollaufbereitung und -spinnerei

- *Personenklassifikationen:*
  Als weiteres Beispiel einer mehrstufigen Klassifikation sei an dieser Stelle die Berufsklassifikation genannt. Berufsbenennungen bilden gemäß der für internationale Vergleiche dienenden Internationalen Standardklassifikation der Berufe (ISCO-88) die unterste Gliederungsebene. Diese werden rekursiv in Berufsklassen, Berufsordnungen, etc. eingeordnet (Tabelle 3.4).

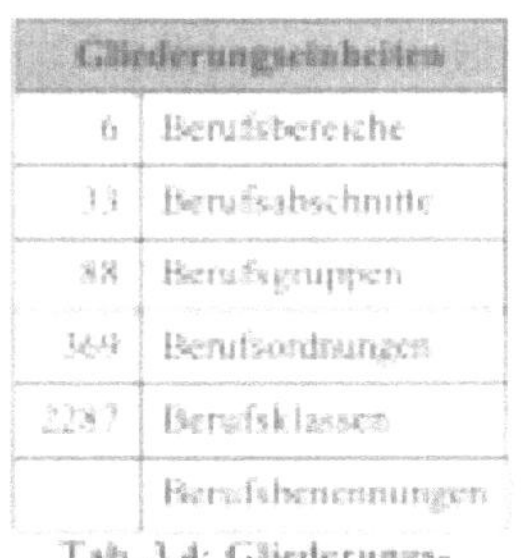

Gliederungseinheiten	
6	Berufsbereiche
33	Berufsabschnitte
88	Berufsgruppen
369	Berufsordnungen
2287	Berufsklassen
	Berufsbenennungen

Tab. 3.4: Gliederungsebenen von Berufen

- *Regionalklassifikation:*
  Das Beispiel der Regionalklassifikation ist aus mehreren Gründen besonders zu betonen. Zum einen ist eine Vielzahl unterschiedlicher Parallelklassifikationen nach administrativen Gebietseinheiten durch eine 8-stellige Gemeindeschlüsselnummer, nach Postleitzahlgebieten, Ar-

beitsamtbezirken, Wahlkreisen oder weiteren funktionalen Aufteilungen denkbar. Es zeigt sich, daß die Wahl der 'wichtigsten' Klassifikation bzw. der Ausweisung des 'wesentlichen Merkmals' hochgradig anwendungsabhängig ist. Zum anderen ist in der Regionalklassifikation eine starke Heterogenität bzgl. der Kardinalitäten der Klassen festzustellen. Bei der Gliederung nach Gebietskörperschaften umfaßt die größte Gemeinde Berlin 3,4 Millionen Einwohner und die kleinste Gemeinde Roxförde in Sachsen-Anhalt zwei Einwohner. Als dritter Punkt weist die Regionalklassifikation die Eigenschaft auf, daß die gleiche Einheit auf verschiedenen Ebenen auftritt. Zum Beispiel ist Berlin gleichzeitig Gemeinde, Kreis und Bundesland ([KrNS96]).

Zusammenfassend kann das Konzept einer mehrstufigen Klassifikation als generisches Zugriffsmodell für eine Datenanalyse im Bereich der beschreibenden Statistik angesehen werden. Insbesondere die Eigenschaften der Partitioniertheit und Vollständigkeit zeichnen Klassifikationen als adäquate Zugriffsstrukturen aus.

3.2.2 Betrachtung klassenspezifischer Eigenschaften

Ein in den bisherigen Darstellungen unterschlagenes, aus Sicht der Auswertung aber zentrales Merkmal klassifikatorischer Strukturen bildet die korrekte Abbildung von Eigenschaften einzelner Klassen einer hierarchischen Klassifikation. Neben einer extensionalen (umfänglichen) klassifikatorischen Gliederung ist eine intensionale (inhaltliche) Gliederung nach Eigenschaften abzubilden und für den Aggregationsprozeß nutzbar zu machen (Abschnitt 8.1). Wie aus dem nachfolgenden Beispiel einer Klassifikation von Personen nach Erwerbstätigkeit hervorgeht (Abbildung 3.2), ist nicht alleine das rekursive Zusammenfassen einzelner Unterklassen zu neuen Oberklassen im Sinne einer Art-/Gattungsbeziehung von Interesse, sondern die Betrachtung von Eigenschaften, unterscheidbar nach klassenspezifischen Unterscheidungsmerkmalen ('*differentia specifica*') und allgemein gültigen Merkmalen zur Beschreibung des '*genus proximum*'.

Im Fall der Personenklassifikation nach Erwerbstätigkeit weisen alle Personen ein Alter, Geschlecht und eine Angabe ihrer Staatsangehörigkeit auf. Mit Blick auf die Klasse der Nicht-Erwerbspersonen können Rentnern und Pensionären weitere Eigenschaften, wie Familienstand, Art des Ruhestands (Rente oder Pension), Ruhestandsantritt und ehemalige Tätigkeitsart zugewiesen werden. Die Klasse der Rentner und Pensionäre unterscheidet sich von der Klasse der Kinder und Jugendlichen durch die jeweils spezifischen Merkmale. So weisen Kinder und Jugendliche eine

Eigenschaft der Erziehungsart (Eltern, Heim) und die Frage nach bestehender Schulpflicht auf. Zu betonen gilt es an dieser Stelle, daß gerade diese Heterogenität von Eigenschaften die Bildung von Klassen motiviert.

Als zweites Beispiel, welches die Betrachtung von klassenspezifischen Eigenschaften erfordert, wird an dieser Stelle die Klassifikation von Produkten nach Produktgruppen aufgezeigt. Basierend auf dem realen Anwendungsszenario aus dem Projekt mit der Gesellschaft für Markt-, Absatz- und Konsumforschung (Abschnitt 1.2.2) dient diese Klassifikation für das gesamte Buch als durchgehendes Beispiel. In der konkreten Anwendung werden 250.000 Artikel aus dem Bereich 'Non-Food' in 400 Produktgruppen eingeteilt und jeweils durch sowohl produktgruppenspezifische als auch allgemein gültige Eigenschaften teilweise extrem detailliert charakterisiert. Abbildung 3.3 zeigt einen stark reduzierten Ausschnitt aus der realen Produktklassifikation mit den jeweiligen Gliederungsebenen (Familie, Gruppe und Bereich). Alle Produkte weisen Merkmale wie Marke, Farbe, Datum der Markteinführung, Herstellungsland etc. auf. Zusätzlich weist beispielsweise die Klasse der Videogeräte das Merkmal eines Videosystems auf. Weiter klassifiziert, unterscheiden sich Camcorder von Heimgeräten durch eine Angabe der Bildauflösung im Aufnahmemodus und des Batteriebetriebs, während Heimgeräte die Möglichkeit eines Satellitenempfängers und eine Unterstützung des 16:9-Bildformates bieten können.

3.2.3 Die Verwendung klassifikatorischer Strukturen beim Übergang von Mikro- zu Makrodaten

Bei dem in Abschnitt 3.1.1 skizzierten Übergang von Mikro- zu Makrodaten finden klassifikatorische Strukturen bei der *Selektion* und bei der *Ausweisung* Anwendung. Während die Selektion der Bestimmung des Untersuchungsgegenstandes ('WAS?')

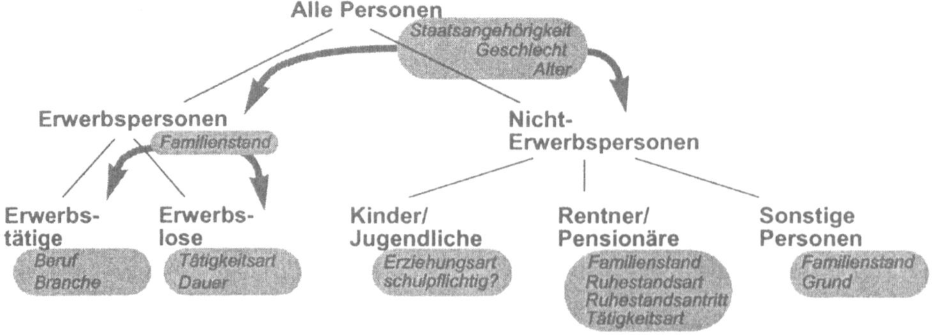

Abb. 3.2: Beispiel: Klassifikation nach Erwerbstätigkeit

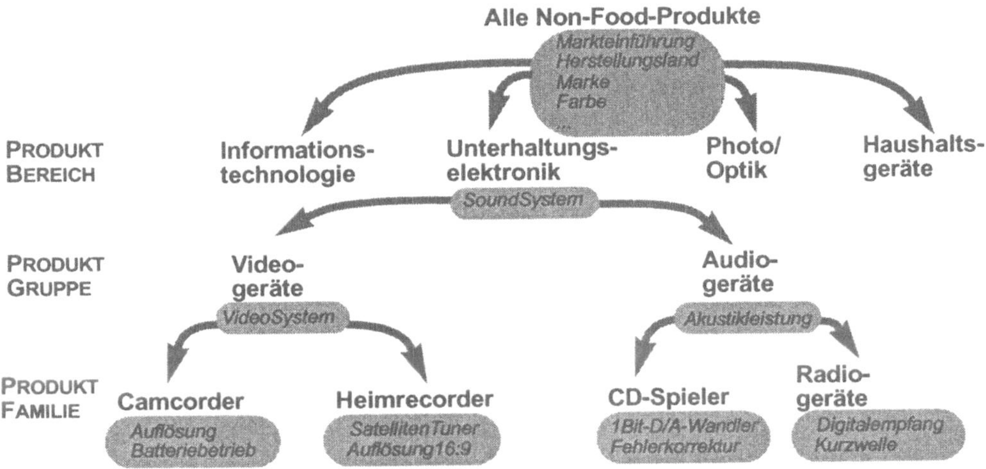

Abb. 3.3: Beispiel: Klassifikation von Artikelstämmen

und somit der Festlegung der α- und τ-Komponenten der $\alpha\beta\gamma\tau$-Struktur entspricht, dient die Ausweisung der Festlegung der γ-Komponente, d.h. der Kriterien, nach denen das Ergebnis der Auswertung aufgeschlüsselt wird ('WIE?'). Abbildung 3.4 illustriert diesen Übergang mit Annotationen der jeweils betroffenen Komponenten der $\alpha\beta\gamma\tau$-Struktur des resultierenden Makrodatums. Beide Methoden werden im folgenden entsprechend klassifikatorischer und charakterisierender, d.h. beschreibender Strukturen näher detailliert.

Im Selektionsprozeß erfolgt eine Unterstützung der Klassifikation dahingehend, daß in einem ersten Schritt eine Menge von Einzelgegenständen durch Angabe einer Klasse ('1.' bei 'Selektion' in Abbildung 3.4) anstelle durch Aufzählen adressiert wird. Wird der erste Schritt in der Selektion nicht durchgeführt, so wird automatisch der Wurzelknoten der Klassifikationshierarchie und damit alle Individuen ausgewählt. In einem zweiten Schritt ('2.' bei 'Selektion' in Abbildung 3.4) können im Rahmen der Selektion Prädikate auf gültige Merkmale der zuvor ausgewählten

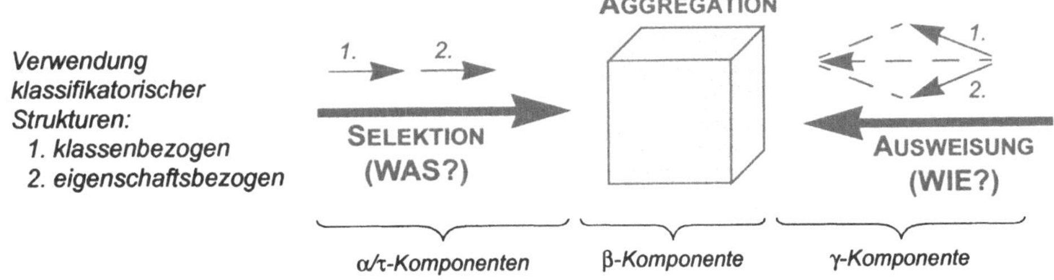

Abb. 3.4: Selektion und Ausweisung beim Übergang von Mikro- zu Makrodaten

Klasse zur Auswahl von Individuen spezifiziert werden. In Anlehnung an die Produktklassifikation aus der Marktforschung stellt der Spezifikationsterm (Klasse: Video, Eigenschaften: Videosystem = 'VHS' oder Marke = 'Sony') eine gültige Bereichsauswahl dar. Eine Bereichsauswahl ist somit stets instanzenbasiert.

Die Ausweisungmethodik, wie sie in einer einzelsatzorientierten transaktionalen Datenverarbeitung prinzipiell nicht existiert, bestimmt die Kriterien, nach denen das Ergebnis der Aggregationsoperation aufgeschlüsselt wird. Im Gegensatz zur Selektion erfolgt eine Unterstützung klassifikatorischer Strukturen dahingehend, daß auf Schema- bzw. Attributebene sowohl klassenbezogene ('1.' bei 'Ausweisung' in Abbildung 3.4) als auch eigenschaftsbezogene ('2.' bei 'Ausweisung' in Abbildung 3.4) Angaben zur Bestimmung der γ-Komponente der Makrodatenstruktur erfolgen können. Ein Beispiel einer Ausweisung basierend auf der Produktklassifikation lautet: 'nach Produktfamilien und Herstellungsland'.

3.3 Sprachkritische Rekonstruktion der multidimensionalen Aggregation

Nach Wedekind ist eine sprachkritische Rekonstruktion einer Modellbildung "methodisch vorgelagert und stellt den Begründungs- und Rechtfertigungszusammenhang zur Lebenswelt dar" ([Wede91], S. 50). Deshalb wird in diesem Abschnitt das Prinzip der sprachkritischen Rekonstruktion multidimensionaler Aggregation, reduziert auf die Rekonstruktion intensionaler und extensionaler Aspekte einer hierarchischen Klassifikation, aufgezeigt. Eine relationale Rekonstruktion klassifikatorischer Strukturen (angelehnt an den Ansatz von [SmSm77]) findet sich im Rahmen der Beschreibung des CUBESTAR-Implementierungsmodells in Abschnitt 9.2.

3.3.1 Grundlegende Terminologie

Die Erfassung von Mikrodaten erfolgt durch Referenzierung von Gegenständen durch *Eigennamen* ('*proper names*'). Eigennamen dienen der Benennung einzelner Gegenstände, so daß zu jedem Eigennamen genau ein Gegenstand existiert. Als Beispiel von Eigennamen aus dem Bereich der Non-Food-Produkte sind exemplarisch Artikelbezeichnungen wie 'TR-75' und 'TS-78' zu nennen. Parallel zur Referenzierung durch Eigennamen existiert die Möglichkeit der *Kennzeichnung* ('*definite descriptions*') einzelner Gegenstände. Kennzeichnungen weisen die Form

ι_x A(x) (gelesen: “dieses x mit A(x)”) auf, wobei A(x) eine Aussageform über die Eigenschaften von x und ι_x der Kennzeichnungsoperator (Jota-Operator) ist. Der zu kennzeichnende Gegenstand muß im Fall einer echten Kennzeichnung existieren und eindeutig sein. Das Prinzip der echten Kennzeichnung ist jedoch dadurch in Frage gestellt, daß eine Eindeutigkeit stets gebunden an einen Kontext ist. So ist fraglich, ob im Kontext einer landesweiten Erfassung eine Kombination aus Vorname, Nachname und Geburtsdatum für eine Personenkennzeichnung ausreichend ist. Im Kontext einer lokalen organisatorischen Einheit ist die Eindeutigkeit sicherlich gegeben.

Anders ergibt sich der Sachverhalt in der beschreibenden Statistik, da hier meist gar keine Eindeutigkeit, d.h. kein Rückgriff auf Einzelindividuen gefordert, sondern auf Mengen von Individuen mit gemeinsamen Eigenschaften Bezug genommen wird. Solche unechten Kennzeichnungen werden *Pseudokennzeichnungen* genannt. Pseudokennzeichnungen identifizieren eine Menge von Gegenständen und bilden das wesentliche Mittel der sprachkritischen Rekonstruktion von extensionalen Aspekten einer Klassifikation.

3.3.2 Rekonstruktion intensionaler Aspekte einer Klassifikation

Ausgangspunkt für eine sprachkritische Rekonstruktion intensionaler Aspekte ist der Elementarsatz, in dem ein Prädikat ‘P’ einem Eigennamen ‘x’ mit Hilfe der Kopula ‘ε’ zugesprochen wird (‘x ε P’). Für das laufende Beispiel seien ‘TR-75 ε Camcorder’, ‘TR-75 ε schwarz’ und ‘TR-75 ε Sony’ drei gültige Elementarsätze. Während in der klassischen Logik Elementarsätze unter Anwendung von logischen Ausdrücken lediglich zusammengesetzt werden können (‘TR-75 ε Camcorder ∧ TR-75 ε schwarz ∧ TR-75 ε Sony’), wird beim Aufbau einer rationalen Grammatik zwischen *Eigenprädikator* und *Apprädikator* unterschieden. Eigenprädikatoren werden beim Prädizieren dem Eigennamen zugeordnet. Apprädikatoren dienen als Zusatzprädikatoren zu anderen Prädikatoren. Sprachkritisch werden Apprädikatoren aus Adverbien und Adjektiven einer Sprache rekrutiert. Die allgemeine Form eines Satzes ergibt sich somit zu ‘$x \varepsilon n_1 n_2 n_3 \ldots n_k P$’, wobei die ‘$n_i$’ die jeweiligen Apprädikatoren reflektieren.

Wird der umgangsprachliche Satz *“TR-75 ist ein schwarzer Camcorder der Marke Sony”* sprachkritisch rekonstruiert, so wird ‘TR-75’ als der Eigenname, ‘Camcorder’ als der Eigenprädikator und ‘Sony’ und ‘schwarz’ als Nebenprädikatoren identifiziert†. Intensionale Aspekte werden sprachkritisch somit auf Apprädikatoren eines Satzes in einer rationalen Grammatik abgebildet. Eigenprädikatoren fällt die Rolle eines Klassifikators zu.

3.3.3 Rekonstruktion extensionaler Aspekte einer Klassifikation

Zur Rekonstruktion extensionaler Aspekte einer Klassifikation wird das Konzept der Pseudokennzeichnungen zu *geschachtelten Pseudokennzeichnungen* erweitert. Allgemein ist eine geschachtelte Kennzeichnung dadurch definiert, daß in der zu einer Kennzeichnung gehörenden Aussageform wiederum eine Kennzeichnung eingebettet ist ([Lore87]). Eine geschachtelte Kennzeichnung besitzt somit die allgemeine Form: '$\iota_{x_0} R^0(x_0, \iota_{x_1} R^1(x_1, \iota_{x_2} R^2(\ldots)))$', wobei die $R^i(x_i, \ldots)$ beliebige binäre Relationen darstellen. Ist die Eindeutigkeit der an der Schachtelung beteiligten Kennzeichnungen nicht mehr gegeben, so wird von einer geschachtelten Pseudokennzeichnung gesprochen.

Im Fall der Rekonstruktion klassenbezogener Zusammenhänge weisen die oben eingeführten binären Relationen $R^i(x_i, \ldots)$ die Form '$R^i(x_i, X_{i+1}) = x_i\ \varepsilon\ \mathrm{Attr}(x_i) \wedge x_i \in X_{i+1}$' auf und entsprechen somit Pseudokennzeichnungen. Der erste Term führt dabei eine Prädizierung des Attributes durch, welches der Gliederungsebene des jeweiligen x_i entspricht. Der zweite Term reflektiert die Hierarchiebildung dadurch, daß die Elemente x_i der Unterklasse auf i-ter Gliederungsebene als Elemente der Oberklasse X_{i+1} aufgefaßt werden‡. Die Rekonstruktion extensionaler Aspekte wird an folgendem Beispiel der Adressierung aller Artikel der Unterhaltungselektronik aufgezeigt, was durch folgende geschachtelte Pseudokennzeichnung spezifiziert ist:

$$X_0 = \iota_{x_0} R^0(x_0, \iota_{x_1} R^1(x_1, \iota_{x_2} R^2(x_2, \text{Unterhaltungselektronik})))$$

Diese geschachtelte Kennzeichnung wird im folgenden sukzessive von 'Innen' nach 'Außen' aufgespalten:

† Analog zur Diskussion um natürliche und künstliche Klassifikationen erscheint hier die Wahl von 'Camcorder' zum Eigenprädikator als natürlich; der Satz "TR-75 ist ein camcorder-isches, schwarzes Sony-Gerät" hingegen (bei der Wahl von 'Sony' als Eigenprädikator) als künstlich.

‡ An dieser Konstruktion zeigt sich sehr schön, daß die Extension lediglich eine Degeneration der Intension auf ein Klassenprädikat ist; alternativ könnte in diesem Fall prädiziert werden: '$x_i, X_{i+1}\ \varepsilon \in$'

- Menge der unter dem Begriff der 'Unterhaltungselektronik' subsumierten Produktgruppen:
  $X_2 = \iota_{x_2} R^2(x_2, \text{Unterhaltungselektronik})$
  $= \iota_{x_2} (x_2 \,\varepsilon\, \text{Produktgruppe} \wedge x_2 \in \text{Unterhaltungselektronik})$

- Menge der Produktfamilien:
  $X_1 = \iota_{x_1} R^1(x_1, X_2)$
  $= \iota_{x_1} (x_1 \,\varepsilon\, \text{Produktfamilie} \wedge x_1 \in X_2)$

- Menge der Artikel
  $X_0 = \iota_{x_0} R^0(x_0, X_1)$
  $= \iota_{x_0} (x_0 \,\varepsilon\, \text{Artikel} \wedge x_0 \in X_1)$

Somit ist offensichtlich, daß sich die hierarchische Struktur einer Klassifikation sprachkritisch durch das Konzept der geschachtelten Pseudokennzeichnungen rekonstruieren läßt. Auf weitere Ausführungen wird an dieser Stelle verzichtet und stattdessen auf die detaillierten Forschungsberichte [LeTW97] und [WLTA97] verwiesen.

3.4 Zusammenfassung

Ziel dieses Kapitels ist es, unabhängig von einem speziellen Anwendungsszenario, wie es in dem vorangegangenen Kapitel erläutert wurde, eine Beschreibung der allgemeinen Methodik multidimensionaler Auswertungen zu geben. Als zentraler Punkt ist dabei die Einführung der $\alpha\beta\gamma\tau$-Notation zur Beschreibung von Makrodaten zu werten, da sich die einzelnen Komponenten in dem Konzept der 'Multidimensionalen Objekte' (Abschnitt 7.2) wiederfinden werden. Als zweiter grundsätzlicher Punkt muß an dieser Stelle auf die systematische Einführung und sprachkritische Rekonstruktion von Klassifikationsstrukturen hingewiesen werden. Es zeigt sich eindrucksvoll, daß das Konzept einer hierarchisch organisierten Klassifikationsstruktur mit jeweils lokal gültigen Eigenschaften als fundamental für die Selektion und Auswertung während eines multidimensionalen Analyseschrittes angesehen werden muß. Für die sich anschließende Darstellung existierender Modellierungsansätze ergibt sich die Forderung nach einer Untersuchung einer jeweils adäquaten Repräsentationsform klassifikatorischer Strukturen.

B Modellierungs- und Verarbeitungsmethodologie in der multidimensionalen Datenanalyse

Im Teil A wurde der Kontext für eine detaillierte Untersuchung multidimensionaler Modellierungs- und Verarbeitungstechniken, wie sie in dem folgenden Teil vorgenommen wird, geschaffen. Diese Erläuterungen sind strukturell gemäß den einzelnen Komponenten der folgenden Abbildung organisiert.

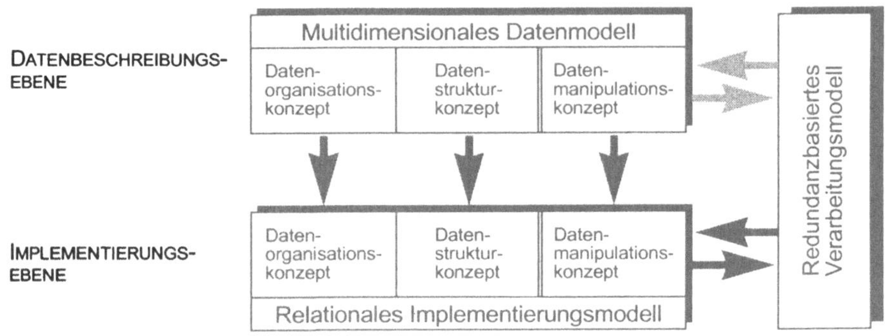

Kapitel 4 enthält eine umfassende Darstellung existierender *multidimensionaler Modellierungsansätze* aus dem Bereich der statistischen Datenanalyse. Diese Darstellung ist aufgeteilt in die Beschreibung des im Bereich statistischer Anwendungen wesentlichen *Datenorganisationskonzeptes*, dem *multidimensionalen Datenstrukturkonzept* und schließlich in die exemplarische Einführung von Operatoren auf diesen Strukturen (*Datenmanipulationskonzept*). In Kapitel 5 werden diese Konzepte und Operatoren auf das *relationale Datenmodell* abgebildet, wobei insbesondere eine Fokussierung auf die Ebene der relationalen Anfrageverarbeitung mit dem Ziel der Optimierung von Aggregationsoperationen durch Integration von redundant gehaltenen Materialisierungen erfolgt. Diese Technik, bezogen auf eine effiziente Aggregatverarbeitung, steht im Mittelpunkt von Kapitel 6. Basierend auf der Theorie der aggregationsorientierten Ableitbarkeit wird das fundamentale Konzept des Aggregationsgitters eingeführt. Weiterhin widmet sich das Kapitel der Vorstellung unterschiedlicher Verfahren zur Entscheidung, welche günstigen Aggregatkombinationen im Zuge eines *redundanzbasierten Verarbeitungsmodells* vorgehalten werden. Generelles Ziel dieses Teils des Buches ist somit einerseits eine umfassende Reflexion des aktuellen Forschungsstandes und andererseits das Aufzeigen von Problematiken, die im dritten Teil im Rahmen der CUBESTAR-Methodologie erneut aufgegriffen, diskutiert und so weit möglich einer Lösung zugeführt werden.

4 Modellierungsmethodologie in statistischen Datenmodellen

In diesem Kapitel werden die im weiteren Verlauf des Buches benötigten Kenntnisse über multidimensionale Datenmodellierung vermittelt. Die multidimensionale Darstellung statistischen Zahlenmaterials ist jedoch nicht erst seit [CoCS93] durch die Prägung des Terminus 'Online Analytical Processing' bekannt, sondern entspricht einem fundamentalen Bestandteil statistischer Datenmodelle und deren Anwendungen, die eine lange Historie aufweisen. Der erste Abschnitt in diesem Kapitel versucht daher eine Brücke zwischen dem im statistischen Anwendungsgebiet benutzten Arbeitsmittel einer statistischen Tabelle und dem allgemeinen Konzept eines multidimensionalen Datenwürfels zu schlagen. Weiterhin werden aus dieser Gegenüberstellung graphische Notationen abgeleitet, welche im Bereich der statistischen multidimensionalen Datenmodelle als Entwurfsmittel eines konzeptionellen Schemas üblicherweise Anwendung finden.

Der Rest dieses Kapitels ist entsprechend den Komponenten eines Datenmodells im Bereich statistischer Anwendungen organisiert. In Abschnitt 4.2 wird das im Vergleich zum relationalen Ansatz nicht explizit ausgewiesene, im Bereich statistischer Auswertungen jedoch fundamentale Konzept der *Datenorganisation* eingeführt. Dabei werden verschiedene Techniken zur Spezifikation eines Datenorganisationsschemas durch Aufarbeitung einzelner Aspekte aus verschiedenen statistischen Datenmodellen eruiert. Diese inhaltsorientierte Vorgehensweise schließt eine ansatzorientierte Darstellung einzelner Modelle aus, so daß für eine derartige Erläuterung an dieser Stelle auf Sekundärliteratur wie [Mich91] oder [Ruf97a] verwiesen wird.

Im Abschnitt 4.3 erfolgt eine Aufarbeitung des Datenstrukturkonzeptes im Bereich statistischer Datenmodellierung. Ein multidimensionaler Datenwürfel wird dabei mathematisch als das kartesische Produkt der Wertebereiche der Kategorienattribute des multidimensionalen Schemas definiert. Operatoren auf diesen Strukturen unter der Beachtung des jeweiligen Datenorganisationskonzeptes werden im Rahmen des Datenmanipulationskonzeptes aufgearbeitet. Vorgestellt werden in Abschnitt 4.4 Projektions- bzw. Selektionsoperationen, angelehnt an [AgGS97] ein Beispiel einer multidimensionalen Verbundoperation und die Aggregationsoperation, die fundamental für den Bereich der statistischen Auswertungen ist. Das Kapitel schließt mit einer kurzen Zusammenfassung und einer Bewertung der vorgestellten Modellierungsansätze.

4.1 Eigenschaften multidimensionaler statistischer Datenmodelle

Die prinzipielle Idee, auf welcher multidimensionale bzw. Modellierungsansätze aus dem Bereich der 'Statistical & Scientific Databases' basieren, liegt darin, daß das Konstrukt, welches am stärksten die Interaktionsgewohnheiten des Benutzers widerspiegelt, eben eine statistische Tabelle, mit dem Datenstrukturkonzept übereinstimmt.

4.1.1 Grundlegende Struktur statistischer Tabellen

Eine statistische Tabelle, wie sie beispielsweise in Abbildung 4.1 zu sehen ist, stellt neben einer Vielzahl graphischer Elemente wie Torten-, Gantt-, oder Balkendiagramme, eine Möglichkeit der Repräsentation von statistischem Zahlenmaterial dar. Trotz der antiquiert erscheinenden Darstellungsform gelten statistische Tabellen, insbesondere bedingt durch ihre Kompaktheit, ihren strukturierten Aufbau und die Möglichkeit durch eine Schachtelung in die Tiefe komplexe Berichte zu erstellen, als *das* Mittel zur Repräsentation statistischer Information.

Verkäufe Monat = '01/98'				Produktgruppe = 'Video'				Produktfamilie = 'Camcorder'										Σ
				nach Produktfamilie				nach Audiosystem										
				Camcorder		Heimgeräte		Mono				Σ	Stereo				Σ	
				nach Marke				nach Videosystem					nach Videosystem					
				Sony	JVC	JVC	Grundig	Hi8	N8	VHS	Σ		Hi8	N8	VHS	Σ		
Land = 'Deutschland'	nach Region: Norddeutschland	nach Geschäftstyp	Supermarkt	12	11	37	58	...	...	...								
			Fachmarkt	31	35	32	66	...	...									
			Einzelhandel	15	21	34	51	...										
	Süddeutschland	nach Geschäftstyp	Supermarkt	22	18	32	67											
			Fachmarkt	51	46	54	57											
			Einzelhandel	41	27	55	51											

Abb. 4.1: Beispiel einer statistischen Tabelle (nach [LeRT96b])

Wie aus der Beispieltabelle (Abbildung 4.1) weiterhin hervorgeht, kann sich eine statistische Tabelle aus mehreren Einzeltabellen zusammensetzen. Die im Rahmen dieses Buches beschriebenen Modellierungstechniken beziehen sich dabei nur auf

Einzeltabellen. Der an kompositen statistischen Tabellen interessierte Leser sei beispielsweise auf den 'System for Statistical Databases'-Ansatz hingewiesen ([ÖzÖz83] und [ÖzÖM87]), welcher zusammengesetzte Tabellen rekonstruiert und auf geschachtelte Relationen abbildet. Da diese Erweiterung neben den vorgestellten Modellierungsansätzen lediglich eine enorme Steigerung der Komplexität nach sich zieht und keine neuen Konzepte aufzeigt, wird auf die globale Beschreibung dieses Ansatzes verzichtet und dieser lediglich punktuell in den nachfolgenden Abschnitten referenziert.

Neben der Möglichkeit der Schachtelung zur Darstellung komplexer statistischer Informationen zeichnet sich die Darstellungstechnik einer statistischen Tabelle durch eine nahtlose Integration von Rand- und Gesamtsummen ('*marginals*') aus. So sind im rechten Teil der Beispieltabelle (Abbildung 4.1) für jede Aufspaltung nach unterschiedlichen Kriterien Teilsummen ausgewiesen. Diese Teilsummentechnik wird beispielsweise modellorientiert in [Ghos89], auf Ebene der Anfragesprache SQL in [GBLP96] (Abschnitt 5.3.3) detailliert behandelt, im weiteren Verlauf dieses Abschnitts jedoch nicht vertieft.

Eine statistische Tabelle, wie sie in Abbildung 4.2a dargestellt ist, wird definiert durch zwei Mengen von *Kategorienattributen*, wobei eine Menge den Aufriß ('*Header*') der Tabelle bestimmt und die zweite Menge zur Darstellung des Seitenrisses ('*Stub*') dient. Der Auf- und Seitenriß besteht jeweils aus einer geschachtelten Folge von Ausprägungen der jeweiligen Kategorienattribute. Wie am Beispiel der Regionen und Geschäftstypen ersichtlich ist, müssen für jede außen stehende Ausprägung alle weiter innen stehenden Ausprägungen wiederholt werden. Jede Zelle einer statistischen Tabelle als Ausprägung eines numerischen *Summenattributes* kann somit als Element eines zwei-dimensionalen Feldes angesehen werden.

Wird die Restriktion der auf zwei Dimensionen begrenzten Darstellung einer statistischen Tabelle aufgehoben, so korrespondiert eine statistische Tabelle zu einem n-dimensionalen Datenwürfel, wenn die Menge der Kategorienattribute, welche den Kanten eines multidimensionalen Würfels entsprechen, mit der Vereinigung der Kategorienattribute des Auf- und Seitenrisses identisch ist. Abbildung 4.2 zeigt die Äquivalenz einer statistischen Tabelle (Abbildung 4.2a), deren Seitenriß aus Regionsangaben mit jeweils unterschiedlichen Geschäftstypen besteht, zu dem korrespondierenden dreidimensionalen Datenwürfel (Abbildung 4.2b). Hier zeigt sich eindrucksvoll, daß das Konzept multidimensionaler Datenwürfel als allgemeine Modellierungsgrundlage im Sinne eines konzeptionellen Schemas statistischer Informationen angesehen werden kann.

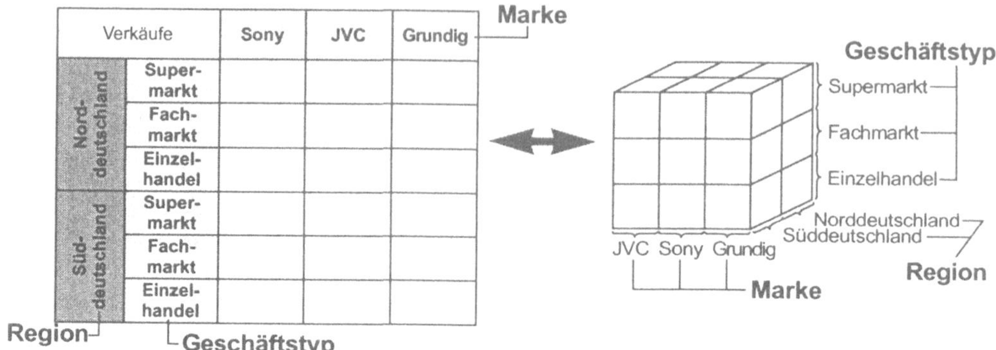

Abb. 4.2: Gegenüberstellung einer statistischen Tabelle mit einem multidimensionalen Datenwürfel

4.1.2 Grundlegende Struktur statistischer Modellierungsansätze

Entsprechend der zuvor eingeführten Positionierung eines multidimensionalen Würfels auf konzeptioneller Ebene impliziert dies eine Einordnung des Konzeptes statistischer Tabellen auf der externen Ebene entsprechend der 3-Schema-Schichtenarchitektur ([TsKl78]). Im Bereich statistischer Datenmodellierung nimmt, wie bereits in Abschnitt 3.2.3 im Rahmen der Beschreibung allgemeiner Methoden multidimensionaler und statistischer Auswertungen erfolgt, die explizite Definition von Beziehungen zwischen unterschiedlichen Objekten zur Auswertungsunterstützung eine fundamentale Stellung ein. Zur Abbildung dieser Beziehungen hat sich aus Gründen der Visualisierung eine graphische Notation als geeignetes Mittel zur Darstellung dieser semantischen Strukturen erwiesen. Wie erstmalig im SUBJECT-Ansatz ([ChSh81]) eingeführt, erfolgt ein Schemaentwurf in dem jeweiligen statistischen Datenmodell durch Spezifikation einer *azyklischen Graphstruktur*. Jeder Graph repräsentiert den Rahmen einer nachfolgenden analytischen Auswertung, wobei die Knoten und Kanten eine jeweils modellabhängige Semantik besitzen. In diesem Abschnitt werden drei unterschiedliche Knotentypen eingeführt, welche entweder exakt oder modifiziert in allen graphbasierten statistischen Datenmodellierungsansätzen wiederzufinden und zur Abbildung des multidimensionalen Grundgedankens notwendig sind.

Abbildung 4.3b zeigt einen Ausschnitt aus einem sogenannten *'Statistischen Objekt'* als Repräsentation eines multidimensionalen Datenschemas und dessen multidimensionales Äquivalent. Der multidimensionale Datenraum wird durch einen X-

Knoten repräsentiert. In diesen X-Knoten eingehende Kanten der Graphstruktur entsprechen den Kanten des multidimensionalen Würfels. Im Beispiel wird der Datenraum durch die Kanten zur Beschreibung von Marken, Regionen und Geschäftstypen aufgespannt. Die Elemente einer Kante, wie beispielsweise die unterschiedlichen Marken im obigen Beispiel, werden durch Attribute beschrieben, denen ein *C-Knoten* ('cluster node') zugeordnet ist. Wie im nächsten Abschnitt ausgeführt wird, stellen C-Knoten ein grundlegendes Konstrukt eines multidimensionalen Datenorganisationskonzeptes zur Beschreibung qualifizierender Informationen dar. Erstmalig in *GRASS* ('GRaphical Approach for Statistical Summary', [RaRi83] und [RaRi87]), welches historisch und funktional als direktes Nachfolgemodell von SUBJECT eingeordnet werden kann, werden die einzelnen Zellen, also der quantifizierende Teil eines statistischen Objektes explizit durch sogenannte *S-Knoten* ('summary nodes') dargestellt. Gegenstand der statistischen Modellierung bilden im Beispiel die Verkaufswerte, aufgegliedert nach den Kategorienattributen des zugrundeliegenden Datenraumes.

Unter Anwendung der bereits eingeführten Begriffe wird der Terminus des *'Statistischen Objektes'*, erstmals eingeführt in dem Modellierungsansatz STORM ([RaSh90]) und in STORM$^+$ ([BeMR94]) bzw. ADAMO ([RaBT96]) leicht modifiziert, zur Beschreibung eines statistischen Phänomens wie folgt formal definiert:

Definition: *Statistisches Objekt*

Ein statistisches Objekt ist ein Quadrupel <N, C, S, f>, wobei für die einzelnen Komponenten gilt:

- N: Name des Phänomens zur Identifikation des statistischen Objekts
- C: endliche Menge von Kategorienattributen mit jeweils endlichem Wertebereich

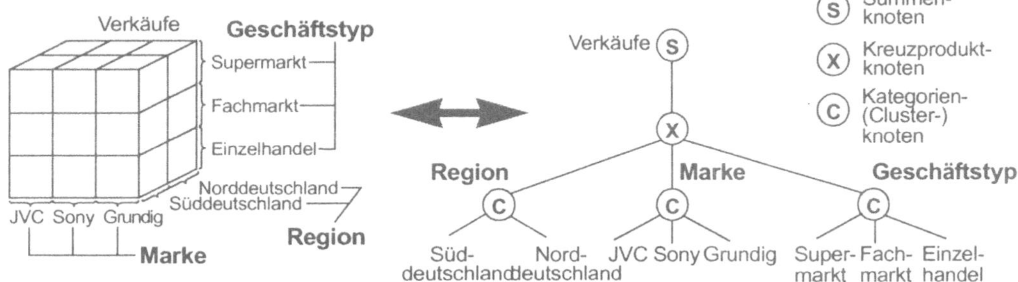

a) Darstellung als multidimensionaler Datenwürfel b) Darstellung als Graphstruktur

Abb. 4.3: Gegenüberstellung von multidimensionaler und graphbasierter Sichtweise

- S: numerisches Summenattribut des statistischen Objektes
- f: Aggregationsfunktion, welche vom kartesischen Produkt der Wertebereiche der Kategorienattribute auf die Werte des Summenattributes abbildet.

Für das Beispiel aus Abbildung 4.3 ergibt sich die Notation als statistisches Objekt zu:

<'Gesamtverkaufszahlen', {Region, Marke, Geschäftstyp}, Verkäufe, SUM>

4.2 Multidimensionale Datenorganisationskonzepte

Da aus Modellierungsgesichtspunkten der fundamentale Unterschied von statistischen Anwendungen zu Standarddatenbankanwendungen darin besteht, daß ein Szenario bereits zum Zeitpunkt des Schemaentwurfs sehr stark strukturiert wird, kommt dem Schemaentwurf im Kontext multidimensionaler Datenorganisationskonzepte eine überragende Rolle zu. Zentrale Aufgabe eines adäquaten multidimensionalen Datenorganisationskonzeptes ist es, inhärente Beziehungen der Anwendungswelt explizit im Schema widerzuspiegeln. Da auch im Rahmen der CUBE-STAR-Methodologie (Teil C) eine Aufteilung in Datenorganisations-, Datenstruktur- und Datenmanipulationskonzept vorgenommen wird, gebietet es sich in einem ersten Schritt existierende Datenorganisationskonzepte aufzuarbeiten. Dazu werden im folgenden die Modellierungstechniken aus dem '*Statistical Object Representation Model*' (STORM; [RaSh90]), dem '*Semantic Association Model*' (SAM*; [Su83]) und dem '*Conceptual Statistical Model*' (CSM; [BaBa88]) vorgestellt. In den sich daran anschließenden Abschnitten 4.3 und 4.4 werden existierende multidimensionale Datenstruktur- und Datenmanipulationskonzepte vorgestellt und hinsichtlich ihrer Anwendbarkeit beurteilt.

4.2.1 Grundlegende Modellierungskonstrukte

Wie in Kapitel 3 als fundamentale Eigenschaft eines adäquaten multidimensionalen Datenmodells gefordert wird, können die einzelnen Elemente einer Kante eines multidimensionalen Datenwürfels je nach Anwendungseinfluß mehr oder weniger stark, meist hierarchisch strukturiert sein. Als grundlegende Modellierungstechnik stellt dieser Abschnitt eine rekursive Gruppierung im Sinne einer hierarchischen Klassifikation ohne Berücksichtigung lokaler Eigenschaften vor.

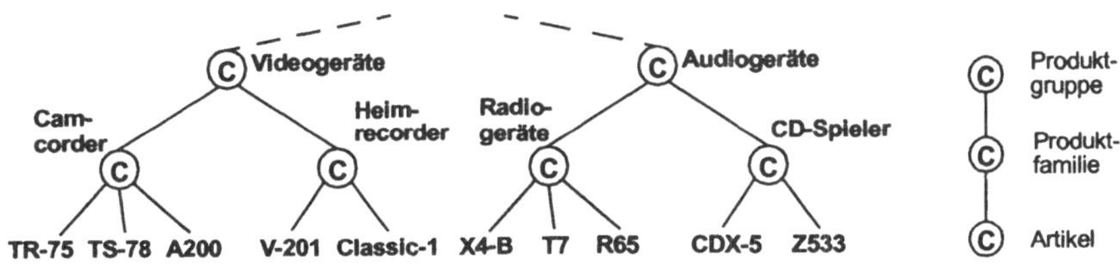

Abb. 4.4: Beispiel einer hierarchischen Gruppierung

Allen bisher erwähnten statistischen Datenmodellen ist dazu eine Möglichkeit der rekursiven Gruppierung von Objekten gegeben. Wie Abbildung 4.4 zeigt, besteht beispielsweise die Gruppe Audiogeräte aus den Mitgliedern Radiogeräte und CD-Spieler. Jedes dieser Elemente steht wiederum für eine Gruppe weiterer Elemente.

In den statistischen Datenmodellen SUBJECT, GRASS und STORM werden diese Knotentypen als *C-Knoten* (*'cluster node'*), in SAM* entsprechend auch *M-Knoten* (*'membership'*) genannt. Weiterhin wird in CSM unterschieden, ob ein Knoten Objekte der realen Welt repräsentiert, wie im Fall der Artikel, oder ob der jeweilige Knoten Eigenschaften einer Menge von Objekten repräsentiert. Im ersten Fall findet ein *S-Knoten** (*'set of objects'*), im zweiten Fall ein C-Knoten (*'category attribute'*) Anwendung. Allen Knotentypen in den jeweiligen Modellen ist jedoch gemeinsam, daß sie benutzt werden können, um durch wiederholte Anwendung eine hierarchische Struktur aufzubauen.

Wie aus Abbildung 4.4 weiterhin zu erkennen ist, existiert bei dieser einfachen Konstruktion mit Hilfe eines einzelnen Knotentyps eine Vermischung von Kategorienattributen und Kategorieninstanzen. So ist beispielsweise CD-Spieler Ausprägung des Attributs Audiogeräte, gleichzeitig jedoch Attribut, d.h. Schema für die subsumierten Artikel CDX-5 und Z533. Um diese Mehrdeutigkeit zu eliminieren, führt STORM zwei orthogonale Konzepte zur Unterscheidung von Schema- und Ausprägungsebene ein. So wird die Modellierung von Beziehungen stets auf Schemaebene ausgeführt und auf Ausprägungsebene in einem zweiten Schritt instantiiert. Weiterhin werden unabhängig von der Verwendung eines Datenorganisationsschemas auf einer unteren Basisebene alle möglichen Beziehungen definiert und diese Schemata erst auf einer höheren Summendatenebene in den Kontext eines statistischen Objektes eingebettet. Der an dieser Technik interessierte Leser sei an dieser Stelle auf [ShRa95] verwiesen.

* Dieser S-Knoten darf nicht mit dem Summenknoten aus Abschnitt 4.1 verwechselt werden.

Im Rahmen der Aufarbeitung grundlegender Modellierungskonstrukte des Informationsmodells erscheint es mit Blick auf den operativen Aspekt angebracht, darauf hinzuweisen, daß die Disjunktheit der eingehenden Gruppen in einem hierarchisch strukturierten Datenorganisationsschema eine notwendige Bedingung für die Summierbarkeit des quantifizierenden Datenbestands ist (Abschnitt 6.1). Aus diesem Grund gelten folgende Regeln für das Verhältnis von funktional abhängigen Kategorienattributen:

Sind zwei durch C-Knoten repräsentierte Attribute funktional abhängig, d.h. auf Instanzenebene besteht eine direkte Art-Gattungsbeziehung, so wird diese funktionale Abhängigkeit als Kante zwischen den beiden beteiligten C-Knoten modelliert. Wie aus Abbildung 4.5a ersichtlich ist, können Camcorder und Heimrecorder als Arten des Gattungsbegriffes Videogeräte aufgefaßt werden, so daß die zugehörigen Kategorienattribute direkt über eine Kante verbunden sind. Besteht andererseits eine n:m-Abhängigkeit zwischen Attributen der beiden C-Knoten, so wird diese Abhängigkeit durch Einfügen eines Kreuzproduktknotens im graphbasierten Schemaentwurf modelliert. Im Beispiel aus Abbildung 4.5b weisen sowohl Camcorder als auch Heimrecorder unterschiedliche Videosysteme auf.

a) Funktionale Abhängigkeit zwischen C-Knoten b) n:m-Beziehung zwischen C-Knoten

Abb. 4.5: Beziehungstypen zwischen C-Knoten

4.2.2 Erweiterte konzeptionelle Modellierungskonstrukte

Insbesondere die beiden graphisch orientierten statistischen Datenmodelle SAM* und CSM bieten weitergehende Konstrukte zur Definition eines Schemas für die Beschreibung qualifizierender Informationen. In Anlehnung an die grundlegenden Abstraktionsmethoden der *Aggregation* und *Generalisierung* ([SmSm77]) definiert SAM* zwei korrespondierende Knotentypen[†] zur Modellierung dieser Methoden.

Aggregationsknoten

Das Grundprinzip der Aggregation als Methode eines Abstraktionsvorgangs besteht darin, daß eine Menge von eingehenden Objekten, repräsentiert durch eine Menge heterogener Knoten, unter einem abstrakten Begriff, symbolisiert durch einen A-

Knoten ('*aggregation node*'), zusammengefaßt wird. Wie das Beispiel aus Abbildung 4.6 zeigt, kann der Begriff Camcorder durch Angabe seiner Artikelbezeichnung (ArtikelNr), seines Verpackungstyps, Farbe, Marke, Soundsystems, Videosystems und Akkulebensdauer charakterisiert, d.h. näher beschrieben werden. Ähnlich dem Relationenmodell (Abschnitt 5.1) ist eine Ausprägung des Aggregationsknotens ein Element des kartesischen Produkts der Wertebereiche der eingehenden Attribute. Eine Kombination von an der Aggregation beteiligten Attributen besitzt weiterhin die Eigenschaft, daß sie ein Objekt aus der Ergebnismenge eindeutig identifiziert. In der Camcorder-Definition (Abbildung 4.6) fällt diese Rolle dem Attribut ArtikelNr zu; bei der Festlegung der Händleradressen sind alle Attribute zur Identifikation eines Eintrags nötig. Bemerkenswert ist an dieser Stelle, daß dieses Konzept mit den Primärschlüsselkonzept des Relationenmodells (Abschnitt 5.1.1) vergleichbar ist.

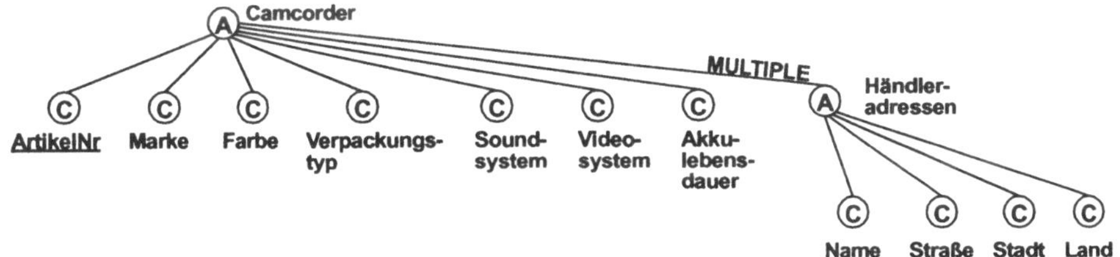

Abb. 4.6: Beispiel zur Abstraktion durch Aggregation

Falls, wie im Beispiel der Händleradressen, eine Komponente eines Aggregationskonstruktes nicht elementar ist, kann die Beziehung mit der Option MULTIPLE parametrisiert werden. Diese Option besagt, daß mehrere Ausprägungen dieser Komponente in einer Ausprägung der Aggregation integriert werden. Im Beispiel kann ein spezieller Camcorder, identifiziert durch seine Artikelnummer, von mehreren Händlern vertrieben werden. Wie weiterhin in [Su83] ausgeführt wird, hängt die Frage, wann eine Aggregation oder eine reine Gruppierung vorliegt, von der Sicht des jeweiligen Anwenders ab. Diese Dualität wird in SAM* dadurch gelöst, daß eine Zusammenfassung heterogener Komponenten sowohl als Aggregation, d.h. Durchführung eines Abstraktionsvorgangs, als auch als einfache Gruppierung i.S. einer Mengensemantik modelliert werden darf.

† In SAM* wird nicht von Knotentypen, sondern von Assoziationen zwischen beliebigen Konzepten gesprochen. Ein Konzept ist dabei entweder ein Basisdatentyp wie Zahl, String, ein komplexer Datentyp wie Zeitreihe und Matrix oder ein abgeleitetes Konzept, was sich durch Anwendung einer der in [Su83] eingeführten sieben Assoziationen ergibt. Um eine weitestgehende Vergleichbarkeit der unterschiedlichen Modellierungstechniken zu erzielen, wird die Terminologie für diesen Abschnitt aus den Arbeiten [ChSh81], [RaRi83] bzw. [RaSh90] adaptiert.

Die Idee der Abstraktion ist in abgeschwächter Form ebenfalls in CSM vorhanden. Der Anwendungsschwerpunkt liegt jedoch nicht auf der ursprünglichen Intension zur Durchführung einer Abstraktion und somit der Begriffsbildung, sondern wird primär auf syntaktischer Ebene zur Strukturierung der graphischen Schemata verwendet.

Generalisierungsknoten

Neben der Aggregation stellt die Generalisierung ein weiteres Abstraktionsmittel dar. Im Rahmen von SAM* können mehrere Eingangsknoten unter einem abstrakten Begriff subsumiert werden. Die Ausprägung eines *G-Knotens* (*'generalization node'*) ist dabei stets als die Vereinigung der Elemente der eingehenden Komponenten definiert. Wie sich die Mengen der Ausprägungen der eingehenden Komponenten zueinander zu verhalten haben, wird paarweise in Nebenbedingungen zwischen zwei eingehenden Komponenten definiert. Angelehnt an [SuLo79], werden in [Su83] vier Beziehungstypen als regulative Konsistenzbedingungen definiert:

- *SX ('set exclusive'):*
  Die Mengen der Ausprägungen der eingehenden Komponenten sind schnittfrei.
- *SE ('set equality'):*
  Die Mengen der Ausprägungen der eingehenden Komponenten sind identisch.
- *SS ('set subset'):*
  Die Menge der Ausprägungen mit der SS-Bedingung ist Teilmenge der anderen Menge.
- *SI ('set intersection'):*
  Beide Mengen weisen beliebige gemeinsame Elemente auf.

Sind mehr als zwei in einen G-Knoten eingehende Komponenten involviert, so werden die paarweisen Beziehungen graphisch durch Bögen visualisiert.

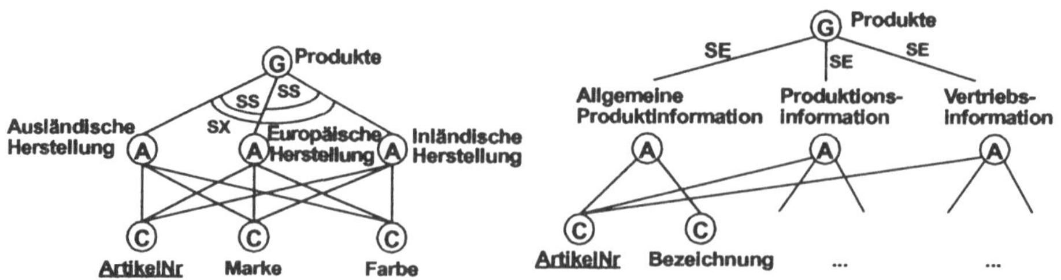

a) Beispiel für SS- und SX-Beziehungstypen b) Beispiel für SX-Beziehungstyp

Abb. 4.7: Beispiel zur Abstraktion durch Generalisierung

Abbildung 4.7 verdeutlicht das Konzept der Generalisierungsknoten und der bereits im Schema festgelegten Nebenbedingung an zwei Beispielen. Auf der linken Seite (Abbildung 4.7a) sind die einzelnen Artikel gemäß ihres Fabrikationsortes gruppiert. Zur Bildung des Begriffes der Produkte erfolgt die Einführung eines Generalisierungsknotens durch Abstraktion von ihrem Fabrikationsort. Dabei steht eine inländische und europäische Herstellung in einen Teilmengenverhältnis (SS), wohingegen deutsche gegenüber ausländischen Herstellungsorten eine gegenseitige Exklusivität, angedeutet durch die SX-Beziehung, aufweisen. Als Beispiel der Mengengleichheitsbeziehung (SE) dient das Beispiel aus Abbildung 4.7b. Informationen zu einem Artikel werden gemäß ihrer Verwendung definiert, so daß es Artikelbeschreibungen unter den Gesichtspunkten der Produktion oder des Vertriebs gibt. Eine abstrakte Sicht auf die Produkte wird durch Einführung eines G-Knotens erreicht, wobei zu jedem Produkt die Einzelinformationen zusammengeführt werden.

4.2.3 Zusammenfassung

Wie dieser Abschnitt gezeigt hat, existieren weitgehende Modellierungsansätze, komplexe Anwendungswelten, wie sie im Bereich der statistischen Datenbanksysteme auftreten, adäquat zu modellieren. Insbesondere der SAM*-Ansatz von [Su83] erreicht durch die Integration der Abstraktionsmechanismen Aggregation und Generalisierung eine enorme Modellierungsmächtigkeit. Wie aus Abbildung 4.8 hervorgeht, ist es damit möglich, die einer Klasse spezifischen intensionalen Attribute abzubilden.

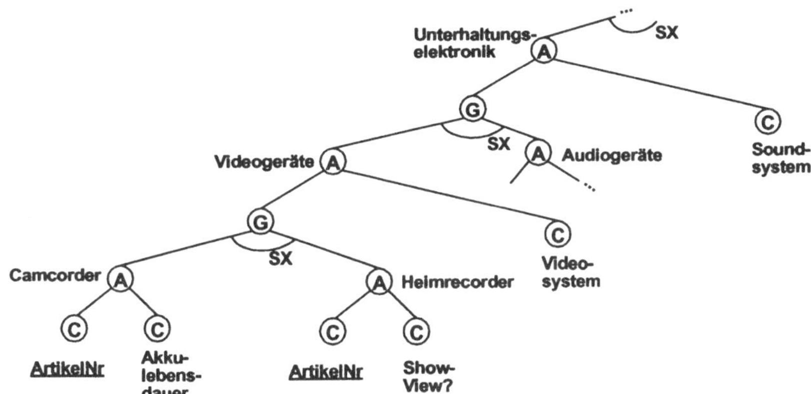

Abb. 4.8: Rekonstruktion einer Klassifikation mittels Generalisierung und Aggregation

Auf unterster Ebene werden Gegenstände mit ihren lokal gültigen Eigenschaften zu abstrakten Objekten, wie Camcorder oder Heimrecorder aggregiert (Abbildung 4.8). Streng klassifikatorisch, was die Anwendung der SX-Einschränkung bedingt, wird aus diesen Objekten durch den Prozeß der Generalisierung ein neuer Begriff geformt. Erst durch die Anwendung eines weiteren Aggregationsprozesses, welcher die bezüglich des jeweiligen Begriffs lokal gültigen Eigenschaften hinzufügt, wird im klassifikatorischen Sinn ein neue Klasse definiert.

Die Frage der Beherrschbarkeit dieser komplexen Werkzeuge im Verlauf des Schemaentwurfs und der Implementierbarkeit bleibt jedoch offen. Darüber hinaus zeigt beispielsweise die mehrdeutige Modellierung von Gruppierung oder Aggregationsvorgang, daß die Grundidee des Modellierungsansatzes nach [Su83] nicht konsequent durchgehalten wird. Weiterhin wird in Teil C gezeigt, daß eine streng klassifikatorische Modellierungstechnik sowohl eine einfache und intuitive Benutzung als auch eine günstige relationale Abbildung, und damit eine Implementierung, ermöglicht. Analog zu SAM* werden somit die Abstraktionsprinzipien der Aggregation und Generalisierung in das Datenorganisationskonzept eines erweiterten multidimensionalen Datenmodells (Abschnitt 7.1) übernommen.

4.3 Multidimensionale Datenstrukturkonzepte

Während das multidimensionale Datenorganisationskonzept durch eine Vielzahl von Modellierungstechniken geprägt ist, weist der multidimensionale Datenraum bzw. eine korrespondierende Darstellung als statistische Tabelle selbst eine einfache Struktur auf. Arbeiten, die den Aspekt der Multidimensionalität im Kontext einer statistischen Tabelle fokussieren sind beispielsweise als '*Statistical Relational Table*' (SRT) in dem '*Statistical Relational Model*' von Ghosh ([Ghos86] und [Ghos89]) oder in dem Ansatz 'A System for Statistical Databases' ([ÖzÖz83], [ÖzMÖ89]) zu sehen. Während Ghosh einen Schwerpunkt auf der Datenmanipulationsseite in der Definition komplexer statistischer Funktionen besitzt (Abschnitt 5.3.2), widmet sich die Darstellung von [ÖzMÖ89] der Spezifikation und Verarbeitung statistischer Anfragen. Als neuere Arbeit auf diesem Gebiet ist der Ansatz von [GyLa97] zu werten, welcher jedoch primär die relationale Abbildung statistischer Tabellen beschreibt (Abschnitt 5.2.2).

Die Struktur einer statistischen Tabelle (Abbildung 4.9) wird spezifiziert durch ein Tripel (C_c, C_r, S), wobei C_r der Menge von Kategorienattributen zur Darstellung des Aufrisses und C_c der Menge von Kategorienattributen zur Darstellung des Seitenrisses entspricht. Die Komponente S bestimmt das numerische Summenattribut ([Ghos86]). Die Beispieltabelle ist demnach spezifiziert durch ({Region, Geschäftstyp}, {Marke}, Verkäufe).

Im Vergleich zu einer Relation, welche oftmals auch als Tabelle visualisiert wird, ist darauf hinzuweisen, daß eine statistische Tabelle symmetrisch bzgl. des Seiten- und Aufrisses ist, während einer relationale Tabelle (Abschnitt 5.1) als listenähnliche Struktur zu sehen ist.

Verkäufe		Sony	JVC	Grundig
Nord-deutschland	Super-markt	12	48	58
	Fach-markt	31	67	66
	Einzel-handel	15	55	51
Süd-deutschland	Super-markt	22	50	67
	Fach-markt	51	100	57
	Einzel-handel	41	82	51

Abb. 4.9: Darstellung einer multidimensionalen Datenstruktur

Aus multidimensionaler Perspektive ist ohne Berücksichtigung der Schachtelung einer statistischen Tabelle der multidimensionale Raum eines statistischen Objektes SO durch ein Tripel <D, f, C> definiert. Dabei repräsentiert $C=\{A_1, ..., A_n\}$ die Menge der an der Kreuzproduktbildung beteiligten Kategorienattribute, D den numerischen Definitionsbereich des S-Knotens (in CSM *D-Knoten* ('*data node*') genannt) und f die anzuwendende statistische Funktion:

$$SO(A_1, ..., A_n) = \{ (x_1, ..., x_n) \mid (\forall x_i \ (1 \le i \le n): x_i \in W(A_i)) \wedge (f(x_1, ..., x_n) \in D \cup \{ NULL \}) \}$$

Ein multidimensionaler Datenraum der Kardinalität $|SO| = n$ ist somit definiert als das *Kreuzprodukt der Ausprägungen der Kategorienattribute*, wobei jedes $W(A_i)$ den Wertebereich des Kategorienattributes A_i beschreibt. Bei der Einführung der multidimensionalen Idee bereits angesprochen (Abschnitt 2.3.3), sei an dieser Stelle erneut darauf hingewiesen, daß nicht jede Kombination von Ausprägungen der beteiligten Kategorienattribute einen Wert aus dem Wertebereich D enthalten muß, sondern einen an dieser Koordinate nicht-existenten Wert anzeigen kann. Dazu wird das Element 'NULL' dem möglichen Bildbereich eines statistischen Objektes hinzugefügt.

Spezifikation von Auswertungsstrukturen

Als Besonderheit, welche in Bezug auf das multidimensionale Datenmanipulationskonzept an Bedeutung gewinnt, ermöglichen Modellierungsansätze aus dem Bereich der statistischen Datenverwaltung, wie sie punktuell bei der Reflexion der Datenorganisationskonzepte (Abschnitt 4.2) vorgestellt werden, auf Ebene der S-Knoten eines Modellierungsgraphen unäre und binäre Operationen festzulegen. Diese Vorgaben ermöglichen bereits zum Zeitpunkt des Entwurfs des konzeptionellen

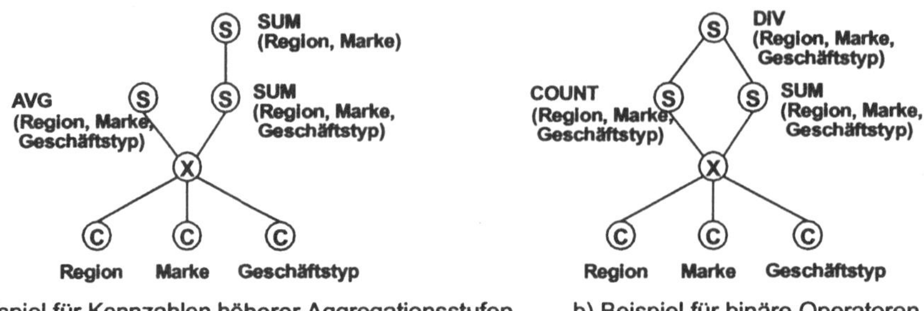

Abb. 4.10: Beispiele statistischer multidimensionaler Datenmanipulationskonzepte

Schemas, potentielle Auswertungen im Sinne statistischer Kennzahlen auf höherer Aggregationsstufe zu beschreiben und somit dem System Hinweise für das Bereitstellen von Präaggregaten (Abschnitt 6.3) zu geben.

Wie durch den X-Knoten festgelegt, repräsentiert der rechte S-Knoten in Abbildung 4.10a die Summendaten auf regionaler Basis aufgespalten nach Region, Marke und Typ des Geschäftes (Geschäftstyp), in dem die Verkäufe getätigt wurden. Darauf aufbauend ist bereits schemaseitig ein weiterer Summendatenwert spezifiziert, der über den Geschäftstyp aufaggregierte Verkaufswerte enthält. Das Beispiel aus Abbildung 4.10b zeigt die Anwendung eines binären Operators zur Berechnung von Durchschnittsangaben basierend auf der Gesamtsumme (rechter S-Knoten) und der Kardinalität (linker S-Knoten).

4.4 Multidimensionale Datenmanipulationskonzepte

Wie in den vorangegangenen Abschnitten über die Beschreibung der Datenstrukturkonzepte bereits erläutert, ist es im Rahmen der klassischen statistischen Datenmodelle wie SUBJECT, GRASS, STORM, CSM oder SAM* üblich, möglichst viel Anwendungswissen in den Schemaentwurf zu integrieren. Dies resultiert zum einen in einer strukturierten Speicherung der statistischen Daten, zum anderen allerdings auch in einer Einschränkung des Benutzerzugriffs, der sich entsprechend nur innerhalb der im Schema vorgegebenen Grenzen 'bewegen' darf. Eine typische Anfrage reduziert sich dadurch auf die Auswahl von Kategorienknoten bezüglich welcher die Summendaten ausgewiesen werden. Diese Auffassung entspricht einem sehr eingeschränkten jedoch überaus benutzerfreundlichen Manipulationskonzept. Ein hoher Grad an struktureller Mächtigkeit, niedergelegt im Datenorganisationskonzept, resultiert somit in einer Reduktion des Datenmanipulationskonzeptes.

Im Gegensatz dazu definieren aktuelle Arbeiten im Bereich multidimensionaler Datenmodelle ([AgGS97], [GyLa97], [CaTo97]) auf der einen Seite eine Menge multidimensionaler Datenmanipulationsoperatoren, weisen auf der anderen Seite jedoch nur ein äußerst degeneriertes Datenorganisationskonzept auf. Organisationsstrukturen werden nicht explizit modelliert, sondern implizit durch Transformationsfunktionen t(A) für Kategorienattribute definiert. Um beispielsweise jedem Geschäftstyp die korrespondierende Geschäftsart zuzuordnen, ist die Abbildungsfunktion t(Geschäftstyp) wie folgt spezifiziert:

t(Supermarkt) = Großhandel
t(Fachmarkt) = Fachhandel
t(Einzelhandel) = Fachhandel

Hinter diesem Konzept der Transformationsfunktionen kann sich, wie im Beispiel der Zuordnung eines Geschäftstyps zu der korrespondierenden Geschäftsart geschehen, sowohl die Möglichkeit der *expliziten Beschreibung komplexer hierarchischer Strukturen* als auch die Möglichkeit der *algorithmischen Definition* einer Gruppenbildung verbergen. Für den Einsatz als Transformationsfunktion dient beispielsweise der in [LiWa96] eingeführte ROLL-Operator zur sequenzorientierten Spezifikation von Gruppen. Für Kategorienattribute mit diskretem und geordnetem Wertebereich faßt der ROLL-Operator $\sigma^{b,s,l}$, beginnend bei der b-ten Attributausprägung, l Elemente in einer Gruppe zusammen und schreitet zum ersten Element der nächsten Gruppe s Schritte voran. Im ersten Iterationsschritt dienen die Elemente auf den Positionen [b, b+l], im zweiten Schritt die Elemente auf den Positionen [b+s, b+s+l], etc. als Berechnungsgrundlage für eine sich anschließende Operation. Mit diesem, speziell im Bereich sequenzorientierter Auswertungen, fundamentalen Operator lassen sich sogenannte 'sliding window'-Operationen wie 'moving sum' oder 'moving average' mit einer Fenstergröße von s Kategorienattributausprägungen auf einem geordneten Datenbestand durchführen (Abschnitt 5.3.2).

Grundsätzlich läßt sich die Menge der auf multidimensionalen Strukturen definierten Operationen dahingehend aufteilen, ob sich die korrespondierenden Operatoren auf die Struktur und damit auf die Anzahl und Ausprägungen der Kategorienattribute oder auf die Inhalte eines multidimensionalen Datenraumes, d.h. auf das Summenattribut, beziehen ([Ghos86]). Für die folgende Darstellung wird zunächst das Konzept der Projektionsoperation eingeführt. Daran schließt sich die Erläuterung des multidimensionalen Verbundes zweier statistischer Objekte und die multidimensionale Aggregationsoperation an.

4.4.1 Projektions- und Selektionsoperation

Verkäufe		Sony	JVC
Nord-deutschland	Supermarkt	12	48
	Fachmarkt	31	67
	Einzelhandel	15	55

Projektion auf:
'Norddeutschland', 'Sony' und 'JVC'

Abb. 4.11: Projektionsoperation auf multidimensionalen Strukturen

Da sich, anders als in der tabellarischen Visualisierung einer Relation, im relationalen Datenmodell (Abschnitt 5.1) Zeilen und Spalten nicht unterscheiden, ist nach [Ghos86] eine Projektionsoperation in der Funktion einer Selektionsoperation zur Ausschnittsbildung eines multidimensionalen Datenraumes ausreichend. Abbildung 4.11 zeigt das Ergebnis einer Projektionsoperation über die Kategorien Norddeutschland, Sony und JVC, angewandt auf die statistische Tabelle aus Abbildung 4.9.

4.4.2 Multidimensionale Verbundoperation

Eine multidimensionale Verbundoperation, wie sie beispielsweise in dem Ansatz von [AgGS97] eingeführt wird, erlaubt eine wertebasierte Verbindung von zwei multidimensionalen statistischen Objekten SO^1 und SO^2, obwohl diese Art von Beziehungen normalerweise in statistischen Anwendungen explizit ausgewiesen wird. Unter der Annahme der Kardinalitäten m und n der Verbundpartner ($|SO^1| = m$ und $|SO^2| = n$) und k Verbundkategorienattribute resultiert die Kardinalität des statistischen Objektes SO' in m+n-k Kategorienattributen, die die einzelnen Dimensionen des Ergebniswürfels reflektieren.

Zur Einführung der multidimensionalen Verbundoperation werden ohne Einschränkung der Allgemeinheit die beteiligten Kanten derart angeordnet, daß $SO^1 = (A^1{}_1, ..., A^1{}_m)$, $SO^2 = (A^2{}_{m-k+1}, ..., A^2{}_n)$ und die überlappenden Kategorienattribute $(A_{m-k+1}, ..., A_m)$ den Verbundkanten der beiden multidimensionalen Verbundpartner entsprechen. Zur Definition des multidimensionalen Verbundes werden ferner für jeden Verbundpartner k Transformationsfunktionen benötigt, welche die Angleichung von Kantenelementen der jeweils paarweisen Ausgangskanten zu der entsprechenden Zielkante des Ergebnisobjektes SO' definiert:

- $T^1 = [\, t^1(A_{m-k+1}), ..., t^1(A_m)\,]$: Transformationsfunktionen von SO^1 nach SO'
- $T^2 = [\, t^2(A_{m-k+1}), ..., t^2(A_m)\,]$: Transformationsfunktionen von SO^2 nach SO'

wobei $(j \in \{1,2\}) \wedge (m-k+1 \leq i \leq m)$: $y = t^j(x) \wedge x \in W(A^j{}_i) \wedge y \in W(A'_i)$

Für die Wertebereiche der Kanten des Verbundergebnisses ergibt sich, daß die Wertebereiche der nicht am Verbund beteiligten Kategorienattribute unverändert übernommen werden. Der Wertebereich eines Verbundattributes ergibt sich entsprechend aus der Vereinigung der Bildbereiche der beiden Transformationsfunktionen $t^1(A_i)$ und $t^2(A_i)$ für das entsprechende Kategorienattribut A_i. Formal wird die Definition des Wertebereichs definiert durch:

$$W(A'_i) = \begin{cases} W(A_i^1) & 1 \leq i \leq m-k \\ W(A_i^2) & m < i \leq n \\ W_1 \cup W_2 & m-k+1 \leq i \leq m \end{cases}$$

Dabei gilt für ein festes i und $j \in \{1,2\}$: $W_j = \{ x' \mid x' \in t^j(x) \wedge x \in W(A^j_i) \}$.

Als Äquivalent zu Transformationsfunktionen auf Seite des Datenorganisationskonzeptes ist eine Funktion F_{elem} zur Herstellung der Verknüpfung auf Ebene des Datenstrukturkonzeptes bereitzustellen. Als Ausprägungen elementweiser Verknüpfungsfunktionen sind insbesondere arithmetische Operatoren, wie Multiplikation, Addition, etc. zu nennen. Ein neues multidimensionales statistisches Objekt $SO' = join(SO^1, T^1, SO^2, T^2, F_{elem})$ wird damit definiert durch die elementweise Verknüpfung der einzelnen Zellen aus den Verbundpartnern:

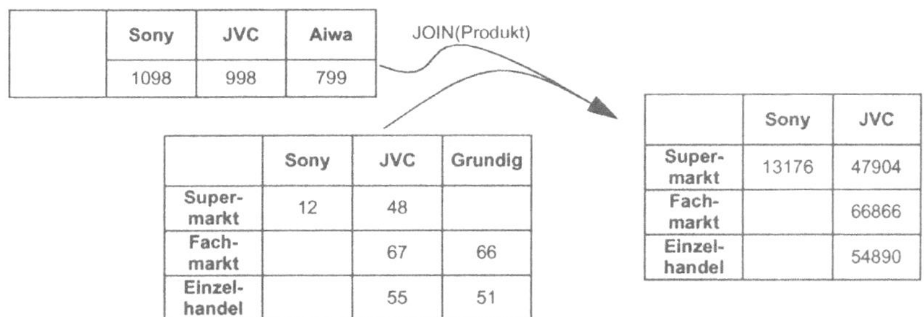

	Sony	JVC	Aiwa
	1098	998	799

	Sony	JVC	Grundig
Super-markt	12	48	
Fach-markt		67	66
Einzel-handel		55	51

	Sony	JVC
Super-markt	13176	47904
Fach-markt		66866
Einzel-handel		54890

Abb. 4.12: Beispiel zur multidimensionalen Verbundoperation

$$f'(x_1, ..., x_n) = F_{elem}(f^1(x_1, ..., x_m), f^2(x_{m-k+1}, ..., x_n))$$

Abbildung 4.12 zeigt ein Beispiel für die Durchführung einer multidimensionalen Verbundoperation mit dem Kategorienattribut Marke in der Rolle der Verbunddimension, der Identität als Abbildungsfunktion und der Multiplikation als Verknüpfungsfunktion. Um die Auswirkung nicht besetzter Zellen auf die Durchführung der Operatoren zu demonstrieren, wird für den weiteren Verlauf dieses Abschnittes eine separates Zahlenbeispiel für die Anzahl der Verkäufe verwendet. Bei der Verbundoperation wird jede Zelle der Verkaufstabelle mit dem Preis multipliziert. Da für Artikel der Marke Grundig keine Preisangabe vorliegt, erscheinen die korrespondierenden Umsatzzahlen nicht in der Ergebnistabelle.

Entsprechend dem Anteil der Verbundkanten an der Gesamtanzahl der Kanten treten folgende erwähnenswerte Sonderfälle auf ([AgGS97]):

- *Kartesisches Produkt:*
  Ein kartesisches Produkt entsteht, wenn die Verbundoperation ohne Verbundkanten durchgeführt wird.

- *Natürlicher Verbund:*
  Ein natürlicher Verbund entsteht, wenn alle Kantentransformationsfunktionen der Identität entsprechen ($t^j(A_i) = id()$) und die binäre Elementfunktion F_{elem} als Ergebnis 'NULL' liefert, sobald eine der Verbundzellen gleich 'NULL' ist.

- *Überdeckung ("associate"):*
  Bei einer Überdeckung tragen alle Kanten der Verbundpartner die Rolle einer Verbunddimension. Über die Transformationsfunktionen wird, wie aus der Abbildung 4.13 hervorgeht, die Zugehörigkeit der Kantenelemente untereinander gesteuert. Das Beispiel aus Abbildung 4.13 berechnet für jede Marke und Geschäftstyp den prozentualen Anteil an der Gesamtverkaufssumme pro Fabrikationsort und Geschäftsart.

4.4.3 Multidimensionale Aggregationsoperation

Im Bereich der statistischen und insbesondere der multidimensionalen Datenbanksysteme ist die Anwendung von Aggregationsoperatoren von fundamentaler Wichtigkeit. Neben explizit im Schemaentwurf spezifizierten Aggregationspfaden, wie

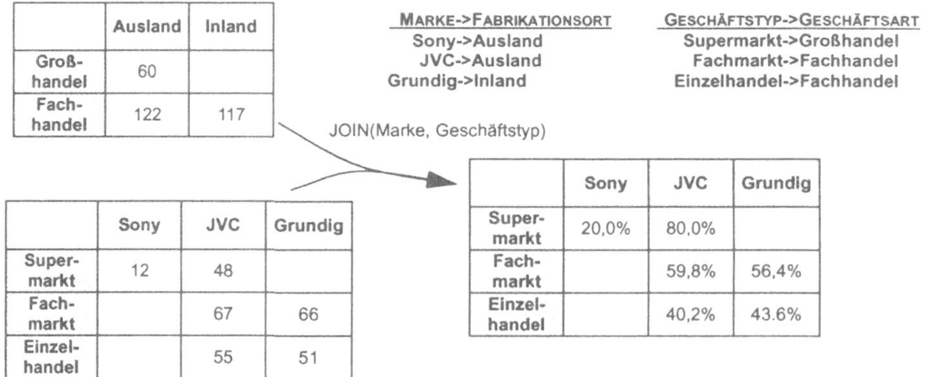

	Ausland	Inland
Groß-handel	60	
Fach-handel	122	117

	Sony	JVC	Grundig
Super-markt	12	48	
Fach-markt		67	66
Einzel-handel		55	51

	Sony	JVC	Grundig
Super-markt	20,0%	80,0%	
Fach-markt		59,8%	56,4%
Einzel-handel		40,2%	43.6%

Abb. 4.13: Beispiel zur multidimensionalen Überdeckung

es in den klassischen statistischen Datenmodellen (Abschnitt 4.2) vorgestellt wird, sieht der multidimensionale Datenmanipulationsansatz nach [AgGS97] eine explizite generische Aggregationsoperation in Form des MERGE-Operators vor.

Ein Datenwürfel wird entlang einer Teilmenge seiner Kategorienattribute aggregiert. Für jedes am MERGE-Operator beteiligte Kategorienattribut A_i $(1 \leq i \leq m)$ definiert eine Transformationsfunktion $t(A_i)$ die Gruppenbildung und somit den Wertebereich des korrespondierenden Kategorienattributes im Ergebniswürfel:

$$W(A_i') = \begin{cases} \{t(x_i) \mid (x_i \in W(A_i))\} & 1 \leq i \leq m \\ W(A_i) & \text{sonst} \end{cases}$$

Eine Aggregation bzgl. einer Aggregationsfunktion F_{aggr} ist dann definiert durch:

$$f'(x_1, \ldots, x_n) = F_{aggr}(\{ y \mid y = f(x'_1, \ldots, x'_n) \}), \text{ wobei } x'_i = \begin{cases} t(x_i) & 1 \leq i \leq m \\ x_i & \text{sonst} \end{cases}$$

Abbildung 4.14 zeigt am Beispiel, wie eine Summation über die beiden Kanten Marke und Geschäftstyp nach Fabrikation und Geschäftsart des multidimensionalen Datenwürfels durchgeführt wird. Dabei werden die Artikel der Marken Sony und JVC als ausländische, die Artikel der Marke Grundig als inländische Fabrikate geführt und entsprechend aggregiert.

	Sony	JVC	Grundig
Supermarkt	12	48	
Fachmarkt		67	66
Einzelhandel		55	51

MERGE(Marke, Geschäftstyp)

	Ausland	Inland
Großhandel	60	
Fachhandel	122	117

MARKE->FABRIKATION
Sony->Ausland
JVC->Ausland
Grundig->Inland

GESCHÄFTSTYP->GESCHÄFTSART
Supermarkt->Großhandel
Fachmarkt->Fachhandel
Einzelhandel->Fachhandel

Abb. 4.14: Beispiel zur multidimensionalen Aggregation

Als Besonderheit ist bei der Definition der Aggregationsoperation auf statistische Tabellen von [Ghos86] anzumerken, daß als Ergebnis einer Aggregationsoperation eine statistische Tabelle erzeugt wird, welche nur die explizit spezifizierten Kategorien- oder Kategorienattribute enthält und über die restlichen Kategorien bzw. Kategorienattribute der Ausgangstabelle aggregiert wird. Diese Form der Aggregation resultiert somit in einer Veränderung der Dimensionalität des

Verkäufe	Sony	JVC	Grundig
Supermarkt	34	98	125
Fachmarkt	82	167	123
Einzelhandel	56	117	102

Aggregation bzgl. 'Geschäftstyp' und 'Marke'

Abb. 4.15: Aggregationsoperation auf multidimensionalen Strukturen

Datenraumes‡. Das Ergebnis einer Aggregationsoperation ausgehend von der statistischen Tabelle aus Abbildung 4.9 bzgl. der Kategorienattribute Geschäftstyp und Marke ist in Abbildung 4.15 wiedergegeben.

4.4.4 Zusammenfassung

Während graphbasierte statistische Datenmodelle ihren Schwerpunkt auf die explizit modellierten Vorgänge in einem System legen, d.h. Ergebnisse potentieller Operationen bereits im Schema festlegen, weisen aktuelle Ansätze multidimensionaler Datenmodelle ein flexibles und mächtiges Manipulationskonzept basierend auf einem einfachen Struktur- und Organisationskonzept auf. Interessant dabei ist zu beobachten, daß eine explizite Datenorganisation durch Spezifikation beliebiger Transformationsfunktionen umgangen wird. Dies erlaubt auf der einen Seite zwar keine adäquate Modellierung komplexer beschreibender Zusammenhänge, ermöglicht jedoch auf der anderen Seite, insbesondere durch eine algorithmische Spezifikation wie etwa dem ROLL-Operator, eine flexible und zur Laufzeit definierte Gruppenbildung zur Durchführung einer Aggregation. Als weiteres erwähnenswertes Merkmal des vorgestellten multidimensionalen Datenmanipulationskonzeptes ist die Definition der Verbundoperation und, im Gegensatz zur relationalen Algebra (Abschnitt 5.1.2), die Einführung von Aggregationsoperationen zu nennen. Gerade Aggregationsoperationen bilden die Grundlage jeder Auswertung im Bereich der beschreibenden Statistik (Abschnitt 1.1.1).

4.5 Bewertung multidimensionaler statistischer Datenmodellierungsansätze

In diesem Kapitel werden multidimensionale statistische Datenorganisations-, Datenstruktur- und Datenmanipulationskonzepte zur Modellierung auf Datenbeschreibungsebene vorgestellt. Wie sich im Rahmen der Beschreibung der Datenorganisationskonzepte zeigt, stellen graphbasierte Datenmodelle wie SUBJECT, STORM, GRASS, SAM*, CSM sehr weitgehende Modellierungstechniken bereit, um die in

‡ Ansätze wie [AgGS97] oder [GyLa97] erlauben ebenfalls explizit die Veränderung der Dimensionalität eines Datenraumes. Diese Strukturmanipulationen dürfen jedoch nicht mit Datenmanipulationsoperationen verwechselt werden und finden somit an dieser Stelle keine Erwähnung.

statistischen Anwendungen komplexen qualifizierenden Informationen zu beschreiben. Insbesondere SAM*, welches die beiden Abstraktionsmechanismen Aggregation und Generalisierung als Modellierungskonstrukt anbietet, ermöglicht eine Rekonstruktion klassifikatorischer und charakterisierender Informationen. Das Konzept einer Klassifikation mit spezifischen Eigenschaften ist jedoch allen Modellierungsansätzen unbekannt und muß explizit über Umwege modelliert werden. Zusammenfassend kann festgestellt werden, daß graphbasierte Modellierungsansätze im Prinzip zur Abbildung multidimensionaler Strukturen geeignet sind. Diese Eignung ist jedoch für Modelle mit einer geringen Anzahl an Modellierungskonstrukten, wie SUBJECT, GRASS, STORM, nur eingeschränkt gültig. Modelle wie SAM* und CSM hingegen bieten eine solche Vielzahl an Modellierungskonstrukten, so daß einerseits keine Modellierungseindeutigkeit mehr gegeben ist und andererseits diese Ansätze bereits als Metamodelle zu klassifizieren sind, um für spezifische Anwendungsbereiche beherrschbare Modelle abzuleiten.

Desweiteren muß ein Kompromiß gefunden werden, welcher ein ausgewogenes Verhältnis der Mächtigkeit von Struktur- und Manipulationskonzept beinhaltet. Wie die Darlegung des multidimensionalen Manipulationskonzeptes zeigt, existieren Ansätze in der Literatur, welche ein mächtiges Manipulationskonzept mit jedoch nur einem schwachen Strukturkonzept aufweisen. In Teil C wird im Rahmen des CUBESTAR-Projektes ein Modellierungsansatz aufgezeigt, der Elemente aus den vorgestellten Organisations-, Struktur- und Manipulationskonzepten enthält.

5 Relationale Abbildung multidimensionaler Strukturen und Operatoren

Nachdem im vorangegangen Kapitel die Modellierung multidimensionaler Phänomene im Vordergrund gestanden hat, liegt der Schwerpunkt dieses Kapitels in der Beschreibung der relationalen Abbildung multidimensionaler Strukturen und Operatoren. Diese Abbildung wird sowohl auf Modellebene als auch durch die Beschreibung diverser Erweiterungen auf Ebene der Anfragesprache, also außerhalb des darunterliegenden Datenmodells, aufgearbeitet. Es wird sich zeigen, daß das relationale Datenmodell, welches sich gerade durch seine Armut an Darstellungs- und Ausdrucksmitteln auszeichnet, unter Verwendung eines adäquaten relationalen Datenschemas als Implementierungsmodell multidimensionaler Strukturen geeignet ist.

Nach einem aus Vollständigkeitsgründen und zur Wahrung der Konsistenz in der Notation der folgenden Ansätze aufgenommenen kurzen Abriß über das relationale Datenstruktur- und Datenmanipulationskonzept, fokussiert sich die Beschreibung auf die relationale Abbildung statistischer Tabellen. Dabei werden insbesondere die auf relationaler Ebene explizit zu spezifizierenden Konsistenzbedingungen betrachtet. Neben der Abbildung unter Anwendung eines S/M-Schemas ([MeRS92]) wird auf das Muster des Star- und Snowflake-Schemas, welches sich im Bereich der relationalen Modellierung von 'Data Warehouse'-Projekten als problemadäquat erwiesen hat, eingegangen.

Im dritten Teil dieses Kapitels werden Ansätze vorgestellt, welche die für eine Berechnung statistischer Kennzahlen notwendigen Aggregationsoperationen nicht durch eine Modellerweiterung, sondern durch eine Spracherweiterung der jeweiligen Datenbanksysteme zur Verfügung stellen. Neben unterschiedlichen Erweiterungen der Datenbankanfragesprache SQL wird der CUBE-Operator als eine multidimensionale Erweiterung der Gruppierungsmöglichkeit detailliert vorgestellt.

Der vierte Abschnitt dieses Kapitels beschäftigt sich mit der Optimierung der relationalen Aggregatverarbeitung. Dabei wird nach einer Übersicht möglicher alternativer Optimierungsprinzipien und einer Klassifikation der aktuellen Forschungsarbeiten auf diesem Gebiet, die in diesem Buch verfolgte Technik der impliziten Nutzung von Präaggregaten diskutiert. Wesentlich in diesem Abschnitt ist dabei die

Vorstellung der komplexen Restrukturierungsregeln, die auf relationaler Ebene für eine geforderte, für den Benutzer transparente und partielle Integration von Präaggregaten notwendig sind.

Die in diesem Kapitel vorgestellten Methoden und Techniken werden in letzten Abschnitt zusammengefaßt. Insbesondere die Techniken zur Nutzung redundant materialisierter Aggregate werden einer abschließenden Bewertung unterzogen, wobei insbesondere auf die Möglichkeit einer Transformation dieser Methoden in den multidimensionalen Kontext eingegangen wird.

5.1 Das relationale Datenmodell

Der folgende Absatz gibt einen kurzen Überblick über das relationale Datenmodell, welches so die Grundlage für die sich anschließenden Erläuterungen relationaler Abbildungstechniken multidimensionaler Strukturen und Operatoren bildet. Da diese Darstellung im Kontext statistischer Auswertungen erfolgt, wird im Rahmen dieser Einführung insbesondere eine Erweiterung der relationalen Algebra um die in [Klug82] definierte Aggregationsoperation vorgenommen.

5.1.1 Relationales Datenstrukturkonzept

Das relationale Datenmodell ([Codd70]) hat sich, wie in der Diskussion zur Trennung von operativen und 'Data Warehouse'-Umgebungen erläutert (Abschnitt 2.1.2), als das Standardmodell im klassischen transaktionalen Datenbankeinsatz bewährt und durchgesetzt. Insbesondere unter Anwendung der Normalformenlehre ([Codd72]) ist das relationale Modell zur Wahrung der semantischen Integrität im Rahmen der Einzelobjektverwaltung hochgradig geeignet.

Der Strukturteil des relationalen Datenmodells besteht einzig aus dem Konzept einer *Relation* für eine Menge von Attributen A_i $(1 \leq i \leq n)$. Eine entsprechende Relation R ist mathematisch definiert als eine Teilmenge des kartesischen Produktes der Wertebereiche $W(A_i)$ der zugeordneten Attribute:

$$R \subseteq W(A_1) \otimes \ldots \otimes W(A_n)$$

Die Mengeneigenschaft impliziert, daß die einzelnen Zeilen einer Relation, welche als Tupel bezeichnet werden, nicht geordnet sind und eine Zeile nicht mehrfach auftritt. Auch die Spalten oder Attribute einer Relation unterliegen keiner Ordnung, sondern sind stets über ihren Bezeichner adressierbar. Weiterhin wird eine Teilmenge von Attributen einer Relation, die eine eindeutige Identifikation von Tupeln einer Relation erlaubt, als kompositer Schlüsselkandidat bezeichnet. Ein ausgezeichneter Schlüsselkandidat wird Primärschlüssel genannt. Üblicherweise wird eine Relation als Tabelle visualisiert, in welcher die Spalten mit den Attributen und die Zeilen mit den Tupeln einer Relation korrespondieren.

5.1.2 Relationales Datenmanipulationskonzept

Das Manipulationskonzept des relationalen Datenmodells ist im Rahmen der relationalen Algebra festgelegt. Alle relationalen Operatoren arbeiten entsprechend der Grundeigenschaft einer Relation mengenorientiert, d.h. mit wertebasierten Qualifikationskriterien. Unter Verwendung der Verkettungsoperation, welche zwei Tupel $r = (r_1, r_2, ..., r_n) \in R$ und $s = (s_1, s_2, ..., s_m) \in S$ zu einem Tupel $r \bullet s = (r_1, r_2, ..., r_n, s_1, s_2, ..., s_m)$ konkateniert, sind die einzelnen Operationen entsprechend der Auflistung in Tabelle 5.1 definiert. Die relationale Algebra ist abgeschlossen, d.h. die Anwendung eines relationalen Operators auf eine Relation resultiert wiederum in einer Relation.

Bezeichnung	Mathematische Definition	Erklärung
Kartesisches Produkt	$R \otimes S = \{ r \bullet s \mid r \in R \wedge s \in S \}$	Paarweises Verknüpfen aller Tupel aus beiden Relationen
Projektion	mit: $X \subseteq Attr(R)$: $\pi_X R = \{\pi_X r \mid r \in R\}$	Ausblenden von Attributen, so daß die Tupel, welche in den verbleibenden Attributen übereinstimmen, auf ein einziges Tupel abgebildet werden.
Restriktion / Selektion	mit: $X \subseteq Attr(R)$, P(X) beliebiges Prädikat über die Attribute von X: $\sigma_{P(X)} R = \{r \mid r \in R \wedge P(r) \}$	Auswahl der Teilmenge der Tupel, welche das Selektionsprädikat erfüllen.
Verbund	mit $X \subseteq (Attr(R) \cup Attr(S))$, P(X) beliebiges Prädikat über die Verbundattribute von X $R_{P(X)} S = \sigma_{P(X)}(R \otimes S)$	Verbinden zweier Relationen unter Beachtung eines Verbundprädikates zur Auswahl der jeweiligen Verbundpartner.
Mengen-operationen	$R \cup S = \{ r \mid r \in R \vee r \in S \}$ $R \cap S = \{ r \mid r \in R \wedge r \in S \}$ $R - S = \{ r \mid r \in R \wedge r \notin S \}$	Selbsterklärend; die Attributmengen beider Relationen müssen jeweils vereinigungsverträglich sein.

Tab. 5.1: Operatoren der relationalen Algebra

Ihren sprachlichen Niederschlag findet die relationale Algebra heute üblicherweise in der 'Structured Query Language' (SQL; [ISO92]). Mit Ausnahme der Formulierung einer Aggregationsoperation in SQL (Abschnitt 5.3.1) werden im weiteren Verlauf keine weiteren Ausführungen zur Thematik SQL vorgenommen. Vielmehr wird auf die weitläufige Literatur zu diesem Themengebiet verwiesen ([ElNa94], [Date95]).

5.1.3 Erweiterung der relationalen Algebra um die Aggregationsoperation

Projektions- und Selektionsoperationen aus der relationalen Algebra ermöglichen die Bildung von Ausschnitten einer Relation. Das kartesische Produkt bildet die Grundlage für eine Verbindung von zwei Relationen. Der Datenmanipulationsteil des relationalen Datenmodells aus dem Blickwinkel der statistischen Datenverarbeitung betrachtet, läßt jedoch die Definition einer Aggregationsoperation vermissen. Obwohl die Aggregationsoperation nicht Bestandteil der relationalen Algebra ist, wurden mehrere Ansätze unternommen, um die relationale Algebra entsprechend zu erweitern. Nach [Klug82] läßt sich die relationale Aggregationsoperation für eine Menge vorgegebener Aggregationsfunktionen gemäß der Formulierung in Tabelle 5.2 definieren und in die Menge der relationalen Operatoren aufnehmen:

Bezeichnung	Mathematische Definition	Erklärung
Aggregation	mit $X \subseteq Attr(R)$, $f \in Agg = \{$ Menge der Agg-fkt $\}$: $\alpha_{X,f}R = \{ \pi_X r \bullet y \mid r \in R \wedge y = f(\{s \mid s \in R \wedge (\pi_X r = \pi_X s)\})\}$	Durchführung einer Projektion auf die Gruppierungsattribute X und Anwenden der Aggregationsfunktion f auf jede so entstandene Gruppe; Attribut mit Aggregaten wird mit der Menge der Gruppierungsattribute konkateniert.

Tab. 5.2: Aggregationsoperation in der relationalen Algebra

Das Ergebnis der Anwendung einer Aggregationsoperation bzgl. einer Attributmenge X resultiert in einer Relation, deren Tupel sich aus den Resttupeln der bzgl. der Attributmenge X durchgeführten Projektion, konkateniert mit dem numerischen Ergebnis der Aggregationsfunktion ergeben. Die Aggregationsfunktion wird jeweils auf die Attributwerte aller Tupel angewandt, deren Ausprägungen in den Attributen der Menge X übereinstimmen.

Obwohl es einer expliziten Erweiterung der relationalen Algebra um Aggregationsoperationen bedarf, ist die Möglichkeit einer Formulierung einer Anfrage, die die Durchführung einer Aggregationsoperation einschließt, auf Anwendungsebene voll durch die Sprache abgedeckt. Abschnitt 5.3 skizziert die Formulierung von aggregatbehafteten Anfragen in Standard-SQL und diskutiert weitergehende aggregationsbezogene Sprachkonzepte.

5.2 Relationale Abbildung multidimensionaler Strukturen

Die Abbildung statistischer Tabellen und darauf anwendbaren Operatoren auf das Konzept der Relationen und der relationalen Algebra weist eine lange Historie und eine Vielzahl unterschiedlicher Varianten auf. Erste Ansätze sind beispielsweise in dem 'System for Statistical Databases' ([ÖzÖz83]) zu sehen. In diesem Vorschlag werden zusammengesetzte statistische Tabellen auf ein geschachteltes relationales Schema abgebildet und ein entsprechendes Verarbeitungsmodell vorgestellt ([ÖzÖM87]). Interessanterweise wird aktuell dieser Ansatz unter Verwendung von Relationen, die nicht erster Normalform ([Codd72]) sind, für die Abbildung multidimensionaler Strukturen auf objekt-relationale Datenbanksysteme wieder diskutiert ([Vass98]). Andere Ansätze, wie [GyLa97] oder [CaTo97] basieren ausschließlich auf der verallgemeinerten Form des Star-/Snowflake-Schemas.

Der folgende Abschnitt umfaßt die Darstellung von zwei alternativen Ansätzen der relationalen Abbildung, d.h. des relationalen Schemaentwurfs für multidimensionale Strukturen und Operatoren. In Anlehnung an [MeRS92] wird die Abbildung auf ein relationales Datenbankschema, bestehend aus einer S-Relation für die Repräsentation der numerischen Maßzahlen (Summenattribute) und einer M-Relation für die Repräsentation der Kategorienattribute, beschrieben. Der zweite Ansatz zeigt, wie eine statistische Tabelle auf ein relationales *Star-Schema* abgebildet wird ([GyLa97]). Das Star-Schema und dessen normalisierte Variante (Abschnitt 5.2.2 und 5.2.3), das *Snowflake-Schema*, haben sich bei dem relationalen Entwurf multidimensionaler Datenbankschemata als grundlegendes Designkonzept erwiesen ([Kimb96], [Inmo92]). Da auch das relationale Implementierungsmodell des CUBESTAR-Ansatzes (Abschnitt 9.2) im wesentlichen auf einem derartigen Relationenschema basiert, ist eine detaillierte Untersuchung an dieser Stelle angebracht. Der Abschnitt schließt mit einer Klassifikation der Nullwertbehandlung im Rahmen der relationalen Abbildung multidimensionaler Strukturen.

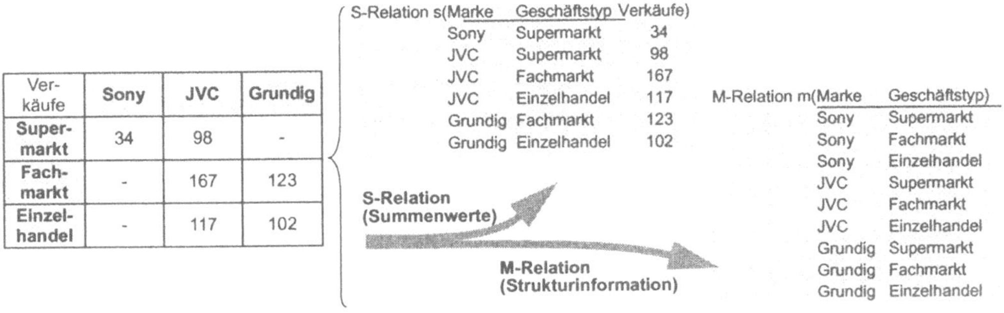

Ver-käufe	Sony	JVC	Grundig
Super-markt	34	98	-
Fach-markt	-	167	123
Einzel-handel	-	117	102

S-Relation s(Marke Geschäftstyp Verkäufe)

Marke	Geschäftstyp	Verkäufe
Sony	Supermarkt	34
JVC	Supermarkt	98
JVC	Fachmarkt	167
JVC	Einzelhandel	117
Grundig	Fachmarkt	123
Grundig	Einzelhandel	102

M-Relation m(Marke Geschäftstyp)

Marke	Geschäftstyp
Sony	Supermarkt
Sony	Fachmarkt
Sony	Einzelhandel
JVC	Supermarkt
JVC	Fachmarkt
JVC	Einzelhandel
Grundig	Supermarkt
Grundig	Fachmarkt
Grundig	Einzelhandel

S-Relation (Summenwerte)

M-Relation (Strukturinformation)

Abb. 5.1: Relationale Abbildung einer statistischen Tabelle: S/M-Schema

5.2.1 Relationale Abbildung nach dem Muster des S/M-Schemas

In den folgenden Ausführungen wird eine Variante der relationalen Abbildung multidimensionaler statistischer Objekte, dargestellt in Form statistischer Tabellen, durch Anwendung eines S/M-Schemas erläutert ([MeRS92]). Diese Ausführungen scheinen an dieser Stelle insofern angebracht, da dieses Verfahren als 'Vorläufer' des in den beiden folgenden Abschnitten eingeführten Star-/Snowflake-Schemas zu sehen ist. Zentral ist an diesem Ansatz weiterhin, daß die grundsätzliche Problematik der Abbildung eines dünnbesetzten multidimensionalen Datenraumes explizit angesprochen wird. Ferner kann an dieser Abbildungstechnik die auf den Ansatz von [ÖzÖz83] zurückgehende Technik des 'aggregation-by-template' aufgezeigt werden.

Relationale Abbildung des Datenstrukturkonzeptes

In dem Ansatz nach [MeRS92] wird, wie in Abbildung 5.1 verdeutlicht ist, eine statistische Tabelle durch die zwei Relationen(-schemata) einer S- und einer M-Relation abgebildet: eine S-Relation ($S(\underline{C_1, ..., C_n}, A)$) enthält alle *tatsächlich vorhandenen* Summenwerte für das Attribut A und für die entsprechenden Ausprägungen der Kategorienattribute C_1, ..., C_n. Dabei bilden die Attribute C_1, ..., C_n den Primärschlüssel von S, das Attribut A ist das einzige Nichtschlüsselattribut in S. Das Schema einer zugeordneten Strukturrelation (M-Relation) enthält nur die beschreibenden Komponenten, d.h. die Kategorienattribute C_1, ..., C_n. Die Ausprägung eines M-Schemas gibt den *möglichen* Wertebereich an und ist somit stets gleich dem kartesischen Produkt der Wertebereiche der Kategorienattribute.

Weiterhin ist, nach der Auffassung von [Ghos86], eine statistische Tabelle stets als Makrodatum aufzufassen. Die Mikrodaten besitzen ebenfalls eine relationale Repräsentation R, aus der unter Anwendung eines relationalen Verbundes mit der Strukturrelation m die s-Relation einer statistischen Tabelle erzeugt werden kann (Abbildung 5.2). Eine M-Relation kann andererseits aus einer S-Relation über eine generierende Funktion g(s) durch Bildung des Kreuzproduktes über die beteiligten Kategorienattribute ermittelt werden.

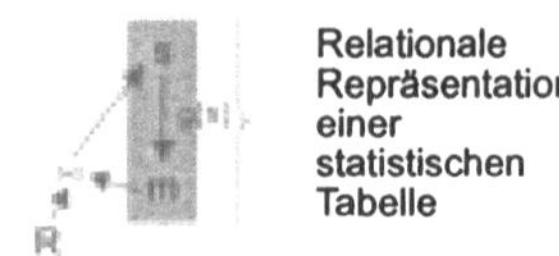

Abb. 5.2: Prinzip der relationalen Repräsentation

Die S-Algebra als erweitertes Manipulationskonzept statistischer Tabellen

Zur Manipulation von statistischen Tabellen wird in [MeRS92] die S-Algebra, als ein gegenüber dem in Abschnitt 4.4 leicht modifiziertes Datenmanipulationskonzept statistischer Tabellen eingeführt. Im einzelnen sind folgende Operationen definiert:

- *Projektion ($s\text{-}\pi_X(s)$):*
  Die Projektionsoperation der S-Algebra ist prinzipiell identisch mit der Aggregationsoperation aus [Ghos86] (Abschnitt 4.4.3). Das Ergebnis einer Projektion enthält nur die in der Attributmenge X spezifizierten Kategorienattribute. Über alle weiteren Attribute wird automatisch eine Summation vorgenommen.

- *Selektion ($s\text{-}\sigma_m(s)$):*
  Die Selektionsoperation der S-Algebra entspricht in ihrer Funktionalität der Projektionsoperation aus [Ghos86], wobei in einer Strukturrelation m die zu selektierenden Einträge explizit spezifiziert werden.

- *Vereinigung ($s \cup_s s'$):*
  Bei der Vereinigung zweier statistischer Tabellen können unbesetzte Zellen auftreten, da durch Vereinigung der Wertebereiche der Kategorienattribute Kombinationen entstehen können, welche in keiner von beiden Ausgangstabellen adressiert waren. Sind unbesetzte Zellen nicht erwünscht, so ist der Begriff der 'Vereinigungsverträglichkeit' auf die Gleichheit der Instanzenmengen zu erweitern. Das Beispiel aus Abbildung 5.3 zeigt eine Situation, in welcher unbesetzte Zellen nach Durchführung einer Vereinigungsoperation auftreten.

- *Aggregation ($s \otimes_X m$):*
  Da bereits eine automatische Summation über nicht explizit spezifizierte Attribute erfolgt, dient die Aggregationsoperation dazu, eine Summation über neu de-

Verkäufe	Sony	JVC
Supermarkt	34	98

Verkäufe	JVC	Grundig
Fachmarkt	167	123
Einzelhandel	117	102

Vereinigung

Verkäufe	Sony	JVC	Grundig
Supermarkt	34	98	-
Fachmarkt	-	167	123
Einzelhandel	-	117	102

Abb. 5.3: Beispiel zur Vereinigungsoperation bei statistischen Tabellen

finierte Gruppen auszuführen. Die Gruppendefinition ist dabei ähnlich der Selektion in einer Strukturrelation m für die zu gruppierenden Attribute der Menge X hinterlegt.

Relationale Abbildung des Datenmanipulationskonzeptes

Eine Operation angewandt auf eine statistische Tabelle kann, wie in Abbildung 5.4 dargestellt ist, auf zwei Arten durchgeführt werden. Zum einen kann ein Ausdruck der S-Algebra auf eine S-Relation angewendet werden (Abbildung 5.4a). Aus dem daraus resultierenden Schema der S-Relation s' wird die zugehörige Strukturrelation m' generiert und die Ausprägung der S-Relation s' aus den Mikrodaten berechnet. Zum anderen kann der entsprechende Ausdruck in der relationalen Algebra auf die zu s korrespondierende Strukturrelation m angewandt werden (Abbildung 5.4b). Das Ergebnis m' wird dann verwendet, um die Summendatenrelation s' aus den Mikrodaten zu erzeugen.

Die korrespondierenden Ausdrücke in der jeweiligen Algebra sind in Abbildung 5.4c aufgelistet. Projektion und Vereinigungsoperation besitzen jeweils korrespondierende Ausdrücke in der jeweils anderen Algebra. Eine Selektionsoperation der S-Algebra wird relational auf eine Schnittmengenoperation zwischen der zur Ausgangsrelation s gehörenden Strukturrelation g(s) und der Relation, welche die explizit zu selektierenden Einträge enthält, abgebildet. Ein ähnliches Vorgehen

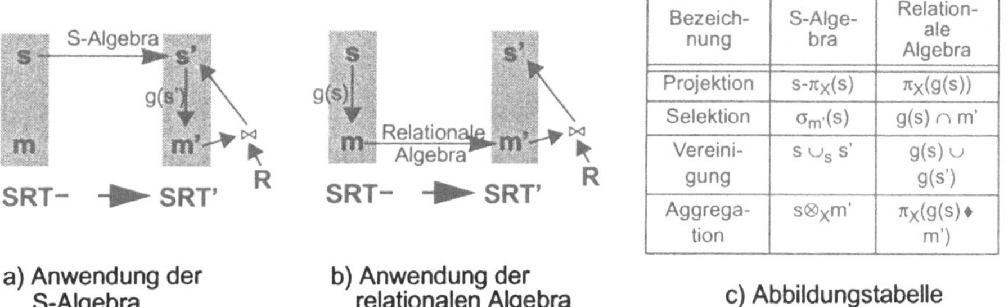

Bezeichnung	S-Algebra	Relationale Algebra
Projektion	$s\text{-}\pi_X(s)$	$\pi_X(g(s))$
Selektion	$\sigma_{m'}(s)$	$g(s) \cap m'$
Vereinigung	$s \cup_s s'$	$g(s) \cup g(s')$
Aggregation	$s \otimes_X m'$	$\pi_X(g(s) \blacklozenge m')$

Abb. 5.4: Relationale Abbildung des Datenmanipulationskonzeptes im S/M-Schema

ist bei der Abbildung der Aggregationsoperation der S-Algebra auf die relationale Algebra zu finden. Analog dem in [ÖzÖz83] vorgeschlagenem Verfahren des 'aggregation-by-template' wird in einer Translationstabelle eine Übersetzung von Ausprägungen von Kategorienattributen in andere, eine neue Gruppierung definierende Ausprägungen spezifiziert*. Dadurch wird die Aggregationsoperation in der S-Algebra auf einen natürlichen Verbund mit dieser Translationsrelation, welche die Gruppierungszuweisung enthält, und auf eine nachgeschaltete Projektion reduziert. Abbildung 5.5 zeigt ein Beispiel einer Aggregation, wobei die Verkäufe in unterschiedlichen Geschäftstypen zu Geschäftsarten aufsummiert werden.

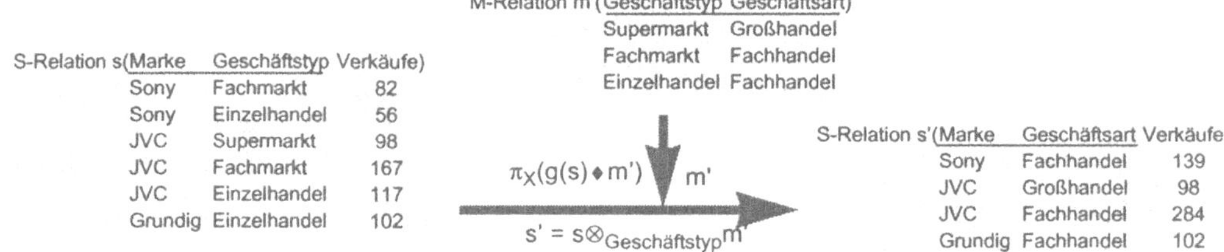

Abb. 5.5: Beispiel zur Gruppenbildung im S/M-Schema

5.2.2 Relationale Abbildung nach dem Muster des Star-Schemas

Analog zum Ansatz von [MeRS92] wird auch in [GyLa97] eine relationale Abbildung der statistischen Tabellen† vorgenommen. Als relationales Schema ergibt sich dabei das sogenannte Star-Schema, welches sich in der relationalen Abbildung multidimensionaler Anwendungswelten, insbesondere im Bereich des 'Data Warehousing' großer Akzeptanz erfreut ([Info95], [Kimb96]). Somit erfolgt an dieser Stelle die Einführung des Star-Schema-Konzepts über statistische Tabellen. Da sich diese statistischen Tabellen jedoch als Visualisierung eines multidimensionalen Datenwürfels verstehen lassen (Abschnitt 4.1), ist die Anwendbarkeit des Star-Schemas implizit für allgemeine multidimensionale Kontexte gegeben. Die relationale Abbildung nach dem Muster des Star-Schemas wird an dieser Stelle somit über den 'Umweg' der statistischen Tabellen methodisch eingeführt.

* Diese Technik wird im nachfolgenden Ansatz der relationalen Abbildung statistischer Tabellen gemäß des Snowflake-Schemas zu Dimensionstabellen verallgemeinert.

† Im Originalaufsatz wird allgemein von multidimensionalen Tabellen gesprochen, was einen Widerspruch in sich reflektiert, da eine Tabelle ein flaches, zweidimensionales Gebilde ist.

Im Gegensatz zu dem vorangegangenen Konzept der relationalen Abbildung nach dem Muster des S/M-Schemas wird im Rahmen dieses Abschnittes auf eine Beschreibung der Abbildung des Datenmanipulationskonzeptes verzichtet, da multidimensionale Operatoren direkt auf die relationale Algebra abgebildet werden. Die Aggregationsoperation wird explizit, wie in Abschnitt 5.1.3 eingeführt, auf der Struktur einer Relation definiert ([GyLa97]). Der Schwerpunkt dieses Abschnitts liegt dabei insbesondere auf der Analyse funktionaler Abhängigkeiten und der Festlegung von regulativen Konsistenzregeln, welche für ein relationales Schema gelten müssen, um ein gültiges Muster eines Star-Schemas zu reflektieren.

Abbildung des Datenstruktur- und Datenorganisationskonzeptes

Im Rahmen der Abbildungsmethodologie unter Verwendung des Star-Schemas wird eine statistische relationale Tabelle mit n Kategorienattributen durch n+1 Relationen $D^1, ..., D^n$, F abgebildet. Die Relation F ('Fact-Tabelle') dient der Aufnahme der auszuwertenden Rohdatenbasis und reflektiert damit das multidimensionale Datenstrukturkonzept (Abschnitt 4.3) auf relationaler Ebene. Die Dimensionstabellen D^i ($1 \leq i \leq n$) dienen der Abbildung des Datenorganisationskonzeptes, d.h. der komplex strukturierten Begriffswelt statistischer Anwendungen (Abschnitt 4.2)[‡]. Abbildung 5.6a zeigt das fortlaufende Beispiel aus dem Bereich der Marktforschung als dreidimensionales Star-Schema modelliert. Die Fact-Tabelle F enthält die in periodischen Abständen erfaßten Maßzahlen wie Verkäufe, Lagerbestands- und Umsatzzahlen für jeden einzelnen Artikel in den beobachteten Geschäften. Die Dimensionstabellen enthalten neben dem Primärschlüsselattribut zur Identifikation eines Gegenstands weitere Attribute zur Abbildung klassifikatorischer und beschreibender Informationen.

Die Bezeichnung Star-Schema ergibt sich aufgrund der sternförmigen Anordnung der Dimensionstabellen um die Fact-Tabelle, was besonders deutlich aus der Visualisierung des allgemeinen Musters eines Star-Schemas mit Hilfe der ER-Diagrammtechnik ([ElNa94], S. 42ff.) hervorgeht (Abbildung 5.6b).

‡ Entsprechend ist ausprägungsseitig eine Fact-Tabelle um ein Vielfaches umfangreicher als eine Dimensionstabelle; um die Selektionsoperationen und die nötigen Verbundoperationen zur Fact-Tabelle zu beschleunigen werden in einem typischen Szenario die Dimensionstabellen extrem mit physischen Hilfsstrukturen (Indexstrukturen) belegt. Aufgrund der Größe erfolgt im Gegensatz dazu nur ein selektiver Einsatz von Indexstrukturen für die Fact-Tabelle, um den zusätzlichen Mehraufwand zu reduzieren.

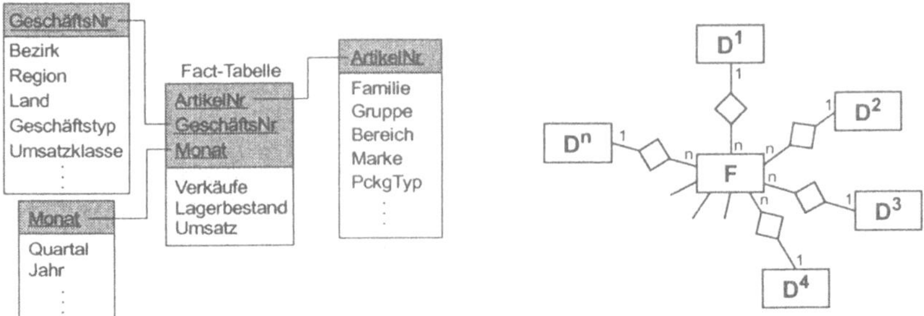

a) Beispiel eines Star-Schemas b) ER-Diagramm eines Star-Schemas

Abb. 5.6: Relationale Abbildung: Star-Schema

Ableitung der regulativen Konsistenzbedingungen

Methodisch ergibt sich das Muster eines Star-Schemas durch Analyse der funktionalen Abhängigkeiten der beteiligten Attribute. Sei $\mathfrak{I}$ die Menge aller qualifizierenden und kategorienbildenden Attribute. Die funktionalen Abhängigkeiten implizieren eine Zerlegung in ein Mengensystem $\{D^1,..., D^n\}$ aus n Attributmengen, für die auf relationaler Ebene folgende explizit zu spezifizierende Bedingungen gelten:

- $\bigcap_{i=1}^{n} D^i = \emptyset;\ \bigcup_{i=1}^{n} D^i = \mathfrak{I};\ \forall i(1 \le i \le n) : |D^i| \ge 1$
  Die Forderung einer Zerlegung impliziert bereits, daß der Schnitt aller Attributmengen leer ist, die Menge aller qualifizierenden Attribute umfaßt und die leere Menge nicht Element des Mengensystems ist.

- $\forall i(1 \le i \le n) : \exists PA \in D^i;\ \forall A \in D^i, A \ne PA : PA \rightarrow A$
  Ein ausgezeichnetes Attribut (Primärattribut; PA) bestimmt funktional alle anderen Attribute aus der jeweiligen Attributmenge.

- $\forall i, j(1 \le i, j \le n)(i \ne j) : \forall A \in D^i, \neg\exists B \in D^j : A \rightarrow B$ oder $B \rightarrow A$
  Attribute aus unterschiedlichen Attributmengen weisen keine funktionale Abhängigkeit auf.

Jede durch diese Partitionierung festgelegte Attributmenge entspricht dem Schema einer Dimensionstabelle D^i $(1 \le i \le n)$ mit dem Primärschlüsselattribut PA_i und k_i weiteren Attributen A_{i_j} $(1 \le j \le k_i)$ zur Beschreibung klassifikatorischer und charakterisierender Sachverhalte.

$$D^i(PA_i, A_{i_1}, \ldots, A_{i_{k_i}})$$

Sei $\aleph = \{f_1, \ldots, f_k\}$ die Menge quantitativer Attribute zur Beschreibung von Maßzahlen. Alle Maßzahlen hängen in einem Star-Schema voll funktional von der Menge der Primärschlüsselattribute PA_i der einzelnen Dimensionstabellen ab, so daß gilt:

$$\forall i(1 \leq i \leq k) : (PA_1, ..., PA_n) \rightarrow f_i$$

Eine Fact-Tabelle F besteht dann aus n Primärattributen $PA_1,...,PA_n$, welche den kompositen Primärschlüssel bilden und aus der Menge $\aleph$ numerischer Maßzahlen.

$$F(\underline{PA_1,...,PA_n}, f_1,...,f_k)$$

Neben der Schemafestlegung, wie sie durch die Analyse funktionaler Abhängigkeiten vollzogen wird, gelten im Fall der relationalen Abbildung durch das Muster des Star-Schemas folgende explizit zu spezifizierende Integritätsbedingung, also Einschränkung mit Bezug auf eine mögliche Ausprägung des Relationenschemas:

- $\forall i(1 \leq i \leq n),\ \forall t(t \in \pi_{PA_i}F)\exists t'(t' \in \pi_{PA_i}D^i) : t=t'$
  Die Fact-Tabelle ist jeweils über Fremdschlüsselbeziehungen der Primärattribute mit allen Dimensionstabellen verbunden, d.h. alle Einträge in der Fact-Tabelle weisen einen korrespondierenden Eintrag in der jeweiligen Dimensionstabelle auf.

5.2.3 Relationale Abbildung nach dem Muster des Snowflake-Schemas

Typischerweise besitzen Attribute innerhalb einer Dimensionstabelle funktionale Abhängigkeiten auf. Diese ergeben sich, wenn semantische Zugriffsstrukturen der Anwendungswelt, wie beispielsweise Klassifikationen und Pseudokennzeichnungen (Abschnitt 3.3) unter Verwendung von Dimensionstabellen abgebildet werden. Innerhalb einer Produktdimension bestimmt die Zugehörigkeit eines Artikels zu einer Produktfamilie gleichzeitig die Zugehörigkeit zu einer entsprechenden Produktgruppe.

Werden die einzelnen Dimensionsrelationen eines Star-Schemas bzgl. der existierenden funktionalen Abhängigkeiten innerhalb einer Dimensionsrelation normalisiert, so erzwingt dies, wie aus der Abbildung 5.7b deutlich hervorgeht, die Entstehung kleiner 'Satellitentabellen'. Abbildung 5.7a zeigt das Ergebnis des Normalisierungsprozesses als Ausprägung eines *Snowflake-Schemas* für die Produktdimension des laufenden Beispiels.

Die Attributmenge $N = \{PA, A_1,...,A_k\}$ entspricht den Attributen einer Dimensionsrelation mit PA als dem Primärschlüsselattribut. Die Existenz funktionaler Abhängigkeiten innerhalb dieser Attributmenge spannt eine Baumstruktur (N, V) mit den At-

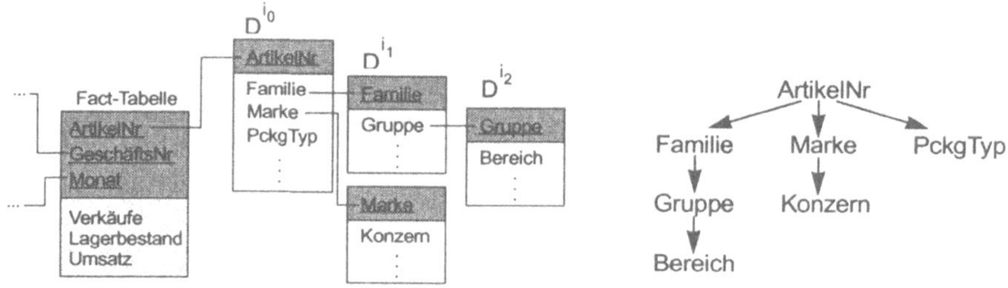

a) Beispiel eines Snowflake-Schemas b) Graph funktionaler Abhängigkeiten

Abb. 5.7: Beispiel eines Snowflake-Schemas

tributen als Knoten auf (Abbildung 5.7b); das Primärattribut PA entspricht der Wurzel des Baumes. Die Kantenmenge V ist durch die Existenz funktionaler Abhängigkeiten wie folgt definiert:

$$\forall(A_i, A_j \in N) : (A_i, A_j) \in V \Leftrightarrow A_i \rightarrow A_j$$

Ein relationales Schema entspricht dem Muster eines Snowflake-Schemas, wenn für jeden *inneren* Knoten A_k dieser Baumstruktur eine eigene Satellitentabelle existiert. Die Menge von Attributen einer Satellitentabelle D^{i_k} umfaßt den inneren Knoten A_k und alle direkten Nachfolgeknoten innerhalb der durch Analyse funktionaler Abhängigkeiten festgelegten Baumstruktur.

$$A_k \in D^i \Rightarrow D^{i_k} = \{A_k\} \cup \{A_j | A_j \in D^i \wedge (A_k, A_j) \in V\}$$

Für das Wurzelknotenattribut PA_i existiert stets eine Relation D^{i_0} mit PA_i als Primärschlüsselattribut und den Attributen, die mit einem Knoten auf der Stufe 1 in der Baumstruktur korrespondieren.

Die Menge der für das Muster eines Snowflake-Schemas zu erfüllenden Integritätsbedingungen zeichnet sich einerseits analog zum Star-Schemaentwurf durch die Einhaltung von Primär-/Fremdschlüsselbeziehungen zwischen der Restdimensionstabelle D^{i_0} und der Fact-Tabelle F und andererseits zwischen den Satellitentabellen D^{i_1}, ..., D^{i_m} untereinander aus:

- $\forall i (1 \le i \le n), \forall t (t \in \pi_{PA_i} F) \exists t' (t' \in \pi_{PA_i} D^{i_0}) : t = t'$
  Für jedes Attribut des kompositen Primärschlüssels der Fact-Tabelle existiert eine Fremdschlüsselbeziehung zum Primärschlüsselattribut einer Restdimensionstabelle D^{i_0}.

- $\forall i (1 \le i \le n), \forall j (1 \le j \le m)$, A_j Primärschlüsselattribut von D^{i_j}:

- $\forall t(t \in \pi_{A_j} D^{i_{j-1}}) \exists t'(t' \in \pi_{A_j} D^{i_j}) : t=t'$
  Zu jeder Ausprägung des Attributs A_j in der Satellitentabelle $D^{i_{j-1}}$ existiert eine korrespondierende Ausprägung in der Satellitentabelle D^{i_j}, von welcher alle Attribute dieser Relation funktional abhängen.

- $\forall t(t \in \pi_{A_j} D^{i_j}) \exists t'(t' \in \pi_{A_j} D^{i_{j-1}}) : t=t'$
  Zu jeder Ausprägung des Attributs A_j in der Satellitentabelle D^{i_j} existiert eine korrespondierende Ausprägung in der Satellitentabelle $D^{i_{j-1}}$.

Gegenüber einem Star-Schema zeichnet sich ein Snowflake-Schema dadurch aus, daß aufgrund der Redundanzfreiheit durch Beseitigung der funktionalen Abhängigkeiten innerhalb einer Relation eine leichtere Wartbarkeit und ein geringerer Speicherbedarf auf Ausprägungsseite erzielt wird. Der zusätzliche Aufwand für durchzuführende Verbundoperationen zur Laufzeit ist jedoch so groß, daß entweder nur ein Star-Schema zum Einsatz kommt oder im Rahmen einer periodischen Reorganisation des qualitativen Datenbestandes aus einem Snowflake-Schema ein entsprechendes Star-Schema automatisch generiert wird ([Inmo92]). Dieses findet dann im laufenden Betrieb Verwendung.

Der Vollständigkeit halber sei an dieser Stelle der Begriff des 'Fact Constellation Schema' genannt. Ein diesem Muster entsprechendes relationales Schema zeichnet sich dadurch aus, daß sich mehrere Fact-Tabellen gemeinsame Dimensionstabellen teilen. Beispielsweise referenzieren zwei unterschiedliche Tabellen für den Warenein- und -ausgang eine gemeinsame Kundentabelle.

5.2.4 Nullwertbehandlung in der relationalen Abbildung

Wie bereits in Abschnitt 2.3.3 skizziert, muß bei der Behandlung der Nullwertproblematik in der multidimensionalen Datenanalyse die fundamentale Unterscheidung zwischen qualifizierenden und quantifizierenden Daten berücksichtigt werden. Entsprechend teilt sich die folgende Diskussion der Nullwertproblematik einer relationalen Abbildung in die Erläuterung auf Ebene des multidimensionalen Kontextes, d.h. der multidimensionalen Datenwürfel und in die Beschreibung der Nullwertbehandlung im qualifizierenden Kontext, d.h. auf Ebene der Beschreibung des Datenzugriffs und Ergebnisausweisung auf.

5.2.4.1 Nullwertbehandlung im multidimensionalen Kontext

Entsprechend dem Grundgedanken multidimensionaler Datenrepräsentation ist insbesondere auf Ebene der Mikrodatenverarbeitung davon auszugehen, daß nur ein geringer Anteil der potentiell möglichen Ausprägungskombinationen aller beteiligten qualifizierenden Attribute tatsächlich als Datenwert im Datenwürfel vorhanden ist. Im Zuge einer multidimensionalen numerischen Auswertung werden alle Nullwerte im Sinne eines neutralen Elementes betrachtet. Entsprechend werden bei einer relationalen Abbildung des multidimensionalen Kontextes multidimensionale Nullwerte als nicht-existierende Tupel in der korrespondierenden Relation betrachtet. Dieses Vorgehen zeigt, daß Nullwerte im multidimensionalen Kontext keinen strukturellen Fehler darstellen, der auf Ebene der relationalen Darstellung unter Verwendung von expliziten Nullwerten korrigiert werden müßte. Insbesondere sei an dieser Stelle wiederholt daraufhingewiesen (Abschnitt 2.3.3), daß Nullwerte im Sinne eines 'not applicable' im multidimensionalen Auswertekontext keiner Betrachtung bedürfen, sondern bereits in der Phase der Erfassung ('*data cleansing*') einer entsprechenden Behandlung unterzogen werden. Dies impliziert, daß alle Nullwerte *aus der Sicht der Auswertung* eine 'not available'-Semantik besitzen. Somit läßt sich feststellen, daß sich die relationale Abbildung des multidimensionalen Kontextes durch eine Fact-Tabelle unter Anwendung des Star-/Snowflake-Musters als adäquat erweist.

5.2.4.2 Nullwertbehandlung im qualifizierenden Kontext

Neben einer adäquaten relationalen Abbildung des multidimensionalen Kontextes gilt es, dimensionale Strukturen zur Beschreibung des anwendungsspezifischen Zugriffs, d.h. klassifikations- als auch merkmalsorientierte Informationen, relational abzubilden. Anders als im multidimensionalen Kontext ist hierbei insbesondere auf 'not applicable'-Nullwerte zu achten, da qualifizierende Informationen den Auswertekontext fixieren und somit anwendungsseitig durch entsprechende Nullwertbehandlung sinnvolle und sinnlose Anfragen zu unterscheiden helfen.

Wie in den vorangegangenen Abschnitten erläutert, werden qualifizierende Strukturen in relationalen Dimensionstabellen abgebildet. Abbildung 5.8 zeigt eine mögliche Dimensionstabelle für die Produktdimension des laufenden Beispiels, korrespondierend zur klassifikatorischen Darstellung in Abschnitt 3.2.2 (Abbildung 3.3). Wie aus diesem Beispiel deutlich hervorgeht, erzeugen spezifische Merkmale eine Dünnbesetztheit der entsprechenden Dimensionstabelle. Insbesondere weisen alle

Nullwerte in diesem Beispiel eine 'not-applicable'-Semantik auf, da gerade spezifische Merkmale nicht auf alle Individuen anwendbar sind, sondern abhängig von den jeweiligen Klassen innerhalb einer Klassifikationshierarchie gelten.

Produkte(	ArtikelNr,	Marke,	VidSys,	BLT,	RC,	...	Kapazität,	Wasser,	Temp,	Familie,	Gruppe,	Bereich)
	TR-75	Sony	HI8	2h	NULL	...	NULL	NULL	NULL	Camcorder	Video	Unterhaltungselektr.
	TS-78	Sony	HI8	2h	NULL	...	NULL	NULL	NULL	Camcorder	Video	Unterhaltungselektr.
	A200	JVC	N8	3h	NULL	...	NULL	NULL	NULL	Camcorder	Video	Unterhaltungselektr.
	V-201	JVC	VHS	NULL	Yes	...	NULL	NULL	NULL	Heimrecorder	Video	Unterhaltungselektr.
	Classic-1	Grundig	VHS-C	NULL	No	...	NULL	NULL	NULL	Heimrecorder	Video	Unterhaltungselektr.
	...											
	AB1043	Ariston	NULL	NULL	NULL		5kg	45l	NULL	Waschmasch.	Waschgeräte	Haushaltsgeräte
	Princess	Miele	NULL	NULL	NULL		5kg	41l	NULL	Waschmasch.	Waschgeräte	Haushaltsgeräte
	SuperII	Hoover	NULL	NULL	NULL		4kg	54l	NULL	Waschmasch.	Waschgeräte	Haushaltsgeräte
	Duett	Miele	NULL	NULL	NULL		6kg	NULL	37°C	Trockner	Waschgeräte	Haushaltsgeräte
	Lavamat	AEG	NULL	NULL	NULL		6kg	NULL	39°C	Trockner	Waschgeräte	Haushaltsgeräte

Abb. 5.8: Beispiel einer dünnbesetzten Dimensionstabelle

Dies impliziert, daß die üblicherweise praktizierte relationale Abbildung qualifizierender Strukturen nach dem Muster des Star-/Snowflake-Schemas im Fall einer 'echten' Klassifikation scheitern muß, da beispielsweise eine Anfrage der Gesamtverkäufe der Videogeräte nach Wasserverbrauch bereits durch das Schema verboten ist und nicht, wie unter Anwendung obiger Abbildungstechnik, eine numerische Null als Ergebnis liefern darf. Abschnitt 9.2 zeigt im Rahmen der Beschreibung des CUBESTAR-Implementierungsmodells eine relationale Rekonstruktion einer klassifikatorischen Dimensionsdarstellung unter Vermeidung von 'not-applicable'-Nullwerten.

Weiterhin sei an dieser Stelle auf ein wesentliches Charakteristikum der statistischen Datenanalyse hingewiesen: 'not available'-Nullwerte im qualifizierenden Kontext treten im statistischen Bereich stets auf und werden explizit als 'Sonstige' in einem Analyseergebnis ausgewiesen, so daß deren Behandlung in die Anwendungsebene und in den Bereich der Ergebnisinterpretation geschoben wird.

5.2.5 Zusammenfassung

Die Diskussion von Realisierungsalternativen im Bereich des 'Online-Analytical-Processing' in Abschnitt 2.3.4 zeigt bereits vergleichend verschiedene Vor- und Nachteile einer relationalen Abbildung multidimensionaler Strukturen auf. Das Prinzip dieser Abbildung wird in diesem Abschnitt an zwei Methoden vorgestellt: Die Abbildung nach dem S/M-Schema, in welchem zwischen Daten- und Strukturrelationen unterschieden wird und die Abbildung nach dem Muster des Star-/ Snowflake-Schemas. Obwohl letztere Abbildungstechnik die Modellierungsgrundlage heutiger ROLAP-Systeme bildet, weist diese Technik enorme Mängel im Bereich der Nullwertbehandlung qualifizierender Informationen auf, welche es zu beseitigen gilt. Ein derartiges Vorgehen wird in Abschnitt 9.2 im Rahmen der Diskussion des CUBESTAR-Implementierungsmodells aufgezeigt.

5.3 Aggregatspezifikation auf Ebene relationaler Anfragesprachen

Neben der Möglichkeit, eine adäquate Aggregationsbehandlung im relationalen Kontext durch Abbildung multidimensionaler Strukturen bereitzustellen, existiert die im folgenden Abschnitt vorgestellte Variante, Aggregationsoperationen dem Benutzer lediglich auf Sprachebene zur Verfügung zu stellen und diese direkt im relationalen Datenbanksystem ohne explizite Modellvorstellung zu implementieren. Dazu wird nach einem Abriß der Aggregationsformulierung in SQL die vorgeschlagene Spracherweiterung nach [Ghos91], die proprietäre Spracherweiterung des Datenbanksystemherstellers Redbrick ([RBS96]) und die 'multidimensionale' Erweiterung nach [GBLP96] dargestellt.

5.3.1 Aggregatformulierung in SQL

Im Prinzip reflektiert die Aggregatformulierung unter Verwendung der 'Structured Query Language' (SQL; [ISO92]) die in Abschnitt 5.1.3 vorgestellte Erweiterung der relationalen Algebra um die Aggregationsfunktion. Die an der Festlegung der Partitionierung des Datenbestands beteiligten Attribute werden in SQL in der GROUP-BY-Klausel der SELECT-Anweisung spezifiziert. Ausgehend von einer Relation, die möglicherweise durch vorangegangene Verbundoperation hervorgegangen ist, erfolgt die Partitionierung in disjunkte Tupelmengen. Auf jede dieser Tupelmengen wird anschließend die in der SELECT-Klausel spezifizierte Aggregationsfunktion angewendet. Das numerische Ergebnis zusammen mit einem Repräsentanten aus jeder Tupelmenge bildet ein Tupel der Ergebnisrelation.

```
SELECT     Region, SUM(Verkäufe)
FROM       Verkaufszahlen
WHERE      ...
GROUP BY Region
HAVING     SUM(Einwohnerzahl) > 1.000.000
```

Die HAVING-Klausel ermöglicht zusätzlich eine Eingrenzung der in der GROUP-BY-Klausel definierten Gruppen. So werden in dem obigen Beispiel die Gesamtverkäufe nur für Regionen mit mehr als 1Mio. Einwohner ausgegeben.

Die Menge der zur Verfügung stehenden Aggregationsoperationen beschränkt sich dabei auf die Minimums- (MIN) und Maximumssuche (MAX), die Summation (SUM), die Durchschnittsbildung (AVG) und die Ermittlung der Kardinalität der einzelnen Gruppen (COUNT).

5.3.2 Erweiterung der statistischen Funktionen in SQL

Um die Armut an sprachlichen Darstellungsmitteln in Bezug auf Aggregationsoperationen zu umgehen und dem Benutzer mächtige statistische Sprachmittel zur Verfügung zu stellen, wurden in der Vergangenheit eine Vielzahl sprachlicher Erweiterungen vorgeschlagen. So wird beispielsweise in [Ghos86] eine Erweiterung des SELECT-Statements zur direkten Berechnung des n-ten statistischen Momentes vorgenommen (POWER(n)-AGGREGATE), indem das zu aggregierende Attribut vor Anwendung der Aggregationsfunktion in die n-te Potenz gehoben wird. Die Berechnung des zweiten statistischen Momentes der Verkäufe gemäß der statistischen Beispieltabelle (Abbildung 4.9a auf Seite 71) wird demnach wie folgt formuliert:

```
SELECT    Marke, Region, Geschäftstyp, SUM(Stat_Moment)
FROM      Verkaufszahlen
POWER(2)-AGGREGATE(Verkäufe) AS Stat_Moment
GROUP BY Marke, Region, Geschäftstyp
```

Als weiteres Beispiel einer Erweiterung der SELECT-Anweisung diene an dieser Stelle die PRODUCT-AGGREGATE-Klausel zur Berechnung von Korrelationskoeffizienten im Rahmen einer Aggregationsoperation. Im folgenden Beispiel werden vor der Aggregation die einzelnen Verkaufszahlen mit einem Gewichtungsfaktor multipliziert:

```
SELECT    Marke, Region, Geschäftstyp, SUM(Gewichtete_Verkäufe)
FROM      Verkaufszahlen
PRODUCT-AGGREGATE(Verkaufszahlen, Faktor) AS Gewichtete_Verkäufe
GROUP BY Marke, Region, Geschäftstyp
```

Unterstützung komplexer statistischer Analysen

Erwähnenswert ist an dieser Stelle ein weiterer Vorschlag von [Ghos86] im Rahmen der statistischen relationalen Tabellen, die SELECT-Anweisung vollständig durch Statistikanweisungen zu ersetzen. Dazu werden zwei generische Sprachkonstrukte vorgeschlagen, welche zur Laufzeit mit konkreten statistischen Funktionen parametrisiert werden:

Zur *Unterstützung der Datenanalyseberechnung* dient das Sprachkonstrukt

```
STATISTICS-NAME OF <Numerische Attribute> IN <Kategorienattribute> FOR
<Tabelle>,
```

wobei STATISTICS-NAME durch konkrete Anweisungen wie Mittelwertberechnung, Berechnung der Standardabweichung, Ermittlung von Regressionskoeffizienten etc. in einer konkreten Anfrage ersetzt wird. Folgendes Beispiel berechnet den Mittelwert von Verkäufen basierend auf der statistischen Tabelle aus Abbildung 4.9a auf Seite 71.

```
MEAN OF Verkäufe IN Region, Geschäftstypen, Marke FOR Verkaufszahlen
```

Als weiteres generisches Sprachkonstrukt zur *Unterstützung statistischer Auswahlverfahren* wird

```
SELECTION-PROCEDURE USING <Parameter>
                              IN <Kategorienattribute FOR <Tabelle>
```

vorgeschlagen, wobei SELECTION-PROCEDURE analog zum obigen Sprachkonstrukt durch Bezeichnungen unterschiedlicher statistischer Auswahlverfahren ersetzt werden kann. Zur Verfügung stehen die Auswahl mit/ohne Zurücklegen, geschichtete, mehrphasige, geschachtelte oder systematische Auswahl. Das Erzeugen einer Auswahl von 10% des Ausgangsdatenbestands bezogen auf das Beispielszenario wird formuliert mit der Anweisung:

```
RANDOM-SAMPLE-WITHOUT-REPLACEMENT USING Auswahlanteil = 0.1
                              IN Region, Geschäftstyp, Marke FOR Verkaufszahlen
```

Unterstützung sequenzorientierter Analysen

Anders als Spracherweiterungen zur Unterstützung komplexer statischer Analysen, orientieren sich neuere proprietäre SQL-Spracherweiterungen, wie sie beispielsweise von dem Datenbankhersteller '*Redbrick Systems*' durch das '*Red Brick Intelligent SQL*' ('*RISQL*') betrieben werden ([RBS96]), an der Integration von sequenzorientierten statistischen Funktionen, was deutlich über die mengenorientierte Auffassung des relationalen Datenmodells hinausgeht und beispielsweise in [SeLR95] oder [RDR+98] als explizite Modellerweiterung betrieben wird. Beispiele für eine Erweiterung der SQL-Aggregationsfunktionen sind:

- Funktionen zur Berechnung der Kumulierung (CUME(EXPR)): Gemäß einer in der ORDER-BY-Klausel explizit definierten Ordnung der Tupel der Ausgangsrelation werden alle bisherigen Werte aufsummiert.
- Funktionen zur Ausschnittbildung (MOVINGSUM(EXPR, n), MOVINGAVG(EXPR, n)): Wiederum gemäß einer explizit definierten Ordnung erfolgt für jeweils n aufeinanderfolgende Werte eine Summen- bzw. Durchschnittsberechnung.

Das nachfolgend links stehende Beispiel berechnet für jeweils drei aufeinanderfolgende Monate die durchschnittlichen Verkaufszahlen. Das rechts stehende Beispiel verdeutlicht die Anwendung der Kumulierungsfunktion am Beispiel der 'Running Totals' für jedes Jahr. Dabei findet die wiederum *RISQL*-spezifische RESET-Klausel Anwendung, welche besagt, daß die Kumulierung der Verkaufswerte nicht jahresübergreifend, sondern jahresspezifisch erfolgt.

```
SELECT   Monat,
         MOVINGAVG(Verkäufe, 3)
FROM     Verkaufszahlen
WHERE    Jahr IN (1997, 1998)
ORDER BY Monat
```

```
SELECT   Monat, Jahr,
         CUME(Verkäufe) AS KumVerkäufe
FROM     Verkaufszahlen
WHERE    Jahr IN (1997, 1998)
ORDER BY Monat, Jahr
RESET    KumVerkäufe BY Jahr
```

Neben Aggregatfunktionen, welche eine Ordnung des Datenbestands voraussetzen, bietet RISQL im Sinne einer erweiterten ORDER-BY-Klausel zwei weitere Funktionen zur Bestimmung der Ordnungszahl entsprechend eines numerischen Wertes an. Die RANK(EXPR)-Funktion bestimmt den Rang eines Eintrags relativ zur Gesamtheit der Attributwerte einer Relation. Die 'Ranking'-Funktion ermittelt somit wertemäßig den größten, zweit-größten, usw. Eintrag einer Relation. In Verbindung mit der WHEN-Klausel, wie mit nachfolgendem Beispiel illustriert, lassen sich Hitlistenanalysen ("Top-10") kompakt in SQL formulieren.**

```
SELECT   Marke, SUM(Verkäufe) AS Markenverkäufe,
         RANK(SUM(Verkäufe)) AS Rang
FROM     Verkaufszahlen
GROUP BY Marke
WHEN     Rang <= 5
```

** Die Formulierung einer Hitlistenanfrage unter Verwendung von Standard-SQL benötigt einen Eigenverbund auf der Auswerterelation kombiniert mit einer Bedingung in der HAVING-Klausel.

Eine Variante der Rangermittlung von Tupeln bzgl. numerischer Attributwerte bietet der SQL-Dialekt RISQL mit dem Sprachkonstrukt NTILE(EXPR, n). Dadurch wird die Tupelmenge bzgl. dem in EXPR spezifizierten numerischen Wert in n wertemäßig möglichst gleich große Gruppen aufgeteilt. Unter Anwendung des CASE-Konstruktes können die Gruppen anwendungsspezifisch benannt werden. Folgende Beispielanfrage berechnet Verkaufsquartile nach Marken:

```
SELECT     Marke, SUM(Verkäufe),
           CASE NTILE(SUM(Verkäufe), 4)
                 WHEN 1 THEN 'Spitzengruppe'
                 WHEN 2 THEN 'Verkaufsrenner'
                 WHEN 3 THEN 'Normalläufer'
                 WHEN 4 THEN 'Ladenhüter'
FROM       Verkaufszahlen
GROUP BY Marke
```

Das Sprachkonstrukt NTILE(EXPR, n) realisiert eine Erweiterung der Gruppierungsfunktionalität, indem die Ausgangsrelation wertemäßig partitioniert wird. Folgender Abschnitt diskutiert eine weitere, oftmals 'multidimensional' genannte Erweiterung der Gruppierungsfunktionalität.

5.3.3 Erweiterung der Gruppierungsfunktionalität

Neben der Erweiterung der Menge der Aggregationsfunktionen auf Sprachebene besteht eine Möglichkeit einer erweiterten Spracheinbettung von Aggregationsoperationen darin, die Gruppierungsanweisung (GROUP-BY-Klausel) zu verstärken. Ein die Multidimensionalität betreffender Vorschlag für eine Erweiterung der Gruppierungsfunktionalität ist in [GBLP96] mit der Einführung des CUBE-Operators als eine n-dimensionale Verallgemeinerung der klassischen GROUP-BY-Klausel beschrieben. Wie bereits in Abschnitt 4.1.1 angedeutet, erfolgt im Rahmen der Darstellung statistischen Zahlenmaterials in Form einer statistischen Tabelle häufig die Ausweisung von Zwischen- und Gesamtsummen ('*marginals*'). Um diese Summen unter Verwendung von Standard-SQL zu formulieren, wäre für n Gruppierungsattribute eine SQL-Anweisung, bestehend aus der Vereinigung von 2^n-1 Einzelgruppierungsanfragen für jeweils eine einzelne Kombination von Gruppierungsattributen notwendig. Neben der aufwendigen sprachlichen Formulierung impliziert dies eine aufwendige interne Mehrfachberechnung durch wiederholte Scan- und Sortierungsvorgänge.

Verkäufe		Sony	JVC	Grundig	Σ
Norddeutschland	Supermarkt	12	48	58	118
	Fachmarkt	31	67	66	164
	Einzelhandel	15	55	51	121
	Σ	58	170	175	403
Süddeutschland	Supermarkt	22	50	67	139
	Fachmarkt	51	100	57	208
	Einzelhandel	41	62	51	154
	Σ	114	212	175	501
Σ		172	382	350	904

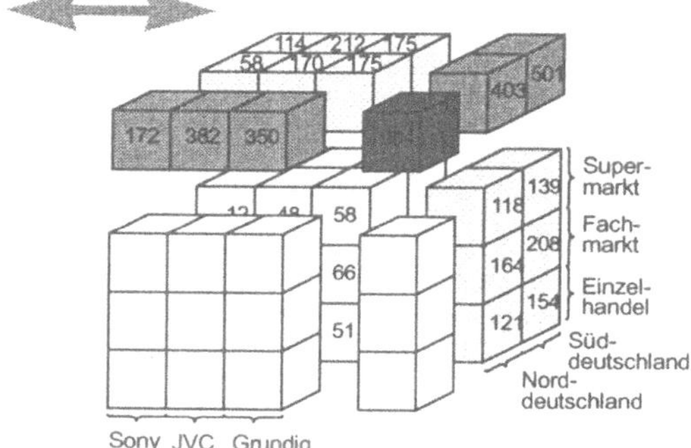

Abb. 5.9: Beispiel für die Anwendung des CUBE-Operators

Wie aus Abbildung 5.9 ersichtlich wird, besteht die Idee des CUBE-Operators darin, in einem Berechnungsschritt alle 2^n Gruppierungskombinationen, d.h. im Fall einer Summenbildung alle Teil- und Gesamtsummen, zu berechnen ([AAD+96], [RoSr97]). Folgende SQL-Anweisung korrespondiert mit der würfelartigen Darstellung in Abbildung 5.9b:

```
SELECT     Region, Geschäftstyp, Marke, SUM(Verkäufe)
FROM       Verkaufszahlen
GROUP BY CUBE(Region, Geschäftstyp, Marke)
```

Algorithmisch läßt sich die Semantik des CUBE-Operators erklären, indem in einem ersten Schritt die 'normale Gruppierungsanweisung' durchgeführt wird. Danach erfolgt sukzessive die Bildung der Superaggregate (im Fall einer Summation die Berechnung der Teil- und Gesamtsummen), indem in jedem Schritt jeweils über ein weiteres Gruppierungsattribut aggregiert wird. Zur relationalen Darstellung der Superaggregate wird als abstrakter Nominator für die Gruppierungsattribute, über die in der jeweiligen Kombination aggregiert wird, das reservierte Schlüsselwort 'ALL' eingeführt. Dadurch wird im Sinne einer 'Normalisierung' eine relationale Rekonstruktion einer statistischen Kreuztabelle ('*cross table*') erreicht. Abbildung 5.10 zeigt einen Ausschnitt der Ausgangsrelation und das daraus erzeugte Ergebnis nach Anwendung des CUBE-Operators. Dabei werden die Teil- und Gesamtsummen durch das Schlüsselwort 'ALL' als Ausprägung des jeweiligen Kategorienattributes adressiert.

Verkäufe(

Region	Geschäftstyp	Marke	Verkäufe)
Norddeutschland	Supermarkt	Sony	12
Norddeutschland	Supermarkt	JVC	48
Norddeutschland	Supermarkt	Grundig	58
Norddeutschland	Fachmarkt	Sony	31
Norddeutschland	Fachmarkt	JVC	67
Norddeutschland	Fachmarkt	Grundig	66
Norddeutschland	Einzelhandel	Sony	15
Norddeutschland	Einzelhandel	JVC	55
Norddeutschland	Einzelhandel	Grundig	51
Süddeutschland	Supermarkt	Sony	22
Süddeutschland	Supermarkt	JVC	50
Süddeutschland	Supermarkt	Grundig	67
Süddeutschland	Fachmarkt	Sony	51
...			

Anwendung des CUBE-Operators

Verkäufe(

Region	Geschäftstyp	Marke	Verkäufe)
Norddeutschland	Supermarkt	Sony	12
Norddeutschland	Supermarkt	JVC	48
Norddeutschland	Supermarkt	Grundig	58
Norddeutschland	Supermarkt	ALL	118
Norddeutschland	Fachmarkt	Sony	31
Norddeutschland	Fachmarkt	JVC	67
Norddeutschland	Fachmarkt	Grundig	66
Norddeutschland	Fachmarkt	ALL	164
Norddeutschland	Einzelhandel	Sony	15
Norddeutschland	Einzelhandel	JVC	55
Norddeutschland	Einzelhandel	Grundig	51
Norddeutschland	Einzelhandel	ALL	121
Norddeutschland	ALL	ALL	403
Süddeutschland	Supermarkt	Sony	22
...			
Süddeutschland	ALL	ALL	501
ALL	Supermarkt	Sony	34
ALL	Supermarkt	JVC	98
ALL	Supermarkt	Grundig	155
ALL	Supermarkt	ALL	257
ALL	Fachmarkt	Sony	82
...			
ALL	ALL	Sony	172
ALL	ALL	JVC	382
ALL	ALL	Grundig	350
[illegible]	ALL	ALL	[illegible]

Abb. 5.10: Relationale Darstellung des CUBE-Operators

Der scheinbar tolerierbare Mehraufwand für die Vollauswertung der Teil- und Gesamtsummen wird exorbitant, wenn die Größen der 2^n-1 Superaggregate berücksichtigt werden. Entspricht c_i der Kardinalität eines beteiligten Gruppierungsattributes A_i, so besitzt die Ergebnisrelation nach Anwendung des CUBE-Operators auf die Gruppierungsattribute $A_1,...,A_n$ die Mächtigkeit

$$|C| = \prod_{i=1}^{n} (c_i + 1).$$

Abschnitt 6.2 diskutiert im Rahmen der Einführung des Aggregationsgitters ausführlich diesen Sachverhalt. Zur Einschränkung dieses Wachstums wird in [GBLP96] eine abgeschwächte Variante des CUBE-Operators vorgeschlagen (ROLL-UP-Operator), welcher nur die Superaggregate gemäß der Ordnung der Gruppierungsattribute liefert. Trotz aller Kritik ist das CUBE-Konzept ein nützliches Paradigma zur Berechnung von 'cross tables' mit niedriger Dimensionalität. Außerdem bildet es die Basis für eine Vielzahl weiteren Arbeiten ([HoBA97], [HAMT97], [RoSC98]). Anwendungsspezifische Strukturen, wie Klassifikationen oder Merkmale können jedoch aufgrund der Beschränkung des relationalen Datenmodells damit nicht ausreichend, d.h. lediglich durch regulative Konsistenzbedingungen reflektiert werden, so daß ein entsprechender Modellwechsel vorgenommen werden muß.

5.4 Optimierung der relationalen Aggregatverarbeitung

Bevor im weiteren Verlauf dieses Abschnitts auf die Optimierung von Anfragen mit Aggregationsoperationen auf relationaler Ebene eingegangen wird, gibt der erste Abschnitt 5.4.1 einen Überblick in Form einer Klassifikation bekannter Verfahren der Anfrageoptimierung mit dem Schwerpunkt der Unterstützung der Aggregationsverarbeitung. Bevor ausgewählte grundlegende Ideen und Verfahren der Restrukturierungstechnik relationaler Operatorengraphen in den Abschnitten 5.4.3 und 5.4.4 diskutiert werden, wird zu deren Verständnis in Abschnitt 5.4.2 ein kurzer Abriß über relationale Anfrageverarbeitung im allgemeinen gegeben. Im Verlauf der Diskussion der Optimierungstechniken wird sich zeigen, daß speziell die automatische Nutzung von Präaggregaten auf relationaler Ebene extrem aufwendig ist. Darüberhinaus wird motiviert, daß für eine weitergehende Optimierung zusätzliches semantisches Wissen, wie es beispielsweise in einem multidimensionalen Datenorganisationsschema abgebildet ist, notwendig ist.

5.4.1 Optimierungsstrategien in der Aggregatverarbeitung

Analog zu der 'Nicht-Existenz' von Aggregationsoperationen in der relationalen Algebra treten einerseits in der klassischen Methodik der Anfrageverarbeitung, wie sie im folgenden Abschnitt skizziert wird, keine Optimierungsstrategien für Aggregationsoperatoren auf. Andererseits jedoch gibt es insbesondere in dem Bereich der 'Statistical & Scientific Database Management Systems' seit jeher Bestrebungen, zur Durchführung statistischer Analysen übliche Aggregationsoperationen sowohl modellierungsseitig (Abschnitt 4.2) als auch durch Einsatz physischer Hilfsstrukturen explizit zu unterstützen. Weiterhin lassen sich zwei speziell für das Anwendungsgebiet einsetzbare Optimierungstechniken aufzählen (Abbildung 5.11). Optimierungen werden entweder durch Approximation des Ergebnisses oder durch Nutzung vorberechneter und materialisierter Sichten vorgenommen. Beide werden im folgenden kurz charakterisiert.

5.4.1.1 Approximative Anfragebeantwortung / -auswertung

Den unterschiedlichen Techniken im Bereich der approximativen Anfragebeantwortung ('*Sampling*') liegt die gemeinsame Idee zugrunde, nicht exakte Antworten, sondern Schätzungen aufgrund von durchgeführten Stichproben zu ermitteln und in Kombination mit einer Konfidenzspezifikation dem Benutzer als Anwort zurückzu-

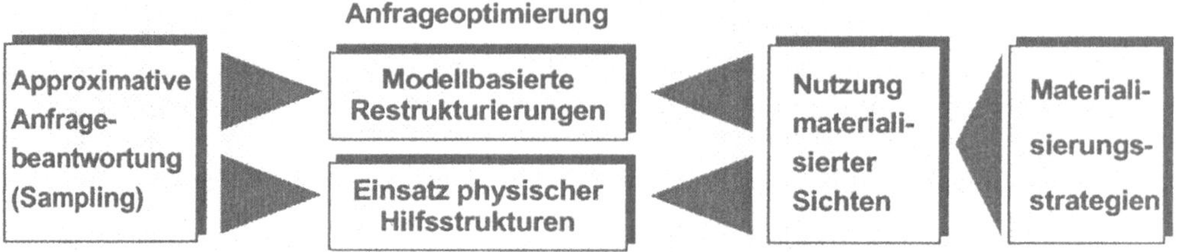

Abb. 5.11: Optimierungsstrategien in der relationalen Aggregatverarbeitung

liefern. Intuitiv ist klar, daß die Durchführung einer Stichprobe einerseits performanter als die Berechnung eines exakten Wertes auf einem großen Datenbestand ist. Approximative Antworten sind andererseits natürlich nur für spezielle Anwendungsbereiche, wie Trendanalysen und -projektionen einsetzbar. Statistische Kennzahlen zur Entscheidungsunterstützung (Abschnitt 2.1.1) müssen jedoch in den meisten Situationen die Anwendungswelt exakt widerspiegeln, wodurch der Ansatz der approximativen Anfragebeantwortung eventuell in der Testphase, jedoch nicht im Produktionsbetrieb akzeptabel ist. Neuere Arbeiten, wie beispielsweise [HeHW97], setzen Sampling-Methoden iterativ ein. Basierend auf einem ersten Schätzwert erfolgt iterativ eine Verbesserung des Aggregationsergebnisses bis entweder das exakte Ergebnis ermittelt oder der Benutzer mit dem bisher ermittelten approximierten Ergebnis zufrieden ist. Dadurch wird eine nahtlose Integration der approximativen Anfragebeantwortung in den konventionellen Prozeß der Anfrageverarbeitung erreicht.

In den weiteren Ausführungen wird die Technik der approximativen Anfrageoptimierung in statistischen Datenbanken nicht weiter verfolgt. Der interessierte Leser sei auf [Olke93] verwiesen; darin findet sich eine umfassende Darstellung unterschiedlicher existierender Sampling-Techniken.

5.4.1.2 Nutzung und Auswahl materialisierter Sichten

Im Bereich statistischer Datenbanken besteht eine sinnvolle und übliche Optimierungsstrategie zur Reduzierung der Ausführungskosten einer Anfrage darin, Sichten auf einen Datenbestand in einem ersten Schritt vorzuberechnen und zu materialisieren. In einem zweiten Schritt sind auf diese Vorauswertungen entweder explizit bei der Formulierung der Anfrage oder implizit, d.h. transparent aus Sicht der Anfrageformulierung, im Prozeß der Anfrageverarbeitung zurückzugreifen ([Hari97], [Rous98] bzw. [LeRT95b], [LeRu97]). Notwendige Voraussetzung dafür ist natürlich ein zugrundeliegender Datenbestand, der während einer Auswerteperiode, für die die Vorauswertungen bereitgestellt sind, stabil bleibt und keinen Änderungen unterworfen ist (Abschnitt 1.1.1). Für eine weitere Auswerteperiode werden neue Daten dem zu analysierenden Gesamtdatenbestand hinzugefügt ('bulk-updates' mit einer 'append-only'-Semantik; Abschnitt 2.1.1). Ist diese Eigenschaft, daß neue Daten schubweise den Ausgangsdaten hinzugefügt werden, nicht gewährleistet, d.h. der Datenbestand wird punktweise verändert, so ist dieser Optimierungsansatz entweder nicht realisierbar oder es sind entsprechende Korrekturmaßnahmen an den materialisierten Sichten vorzunehmen. Da sich dieses Buch neben modellbasierten Einschränkungen auf die Nutzung und Bestimmung materialisierter Sichten in der Aggregatverarbeitung konzentriert, wird der Leser an dieser Stelle auf die inzwischen umfangreiche Literatur verwiesen. [GuMa95] und [MuQM97] bieten einen guten Ausgangspunkt zur Aufarbeitung dieser Problematik. Die genannten Voraussetzungen sind, wie bereits in der Einleitung diskutiert (Abschnitt 1.1.2), insbesondere im Bereich der Datenverarbeitung von statistischem Zahlenmaterial sowie von Meß- oder Simulationsergebnissen wissenschaftlicher Experimente gegeben, da keine datenbasierten Korrekturen im 'nachhinein' vorgenommen werden *dürfen*.[††] Die beiden Abschnitte 5.4.3 und 5.4.4 eruieren den aktuellen Stand der Forschung im Bereich der Integration von materialisierten Sichten in den Prozeß der Anfrageverarbeitung.

Die Nutzung vorberechneter und materialisierter Sichten in einem Datenbanksystem setzt deren möglichst optimale Auswahl voraus. Wie in der Diskussion in Abschnitt 6.2.3 noch detailliert erläutert wird, ist eine Bereitstellung aller möglichen Aggregationskombinationen aus Gründen des zusätzlichen Speicherbedarfs nicht realisierbar. Daraus ergibt sich die Frage nach einer günstigen Auswahl der Sichten, für welche eine Materialisierung lohnenswert und für welche materialisierten Sichten eine Aufhebung der Materialisierung adäquat erscheint. Die Abschnitte 6.4, 6.5 und 6.6 diskutieren und vergleichen ausführlich die in der Literatur bekannten Materialisierungsstrategien.

Weiterhin sei an dieser Stelle angemerkt, daß der Begriff 'materialisierte Sichten' ('*materialized view*') Anfragen bzgl. beliebiger relationaler Ausdrücke umfaßt. Da in diesem Buch die Aggregatverarbeitung im Vordergrund steht, wird im weiteren Verlauf terminologisch der Begriff '*Präaggregate*' für materialisierte Sichten mit Aggregationsoperationen verwendet. Dieser Begriff ist synonym mit dem in der Li-

†† Beispielsweise muß eine Fehlbuchung im Bereich der Kostenrechnung durch eine Stornobuchung kompensiert werden. Im allgemeinen werden in diesen Anwendungsgebieten Korrekturmechanismen bereits auf Modellebene vorgesehen und somit auf 'höherer Ebene' mittels Kompensationsaktionen durchgeführt, so daß realistischerweise von einer stabilen Datenbasis ausgegangen werden kann.

teratur im Bereich der statistischen Datenbanksysteme geprägten Begriff 'Summendaten' ('*summary data*'), die in einer 'Summentabelle' ('*summary table*') abgelegt werden.

5.4.1.3 Klassifikation wissenschaftlicher Arbeiten im Bereich der Aggregatverarbeitung

Aus der Beschreibung der Anfrageverarbeitung in relationalen Datenbanksystemen geht hervor, daß in der Phase der Optimierung zwischen einer logischen Optimierung zur Durchführung modellbasierter Restrukturierungen und einer physischen Optimierung zur Erzeugung des Anfrageausführungsplanes unterschieden wird. Entsprechend ergibt sich eine natürliche Einteilung wissenschaftlicher Arbeiten im Bereich der Aggregatverarbeitung (Abbildung 5.12).

Klassische Arbeiten, wie [SAC+79], [Daya87] im Bereich der Anfrageverarbeitung führen eine Restrukturierung des Anfragegraphens (Abschnitt 5.4.2) ohne Beachtung materialisierter Sichten und ohne Unterstützung von Aggregationsoperationen durch. Erst neuere Arbeiten von Yan/Larson ([YaLa94]/[YaLa95]) und Chaudhuri/Shim ([ChSh94]) erweitern die in Abschnitt 5.4.2 skizzierten Restrukturierungsregeln um Gruppenbildung zur Durchführung von Aggregationsoperationen. Da diese Restrukturierungstechniken als Vorarbeit zur Integration von Präaggregaten angesehen werden können, wird in Abschnitt 5.4.3 das prinzipielle Vorgehen bei Anwendung dieser Restrukturierungstechniken erläutert.

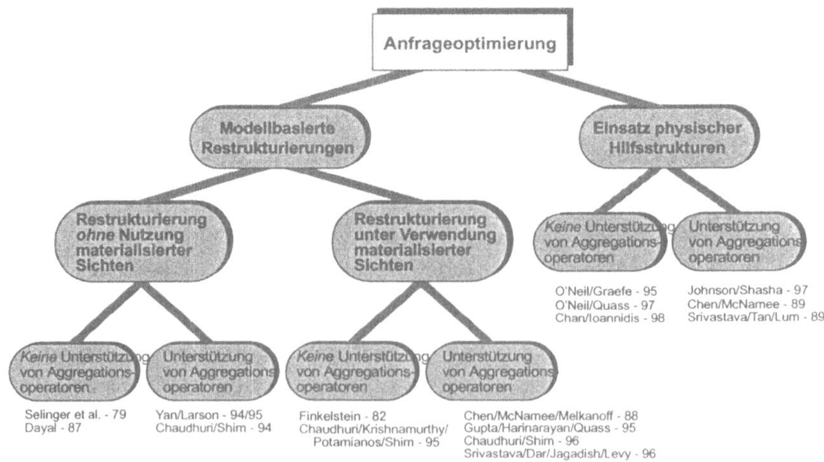

Abb. 5.12: Einteilung wissenschaftlicher Arbeiten im Bereich der Aggregatverarbeitung

Wie bereits angedeutet, besitzt die Idee der Vorberechnung von Partialergebnissen und deren implizite Verwendung im Bereich relationaler Datenbanksysteme eine lange Historie. Ein erster theoretischer Ansatz ist beispielsweise in [Fink82] zu sehen. Die Arbeit von [CKPS95] ist in der gleichen Kategorie einzuordnen, Ziel des Ansatzes ist es, unter Anwendung einer Attributbezeichnungstranslationstabelle eine Abbildung zwischen Anfrage und materialisierter Sicht zu erreichen. Interessant ist, daß in diesem Beitrag konkret die Erweiterung des auf [SAC+79] zurückgehenden Algorithmus zur Bestimmung der optimalen Verbundreihenfolge vorgenommen wird.

Die im Rahmen dieser Ausführungen insbesondere zu diskutierenden Ansätze fallen in die Kategorie 'Restrukturierung unter Verwendung materialisierter Sichten und Unterstützung von Aggregationsoperationen'. Eingebettet in eine Erweiterung des relationalen Datenmodells wird in [ChMM88] eine konstruktive Methode der Integration von Summendaten vorgenommen. Da sich diese Methode als eine Vorstufe zu allgemeineren Restrukturierungsansätzen einordnen läßt, wird auf eine detaillierte Beschreibung des Summendatenmodells ('*Summary Data Model*') verzichtet. So entspricht beispielsweise der in [ChMM88] definierte 's′-join' einer einfachen 'group-by push down'-Restrukturierung in [ChSh96]. Eine kurze Beschreibung der im '*Summary Data Model*' eingeführten Ideen ist zusammenfassend in [BLRT96] und [Ruf97a] zu finden. Alle weiteren Verfahren dieser Kategorie werden im Anschluß an diese Klassifikation und der Darlegung der Grundlagen der Anfrageverarbeitung beschrieben (Abschnitt 5.4.4).

Der Ansatz von [ChMM88] wird an dieser Stelle jedoch noch einmal aufgegriffen, da er, analog zu dem Ansatz von [SrTL89], die Nutzung von Summendaten explizit auf Ebene der physischen Hilfsstrukturen unterstützt. Vorhandene Summendaten werden durch Traversierung des LST-Baumes ('*Logical Summary Tree*') zugänglich ([ChMc89]). Damit wird ersichtlich, daß eine Nutzung materialisierter Sichten nicht nur auf Ebene der logischen Optimierung durch algebraische Restrukturierungstechniken, sondern auch durch Einsatz geeigneter Indexstrukturen im Rahmen der physischen Optimierung möglich ist. Aktuelle Arbeiten, wie beispielsweise die Würfelwälder ('*Cube Forests*') von Johnson und Shasha ([JoSh97]), orientieren sich an Präaggregaten bzgl. des in Abschnitt 6.2 eingeführten Aggregationsgitters. Auch ohne explizite Unterstützung von Präaggregaten werden durch wiederentdeckte ([ONei87], [Vald87]) und weiterentwickelte Indexstrukturen ([ONGr95], [ONQu97], [RBS97]), wobei insbesondere die Techniken der 'bitwise'- und 'join'-Indexstrukturen betont werden sollen, beeindruckende Leistungszahlen erreicht. Für eine Zusammenfassung potentieller Nutzungsmöglichkeiten von Indexstrukturen im Bereich 'Online-Analytical Processing' sei an dieser Stelle auf [Sara97] verwiesen. Der Bereich der Optimierung durch den Einsatz physischer Hilfsstrukturen wird jedoch nicht weiter vertieft und statt dessen auf die umfangreiche Literatur, wie beispielsweise [BoSa97] oder [Rica90] verwiesen.

5.4.2 Grundlagen der Anfrageverarbeitung

Die Anfrageverarbeitung in relationalen Datenbanksystemen ([Mits95]) läßt sich grob in die drei Hauptschritte *Übersetzung, Optimierung, Codeerzeugung und -ausführung* (Abbildung 5.13), die im Rahmen dieses Abschnittes konkretisiert werden, unterteilen. Für eine detaillierte Beschreibung sei der interessierte Leser an dieser Stelle auf Standardliteratur wie [Mits95] oder [FrMV94], für einen umfassenden Überlick auf [Grae93] oder [JaKo84] und für eine kurze Zusammenfassung der Grundlagen der Anfrageverarbeitung auf [Albr98] verwiesen.

Phase der Anfrageübersetzung

Die Hauptaufgabe der Anfrageübersetzung besteht darin, die textuelle Anfrage nach einer syntaktischen und möglichst weitreichenden semantischen Überprüfung in eine geeignete *interne Darstellung* zu überführen, um in den folgenden Phasen eine flexible und effiziente Bearbeitung der Anfrage zu ermöglichen. Typischerweise wird eine Anfrage in einen Ausdruck der Relationenalgebra ([Codd70]) überführt, welcher intern als Baumstruktur mit den Operatoren des relationalen Ausdrucks als innere Knoten und den Ausgangsrelationen als Blattknoten gespeichert

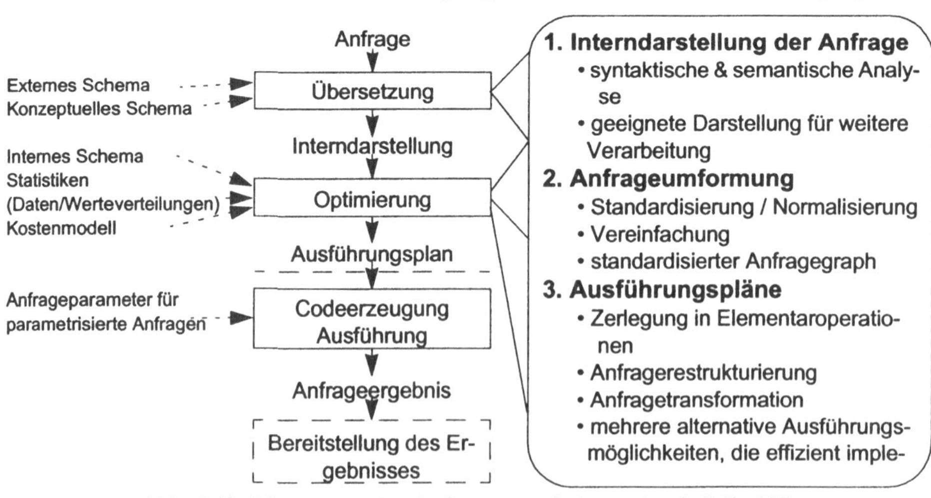

Abb. 5.13: Die Phasen der Anfrageverarbeitung (nach [Mits95])

```
select Marke, Geschäftstyp
from Facts F, Produkte P, Geschäfte G
where F.ArtikelNr = P.ArtikelNr
  and F.GeschäftsNr = G.GeschäftsNr
  and G.Bezirk = 'Franken'
```

a) Anfrage in SQL

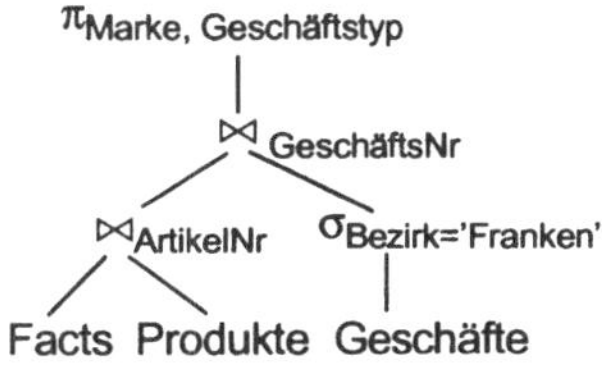

b) Anfrage als Operatorengraph

Abb. 5.14: Übersetzung einer Anfrage in einen Operatorengraph

wird. Für die in Abbildung 5.14a gezeigte Beispielanfrage in SQL generiert die Übersetzungsphase den semantisch äquivalenten Operatorengraph (Abbildung 5.14b) als Repräsentation eines Ausdrucks in der Relationenalgebra.

Neben der Umwandlung einer Anfrage in eine interne Darstellung, stellt die *Anfrageumformung*, in welcher die Anfrage für die sich anschließende Optimierung vorbereitet wird, die zweite wichtige Aufgabe der Phase der Anfrageübersetzung dar. In dem Teilschritt der *Standardisierung* werden Standardsituationen erkannt und ausgenutzt. Voraussetzung dafür ist jedoch eine geeignete Normalform. Zur Herstellung einer Vergleichbarkeit wird der Qualifikationsteil aller Teilanfragen entweder in eine konjunktive oder eine disjunktive Normalform überführt. Auf der Ebene der Gesamtanfrage erfolgt eine Restrukturierung dahingehend, daß beispielsweise geschachtelte Anfragen in eine Prenex-Normalform überführt werden ([Daya87]). In dem zweiten Teilschritt der Anfrageumformung wird im Rahmen einer Vereinfachung versucht, möglichst früh Inkonsistenzen und unerfüllbare Anfragen zu erkennen. Beispiele für Vereinfachungsregeln sind die Anwendung der Idempotenzregeln, Eliminierung mehrfach auftretender Teilausdrücke, Konstantenpropagierung und das Erkennen unerfüllbarer Bedingungen.

Phase der Anfrageoptimierung

Ziel der Anfrageoptimierung ist es, aus dem durch Übersetzung und Standardisierung generierten Anfragegraphen einen möglichst optimalen *Ausführungsplan* ('*Query Execution Plan*') zu generieren. Dabei werden die beiden Ebenen der *logischen und physischen Optimierung* unterschieden. In dem Teilschritt der logischen Optimierung werden am Anfragegraphen modellbasierte algebraische, also von der konkreten Datenbasis unabhängige Restrukturierungen, vorgenommen. In dem sich anschließenden Teilschritt der physischen Optimierung werden von der zugrundeliegenden Datenbasis abhängige, meist kostenbasierte Verbesserungsmaßnahmen, wie beispielsweise die Berücksichtigung physischer Hilfsstrukturen, die Wahl der physischen Operatoren und die Reihenfolge der Operatorausführungen durchgeführt. Alle angewandten Verbesserungsmaßnahmen erzeugen einen semantisch äquivalenten, d.h. bzgl. der Ergebnismenge invarianten Operatorengraphen, damit die Ausgangsanfrage im Rahmen der Optimierungsvorgänge nicht verfälscht wird.

Hauptaufgabe der logischen Optimierung ist die Restrukturierung des Anfragegraphen, so daß durch das Auffinden möglichst günstiger Operatorenreihenfolgen als Ergebnis ein auf logischer Ebene optimaler Anfragegraph entsteht. Die Strategie dabei besteht darin, durch möglichst frühes Ausführen von Selektions- und Projektionsoperatoren die Größen von temporären Zwischenrelationen, welche durch gewichtete Kanten im Operatorengraphen beschrieben sind, zu minimieren. Abbildung 5.15 zeigt eine charakteristische Auswahl anzuwendender Restrukturierungsregeln für die algebraische Optimierung.

Methodisch werden in einem ersten Schritt Selektionen mit zusammengesetzten Prädikaten in eine Sequenz von Selektionen mit elementaren Prädikaten überführt. Projektionen und Selektionen werden in einem zweiten Schritt so weit als möglich 'nach unten', d.h. in Richtung Ausgangsrelationen 'gedrückt'. ('*selection push-down*' / '*projection push down*'). Die Transformationen d) und e) aus Abbildung 5.15 illustrieren diese Technik. Damit wird erreicht, daß die Kardinalitäten der temporären Zwischenergebnisse so früh wie möglich minimiert werden. Nach diesen Restrukturierungen werden aufeinanderfolgende Selektionen und Projektionen wieder zu einem Operator, wie in den Transformationen aus Abbildung 5.15a und Abbildung 5.15b gezeigt, zusammengefaßt.

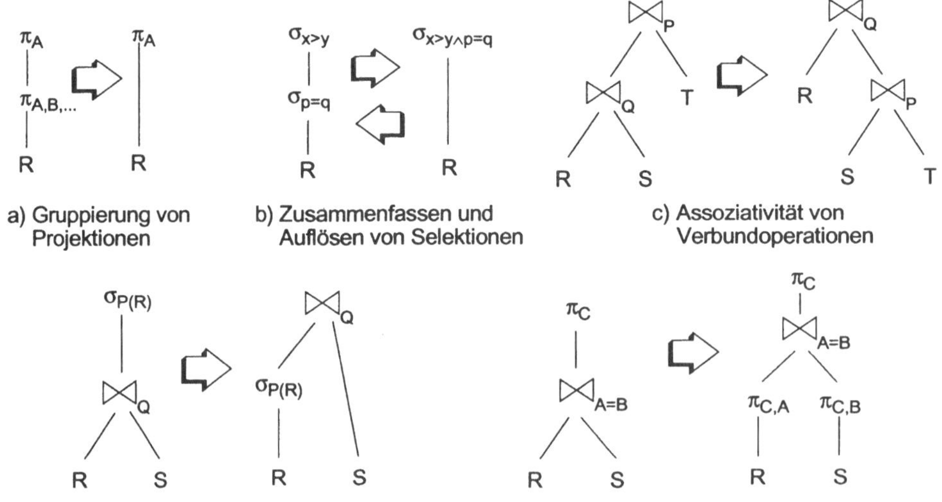

Abb. 5.15: Beispiele relationaler Restrukturierungsregeln

Im Verlauf der physischen Optimierung wird jeder Operator der relationalen Algebra des durch logische Optimierung hervorgegangenen Anfragegraphen durch einen physisch implementierten Ausführungsoperator ersetzt. Diese Ersetzung, welche in dem endgültigen Anfrageausführungsplan resultiert, wird wesentlich durch das verwendete Kostenmodell beeinflußt. Typische Kostengrößen für die Durchführung eines Operators sind die geschätzte Anzahl von Plattenzugriffen, die notwendige CPU-Zeit und, im Fall verteilter Datenbanksysteme ([Rahm94], [ÖzVa91]), entsprechende Kommunikationskosten zur Übertragung der einzelnen Datenfragmente. Weitere Einflußgrößen auf das verwendete Kostenmodell sind Kenntnisse über Attributverteilungen ([PiCo84]) zur Abschätzung der Selektivitäten von Selektionsprädikaten ([SAC+79]) und vorhandene und potentiell nutzbare Primär- und Sekundärindexstrukturen. In relationalen Datenbanksystemen existieren im wesentlichen die drei Arten physischer Operatoren, Selektions- und Projektionsoperatoren, Verbund- und Mengenoperatoren und Operatoren für den Zugriff auf Basisrelationen.

Phase der Code-Erzeugung und Anfrageausführung

In der letzten Phase der Anfrageverarbeitung wird aus dem Ausführungsgraphen einer Anfrage der Programmcode erzeugt und dessen Ausführung angestoßen. Da diese Vorgänge hochgradig implementierungsabhängig sind, wird auf eine weitere Diskussion an dieser Stelle verzichtet.

5.4.3 Restrukturierungstechniken für Aggregationsanfragen

Wie im vorangegangenen Abschnitt über die Restrukturierung von Anfragegraphen in der relationalen Anfrageverarbeitung ausgeführt wird, ist es das Ziel der logischen Optimierung, einen möglichst optimalen Anfragegraphen zu erstellen, wobei sich die Optimalität auf die Minimierung der Größe der Zwischenergebnisse bezieht. Tendenziell werden somit Selektionen und Projektion so früh wie möglich ausgeführt. Die generelle Idee der Restrukturierungstechniken für Aggregationsanfragen liegt darin, daß ein Aggregationsoperator ebenfalls stets eine Verringerung des Datenbestandes zur Folge hat und somit als eigener logischer Operator in die Optimierung miteinbezogen und, analog zu Selektion und Projektion, so früh wie möglich ausgeführt werden sollte. Diese Idee wurde zeitgleich von Chaudhuri/Shim ([ChSh94]) und Yan/Larson ([YaLa94]/[YaLa95]) veröffentlicht und wird in diesem Abschnitt strukturell aufgearbeitet. Eine Übersicht der Techniken findet sich in [ChSh95], eine detaillierte Zusammenfassung einschließlich einer Gegenüberstellung der beiden Ansätze in [Schl98].

Beispielszenario

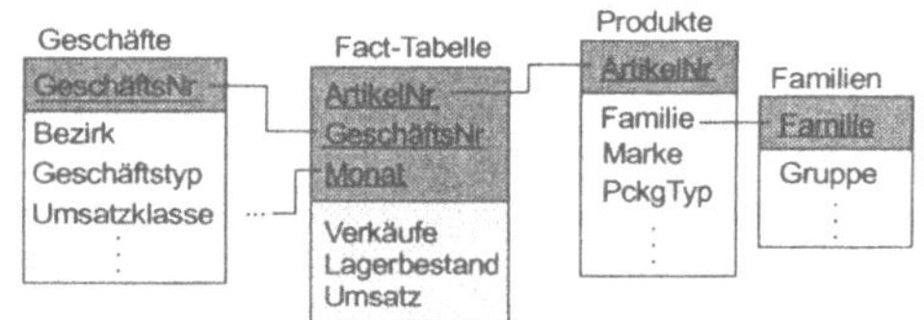

Abb. 5.16: Beispielszenario für Group-By-Transformationen

Zur Illustration der folgenden Restrukturierungsregeln sei das relationale Schema aus Abbildung 5.16 gegeben, welches einem Ausschnitt aus dem Snowflake-Schema aus Abschnitt 5.2.2 entspricht. Die Fact-Tabelle besteht aus dem dreistelligen Primärschlüssel (ArtikelNr, GeschäftsNr, Monat); der quantitative Teil beschränkt sich auf die Anzahl der jeweiligen Verkaufs- Lagerbestands- und Umsatzzahlen. Produkt- und Geschäftsbeschreibungen sind über Primär-/Fremdschlüsselbeziehungen mit der Fact-Tabelle verbunden. Eine Anfrage, welche den Gegenstand der nachfolgend beschriebenen Restrukturierungen bildet, hat die Form einer Monoblockanfrage mit Aggregation (*„single block SQL query"*) und weist folgendes syntaktische Muster auf:

```
SELECT      col_1,...,col_j , Agg_1(b_1),...,Agg_n(b_n)
FROM        R_1, ..., R_k
WHERE       cond_1 AND cond_2 AND ... AND cond_n
GROUP BY    col_1,...,col_j
```

Hierbei entsprechen die Variablen $cond_i$ einfachen Prädikaten, die Menge der Attribute $G\text{-}Attr(Q) = \{col_1,...,col_j\}$ den Gruppierungsattributen und $Agg_i(b_i)$ den in SQL vordefinierten Aggregationsfunktionen, wobei die Aggregationsattribute $\{b_1,...,b_n\}$ die Operandenattribute der jeweiligen Aggregationsfunktionen reflektieren.

Für einen Operatorenknoten in der Darstellung als Operatorengraph einer Monoblockanfrage mit Aggregation werden unter der Menge der *notwendigen Attribute* (*'required columns'*) alle Gruppierungsattribute und alle für einen nachfolgenden Verbund notwendigen Attribute subsumiert. Kandidierende Aggregationsattribute (*'candidate aggregating columns'*) eines Operatorenknotens sind alle Attribute, die für eine nachfolgende Aggregation benötigt werden, aber nicht Element der notwendigen Attribute des aktuellen Knotens sind. Diese Festlegung impliziert, daß alle Attribute eines Operatorenknotens in der Menge der notwendigen oder kandidierenden Attribute vorkommen. Darüberhinaus entsprechen die notwendigen oder kandidierenden Attribute den Attributen, die nach einer Projektion in dem aktuellen Knoten erhalten bleiben.

Invariantes Gruppieren

Die Idee der einfachsten Form der Umgruppierung besteht darin, Gruppierungsoperationen über eine Verbundoperation 'nach unten' zu drücken ('*group-by push down*'), wenn dadurch weder Verbundattribute noch Attribute, welche zur späteren Berechnung der Aggregate verwendet werden, verloren gehen. Die Bezeichnung 'Invariantes Gruppieren' dieser Restrukturierungstechnik wird davon abgeleitet, daß die Aggregationsoperation invariant gegenüber der Positionierung innerhalb des Anfragegraphens ist. Ein Knoten eines Anfragegraphens, der es erlaubt, daß unmittelbar nach ihm eine Aggregationsoperation durchgeführt wird, muß die folgende Eigenschaft für invariantes Gruppieren besitzen:

Definition: *Invariante Gruppierungseigenschaft*

Ein Knoten eines gegebenen Anfragegraphen besitzt die Eigenschaft für invariantes Gruppieren, wenn folgende Bedingungen erfüllt sind:

- Jedes Attribut des Knotens ist entweder Element der notwendigen Attribute oder Element der kandidierenden Aggregationsattribute des Knotens.
- Jedes Verbundattribut des Knotens ist ein Gruppierungsattribut der Anfrage.
- Für jeden Verbundknoten, der Vaterknoten des aktuellen Verbundknotens ist, hat der Verbund die Form eines Gleichverbundes ('*equi-join*') über einen Fremdschlüssel.

Abbildung 5.17 illustriert die Restrukturierungstechnik des invarianten Gruppierens. Der im traditionellen Ansatz zuletzt ausgeführte Aggregationsoperator mit einer Gruppierung bzgl. G_1 und einer Aggregation über A_1, kann ohne Modifikation des Operators über den Verbund 'nach unten' gedrückt werden, da die in der Definition geforderten Eigenschaften erfüllt sind.

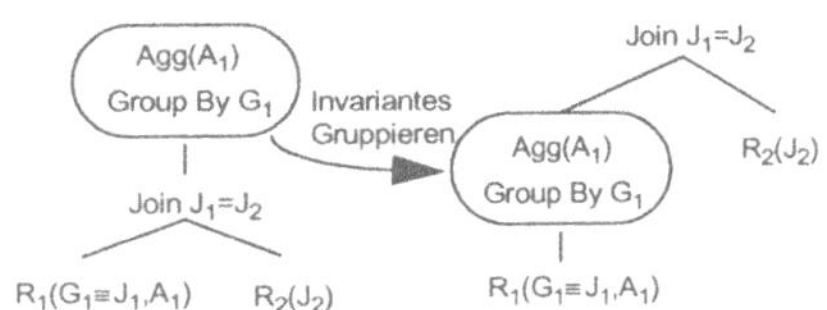

Abb. 5.17: Restrukturierungstechnik des invarianten Gruppierens

Die Technik des invarianten Gruppierens sei an folgender Anfrage zur Ermittlung der Verkäufe von Sony-Produkten in Geschäften der Umsatzklasse '1-5Mio' bestimmt exemplarisch gezeigt:

```
SELECT     GeschäftsNr, ArtikelNr, SUM(Verkäufe)
FROM       Fact-Tabelle F, Produkte P, Geschäfte G
WHERE      F.ArtikelNr = P.ArtikelNr AND
           F.GeschäftsNr = G.GeschäftsNr AND
           P.Marke = 'Sony' AND
           G.Umsatzklasse = '1-5Mio'
GROUP BY   GeschäftsNr, ArtikelNr
```

Traditionell, wie in Abbildung 5.18a gezeigt, wird zunächst eine Verbundoperation zwischen Geschäften der gewünschten Umsatzklasse und den einzelnen Verkäufen durchgeführt. Dieses Zwischenergebnis wird mit den Sony-Produkten verschmolzen. Abschließend werden die Gesamtverkäufe unter Anwendung einer GROUP-BY-Operation ermittelt. Dabei reflektieren in der Fact-Tabelle die Attribute ArtikelNr und GeschäftsNr die Gruppierungsattribute, das Attribut Verkäufe entspricht der Menge der kandidierenden Aggregationsattribute. Da schließlich die Gruppierungsattribute Fremdschlüssel für die Verbundoperationen sind, ist die Eigenschaft für invariantes Gruppieren gegeben, so daß der Gruppierungsoperator direkt auf die Fact-Tabelle angewendet werden kann.

Frühzeitiges Vorgruppieren

Das naive Vorgehen, einen Aggregationsknoten unverändert im Anfragegraphen zu verschieben, führt dazu, daß diese Restrukturierungsregeln sehr restriktiv Anwendung finden und für einen universelleren Einsatz entsprechend erweitert werden müssen. Die Ansätze von [ChSh94] und [YaLa94] geben eine Vielzahl weiterer Re-

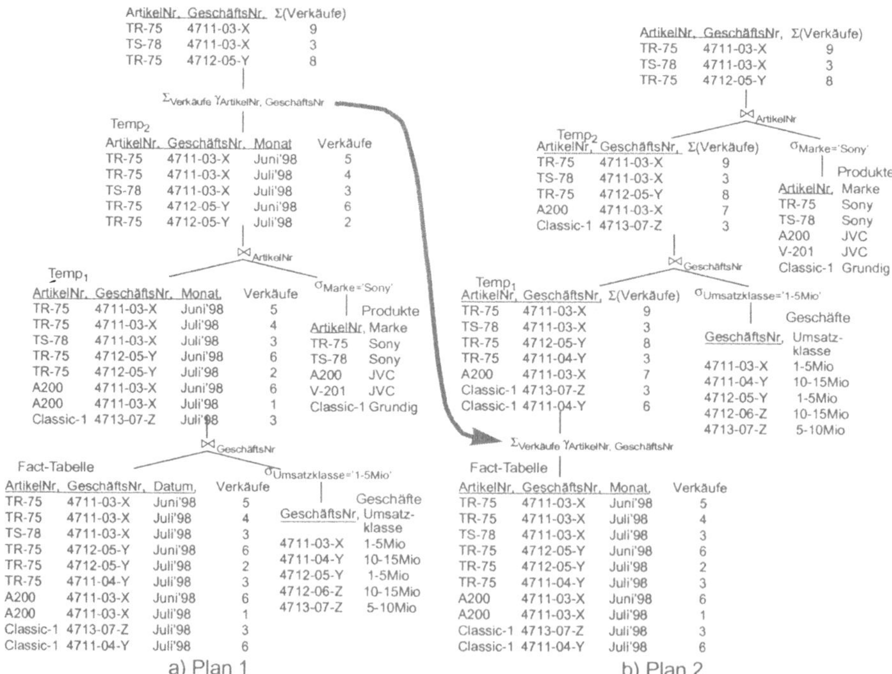

Abb. 5.18: Beispiel zur Restrukturierungstechnik des invarianten Gruppierens

strukturierungsregeln an. Im Rahmen dieser Ausarbeitung wird im folgenden die Idee des '*Frühzeitigen Vorgruppierens*' ('*Simple Coalescing Grouping*' in [ChSh94], '*Eager Group-By*' in [YaLa94]) skizziert. Die grundlegende Idee besteht darin, Aggregationsoperationen nicht zu verschieben, sondern im Sinne einer Vorgruppierung so früh wie möglich eine Aggregationsoperation vorzunehmen und gegebenenfalls die in der Anfrage geforderte Aggregationsoperation nachzuschalten.

Definition: *Eigenschaft für frühzeitige Vorgruppierung*
In einem gegebenen Anfragegraph erfüllt ein Knoten die Eigenschaft für frühzeitiges Vorgruppieren, falls alle Aggregationsattribute der Anfrage kandidierende Aggregationsattribute dieses Knotens sind.

Diese Definition stellt eine Verallgemeinerung der Definition für invariantes Gruppieren dahingehend dar, daß nur die erste Bedingung für invariantes Gruppieren für die Anwendbarkeit einer frühzeitigen Vorgruppierung gegeben sein muß. Die strukturelle Veränderung eines Anfragegraphens bei Anwendung der frühzeitigen Vorgruppierung wird in Abbildung 5.19 illustriert.

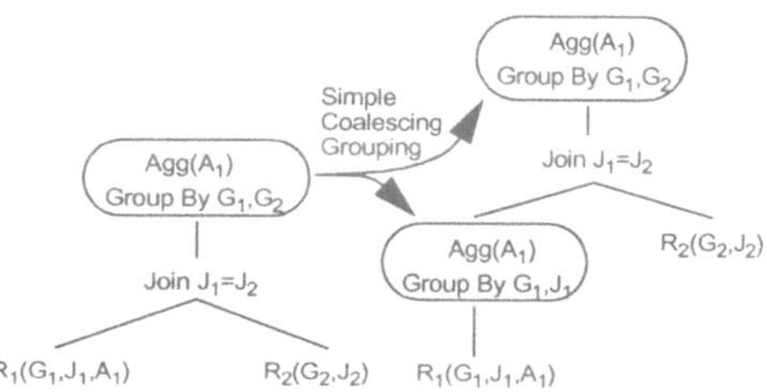

Abb. 5.19: Restrukturierungstechnik des frühzeitigen Vorgruppierens

Zusammenfassung

Die in diesem Abschnitt vorgestellten Restrukturierungstechniken zeigen zum einen, daß allein durch unterschiedliche Positionierungsstrategien von Aggregationsoperatoren in einem relationalen Anfragegraphen die Zwischenergebnisse verkleinert und somit die Anfrageausführung beschleunigt werden kann. Dieser eben vollzogene Schluß erweist sich jedoch als Trugschluß ([YaLa94]), falls die Durchführungskosten einer zusätzlichen Aggregationsoperation höher sind als die durch Reduzierung gewonnene Kostenersparnis. Weiterhin ist bei einer Bewertung der Restrukturierungsmaßnahmen zu beachten, daß Gruppierungen vor Verbundoperationen mit hoher Selektivität nicht in allen Fällen kostengünstiger sind. Diesem Umstand trägt der Ansatz von Yang/Larson dahingehend Rechnung, daß neben den '*push-down*'-Transformationen die dazu inversen '*pull-up*'-Transformationen und deren Auswirkungen auf die Gesamtanfrageausführungskosten berücksichtigt werden. Dies impliziert wiederum eine Vergrößerung des Suchraumes für den Optimierungsalgorithmus, welcher durch Anwendung entsprechender Heuristiken eingeschränkt werden muß. Wichtig für die im Teil C ausgeführten Techniken ist jedoch, daß Aggregationsoperationen in den Optimierungsprozeß relationaler Anfragen Eingang gefunden haben und, wie in dem nächsten Abschnitt dargelegt, diese Restrukturierungsregeln als Vorstufe für eine implizite Verwendung von Präaggregaten angesehen werden können. Eine ausführliche Aufarbeitung weiterer Aspekte der Anfrageverarbeitung im Bereich statistischer Auswertungen findet sich in [Lehn98b].

5.4.4 Restrukturierungstechniken zur Integration von Präaggregaten

Neben der expliziten Verwendung von materialisierten Sichten, insbesondere von Präaggregaten auf Anwendungsebene, ist eine implizite, und somit für die Anwendung transparente Nutzung von Präaggregaten wünschenswert (Abschnitt 5.4.1.2). Ein Anfrage wird durch Anwendung der im vorangegangenen Abschnitt beschriebenen Restrukturierungstechniken derart umgeformt, daß im System vorhandene Präaggregate bei der Ausführung der Anfrage verwendet werden können. Abbildung 5.20 zeigt die bereits durch frühzeitiges Vorgruppieren restrukturierte Anfrage nach der jährlichen Gesamtsumme von Camcorder-Verkäufen pro Einzelartikel in Franken seit dem Jahr 1991. Weiterhin stehe das Präaggregat P im System zur Verfügung, welches die jährlichen Verkäufe pro Artikel und Geschäft für die Produktfamilie Camcorder bereits aufaggregiert enthält, so daß ein Zugriff auf die möglicherweise sehr große Fact-Tabelle erspart bleibt. Ziel der im folgenden Abschnitt beschriebenen Restrukturierungstechniken ist somit, den Anfragegraphen der Ausgangsanfrage derart umzugestalten, daß, wie im rechten Teil der Abbildung 5.20 zu sehen ist, das Präaggregat verwendet wird.

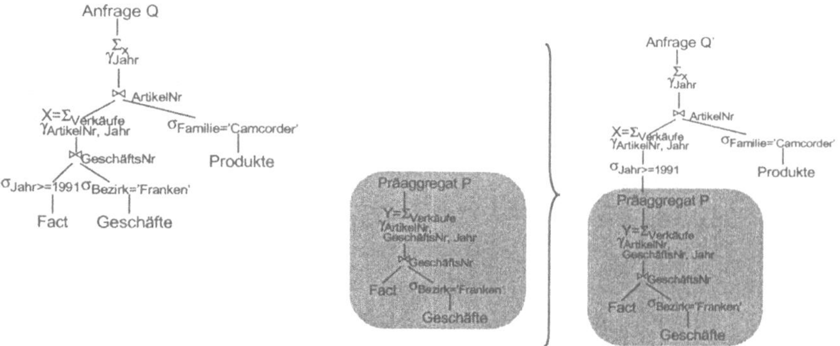

Abb. 5.20: Beispiel zur Integration eines Präaggregates auf relationaler Ebene

Voraussetzung für eine derartige Restrukturierung ist, daß die restrukturierte Anfrage äquivalent zur Ausgangsanfrage ist.

Definition: *Gültige Ersetzung*
Eine Anfrage Q' ist eine *gültige Ersetzung der Anfrage* Q *unter Verwendung der Präaggregates P*, wenn Q und Q' das gleiche Multimengenergebnis liefern. Das Präaggregat P ist dann *hilfreich*, die Anfrage Q zu evaluieren.

Zur Darstellung von Restrukturierungstechniken, die eine gültige Ersetzung einer Ausgangsanfrage erzeugen, wird im folgenden Abschnitt der Ansatz der verallgemeinerten Projektionen (‘*generalized projection*’, [GuHQ95]) erläutert, in dem sowohl Anfrage als auch vorhandenes Präaggregat in eine Normalform überführt werden. Durch diese Anwendung von Restrukturierungsregeln wird eine gemeinsame Basis für einen Kompatibilitätsvergleich erzeugt. Diese rein syntaktischen Transformationen werden im sich daran anschließenden Abschnitt durch Integration semantischer Informationen dahingehend erweitert, daß, bezogen auf die Selektionskriterien, selbst eine teilweise Unterstützung eines Präaggregates für eine Anfrage ermöglicht wird ([SDJL96]). Da aus Platzgründen an dieser Stelle lediglich die prinzipiellen Ideen und Prinzipien erläutert werden können, sei der interessierte Leser entweder auf die Originalaufsätze oder auf die Zusammenfassung von [Röss98] verwiesen.

Verallgemeinerte Projektionen zur Optimierung von Monoblockanfragen

Die Grundidee des Ansatzes zur Integration von Präaggregaten in einen Anfragegraphen besteht darin, daß duplikateliminierende Projektionen äquivalent zu einer Aggregationsoperation über die gleiche Attributmenge sind. Folglich sind die beiden Anfragen semantisch äquivalent:‡‡

select *distinct* D from R ≡ select D from R *group by* D

Diese Äquivalenz impliziert, daß durch Erweiterung des Projektionsoperators die Anzahl der zu optimierenden Operatorentypen reduziert und somit die Komplexität des verbleibenden Problems verringert wird. Lediglich die Implementierung des Projektionsoperators muß dahingehend erweitert werden, daß im Zuge der Duplikateliminierung die Aggregationsfunktionen ausgewertet werden. Anders ausgedrückt bilden duplikateliminierende Projektionen die einfachste Form der Aggrega-

‡‡ Wie aus dieser Schilderung ersichtlich wird, entspricht die Durchführung einer Aggregationsoperation einem DISTINCT-Operator auf die Gruppierungsattribute mit zusätzlicher Arithmetik. Tatsächlich wird beispielsweise in Oracle eine GROUP-BY-Klausel auf einen DISTINCT-Operator reduziert ([Orac97]).

tion. Dazu wird im Ansatz von [GuHQ95] der verallgemeinerte Projektionsoperator π (‘*generalized projection operator*’) durch die Äquivalenz zu einer Monoblockanfrage mit Aggregation (Abschnitt) definiert.

$\pi_{D,agg(S)}(R) \equiv$ select D,agg(S) from R *group by* D

Trotz der so vorgenommenen Verallgemeinerung des Projektionsoperators bleiben die im vorangegangenen Abschnitt skizzierten Restrukturierungstechniken anwendbar. Zur Transformation eines beliebigen Anfragegraphens in die im folgenden definierte Normalform werden Regeln für *push-*, *pull-* und *split-*, *coalesce*-Operationen spezifiziert. Bei der Anwendung einer *push-* bzw. *pull*-Operation werden verallgemeinerte Projektionen durch Selektions- oder Kreuzproduktknoten nach unten “gedrückt” bzw. über solche Knoten nach oben “gezogen”. Bei einer *split-* bzw. *coalesce*-Operation wird eine verallgemeinerte Projektion aufgespalten bzw. werden mehrere verallgemeinerte Projektionen wieder zu einer verallgemeinerten Projektion zusammengefaßt. Aufgrund der Duplikatsensitivität der Kardinalitäts- und Summationsfunktion (COUNT und SUM) werden bei der Projektion explizite Zählvariablen zur späteren Korrekturrechnung eingeführt.

Unter Anwendung dieser Transformationen ist es nun möglich, Anfragegraphen in eine *Normalform* zu überführen. Der Graph einer sich in Normalform befindlichen Anfrage weist folgendes Muster auf:

$\sigma_h \; \pi \; \sigma_l \; \chi$

Dabei entspricht die Wurzel einer Selektion σ_h, gefolgt von einer verallgemeinerten Projektion π und einer weiteren Selektion σ_l, woran sich alle Verbundoperationen anschließen. Die Selektionsprädikate σ_h und σ_l liegen dabei in konjunktiver Normalform vor. Abbildung 5.21 zeigt das Präaggregat P in der entsprechenden Normalform.

Der in [GuHQ95] spezifizierte Algorithmus zur impliziten Integration von Präaggregaten basiert auf den Operatorengraphen einer Anfrage Q und eines Präaggregates P – beide in der beschriebenen Normalform – und liefert, sofern folgende Bedingungen erfüllt sind, eine neue Anfrage Q', die eine gültige Ersetzung von Q bzgl. P ist:

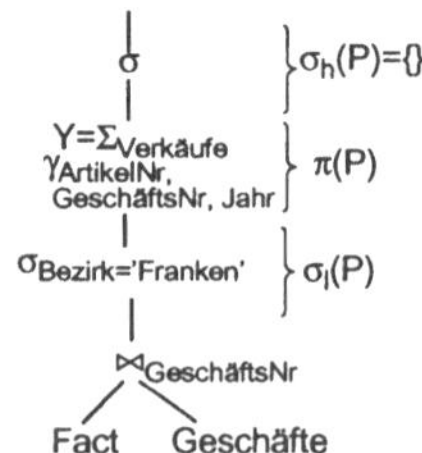

Abb. 5.21: Normalform eines Präaggregates

- die Selektionsbedingungen in P dürfen nicht restriktiver als in Q;

- die Gruppierungsattribute von $\pi(Q)$ müssen eine Teilmenge der Gruppierungsattribute von $\pi(P)$ sein;
- die Aggregationsfunktionen von $\pi(Q)$ müssen aus den Aggregationsfunktionen von $\pi(P)$ abgeleitet werden können;
- zusätzliche Selektionsbedingungen in Q müssen auf P anwendbar sein;

Auf die Erläuterung der einzelnen Schritte des Algorithmus wird an dieser Stelle verzichtet und auf [GuHQ95] verwiesen. Jedoch wird am Beispiel der Anfrage Q (Abbildung 5.20) das strukturelle Vorgehen verdeutlicht, wobei die einzelnen Übergänge in Abbildung 5.22 wiedergegeben sind.

Im ersten Schritt wird die verallgemeinerte Projektion $\pi(Q)$ der Anfrage so in zwei verallgemeinerte Projektionen $\pi_{bot}(Q)$ und $\pi_{top}(Q)$ zerlegt, daß die Menge der Gruppierungsattribute in $\pi_{bot}(Q)$ mit der Menge der Gruppierungsattribute in der verallgemeinerten Projektion $\pi(P)$ des Präaggregates übereinstimmt. Ferner muß, beispielsweise durch Einfügen zusätzlicher Kardinalitätsattribute, sichergestellt werden, daß jede Aggregationskomponente von $\pi_{bot}(Q)$ aus $\pi(V)$ berechnet werden kann. Für das laufende Beispiel ist dieser Übergang in Abbildung 5.22 dargestellt.

Im zweiten Restrukturierungsschritt werden zusätzliche Selektionsbedingungen der Anfrage identifiziert und mit einer '*pull*'-Operation über die verallgemeinerte Projektion $\pi_{bot}(Q)$ geschoben. Die verbleibenden Selektionskriterien der Anfrage $\sigma_l(Q)$ ergeben sich dann äquivalent zu den Selektionskriterien des Präaggregates $\sigma_l(P)$. Ist das gesamte Präaggregat P bzgl. der Selektionsbedingungen $\sigma_h(P)$ immer noch weniger restriktiv als die Selektionsbedingungen $\sigma_h(Q)$ der Anfrage, so kann der Teilbaum des Operatorengraphens der Ausgangsanfrage mit der Wurzel $\pi_{bot}(Q)$ durch das Präaggregat P ersetzt werden. Für das laufende Beispiel ergibt sich die in Abbildung 5.22 gezeigte implizite Verwendung des Präaggregates P.

Unterstützung von Multiblockanfragen

Der skizzierte Mechanismus der impliziten Integration von Präaggregaten unter Anwendung der verallgemeinerten Projektionen weist folgendes Defizit auf, welches den praxisrelevanten Einsatz dieser Restrukturierungstechnik in Frage stellt. Sei im laufenden Beispiel das Präaggregat nicht für den gesamten Zeitraum ($\sigma_{Jahr>=1991}$) vorhanden, sondern nur Verkäufe, getätigt in den Jahren seit 1995, d.h. das Präaggregat ist in $\sigma_h(P)$ restriktiver als die Anfrage in $\sigma_h(Q)$ (Abbildung 5.23). Dies impliziert, daß der zuvor beschriebene Algorithmus scheitert, da die Anfrage *nicht komplett* aus einem Präaggregat befriedigt werden kann. Durch geschickte (!) Partitionierung der Selektionsbedinungen einer Anfrage wäre es jedoch möglich,

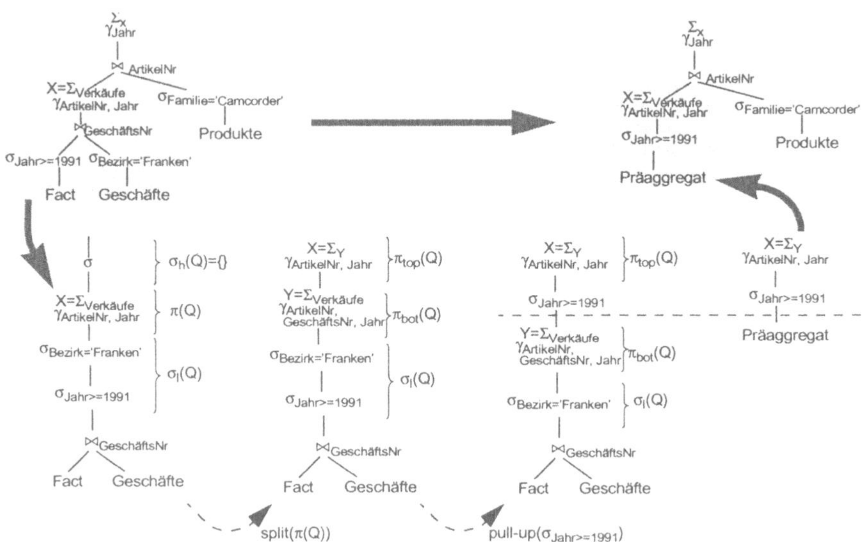

Abb. 5.22: Beispiel zur impliziten Verwendung von Präaggregaten

das Präaggregat für die Verkäufe nach 1995 zu verwenden und zur Berechnung der weiter zurückliegenden Verkäufe auf die Rohdaten zuzugreifen. Im Ansatz von [SDJL96] wird eine Aufteilung der Anfrage Q bzgl. der Selektionskriterien in zwei Teilanfragen Q_a und Q_b derart vorgeschlagen, daß die Selektionskriterien der Teilanfrage Q_a restriktiver oder gleich den Selektionskriterien eines Präaggregates sind (Abbildung 5.23). Auf diese Teilanfrage kann eine Transformation in der Form vorgenommen werden, daß diese Teilanfrage komplett aus dem Präaggregat berechnet werden kann. Dies kann beispielsweise unter Anwendung der verallgemeinerten Projektionen ([GuHQ95]) und den in [SDJL96] vorgestellten Restrukturierungstechniken (Algorithmus: 'AggViewSingleBlock' in [SDJL96]) realisiert werden. Beide Teilanfragen können unabhängig voneinander ausgewertet werden. Die Ergebnisse werden über die duplikaterhaltende Vereinigungsoperation 'UNION ALL' zum Endergebnis zusammengefaßt.

Formal werden die Selektionskriterien der Teilanfragen Q_a und Q_b gebildet, so daß gilt:

$$\sigma(Q_a) = (\sigma(Q) \text{ AND } \sigma(P)) \text{ und } \sigma(Q_b) = (\sigma(Q) \text{ AND } \neg\sigma(P)) .$$

Um die semantische Äquivalenz der Transformationen garantieren zu können, muß weiterhin gelten, daß $\sigma(Q_a)$ erfüllbar ist und eine boolsche Kombination von eingebauten Prädikaten σ existiert, so daß gilt:

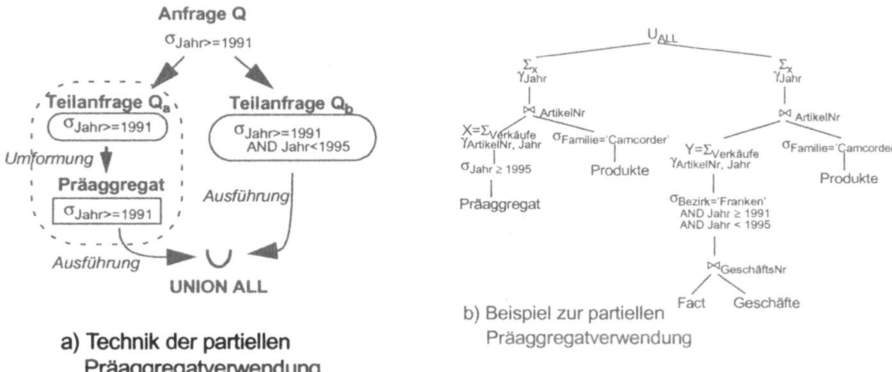

a) Technik der partiellen Präaggregatverwendung

b) Beispiel zur partiellen Präaggregatverwendung

Abb. 5.23: Partitionierung der Anfrage und Vereinigung der Ergebnismengen

- $\sigma(Q_a)$ ist äquivalent zu (σ(P) AND σ), wobei σ nur Attribute aus (G-Attr(P) $\cup$ AF-Attr(P) $\cup$ (Attr(Q) \ Attr(P))) beinhaltet

- $\pi_{G\text{-}Attr(Q)}(\sigma(Q_a)) \cap \pi_{G\text{-}Attr(Q)}(\sigma(Q_b)) = \emptyset$

Die erste Bedingung sichert zu, daß sich die durch das Präaggregat nicht abgedeckten Selektionen entweder auf Attribute der Restanfrage oder auf Attribute der Selektionsklausel des Präaggregates beziehen. Die zweite Bedingung an die Zerlegung der Selektionskriterien besteht darin, daß die Ergebnismengen der beiden Teilmengen bzgl. der Gruppierungsattribute disjunkt sind.

Die Zerlegung einer Anfrage in zwei Teilanfragen legt die iterative Anwendbarkeit dieses Verfahrens nahe. In [SDJL96] findet sich die Aussage, daß die iterative Anwendung der Algorithmen unabhängig von der Reihenfolge ihrer Anwendung eine zur Ausgangsanfrage äquivalente Anfrage liefert. Bestehen darüber hinaus die Selektionskriterien nur aus Gleichheitsprädikaten, ist dieses Vorgehen sogar vollständig, d.h. jede der Ersetzungen von Q, die mindestens eine der Sichten verwendet, kann durch die iterative Anwendung erreicht werden.

5.4.5 Zusammenfassung

In diesem Abschnitt werden Ansätze zur Optimierung von Aggregationsanfragen auf Ebene der relationalen Anfrageausführung diskutiert. Die Klassifikation wissenschaftlicher Arbeiten in Abschnitt 5.4.1 läßt erkennen, daß neben approximativen Anfragebeschleunigungstechniken, Präaggregegationstechniken ein erhebliches Optimierungspotential aufweisen. Da eine explizite Verwendung von Präaggregaten der Anwendung nicht zuzumuten ist, werden im Abschnitt 5.4.3

Restrukturierungstechniken vorgestellt, welche dahingehend einen gewissen Grad an Optimierung bieten, indem Aggregationsoperatoren im Anfrageausführungsgraph möglichst optimal positioniert werden. Dabei wird sogar eine Aufspaltung einer Aggregationsoperation in mehrere Teiloperationen berücksichtigt. Diese Restrukturierungsmaßnahmen werden in einem weitergehenden Schritt dazu verwendet, eine implizite Integration von Präaggregaten zu ermöglichen. Abschnitt 5.4.4 stellt den Stand der Forschung in diesem Bereich dar. Dabei läßt sich feststellen, daß durch Transformation der Anfrage und der Präaggregationskandidaten in eine Normalform eine Integration in der Form erfolgt, daß nur eine Komplettunterstützung der Anfrage durch ein Präaggregat ermöglicht wird. Da diese Nebenbedingung als extrem restriktiv zu bewerten ist, wird in [SDJL96] ein erster Ansatz aufgezeigt, eine partielle Unterstützung von Präaggregaten zur Beantwortung einer Anfrage zu erlauben. Dabei zeigt sich, daß die beliebige Freiheit bei der Formulierung einer relationalen Anfrage in Bezug auf das Selektionsprädikat eine enorme Einschränkung darstellt. In Abschnitt 7.3.4 wird diese Technik im Kontext der horizontalen Komposition multidimensionaler Objekte aufgegriffen und durch die in einem Datenorganisationsschema spezifizierten Klassifikationsstrukturen zu einer allgemein einsetzbaren 'Patch-Working'-Technik erweitert.

5.5 Bewertung relationaler Abbildungs- und Verarbeitungstechniken

Das relationale Datenmodell hat sich im OLTP-Anwendungsbereich als das adäquate Datenmodell insbesondere zur Wahrung der semantischen Integrität (Primär-, Fremdschlüsselkonzept) erwiesen. Grundlegende Defizite für einen Einsatz im Bereich statistischer Anwendungen sind auf struktureller Seite in der mengenorientierten Auffassung des relationalen Datenmodells und somit in der fehlenden sequenzorientierten Unterstützung von Auswertungen zu sehen. Schwerwiegender jedoch ist das Fehlen von Aggregationsoperationen auf manipulatorischer Seite, d.h. üblicherweise in der relationalen Algebra. Als weiteres Charakteristikum ist in dieser Auflistung die nur indirekte Unterstützung von, wie im Abschnitt 4.2 diskutiert, *explizit modellierten Beziehungen* zu nennen, da das relationale Datenmodell keine expliziten, sondern *wertebasierte Beziehungen* vorsieht. Das relationale Datenmodell ist somit in der Rolle eines Modellierungsmodells für multidimensionale Anwendungsszenarien mit Schwerpunkt Aggregatverarbeitung nicht oder nur mit spezifischen Erweiterungen akzeptabel ([Ghos91]). Im Rahmen dieses Kapitels wird die Rolle des relationalen Datenmodells als *Implementierungsmodell* untersucht.

Dazu werden in einem ersten Schritt die Abbildungstechniken des S/M-Schemas und des Star-/Snowflake-Schemas diskutiert, wobei sich zeigt, daß bei der Definition des Abbildungsmusters in dem Teil des Schemas, welches zur Abbildung des multidimensionalen Datenstrukturkonzeptes dient, auf 'not applicable'-Nullwerte geachtet werden muß.

Im dritten Teil des Kapitels werden nicht Modellerweiterungen, sondern Spracherweiterungen aufgegriffen und vorgestellt, die direkt in relationale Datenbanksysteme implementiert werden. Es zeigt sich, daß sowohl Erweiterungen der Menge der Aggregationsfunktionen als auch der Gruppierungstechniken in theoretischen Arbeiten wie auch in kommerziellen Implementierungen existieren. Erwähnenswert ist an dieser Stelle der CUBE-Operator, welcher die Standardgruppenbildung von SQL dahingehend erweitert, daß Gruppen korrespondierend zu allen möglichen Attributkombinationen erzeugt werden.

Ziel des letzten Abschnittes in diesem Kapitel ist die Darstellung von Optimierungsansätzen der Aggregatverarbeitung auf relationaler Ebene, wobei insbesondere die Komplexität dieser Restrukturierungstechniken durch die semantische Armut des relationalen Datenmodells aufgezeigt wird. Dazu wird in einem ersten Schritt eine Klassifikation möglicher Optimierungsansätze für eine Beschleunigung der Aggregatverarbeitung vorgestellt. Da sich die Ausführungen in diesem Buch hauptsächlich auf den Einsatz von Präaggregaten auf verarbeitungstechnischer Ebene konzentriert, werden in Abschnitt 5.4.4 komplexe Restrukturierungsregeln für die Integration redundant materialisierter Aggregate vorgenommen. Einfache Restrukturierungsregeln, mit denen versucht wird, Aggregationsoperationen so früh wie möglich in der Bearbeitung einer relationalen Anfrage durchzuführen, werden als Vorarbeit in Abschnitt 5.4.3 erläutert.

Wie sich zeigt, ist die Nutzung von Präaggregaten durch die völlige Beliebigkeit von Anfragen im relationalen Modell nur eingeschränkt möglich. Darüberhinaus können in der Anwendung spezifizierte inhärente Konsistenzregeln, wie sie beispielsweise im multidimensionalen Datenmodell bereits im Datenorganisationsschema niedergelegt sind, nicht systematisch zur Präaggregationsbehandlung genutzt werden, da Beziehungen im relationalen Datenmodell wertebasiert definiert und nicht explizit modelliert werden. Aufgabe ist somit, die Ideen der Restrukturierung zur impliziten Nutzung von Präaggregaten in einem ersten Schritt in den multidimensionalen Kontext zu übertragen. Das in der multidimensionalen Denkweise im Rahmen eines Datenorganisationskonzeptes umfangreich niedergelegte Anwendungswissen ermöglicht darüberhinaus in einem zweiten Schritt, diese Verfahren zu verfeinern und effizient auf multidimensionaler Ebene zu integrieren.

6 Methoden der Präaggregationstechnik

Den Schwerpunkt dieses Kapitels bildet die Darstellung des aktuellen Forschungsstandes im Bereich der Präaggregationstechnik. Ziel einer adäquaten Präaggregationstechnik ist, eine Menge an materialisierten Vorauswertungen redundant vorzuhalten und durch transparenten Rückgriff auf diese Auswertungen eingehende Anfragen zur Laufzeit zu beschleunigen. Dazu wird im ersten Abschnitt die dieser Technik zugrundeliegende Theorie der aggregationsbezogenen Ableitbarkeit eingeführt und eine entsprechende Klassifikation von Aggregationsfunktionen vorgenommen. Basierend auf dieser Theorie wird in Abschnitt 6.2 das Konzept des Aggregationsgitters diskutiert, welches einen Kontext für mögliche Aggregationskombinationen beschreibt. Zur Illustration des exponentiellen Charakters dieses Konzeptes wird in diesem Abschnitt eine Untersuchung der Größen der Ausprägungen eines Aggregationsgitters vorgenommen.

In den verbleibenden Abschnitten werden bekannte Lösungen im Bereich der Präaggregationstechnik skizziert und hinsichtlich ihrer Anwendbarkeit diskutiert. Dazu wird eine wie folgt kurz skizzierte Einteilung wissenschaftlicher Arbeiten auf diesem Gebiet vorgenommen: Partielle Präaggregationsstrategien, die in dieser Aufarbeitung zur Debatte stehen, lassen sich unterscheiden in *konstruktive Verfahren*, die ausgehend von einer leeren Menge von Materialisierungen eine möglichst optimale Präaggregationskonfiguration bestimmen und in *adaptive Verfahren*, die eine dynamische und zur Laufzeit inkrementelle 'Verbesserung' der vorgehaltenen Präaggregate vornehmen. Diese Unterscheidung wird auf die Gliederung der Darstellung bekannter Strategien übertragen und darüber hinaus hinsichtlich der jeweiligen strukturellen Grundlage, auf der die einzelnen Verfahren aufsetzen, erweitert.

Das Kapitel schließt mit einer Zusammenfassung, tabellarischen Gegenüberstellung und Bewertung der vorgestellten Präaggregationsstrategien, wobei sich zeigen wird, daß Verfahren auf relationaler Ebene extrem aufwendig bzw. äußerst restriktiv in der Einschätzung der Wiederverwendung von Präaggregaten sind. Strategien auf Basis des multidimensionalen Aggregationsgitters hingegen weisen prinzipiell einfachere Strukturen auf, lassen jedoch eine adäquate Unterscheidung von Klassifikationen und Eigenschaften vermissen, so daß eine Skalierbarkeit der Verfahren in Frage gestellt werden muß.

6.1 Theorie der aggregationsbezogenen Ableitbarkeit

Wie bereits bei der Erläuterung unterschiedlicher Datenmodelle angesprochen (Abschnitt 4.4), setzt sich eine Aggregationsoperation aus den Phasen der *Gruppenbildung* und der *Anwendung der Aggregationsfunktion* auf die zuvor gebildeten Gruppen zusammen. Dieser Abschnitt erläutert die Charakteristik von Aggregationsfunktionen und diskutiert, unter welchen Voraussetzungen Aggregationsoperationen unter Beibehaltung der Operationssemantik auf Ergebnisse vorangegangener Aggregationsoperationen angewendet werden können ('Ableitbarkeit').

6.1.1 Additivität von Aggregationsfunktionen

Die 'conditio sine qua non' einer effizienten Aggregationsverarbeitung mit Blick auf die Wiederverwendbarkeit von Ergebnissen vorangegangener Aggregationsoperationen ('Präaggregaten') ist die Eigenschaft der Additivität von Aggregationsfunktionen. Vor der Klassifikation von Aggregationsfunktionen gemäß des Grades ihrer Additivität erscheint es angebracht, eine Aggregationsfunktion formal einzuführen.

Definition: *Aggregationsfunktion*

Eine Aggregationsfunktion ist eine Funktion H( ), welche ein Element der n-ären Potenzmenge der Wertebereiche $dom(X_i)$ $(1 \le i \le n)$ auf einen einzelnen Wert aus dem Bildbereich dom(Y) abbildet:

$$H: 2^{dom(X_1) \times \ldots \times dom(X_n)} \rightarrow dom(Y)$$

Die Definition einer Aggregationsfunktion wirkt somit stets verdichtend, indem aus n Einzelwerten ein durch die Aggregationsfunktion wertemäßig bestimmtes, möglichst die Menge der eingehenden Werte charakterisierendes Aggregat entsteht. Weiterhin schränkt diese Definition die Menge möglicher Aggregationsfunktionen dahingehend ein, daß das Ergebnis stets ein einzelner Wert ist. Funktionen wie TOP( ), Ranking, etc., welche ähnlich einem Filter und nicht verdichtend auf den Ausgangsdatenbestand wirken, werden im Rahmen dieser Ausführungen aus dem Blickwinkel der Additivität und somit im Rahmen einer redundanzbasierten Optimierung nicht als Aggregationsfunktionen eingestuft.

Definition: *(Semi-) Additivität einer Aggregationsfunktion* (nach [GBLP96])

Eine Aggregationsfunktion H( ) ist bzgl. einer Grundmenge $X = \{x_{i,j} \mid 1 \le i \le p, 1 \le j \le q\}$ *semi-additiv* genau dann, wenn eine Aggregationsfunktion G( ) existiert, so daß

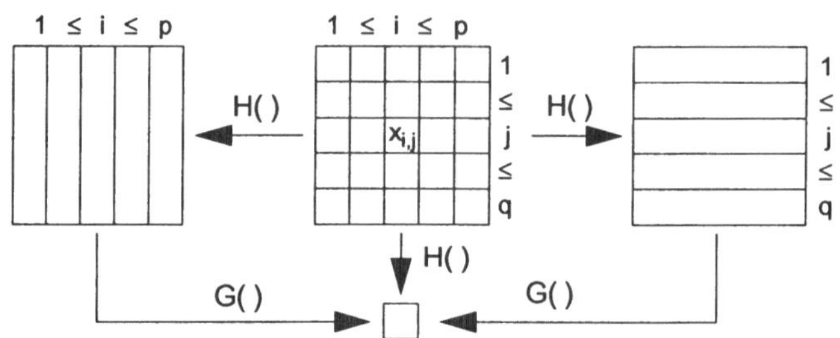

Abb. 6.1: Illustration zur (Semi-) Additivität einer Aggregationsfunktion

$$H(\{x_{i,j} \mid 1 \le i \le p, 1 \le j \le q\}) = G(\{H(\{x_{i,j} \mid 1 \le i \le p\}) \mid 1 \le j \le q\}) = G(\{H(\{x_{i,j} \mid 1 \le j \le q\}) \mid 1 \le i \le p\}).$$

Ist die Aggregationsfunktion G( ) identisch zu der Aggregationsfunktion H( ), so ist die Aggregationsoperation H( ) *additiv.*

Abbildung 6.1 illustriert die Eigenschaft der Additivität einer Aggregationsfunktion. Summe, Minimum und Maximum sind Beispiele additiver Aggregationsfunktionen. Die Bestimmung von Kardinalitäten (COUNT-Operation) ist jedoch semi-additiv, da Kardinalitäten auf einen Teilbereich aufsummiert werden müssen, um eine Aussage über die Gesamtkardinalität einer Grundmenge zu erhalten.

Definition: *Indirekte Additivität einer Aggregationsfunktion*

Eine Aggregationsfunktion H( ) ist bzgl. einer Grundmenge X *indirekt-additiv,* wenn sie sich durch einen endlichen und konstanten algebraischen Ausdruck über (semi)-additive Aggregationsfunktionen rekonstruieren läßt.

Als einfachstes Beispiel einer indirekt ableitbaren Aggregationsfunktion ist die Durchschnittsberechnung zu nennen, welche durch Division einer Summe und einer Kardinalitätsangabe gewonnen werden kann. Als Beispiele komplexer indirekt-additiver Aggregationsfunktionen sei an dieser Stelle auf die Rekonstruktion der Kovarianz aus mehreren Einzelsummen ([ChMM88]) oder auf die Distributionsanalyse aus dem Anwendungsbereich der Marktforschung ([BLRT96]) hingewiesen.

Lemma: Nicht-additive Aggregationsfunktionen

Eine Aggregationsfunktion, die weder (semi)-additiv noch indirekt-additiv ist, d.h. für die es keine konstante obere Aufwandsbeschränkung zur Beschreibung der für die Berechnung des Aggregates notwendigen Teilaggregate gibt, heißt *nicht-additive* Aggregationsfunktion.

Ein Beispiel für eine nicht-additive Aggregationsfunktion ist die Berechnung des Medians, bei welcher stets auf die Gesamtheit der Ausgangsdaten Bezug genommen werden muß und nicht durch eine algebraische Berechnung anderer Aggregationsfunktionen gewonnen werden kann.

6.1.2 Ableitbarkeit von Aggregationsfunktionen

Unter der Voraussetzung von indirekt- / semi-additiven Aggregationsfunktionen kann die Ableitbarkeit des Ergebnisses einer Aggregationsoperation von dem Ergebnis einer anderen Aggregationsoperation definiert werden. Die Kenntnis darüber, ob und wie Aggregate von anderen Aggregaten abgeleitet werden können, ist die Grundvoraussetzung für die Anwendbarkeit von Präaggregationsstrategien zur Beschleunigung von Aggregationsanfragen in multidimensionalen Datenbanksystemen. Dabei ist die Ableitbarkeit abhängig von der Gruppenbildung, d.h. informell ausgedrückt, daß ein Aggregat von einem anderen ableitbar ist, wenn die einzelnen Gruppen zueinander passen bzw. aufeinander abgebildet werden können.

Definition: *Partitionierung / Zerlegung:*

Ein Mengensystem $\mathfrak{I}$ wird *Partitionierung* oder *Zerlegung* einer Menge M genannt genau dann, wenn

$$\bigcup_{\forall m \in \mathfrak{I}} m = M, \emptyset \notin \mathfrak{I} \text{ und } \forall A, B \in \mathfrak{I} : (A \neq B) \rightarrow (A \cap B = \emptyset).$$

Definition: *Ableitbarkeit* (nach [Sato81]):

Seien X und Y zwei Partitionierungen auf einem gemeinsamen Bereich von Elementen. Eine Partitionierung Y ist ableitbar von einer Partitionierung X ($X \rightarrow Y$), wenn die beiden folgenden Bedingungen erfüllt sind:

- $\bigcup_{y \in Y} y \subseteq \bigcup_{x \in X} x$ oder $Y \subseteq X$
- $\forall x \forall y \, (x \in X, y \in Y: x \cap y \neq \emptyset \Rightarrow x \subseteq y)$

Da oftmals ein Interesse nicht nur an der Existenz einer Ableitbarkeit, sondern auch an deren Festlegung besteht, basiert eine zweite Definition der Ableitbarkeit ([Sato81]) auf einer expliziten 'Verbindungsrelation' F zur Festlegung der Klassifikationsregeln zwischen den Partitionierungen X und Y:

$$F = \{(x, y) | x \in X, y \in Y, x \cap y \neq \emptyset\}$$

Diese Relation umfaßt alle geordneten Partitionenpaare, deren Schnitt nicht leer ist.

Lemma: *Existenz einer Ableitung über eine Verbindungsrelation*

Seien X und Y Partitionierungen und F ihre Verbindungsrelation. Erfüllt F die Bedingung $\forall y \in Y: \bigcup F^{-1}(y) = y$, wobei $F^{-1}(y) = \{x | (x, y) \in F\}$ ist, so ist Y von X ableitbar. Die Umkehrung dieser Aussage gilt ebenso.

Unter Anwendung dieses Lemmas, dessen Beweis in [Sato81] ausführlich aufgeführt und an dieser Stelle nicht wiedergegeben ist, läßt sich die Ableitbarkeit wie folgt konstruktiv definieren:

Definition: *Ableitbarkeit (konstruktiv):*

Erfüllt F die Bedingung des Lemmas, so wird F als Reklassifikationsregel von X nach Y bezeichnet. Y ist dann über F von X ableitbar ($X \xrightarrow{F} Y$).

Mit Hilfe dieser Definition läßt sich ein Folgerungsmechanismus bzgl. der Ableitbarkeit festlegen. Unterschieden wird dabei zwischen der Transitivität und der Dreiecksregel, welche in Abbildung 6.2 veranschaulicht sind. Für die Beweise der einzelnen Lemmata sei der Leser auf [Sato81] verwiesen:

Lemma: *Transitivität*

Aus $X \xrightarrow{F} Y$ und $Y \xrightarrow{G} Z$ folgt $X \xrightarrow{G \cdot F} Z$. Dabei bezeichnet $G \bullet F$ die Komposition der Reklassifikationsregeln F und G, also:

$G \bullet F = \{(x, z) | \exists y, (x, y) \in F \wedge (y, z) \in G\}$

Lemma: *Dreiecksregel*

Sei $X \xrightarrow{F} Y$ und $X \xrightarrow{H} Z$. Dann tritt einer der beiden Fälle ein:

- $Y \xrightarrow{H \cdot F^{-1}} Z$, falls $H = H \bullet F^{-1} \bullet F$
- $Y \not\rightarrow Z$, falls $H \neq H \bullet F^{-1} \bullet F$

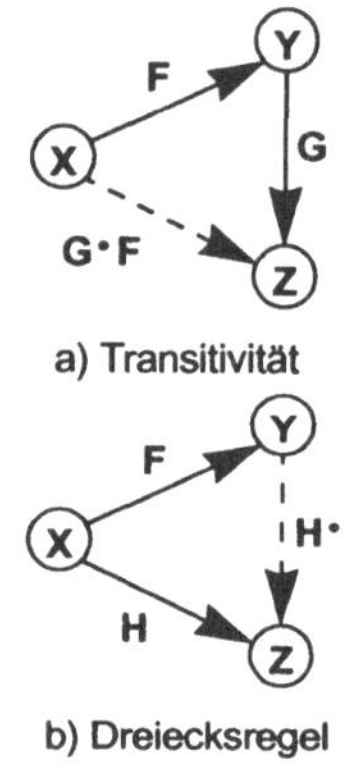

Abb. 6.2: Transitivität und Dreiecksregel

Werden die Konzepte der Ableitbarkeit von Aggregationsfunktionen und die im vorangegegangenen Abschnitt eingeführte Eigenschaft der Additivität in Verbindung gebracht, so läßt sich angeben, wann eine Aggregationsfunktion aus Ergebnissen einer anderen Aggregationsfunktion bezüglich einer vorgegebenen Partitionierung des Grunddatenbestandes berechenbar ist.

Definition: *Partitionsorientierte Berechenbarkeit von Aggregationsoperationen*

Eine Aggregationsoperation bzgl. der Partitionierung Y und der Aggregationsfunktion F( ) ist aus der Partitionierung X genau dann berechenbar, wenn F( ) mindestens indirekt-additiv und Y aus X ableitbar ist.

6.2 Konzept des aggregatbezogenen Auswertekontextes

Das im vorangegangenen Abschnitt eingeführte Konzept der Ableitbarkeit von Aggregationsoperationen wird in diesem Abschnitt zu dem Konzept des Aggregationsgitters verallgemeinert. Im ersten Schritt wird dazu das Aggregationsgitter ohne Berücksichtigung funktionaler Abhängigkeiten der an einer Gruppierung beteiligten Attribute eingeführt und schemaseitig dessen exponentielle Kardinalität bestimmt. Im zweiten Teil wird die Form des Aggregationsgitters diskutiert, welches durch Beachtung funktionaler Abhängigkeiten zwischen den einzelnen Gruppierungsattributen entsteht. Der dritte Abschnitt umfaßt eine Untersuchung des Konzeptes des Aggregationsgitters auf Ausprägungsebene. Für unterschiedliche Konfigurationen hinsichtlich funktionaler Abhängigkeiten und unterschiedlicher Besetztheit des zugrundeliegenden multidimensionalen Datenraumes wird der Speicherplatzbedarf für ein ausgewertetes Aggregationsgitter abgeschätzt.

6.2.1 Aggregationsgitter ohne funktionale Abhängigkeiten

Sind an der Gruppen- bzw. Partitionsfestlegung im Rahmen einer Aggregationsoperation mehrere Attribute beteiligt, so ergibt sich durch obige Ableitbarkeitsregeln ein azyklischer Abhängigkeitsgraph. Abbildung 6.3 zeigt ein Beispiel eines im folgenden definierten Aggregationsgitters für drei Gruppierungsattribute Marke, Region und Geschäftstyp aus dem Beispiel aus Abschnitt 4.1. Analog zum CUBE-Operator (Abschnitt 5.3.3) kann entweder über jeweils ein, zwei oder drei Gruppierungsattribute aggregiert werden. Die Kombination (Marke, Region, Geschäftstyp) ohne Aggregation entspricht dabei dem Ausgangsdatenbestand. Aufgelistet sind jeweils die Attribute, über die nicht aggregiert wird, d.h. die die jeweilige Partitionierung der Grundmenge festlegen. Das oberste Element des Aggregationsgitters wird als *Superaggregat* bezeichnet und entspricht in diesem Beispiel dem einzelnen Wert der Gesamtsumme aller eingehenden Einzelwerte.

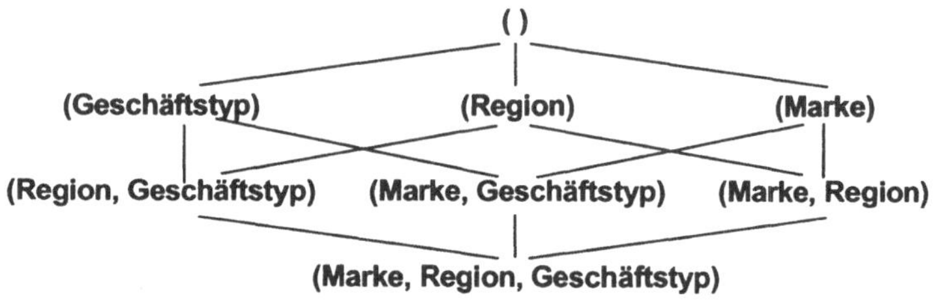

Abb. 6.3: Beispiel eines Aggregationsgitters

Zur formalen Einführung des Konzeptes des Aggregationsgitters muß die Ableitbarkeit auf Mengen von Gruppierungsattributen erweitert werden.

Definition: *Ableitbarkeit über Mengen von Gruppierungsattributen:*

Seien $G^1=\{A_1,...,A_n\}$ und $G^2=\{A_1,...,A_m\}$ zwei Mengen von Gruppierungsattributen. Die durch G^2 definierte Partitionierung ist *ableitbar* von der durch G^1 definierten Partitionierung ($G^2 < G^1$) genau dann, wenn gilt:

$G^2 \subseteq G^1$, d.h. $m \leq n$.

Die durch G^2 definierte Partitionierung ist *direkt ableitbar* aus G^1 ($G^2 \ll G^1$), wenn zusätzlich gilt:

$|G^2| = |G^1| - 1$, d.h. $m = n - 1$.

Definition: *Vollständiges Aggregationsgitter*

Sei $G=\{A_1,...,A_n\}$ eine Menge von Gruppierungsattributen. Das vollständige Aggregationsgitter bzgl. G ist dann definiert als der azyklische gerichtete Graph (N, V), wobei die Knoten $n_k \in N$ definiert sind als ein N-Tupel $(g_1,...,g_n)$ mit g_k = 'A_k', falls das Attribut A_k zur Definition der Partitionierung beiträgt, und g_k = 'ε', falls in diesem Knoten über das Attribut A_k aggregiert wird.

Die Knotenmenge N ist definiert durch einen Homomorphismus zur Potenzmenge $\wp^{\{A_1, ..., A_n\}}$, so daß für jeden Knoten $n_k=(g_1,...,g_n) \in N$ eine Menge von Gruppierungsattributen existiert, welche genau die im Knoten n_k auftretenden Attribute umfaßt.

Die Kantenmenge V des Aggregationsgitters wird definiert durch die direkte Ableitbarkeit der von den zu den beiden Knoten n_i und n_j korrespondierenden Attributmengen definierten Partitionierung, d.h.:

$(n_i, n_j) \in V$ genau dann, wenn $n_i \ll n_j$

Durch den Homomorphismus der Knoten- zur Potenzmenge über die beteiligten Gruppierungsattribute läßt sich die Mächtigkeit der Knotenmenge bei n Gruppierungsattributen zu

$$|N| = \prod_{j=1}^{n} 2 = 2^n$$

berechnen. Abbildung 6.4 illustriert das Konzept des Aggregationsgitters für die Kardinalitäten der Attributmengen eins, zwei, drei und vier. Wie aus der Abbildung weiterhin hervorgeht, steigt die Kombinationsvielfalt eines Aggregationsgitters exponentiell zur Anzahl der Gruppierungsattribute. Bei 30 Attributen, was in den in Abschnitt 1.2.2 vorgestellten Anwendungsszenarien keine Besonderheit darstellt, weist das zugehörige Aggregationsgitter eine Mächtigkeit von $\sim 10^9$ Knoten auf.

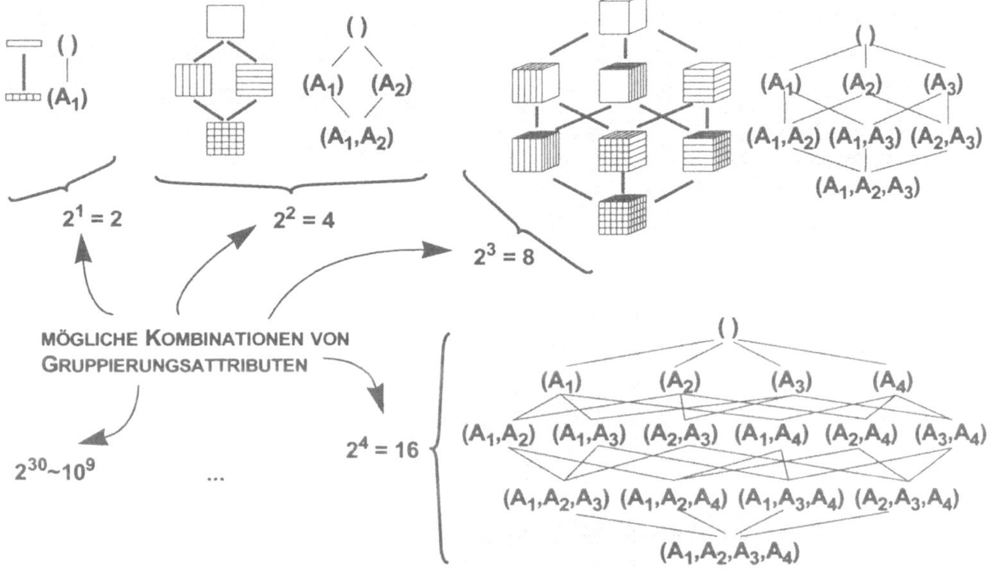

Abb. 6.4: Aggregationsgitter für die Kardinalitäten 1, 2, 3 und 4

Definition: *Größter gemeinsamer Vorgänger / kleinster gemeinsamer Nachfolger*
Repräsentiere (N, V) ein Aggregationsgitter und $n_i, n_j \in N$ zwei Knoten, welche zu den Mengen A^i und A^j von Gruppierungsattributen homomorph sind.

- Ein Knoten $n_k \in N$ heißt größter gemeinsamer Vorgänger von n_i und n_j, d.h.
  $$n_k = n_i \oplus n_j$$
  genau dann, wenn der Knoten n_k homomorph zu der Attributmenge $A^i \cup A^j$ ist.

- Ein Knoten $n_k \in N$ heißt kleinster gemeinsamer Nachfolger von n_i und n_j, d.h.
  $$n_k = n_i \otimes n_j$$
  genau dann, wenn der Knoten n_k homomorph zu der Attributmenge $A^i \cap A^j$ ist.

So ist beispielsweise der Knoten (A_4) aus dem Aggregationsgitter über vier Attribute aus Abbildung 6.4 der kleinste gemeinsame Nachfolgerknoten zu (A_1, A_3, A_4) und (A_2, A_4) oder umgekehrt der Knoten (A_1, A_3, A_4) der größte gemeinsame Vorgänger zu (A_1, A_4) und (A_1, A_3).

Angemerkt sei an dieser Stelle, daß ein Aggregationsgitter als ein mathematischer Verband ([CoLR90]) aufgefaßt werden kann; dabei bestimmt die Ableitbarkeitsrelation die Halbordnung des Verbandes, die Kombination aller Gruppierungsattribute das Infimum und das Superaggregat das Suprenum.

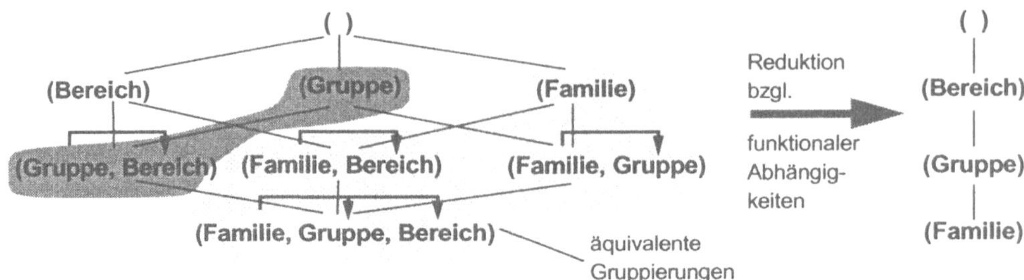

Abb. 6.5: Reduktion funktionaler Abhängigkeiten im Aggregationsgitter

6.2.2 Aggregationsgitter mit funktionalen Abhängigkeiten

Besitzen die an der Bildung eines Aggregationsgitters beteiligten Gruppierungsattribute eine funktionale Abhängigkeit, so reduziert sich die Mächtigkeit des im vorangegangenen Abschnitt definierten Aggregationsgitters. Der folgende Abschnitt führt konstruktiv das Aggregationsgitter für den Fall ein, in welchem funktionale Abhängigkeiten zwischen den einzelnen Gruppierungsattributen existieren.

Abbildung 6.5 illustriert für die drei Gruppierungsattribute Produktfamilie, Produktgruppe und Produktbereich das volle Aggregationsgitter. Wie sich zeigt, sind alle Gruppierungskombinationen, die ein Attribut enthalten, welches die restlichen Gruppierungsattribute funktional bestimmt, identisch, da stets das bestimmende Attribut die Gruppierungsgranularität bestimmt. Dies impliziert eine Reduktion des Aggregationsgitters, indem innerhalb eines Gitterknotens alle funktional abhängigen Attribute eliminiert und die verbleibenden Restknoten zusammengefaßt werden können.

Wie aus Abbildung 6.5 hervorgeht, ist eine Gruppierung gleichzeitig über Produktfamilie und Produktgruppe identisch zu einer Gruppierung über Produktfamilie, da die Zugehörigkeit zu einer Produktfamilie die Produktgruppenzugehörigkeit bestimmt. Werden aus dem Aggregationsgitter alle funktional abhängigen Gruppierungsattribute gelöscht und identische Knoten zusammengefaßt, so bleiben die vier Einerkombinationen (Familie), (Gruppe) und (Bereich) und das Superaggregat ( ) erhalten.

Lemma: Für eine Menge $G=\{A_1,\ldots,A_m\}$ von Gruppierungsattributen, für die gilt:

$\forall j\ (1 \leq j < m : A_j \rightarrow A_{j+1})$

besitzt das Aggregationsgitter nach Reduktion der Gruppierungskombinationen, welche funktionale Abhängigkeiten aufweisen, die Mächtigkeit $|G|+1$.

Beweis: Wie obiges Beispiel verdeutlicht, resultieren nur Gruppierungskombinationen bzgl. der einzelnen Attribute und der Kombination zur Bildung des Superaggregates in nicht-äquivalenten Gruppierungen. Somit ist offensichtlich, daß dies für eine beliebige Anzahl von Gruppierungsattributen gilt. o

Entsprechend der Reduktion funktionaler Abhängigkeiten ist die Bestimmung des größten gemeinsamen Vorgängers bzw. kleinsten gemeinsamen Nachfolgers zu modifizieren:

Lemma: *Größter gemeinsamer Vorgänger / kleinster gemeinsamer Nachfolger*
Seien n_i, n_j zwei Knoten eines Aggregationsgitters, dessen Gruppierungsattribute eine sequentielle funktionale Abhängigkeit aufweisen.
Der größte gemeinsame Vorgängerknoten n_k wird dann bestimmt durch

$n_k = n_i \oplus n_j = n_{min(i,j)}$,

der kleinste gemeinsame Nachfolgerknoten n_k durch

$n_k = n_i \otimes n_j = n_{max(i,j)}$.

Da üblicherweise nicht alle Attribute funktionale Abhängigkeiten untereinander aufweisen, wird das Konzept des Aggregationsgitters unter Berücksichtigung funktionaler Abhängigkeiten auf ein *Mengensystem* funktional abhängiger Attribute erweitert. Zur leichteren Notation werden die einzelnen Gruppierungskombinationen für eine Attributmenge $G=\{A_1,...,A_m\}$ mit $\gamma=\{g_1, ..., g_m, g_{m+1}\}$ bezeichnet, wobei g_1 die Gruppierung nach A_1, g_m die Gruppierung nach A_m und g_{m+1} die Gruppierung nach keinem Attribut, d.h. die Bildung des Superaggregates reflektiert.

Definition: *Aggregationsgitter mit funktionalen Abhängigkeiten*
Besitze die Menge von Gruppierungsattributen die Partitionierung $\mathfrak{I} = \{G^1,...,G^n\}$, so daß gilt:

- zwischen Attributen unterschiedlicher Attributmengen G^i existieren keine funktionalen Abhängigkeiten
- für die einzelnen Attributmengen G^i gelten die im vorletzten Lemma geforderten funktionalen Abhängigkeiten, d.h. $\forall j \; (1 \leq j < m : A_j \rightarrow A_{j+1})$

Das Aggregationsgitter unter Berücksichtigung funktionaler Abhängigkeiten ist dann definiert als der azyklische Graph (N, V), wobei die Knoten $n \in N$ definiert sind als ein Tupel $(g^1,..,g^n)$ mit $g^i \in \gamma^i$ $(1 \leq i \leq n)$.

Die Knotenmenge ist definiert durch einen Homomorphismus zum kartesischen Kreuzprodukt

$$\bigotimes_{i=1}^{n} \gamma^i = \bigotimes_{i=1}^{n} \{g^i_1, ..., g^i_{m^i}, g^i_{m^i+1}\} \text{ über } \gamma_i \; (1 \leq i \leq n).$$

Eine Kante $v \in V$ existiert genau dann zwischen zwei Knoten n_i und n_j, wenn sich die beiden Knoten in genau einer Komponente um genau eine Stufe unterscheiden, d.h.

$(n_i, n_j) \in V \Leftrightarrow \exists_1 k: n_i = (g^1, \ldots, g_l^k, \ldots, g^n)$ und $n_j = (g^1, \ldots, g_{l+1}^k, \ldots, g^n)$

Die Größe des unter Berücksichtigung funktionaler Abhängigkeiten definierten Aggregationsgitters ergibt sich somit zu $\prod_{i=1}^{n} m^i + 1$, wobei m^i gleich der Mächtigkeit der Attributmenge G^i ist.

An dieser Stelle sei angemerkt, daß sich durch diese Definition ein vollständiges Aggregationsgitter definieren läßt, indem das Mengensystem $\mathfrak{I}$ durch einelementige Mengen $G^i=\{A_i\}$ festgesetzt wird. Mit $m^i=|G^i|=1$ ergeben sich die beiden Gruppierungskombinationen $g^i=\{g^i_1, g^i_2\}$, wobei g_1 der Gruppierung nach A_i und g_2 der Aggregation über A_i entspricht. Das Aggregationsgitter entspricht dann dem kartesischem Produkt

$$\bigotimes_{i=1}^{n} \gamma^i = \bigotimes_{i=1}^{n} \{g^i_1, g^i_2\}$$

mit einer Kardinalität von $\prod_{i=1}^{n} m^i + 1 = \prod_{i=1}^{n} 2 = 2^n$ (Abschnitt 6.2.1).

Zur Illustration des Konzeptes des Aggregationsgitters unter Berücksichtigung funktionaler Abhängigkeiten zeigt Abbildung 6.6 für die zwei Attributmengen {Produktfamilie, Produktgruppe, Produktbereich} und {Bezirk, Region, Land} das entsprechende Aggregationsgitter, wobei in jeder Attributmenge die geforderten funktionalen Abhängigkeiten gelten.

Ausgehend von der (Familie, Bezirk)-Kombination lassen sich die beiden Vergröberungen (Gruppe, Bezirk) und (Familie, Region) direkt ableiten. Jede dieser Kombination dient wiederum zur Ableitung von zwei weiteren Kombinationen. Rekursiv

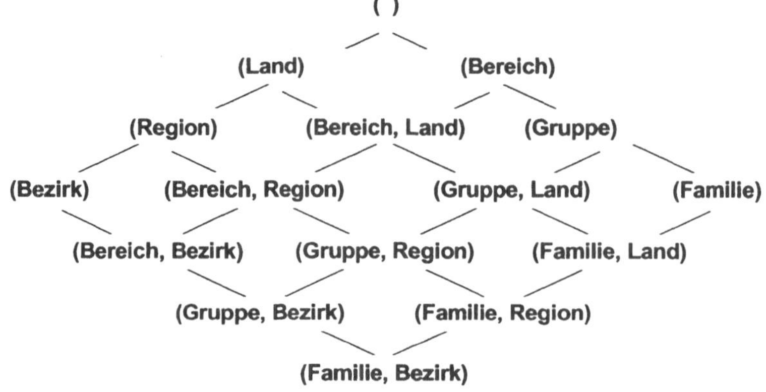

Abb. 6.6: Beispiel eines Aggregationsgitters mit funktionalen Abhängigkeiten

angewendet ist das Superaggregat sowohl aus der Attributmenge zur Einordnung von Produkten als auch aus den Attributen zur Beschreibung geographischer Eigenschaften ableitbar.

Das Ausmaß der Reduktion von Knoten durch Eliminierung funktional abhängiger Attribute und das Zusammenfassen äquivalenter Knoten sei an folgendem Beispiel illustriert: Für eine feste Anzahl von Attributen wird die jeweilige Gittergröße für unterschiedliche Kombinationen von Attributgruppen mit Attributen, welche eine Kette funktionaler Abhängigkeiten aufweisen, aufgezeigt. Für 12 Attribute besitzt das Aggregationsgitter ohne Berücksichtigung funktionaler Abhängigkeiten $2^{12} = 4096$ Knoten. Bei vier Gruppen (n=4) mit jeweils drei funktional abhängigen Attributen (m=3) reduziert sich die Anzahl der Knoten auf $\prod_{i=1}^{4}(3+1) = 4^4 = 256$ und bei zwei Gruppen mit jeweils 6 Attributen auf 49 Knoten. Die Beachtung funktionaler Abhängigkeit resultiert somit in einer starken Reduktion der Größe des Aggregationsgitters.

Analog zum vollständigen Aggregationsgitter lassen sich die Termini der größten gemeinsamen Vorgänger- bzw. kleinsten gemeinsamen Nachfolgerknoten auf dem durch Eliminierung funktionaler Abhängigkeiten reduzierten Aggregationsgitter definieren.

Lemma: *Größter gemeinsamer Vorgänger / kleinster gemeinsamer Nachfolger*
Sei (N, V) ein Aggregationsgitter und $n_i, n_j \in N$ zwei Knoten aus dem Aggregationsgitter. Der größte gemeinsame Vorgänger / kleinste gemeinsame Nachfolger ist definiert durch die komponentenweise Anwendung des größten gemeinsamen Vorgängers / kleinsten gemeinsamen Nachfolgers innerhalb jeder Attributgruppe, d.h.

$$n_k = n_i \oplus n_j = (g^1, \ldots, g^n) \oplus (\dot{g}^1, \ldots, \dot{g}^n) = (g^1 \oplus \dot{g}^1, \ldots, g^n \oplus \dot{g}^n), \text{ bzw.}$$
$$n_k = n_i \otimes n_j = (g^1, \ldots, g^n) \otimes (\dot{g}^1, \ldots, \dot{g}^n) = (g^1 \otimes \dot{g}^1, \ldots, g^n \otimes \dot{g}^n)$$

Der größte gemeinsame Vorgänger für die Knoten (Bereich, Region) und (Familie) ergibt sich beispielsweise in Abbildung 6.6 zu (Familie, Region).

An dieser Stelle sei der Leser darauf hingewiesen, daß obige explizite Konstruktion des Aggregationsgitters unter Berücksichtigung funktionaler Abhängigkeiten umgangen werden kann, falls, wie in [BaPT97] vorgenommen, ausgehend von einem vollständigen Aggregationsgitter, die durch funktionale Abhängigkeiten redundanten Gruppierungskombinationen sukzessive eliminiert werden. Als Grundlage für dieses Vorgehen ist jedoch das vollständige Aggregationsgitter nötig, dessen Größe bei wachsender Attributzahl exponentiell zunimmt.

6.2.3 Ausprägungen eines Aggregationsgitters

Der exponentielle Charakter des Aggregationsgitters impliziert die Frage nach der Größe der Ausprägungen der einzelnen Gitterpunkte. Darüber hinaus erscheint es interessant, eine Abschätzung des Speichermehraufwandes bei Berechnung aller Aggregationskombinationen zu erhalten ([Pend98]). Diese Frage ist insbesondere im Hinblick auf die Anwendbarkeit des CUBE-Operators auf einen Ausgangsdatenbestand bzw. als eine potentielle Präaggregationsstrategie (Abschnitt 6.3.1) interessant. Deshalb werden in diesem Abschnitt unter der Annahme der statistischen Gleichverteilung des Datenbestandes Größenabschätzungen bzgl. des speicherplatzmäßigen Mehraufwandes bei Vollauswertung eines Aggregationsgitters durchgeführt.

Zur Abschätzung des Speichermehraufwandes bei der Berechnung aller Aggregationskombinationen sind folgende Einflußgrößen zu beachten:

- *Berücksichtigung funktionaler Abhängigkeiten*
  Für eine gegebene Anzahl von Attributen ist die Form des Aggregationsgitters festzulegen. Für den Fall der Speicherplatzabschätzungen werden ausgehend von einer konstanten Anzahl von Aggregationsattributen unterschiedliche Konfigurationen von Gruppen funktional abhängiger Attribute betrachtet.

- *Verdichtungsgrad pro Gruppierungsattribut*
  Für jedes Attribut muß angegeben werden, wie hoch dessen Verdichtungsgrad ist, d.h. wieviele Einzelwerte durch das resultierende Aggregat repräsentiert werden. Für den Fall der nachfolgenden Betrachtungen wird dabei für jedes Attribut das gleiche Verdichtungsverhältnis vorausgesetzt.

- *Bestimmung der Dünnbesetztheit*
  Da normalerweise im Ausgangsdatenbestand nicht zu jeder möglichen Kombination der eingehenden Attributkombination ein tatsächlicher Wert existiert, muß ein sogenannter *'Sparsity'-Faktor* aus dem Intervall]0%-100%] zur Berücksichtigung der Dünnbesetztheit des Ausgangsdatenraumes beachtet werden. Unter der Voraussetzung der Gleichverteilung berechnet sich die Dünnbesetztheit von Aggregaten durch die folgende Abschätzung ([SDNR96]): sei n die Anzahl potentieller Aggregate und k das tatsächliche Rohdatenvolumen, welches sich durch Multiplikation des Dünnbesetztheitsfaktors mit dem maximalen Rohdatenvolumen errechnet, so liefert folgende Formel eine Abschätzung über die Anzahl der tatsächlichen Aggregate:

$$f(n) = n\left(1-\left(1-\frac{1}{n}\right)^k\right) = n - n\left(1-\frac{1}{n}\right)^k$$

Abbildung 6.7 zeigt die Anzahl tatsächlicher Aggregate in Abhängigkeit von der Dünnbesetztheit des Ausgangsdatenbestandes. Bei einer Dünnbesetztheit von 20% ist für einen maximalen Ausgangsdatenbestand von 1000 und potentiell 100 Aggregaten mit 86,7 tatsächlichen Aggregaten zu rechnen.

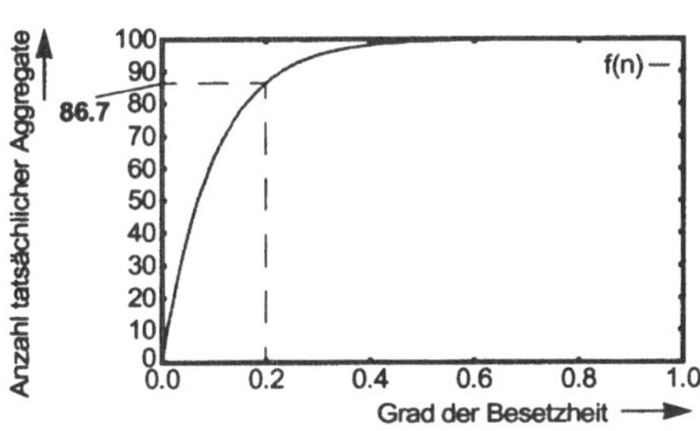

Abb. 6.7: Abschätzung der Anzahl tatsächlicher Aggregate

Die Diagrammsequenz aus Abbildung 6.8 zeigt bzgl. der oben aufgelisteten Einflußgrößen abhängig vom Grad der Dünnbesetztheit den relativen Speicherplatzmehraufwand im Verhältnis zum Rohdatenvolumen. Dabei weisen die einzelnen Diagramme ein konstantes Verdichtungsverhältnis und somit gleichem Ausgangsdatenbestand auf. Bei einem Verdichtungsverhältnis von 1:10 (Abbildung 6.8b) und einer Besetztheit von 10% wird für die Speicherung aller Aggregationskombinationen des vollen Aggregationsgitters das 44-fache an Rohdatenvolumen benötigt. Bei einer Aufteilung in sechs Gruppen mit je zwei Attributen reduziert sich der Mehraufwand bereits auf das 5,76-fache; bei zwei Gruppen mit je sechs Attributen ist lediglich das 1,6-fache des Rohdatenvolumens zur Speicherung aller Aggregatkombinationen nötig.

6.3 Präaggregationsstrategien

Um die Nutzungspotentiale der Verwendung von Präaggregaten in Datenbanksystemen voll ausschöpfen zu können, ist einerseits eine effiziente und transparente Nutzung dieser Präaggregate notwendig. Abschnitt 5.4 diskutiert die dazu nötigen Transformationsregeln und Algorithmen. Andererseits muß entschieden werden, welche Präaggregate in einem System vorgehalten werden. Wiederum ist eine *explizite Präaggregationsstrategie* denkbar, indem der Datenbankadministrator durch Analyse der typischen Anwendungen und Zugriffsmuster die scheinbar optimalen Präaggregate selektiert und deren Berechnung initiiert. Dieses Verfahren spiegelt den aktuellen Stand kommerzieller 'Data Warehouse'-Systeme mit multidimensionaler Analyseeinheit wider. Werkzeuge wie 'DSS-Monitor' ([Micr98b]) oder 'Analyser' ([Info98c]) bieten dem Datenbankadministrator dahingehend Unterstützung, daß sie aufgrund von Protokollierungsinformation des darunterliegenden Datenbanksystems Vorschläge zur Präaggregation unterbreiten. Darüber hinaus muß an bestehenden kommerziellen Lösungen in diesem Bereich kritisiert werden, daß

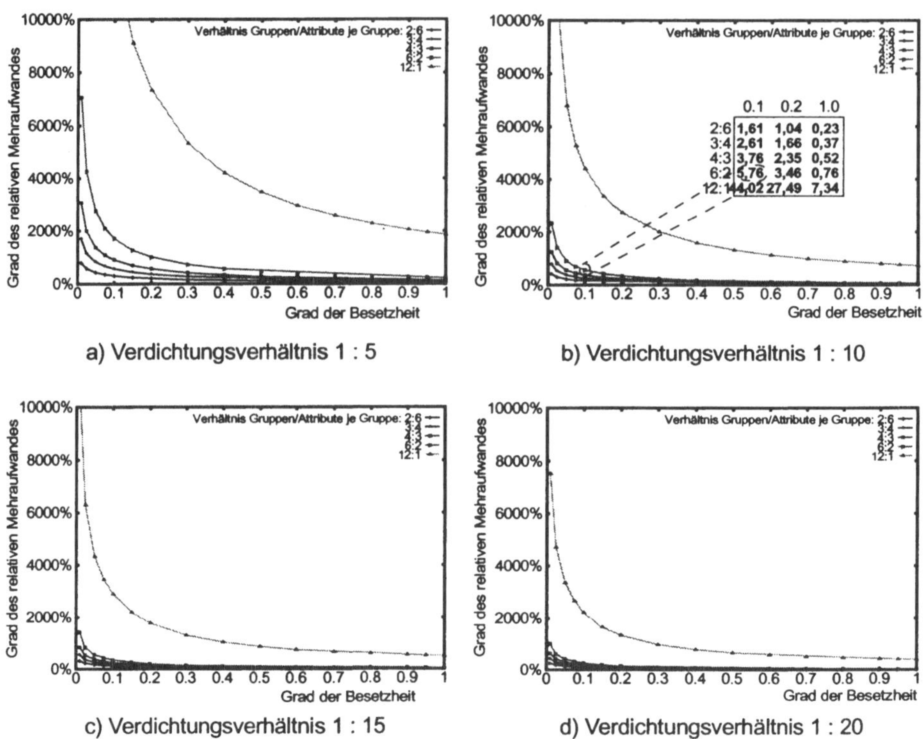

Abb. 6.8: Relativer Speichermehraufwand bei unterschiedlichen Verdichtungsverhältnissen

stets Präaggregate einer bestimmten Gruppierungskombination für den *gesamten Datenbestand* angelegt werden müssen. Partitionsorientierte Präaggregate werden auf Ebene der multidimensionalen Verarbeitungseinheit nicht unterstützt. Wünschenswert aus der Sicht der Anwendung ist jedoch eine *implizite Präaggregationsstrategie*, welche sich dynamisch dem aktuellen Referenzierungsverhalten anpaßt. Dazu werden in dem nachfolgenden Abschnitt die unterschiedlichen Forschungsarbeiten im Bereich der Präaggregationsstrategien klassifiziert und kurz skizziert. Nach einer Darstellung der zur Bewertung eines Präaggregates notwendigen Kostenfunktion werden die Verfahren aus der Klasse der partiellen Präaggregationsstrategien ausführlich erläutert und im Rahmen einer Zusammenfassung hinsichtlich ihrer Anwendbarkeit diskutiert.

6.3.1 Klassifikation von Präaggregationsstrategien

Wird in einem Datenbanksystem aus Gründen der Effizienz bereits das Prinzip der Redundanzfreiheit verletzt, so ist die Strategie, welche den Inhalt der redundant gehaltenen Daten bestimmt von großer Wichtigkeit. Generelles Ziel einer Präaggregationsstrategie ist, die Konfiguration von Präaggregaten in einem Datenbanksystem zu bestimmen, für die sich mit einem fest vorgegebenen maximalen zusätzlichen Speicheraufwand der größte Nutzen zur Laufzeit ergibt.

Wie auch der Klassifikation wissenschaftlicher Arbeiten im Bereich der Präaggregationsstrategien zu entnehmen ist (Abbildung 6.9), existieren die beiden extremen Möglichkeiten, entweder gänzlich auf Präaggregationen zu verzichten (Ad-hoc-Auswertung) und alle Anfragen auf Rohdatenbasis zu beantworten oder alle potentiell möglichen Gruppierungskombinationen (Abschnitt 5.3.3) vorzuhalten, was in einer enormen Reduktion der Anfragelaufzeiten resultiert. Diese Technik der Vollauswertung wird beispielsweise in einer Vielzahl von OLAP-Werkzeugen wie 'Powerplay' ([Cogn96]) oder 'Essbase' ([Arbo98]) angewandt. Ziel einer Präaggregationsstrategie ist jedoch, genau die Gruppierungskombinationen als Präaggregate auszuwählen, für die sich mit einem geringsten zusätzlichen Speicheraufwand der größten Nutzen zur Laufzeit ergibt.

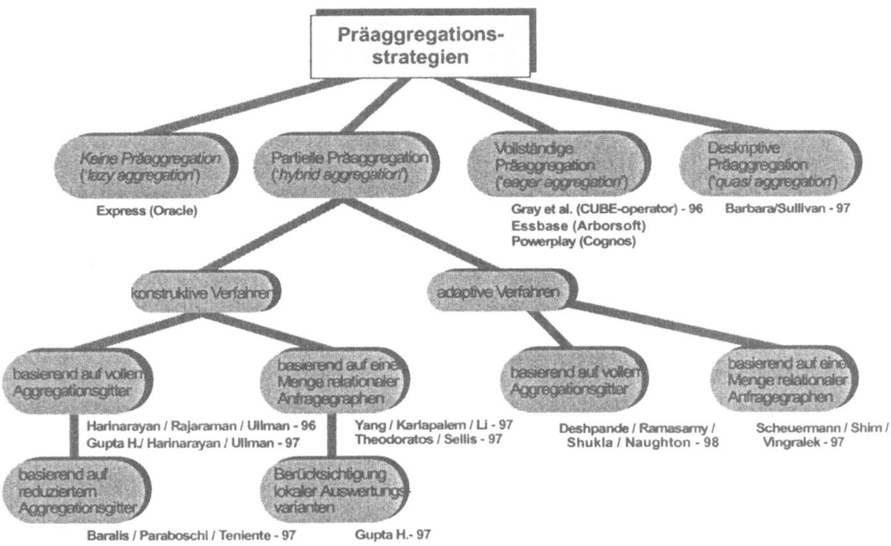

Abb. 6.9: Einteilung wissenschaftlicher Arbeiten im Bereich Präaggregationsstrategien

Eine weitere Variante, wie sie in [BaSu97] unter dem Begriff der 'Quasi-Cubes' vorgeschlagen wird, besteht darin, Speicherkosten der Vollauswertung zu reduzieren, indem eine unvollständige Beschreibung und eine Methode zur Schätzung der fehlenden Einträge gespeichert wird und bei Zugriff die tatsächlichen Datenwerte bis zu einem bestimmten Grad an Genauigkeit aus diesen Informationen rekonstruiert werden. Da diese Art der approximativen Anfrageverarbeitung nicht weiterverfolgt wird, wird auf eine detaillierte Darstellung des Verfahrens verzichtet und auf die entsprechende Literatur verwiesen.

Wie aus Abbildung 6.9 hervorgeht, bildet die Klasse der partiellen Präaggregationsstrategien die Basis für eine Strategie zur Entscheidung des besten Aufwand/Nutzen-Verhältnisses. Die aktuellen Forschungsarbeiten auf diesem sehr jungen Gebiet der Präaggregationsstrategien können, wie in Abbildung 6.9 illustriert wird, in zwei Stufen gemäß einer Unterscheidung in *konstruktive* und *adaptive* Verfahren und hinsichtlich der Optimierungsgrundlage klassifiziert werden. Im Bereich der konstruktiven Verfahren operiert der Ansatz von [YaKL97] auf einer Menge relationaler Anfragegraphen und identifiziert nach Generierung eines globalen Anfragegraphen die temporären Zwischenknoten, welche für die betrachtete Menge an Anfragen das beste Aufwand/Nutzenverhältnis aufweisen. Ein ähnliches Ziel wird in dem Ansatz von [ThSe97] verfolgt, in welchem durch Graphtransformationen die Menge an zu materialisierenden relationalen Sichten identifiziert wird, damit eine vorgegebene Menge von Anfragen ohne Rückgriff auf die Rohdaten ausgeführt werden kann. Da dieser Ansatz die grundsätzlich geforderte Beschränkung eines maximalen zusätzlich verfügbaren Speichermehraufwandes nicht beachtet, wird dieser Ansatz in den folgenden Ausführungen nicht weiter berücksichtigt. Die Idee der Optimierung einer Menge relationaler Anfragegraphen wird in [Gupt97] dahingehend verallgemeinert, daß zum einen auf allgemeinen Graphen optimiert wird und zum anderen mehrere Varianten zur Auswertung einer Anfrage in die Optimierungsstrategie einbezogen werden. Der folgende Abschnitt 6.4 erläutert die grundlegenden Ideen und Algorithmen dieser konstruktiven Verfahren.

Die zweite Klasse partieller und konstruktiver Präaggregationsstrategien, wie sie in Abschnitt 6.5 ausführlich diskutiert wird, basiert auf dem in Abschnitt 6.2 eingeführten Aggregationsgitter. In [HaRU96] wird ein Verfahren angegeben, welches, begrenzt durch eine global spezifizierte obere Schranke für den Speichermehraufwand, aus einem Aggregationsgitter die Knoten auswählt, die das möglichst günstigste Aufwand/Nutzenverhältnis aufweisen. Dieses Verfahren wird in [BaPT97] dahingehend adaptiert, daß vor Anwendung dieser Strategie das potentiell sehr große Aggregationsgitter einer heuristischen Reduktion unterworfen wird.

Während die Klasse der konstruktiven Verfahren einmalig eine Präaggregationskonfiguration bestimmt, werden in Rahmen adaptiver Verfahren mit jeder durchgeführten Anfrage inkrementelle Veränderungen an der Menge der redundant gespeicherten Daten vorgenommen (Abschnitt 6.6). Die Klasse der adaptiven Verfahren läßt sich wiederum aufteilen in den Ansatz von [ScSV96], der auf einer Menge relationaler Anfragegraphen basiert und in das Verfahren von [DRSN98], welches den zu einem Knoten im Aggregationsgitter korrespondierenden Datenbestand statisch in sogenannte Chunks partitioniert und eine dynamische Aktualisierung der Menge redundant materialisierter Chunks vornimmt.

6.3.2 Verhältnis von Speicherplatz und Laufzeit

Um in den nachfolgenden Abschnitten Aussagen über das Verhältnis von Mehraufwand an Speicherplatz und Reduzierung von Anfragelaufzeiten geben zu können, wird in diesem Abschnitt die Frage nach den Berechnungskosten angeschnitten. Da diese sehr stark von der jeweiligen physischen Repräsentation, d.h. Linearisierungsreihenfolge, Art und Anzahl eingesetzter Indexstrukturen, etc. abhängen, wird an dieser Stelle lediglich die Eigenschaft der Monotonie einer Kostenfunktion und somit ein in den nachfolgenden Strategien verwendetes lineares Kostenmodell eingeführt.

Definition: *Kostenfunktion*

Eine Funktion $c_q(n)$ heißt *Kostenfunktion*, wenn sie die Kosten zur Berechnung der Anfrage q aus dem zu n korrespondierenden Gitterpunkt im Aggregationsgitter liefert, falls q aus der zu n gehörenden Aggregationskombination berechenbar ist. Andernfalls liefert $c_q(n) = \infty$.

$$c_q(n) = \begin{cases} c & q \ll n \\ \infty & \text{sonst} \end{cases}$$

Definition: *Monotonie einer Kostenfunktion*

Eine Anfragekostenfunktion $c_q(n)$ ist *monoton*, wenn für zwei beliebige Knoten $n_i, n_j \in N$ aus einem Aggregationsgitter gilt:

$$|n_i| < |n_j| \Rightarrow c_q(n_i) < c_q(n_j)$$

Dabei bezeichnet $|n|$ die Größe des jeweiligen Gitterpunktes.

Die Monotonie besagt, daß die Kosten zur Beantwortung einer Anfrage bezüglich einer Aggregationskombination mit der Größe und somit der Anzahl der zu verarbeitenden Einheiten dieser Kombination ansteigt. Ein Beispiel einer linearen und somit monotonen Kostenfunktion wird in [HaRU96] angegeben, in welchem die

Berechnungskosten gleich der Anzahl der zu verarbeitenden Datenelemente sind. Durch diese Heuristik wird eine, wenn auch nur grobe Vergleichbarkeit von Speicherplatz und Berechnungskosten ermöglicht.

Besitzt eine Kostenfunktion die Eigenschaft der Monotonie, so kann daraus weiterhin gefolgert werden, daß die Berechnungskosten einer Anfrage bzgl. des ersten Knotens kleiner als gegenüber dem zweiten sind, d.h. $n_i \ll n_j \Rightarrow c_q(n_i) \leq c_q(n_j)$, falls ein Knoten eines Aggregationsgitters ableitbar von einem anderen Knoten ist.

Kosten einer Präaggregationskombination

Sei $M = \{n_1, .., n_k\}$ eine Menge von Gitterpunkten eines Aggregationsgitters. Die Kosten zur Beantwortung einer Anfrage q bzgl. der Menge M resultieren in den minimalen Kosten in Bezug auf alle Gitterpunkte aus M:

$$c_q(M) = \min_{n \in M}(c_q(n))$$

Sei weiterhin $Q = \{q_1,...,q_m\}$ eine Menge von Anfragen, welche jeweils mit der Häufigkeit $f(q_i)$ gestellt werden. Die Gesamtanfragekosten für die Menge Q basierend auf der Menge von Präaggregaten M ergeben sich unter Anwendung der oben eingeführten Kostenfunktion zu:

$$C(Q, M) = \sum_{q \in Q} f(q_i) \cdot c_q(M)$$

Zur nachfolgenden Darstellung der unterschiedlichen in der Literatur existierenden Präaggregationsstrategien ist es notwendig, die Aktualisierungskosten eines Präaggregates zu berücksichtigen, welche sich bei Veränderung des Ausgangsdatenbestandes ergeben. Die Gesamtaktualisierungskosten ergeben sich mit den lokalen Aktualisierungskosten für einen Gitterpunkt $u(n)$ und einer Aktualisierungsrate $h(n)$ zu:

$$U(M) = \sum_{n \in M} h(n) \cdot u(n)$$

Daraus ergeben sich die Gesamtkosten einer Präaggregationskombination zur Auswertung einer Menge von Anfragen zu:

$$C_{Gesamt}(Q, M) = C(Q, M) + U(M)$$

Diese Kostenberechnung bildet die Grundlage für die Nutzenberechnung eines Präaggregates.

Bestimmung des Nutzens eines Präaggregates

Basierend auf dem Kostenmodell wird im Rahmen der nachfolgenden Strategien der Nutzen (*'Benefit'*) eines weiteren Präaggregates unter der Nebenbedingung bereits existierender Präaggregate definiert.

Definition: *Nutzwert eines Präaggregates*

Sei M die Menge im System existierender Präaggregate und Q eine Menge von Anfragen. Die Nutzenabschätzung eines weiteren Präaggregates n ist dann bestimmt durch:

$$B_Q(n, M) = \begin{cases} C_Q(M) - C_Q(M \cup \{n\}) & \text{falls } (C_Q((M \cup \{n\}) < C_Q(M))) \\ 0 & \text{sonst} \end{cases}$$

Der Nutzen eines weiteren Präaggregates ergibt sich somit aus der Differenz der Gesamtkosten der spezifizierten Anfragemenge Q gegen die Präaggregationskombination ohne und mit dem neuen Präaggregat, bzw. zu 0, falls das weitere Präaggregat keine Kostenersparnis, sondern (bei Berücksichtigung von Aktualisierungskosten) eine Kostenerhöhung erbringt. Obige Definition der Benefit-Funktion impliziert eine Monotonie, welche, zusammen mit der Monotonieeigenschaft der Kostenfunktion, eine notwendige Voraussetzung der nachfolgend betrachteten Materialisierungsstrategien ist.

6.4 Konstruktive Materialisierungsstrategien auf relationalen Anfragegraphen

Die grundlegende Idee der Materialisierungsstrategien auf relationalen Anfragegraphen liegt darin, eine Menge von Anfragen zu betrachten und gemeinsame, d.h. von mehreren Anfragen genutzte Zwischenergebnisse als Materialisierungen dauerhaft zu speichern.

Die Technik, eine Menge von relationalen Anfragen gemeinsam zu optimieren, um Zugriffe auf Ausgangsrelationen oder temporäre Zwischenergebnisse mehrfach nutzen zu können, ist in der Literatur für den Fall der Datenbankanfragen ohne Aggregationen ausführlich diskutiert worden. Für eine detaillierte Darstellung der Techniken wird an dieser Stelle auf die einschlägige Literatur zum Thema "Multiple Query Optimization" (MQO) verwiesen ([SeGh90], [AlRa92]). Im Rahmen dieses Abschnittes wird diese Idee dahingehend angesprochen, daß bei einer gemeinsamen Optimierung einer Gruppe von Aggregationsanfragen, die potentiell aggregierten Zwischenergebnisse nicht nur für die temporäre Beantwortung der aktuellen Menge von Anfragen, sondern als Kandidaten für eine dauerhafte Materialisierung i.S. einer Präaggregation angesehen werden können.

Das grundlegende Verfahren der Optimierungstechnik von Anfragegruppen besteht darin, nicht einen Anfragebaum für eine Anfrage, sondern einen "Wald von Anfragebäumen" zu optimieren. Wie in [SeGh90] gezeigt wird, ist dieser Optimierungsansatz NP-hart, so daß in den meisten Verfahren heuristische Algorithmen Anwendung finden. Als die beiden größten Probleme erweisen sich in der Anwendung der Mehranfragenoptimierung nach [AlRa92] zum einen das Verhältnis von individueller zu globaler Anfrageplangenerierung. Allgemein kann von optimalen Anfrageausführungsplänen für einzelne Anfragen nicht auf einen optimalen Ausführungsplan für die Menge der Anfragen geschlossen werden. Zum anderen muß die Problematik der Definition von Gemeinsamkeiten zweier Anfragen einer entsprechenden Lösung zugeführt werden. Zwei Anfragen können beispielsweise assoziiert werden, wenn sie gemeinsame Unterausdrücke in einer Selektion, unterschiedliche Selektionskriterien auf die gleiche Relation, gemeinsame Verbundpartner oder gemeinsame Nutzung von Zugriffspfaden auf Relationen aufweisen.

Die Idee der gleichzeitigen Optimierung einer Menge von Anfragegraphen bildet die Basis für die Präaggregationsstrategien nach Yang, Karlapalem und Li und nach H. Gupta, die in den beiden folgenden Abschnitten vorgestellt werden.

6.4.1 Strategie nach Yang, Karlapalem und Li

Die Grundlage der Materialisierungsstrategie von [YaKL97] bildet der sog. '*Multiple View Processing Plan*' (MVPP), welcher einem gerichteten azyklischen Graph entspricht, dessen Wurzelknoten die Ergebnisknoten einer einzelnen Anfrage und dessen Blattknoten die Basisrelationen repräsentieren. Abbildung 6.10 zeigt einen MVPP für vier Anfragen (Q_1, Q_2, Q_3 und Q_4). Materialisierungskandidaten sind dabei alle inneren Knoten, welche Selektions-, Projektions- und Verbundoperationen reflektieren. Aggregationsoperationen werden dabei analog zu dem Restrukturierungsverfahren der verallgemeinerten Projektionen (Abschnitt 5.4.4) durch Projektionsoperatoren realisiert.

Zur Generierung eines MVPP aus einzelnen Anfragegraphen werden in [YaKL97] zwei Verfahren vorgeschlagen: Ein heuristischer Algorithmus erzeugt für jede Anfrage einen lokal optimierten Anfragegraphen und erstellt daraus sukzessive eine Menge von globalen Anfragegraphen. In einem ersten Schritt werden alle lokalen Anfragegraphen nach dem Ergebnis der Multiplikation der Referenzierungshäufigkeit dieser Anfrage mit den Anfragekosten bzgl. der Ausgangsrelationen sortiert.

In einem zweiten Schritt wird der erste MVPP generiert, indem der erste lokale Anfragegraph mit dem zweiten Anfragegraph kombiniert wird, so daß gemeinsame Knoten nur einmal vorkommen und nachfolgend gemeinsam benutzt werden. Diesem wird der gemäß der zuvor festgelegten Ordnung der dritte Plan etc. hinzugefügt bis alle Pläne zu einem einzigen Graphen, einem MVPP verschmolzen sind. Ein zweiter MVPP wird erzeugt, indem der zweite mit dem dritten, das Ergebnis mit dem vierten Plan, etc. verbunden wird. Dieser Generierungsprozeß wird wiederholt, bis alle sequentiellen Kombinationen bzgl. der Ordnung der lokalen Pläne durchgeführt wurden. Der zur Bestimmung von zu materialisierenden Zwischenrelationen benötigte Anfragegraph wird dann aus der zuvor erzeugten Menge ausgewählt. In einem letzten Schritt werden unter Anwendung eines Greedy-Algorithmus mit entsprechendem Kostenmodell (Abschnitt 6.3.2) die zu materialisierenden Knoten bestimmt.

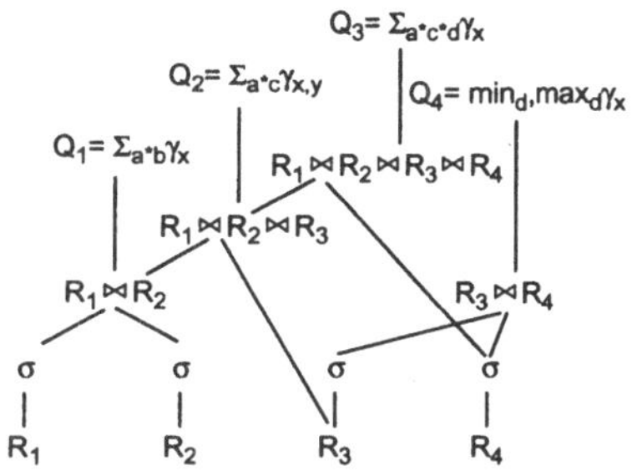

Abb. 6.10: Beispiel eines MVPP (nach [YaKL97])

6.4.2 Strategie nach H. Gupta

In dem Ansatz von [Gupt97] wird die Sichtweise von [YaKL97] dahingehend verallgemeinert, daß zum einen von konkreten relationalen Anfragegraphen zu allgemeinen gerichteten azyklischen Graphstrukturen abstrahiert wird und zum anderen zur Beantwortung einer Anfrage nicht ein möglichst optimaler Plan pro Anfrage, sondern mehrere Varianten berücksichtigt werden. Dazu führt [Gupt97] den Begriff der AND/OR-Graphen ein. Ein Graph, welcher durch Abstraktion von konkreten relationalen Operatoren aus einem MVPP entsteht, wird in [Gupt97] als AND-Graph bezeichnet, da zur Berechnung eines Knotens alle eingehenden Kanten notwendig sind. In der Notation von [Gupt97] wird dazu ein AND-Bogen eingeführt, der die Zusammengehörigkeit aller Kanten repräsentiert. In einem OR-Graphen dagegen kann ein Zwischenergebnis alternativ aus den eingehenden Kanten bestimmt werden. Eine Kombination von AND- und OR-Graphen wird dann als AND/OR-Graph bezeichnet (Abbildung 6.11).

Für eine Menge von Anfragen wird der AND/OR-Graph, welcher alle möglichen Auswertealternativen beinhaltet, konstruiert, indem für jede einzelne Anfrage der lokale AND/OR-Graph erzeugt wird. Dieser besteht aus allen Möglichkeiten, die Anfrage aus der Menge der Basisrelationen zu befriedigen.

Durch Zusammensetzen der einzelnen lokalen AND/OR-Graphen wird der globale AND/OR-Graph erzeugt, welcher als Ausgangsstruktur für die Selektionsalgorithmen von zu materialisierenden Knoten des AND/OR-Graphens dient. Mit diesem Vorgehen ist sichergestellt, daß alle möglichen Kombinationen in den Auswahlalgorithmus Eingang finden.

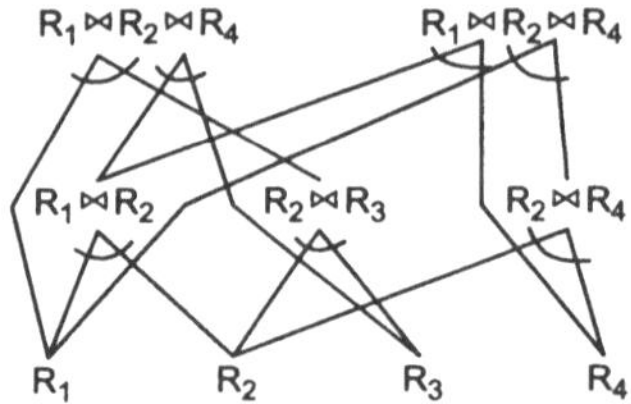

Abb. 6.11: Beispiel eines AND/OR-Graphen (nach [Gupt97])

Zur Selektion von Materialisierungskandidaten gibt [Gupt97] einen Greedy-Algorithmus basierend auf AND oder OR-Graphen mit einer Komplexität $O(n^3)$ an, welcher jeweils den Knoten mit dem größten Nutzen (Abschnitt 6.3.2) bzgl. der aktuellen Materialisierungskonfiguration auswählt. Für AND/OR-Graphen wird in [Gupt97] gezeigt, daß sich diese auf bipartite Graphen reduzieren lassen, welche strukturgleich zu OR-Graphen sind und somit mit dem angegebenen Greedy-Algorithmus behandelt werden können.

6.4.3 Zusammenfassung

Der Ansatz von [YaKL97] zeigt, wie eine "traditionelle" Technik des 'Multiple Query Optimization' für "aktuelle" Probleme, nämlich der Auswahl von Materialisierungskandidaten verwendet werden kann. In [Gupt97] wird diese Technik dahingehend verallgemeinert, daß in den Optimierungsprozeß nicht nur die lokal optimalen Lösungen, sondern alle möglichen Lösungen integriert werden. Die allgemeine Anwendbarkeit dieser Materialisierungsstrategien, die auf relationalen Anfragegraphen basieren, darf jedoch bedingt durch die enorme Komplexität, welche bereits der Technik des MQO ein Schattendasein beschert, als sehr zweifelhaft eingestuft werden.

6.5 Konstruktive Präaggregationsstrategien über einem Aggregationsgitter

Wie aus der Einteilung unterschiedlicher Präaggregationsstrategien ersichtlich ist (Abbildung 6.9), existiert eine zweite Klasse von Präaggregationsstrategien, deren Arbeitsgrundlage das Aggregationsgitter ist. In diesem Abschnitt wird im ersten Teil ein Greedy-Auswahlverfahren auf einem vollständigen Aggregationsgitter eingeführt ([HaRU96]), welches sich zum Standardverfahren für eine Selektion von Präaggregaten entwickelt hat. Eine Weiterentwicklung dieser Technik ([BaPT97]) wird im zweiten Teil dieses Abschnitts vorgestellt.

6.5.1 Strategie nach Harinarayan, Rajaraman und Ullman

In der Arbeit von [HaRU96] wird ein Greedy-Algorithmus (Abbildung 6.12) spezifiziert, der bei gegebenem maximalen Speicherplatz S und vorgegebenem Aggregationsgitter eine Menge von Knoten aus dem Aggregationsgitter selektiert, die eine möglichst optimale Präaggregationskombination im Sinne eines möglichst großen Nutzens für das Gesamtsystem liefert. Neben der Struktur des Aggregationsgitters benötigt der Algorithmus das geschätzte Speichervolumen für jeden Gitterpunkt. Diese Angaben können durch Anwendung unterschiedlicher Schätzverfahren ([HNSS95], [SDNR96]) ermittelt werden.

```
Algorithmus: Auswahl von Präaggregationsknoten (Greedy)
Eingabe:   Aggregationsgitter G, geschätzte Größe für jedes Element von G,
           max. Speichermehraufwand S
Ausgabe:   Präaggregationskonfiguration
Begin
       // Rohdatengitterpunkt in die Menge der Materialisierungskandidaten M aufnehmen
       M = { n_Rohdaten }
       s = 0          // Speichermehraufwand

       // Kandidatenauswahl, solange die obere Schranke für den Speichermehraufwand S
       // noch nicht überschritten
       While (s < S)
              // Ermittle den Gitterpunkt mit dem maximalen Nutzen bzgl. M
              n ist der Gitterpunkt mit ∀n∈(N \ M): B_n(M) = max_{n_i∈M}(B_{n_i}(M))

              // Füge n zur Kandidatenmenge M hinzu und addiere Speichermehraufwand
              M = M ∪ {n}
              s = s + |n|
       End While
       // Gebe die Kandidatenmenge als Ergebnis zurück
       Return M
End
```

Abb. 6.12: Präaggregationsalgorithmus nach Harinarayan et.al.

Um die Auswertbarkeit aller möglichen Anfragen zu garantieren, wird der Gitterpunkt, welcher die Rohdaten repräsentiert, in die Lösungsmenge aufgenommen. Solange die obere Schranke des Speichermehraufwands nicht überschritten ist, wird der Gitterpunkt n ausgewählt, der bzgl. der aktuellen Belegung der Kandidatenmenge M den größten Nutzen erbringt (Abschnitt 6.3.2). Dieser Gitterpunkt wird der Lösungsmenge hinzugefügt und dessen geschätztes Speichervolumen zu dem bisher aufgelaufenem Speichermehraufwand addiert. Der Nutzwert eines Gitterpunktes wird dabei aus der Summe der Ersparnisse berechnet, die sich für die restlichen Gitterknoten unter der Voraussetzung ergibt, daß der aktuelle Knoten n präaggregiert wird.

Der Selektionsalgorithmus weist eine Komplexität bezüglich der Zeit polynomial mit maximalem Aufwand $O(n^3)$ mit n als der Anzahl der Gitterelemente auf. Weiterhin wird in [HaRU96] eine untere Schranke für die Güte der schlechtesten Lösung mit 63% gegenüber der optimalen Lösung angegeben.

Da dieser Algorithmus die Grundlage weiterer Arbeiten bildet und auch bei der Ermittlung der Initialbelegung der adaptiven Präaggregationsstrategie aus Teil C Verwendung findet, wird das Verfahren an nachfolgendem Beispiel ausführlicher illustriert:

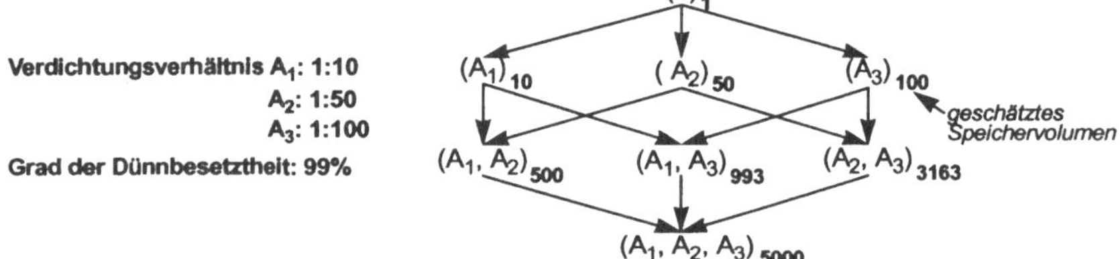

Abb. 6.13: Aggregationsgitter zur Illustration der Präaggregationsstrategie nach Harinarayan et al.

Drei Aggregationsattribute mit jeweils unterschiedlichen Verdichtungsverhältnissen spannen einen Datenraum auf, der zu einem Prozent mit tatsächlichen Werten besetzt ist. Unter Annahme der Gleichverteilung werden analog zur Aufwandsabschätzung im Rahmen der Einführung des Aggregationsgitters (Abschnitt 6.2.3) die Größen der einzelnen Gitterpunkte geschätzt. Eine Vollauswertung des Aggregationsgitters beläuft sich dementsprechend auf 9817 Datenwerte, was einem Speichermehraufwand von 4817 Datenwerten oder 96% entspricht.

Unter der Voraussetzung von maximal 70% Speichermehrbedarf wird im ersten Durchlauf des Auswahlalgorithmus der Knoten (A_1, A_2) als Materialisierungskandidat ausgewählt (Tabelle 6.1). Diese Entscheidung ist dadurch begründet, da dessen Materialisierung den vier Knoten (A_1, A_2), (A_1), (A_2) und ( ) eine Verbesserung um jeweils 4500 Einheiten erbringt, indem nicht 5000 Rohdatenwerte sondern lediglich 500 Aggregatwerte zur Ermittlung der darüberliegenden Knoten verarbeitet werden müssen.

	1. Schritt	2. Schritt	3. Schritt	4. Schritt
(A_1,A_2)	4*4500 = **18000**			
(A_1,A_3)	4*4007 = 16028	2*4007 = 8014	1*4007 = **4007**	
(A_2,A_3)	4*1837 = 7348	2*1837 = 3674	1*1837 = 1837	1*1837 = **1837**
(A_1)	2*4990 = 9980	2*490 = 980	2*490 = 980	2*490 = 980
(A_2)	2*4950 = 9900	2*450 = 900	2*450 = 900	2*450 = 900
(A_3)	2*4900 = 9800	2*4900 = **9800**		
( )	1*4999 = 4999	1*499 = 499	1*99 = 99	1*99 = 99
Speicher-mehraufwand	500 = 10%	600 = 12%	1593 = 32%	4756 = 95%
Kandidaten-mengen	(A_1, A_2, A_3), (A_1, A_2)	(A_1, A_2, A_3), (A_1, A_2), (A_3)	(A_1, A_2, A_3), (A_1, A_2), (A_3), (A_1, A_3)	(A_1, A_2, A_3), (A_1, A_2), (A_3), (A_1, A_3), (A_2, A_3)

Tab. 6.1: Einzelkonfigurationen zur Illustration der Präaggregationsstrategie nach Harinarayan et al.

Die Auswahl des Knotens (A_1,A_2) im ersten Schritt setzt den Speichermehraufwand auf 10% bzgl. des Ausgangsdatenbestandes. In den weiteren Schritten werden unter Beachtung der bereits entschiedenen Materialisierungen der Knoten (A_3) im zweiten Schritt und (A_1,A_3) im dritten Schritt ausgewählt. Die Wahl des Knotens (A_2,A_3) wird nicht mehr berücksichtigt, da bei der Materialisierung dieses Knotens der Gesamtspeichermehraufwand die maximal erlaubten 70% überschreiten würde.

Zur Wahrung der Konsistenz der Terminologie zur Nutzenberechnung wird an dieser Stelle darauf hingewiesen, daß im Ansatz von [HaRU96] keine explizite Festlegung einer Referenzanfragemenge spezifiziert wird, sondern implizit davon ausgegangen wird, daß zu jedem Knoten genau eine Anfrage existiert, die genau einmal referenziert wird. Weiterhin wird an dieser Stelle auf eine Erweiterung des Ansatzes in [GHRU97] hingewiesen, welche die Linearisierungsreihenfolge und zusätzlichen Indexstrukturen bei einer relationalen Abspeicherung berücksichtigt. Da in diesem Kontext jedoch nur die logische Optimierung zur Diskussion steht, wird auf diese Erweiterung unter Berücksichtigung physischer Realisierungseigenschaften nicht detaillierter eingegangen.

6.5.2 Strategie nach Baralis, Paraboschi und Teniente

Der gravierende Nachteil des Selektionsalgorithmus nach Harinarayan, Rajaraman und Ullman ist dessen geringe Skalierbarkeit bei einer großen Anzahl von Gitterpunkten in einem Aggregationsgitter. Wie bei der Einführung des Aggregationsgitters bereits angedeutet, sind Aggregationsgitter mit 30-50 Aggregationsattributen und entsprechend vielen Kombinationen als realistisch einzustufen. Ziel der Strategie nach Baralis, Paraboschi und Teniente ([BaPT97]) ist es, die Größe des Aggregationsgitters durch Anwendung von Heuristiken zu reduzieren und eine effiziente Anwendbarkeit des zuvor eingeführten Greedy-Algorithmus zu ermöglichen.

In einem ersten Reduktionsschritt werden, analog zur Beschreibung in Abschnitt 6.2.2, die bzgl. einer existierenden funktionalen Abhängigkeit äquivalenten Gitterpunkte bis auf einen Repräsentanten eliminiert. In einem zweiten Schritt wird, ausgehend von einer Menge von vorgegebenen Anfragen, ein Teilgitter konstruiert, indem iterativ für alle direkt oder indirekt durch Anfragen referenzierten Gitterpunkte, jeweils paarweise der größte gemeinsame Vorgänger ermittelt und dem so konstruierten Teilgitter hinzugefügt wird. Für das Aggregationsgitter aus Abbildung 6.13 ergeben sich für unterschiedliche Referenzierungsszenarien die in Abbildung 6.14 dargestellten reduzierten Aggregationsgitter. Bei einer durch zwei Anfragen Q_1 und Q_2 vorgegebenen Referenzierung von (A_1) und (A_3) (Abbildung 6.14a) wird der größte gemeinsame Vorgänger (A_1, A_3) in das Teilgitter aufgenommen, während im dritten Szenario bei Referenzierung von (A_1) und (A_2,A_3) kein zusätzlicher Vorgängerknoten existiert (Abbildung 6.14b).

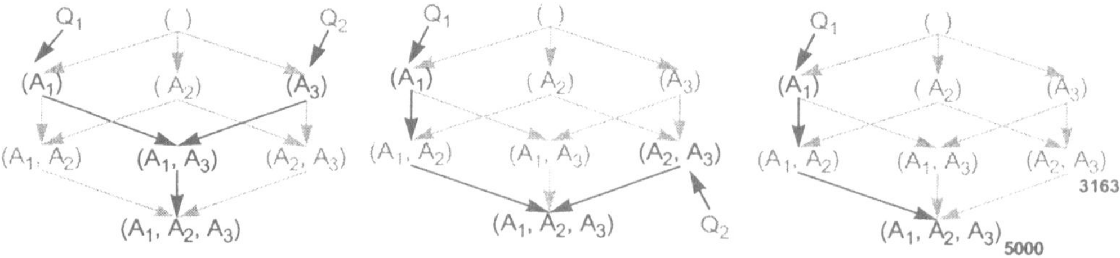

Abb. 6.14: Beispiele zu reduzierten Aggregationsgittern

In einem dritten Reduktionsschritt werden diejenigen Knoten aus dem bereits bzgl. des Referenzierungsverhaltens reduzierten Aggregationsgitter eliminiert, bei welchen ausprägungsseitig keine Reduktion um einen vorgegebenen Reduktionsfaktor zu erwarten ist. Bei einer Reduktionsrate von mindestens 50% wird im Aggregationsgitter aus Abbildung 6.14c der Knoten (A_2,A_3) mit einer Größe von 3163 eliminiert.

6.5.3 Zusammenfassung

Der Algorithmus nach Harinarayan, Rajaraman und Ullman ist als grundlegendes Auswahlverfahren von zusätzlich zu speichernden Gitterpunkten anzusehen. Die Gleichverteilung von Anfragen, welche in diesem Verfahren implizit verwendet wird und die Tatsache, daß der Algorithmus alle Gitterpunkte eines Aggregationsgitters zur Auswahl benötigt, implizit eine heuristische Vorstufe zur Reduktion der Größe des Aggregationsgitters. Das Verfahren nach Baralis, Paraboschi und Teniente, welches in einem dreistufigen Prozeß eine Reduktion des Gitters vorschlägt, reflektiert ein mögliches Vorgehen, um den Basisalgorithmus effizient anwenden zu können.

6.6 Adaptive Strategien für materialisierte Anfrageergebnisse

Als dritte Klasse partieller Materialisierungsstrategien werden in diesem Abschnitt zwei Ansätze von adaptiven Verfahren für die Materialisierung berechneter Anfragen vorgestellt. Der erste Ansatz ([ScSV96]) basiert auf der Ebene des relationalen Datenmodells und fokussiert die exakte Wiederverwendung von einmal ausgeführten Anfragen. Die Einschränkung der exakten Wiederverwendbarkeit ermöglicht jedoch hinsichtlich der Komplexität der Anfrage (Integration von Aggregationsoperationen, komplexe Selektionbedingungen, etc.) eine Speicherung beliebiger Ergebnismengen. Die zweite vorgestellte Strategie ([DRSN98]) orientiert sich an dem Konzept des Aggregationsgitters. Grundlegende Idee dieses Ansatzes ist es, einen Kompromiß zwischen anfrageorientiertem und datenbestandsorientiertem Granulat einer Materialisierung zu finden. Dazu wird das 'Chunking'-Konzept mit Partitionen einheitlicher Größe vorgestellt, welches eine effiziente Wiederverwendung der Datenbestände durch Unterstützung spezieller 'bitwise'-Indexstrukturen ([ONQu97]) ermöglicht.

6.6.1 Strategie nach Scheuermann, Shim und Vingralek

Im Rahmen des Projektes WATCHMAN wird in [ScSV96] ein Verfahren vorgestellt, welches Ergebnisse beliebiger relationaler Anfragen in einem zusätzlichen Pufferbereich einer fest vorgegebenen Maximalgröße materialisiert und bei wiederholter Ausführung der gleichen Anfrage keine Berechnung auf Rohdatenebene initiiert, sondern die entsprechende materialisierte Ergebnismenge zurückliefert. Zur Verwaltung des Pufferinhaltes werden in diesem Ansatz zwei Verfahren vorgeschlagen, die im folgenden kurz skizziert werden.

Der Ersetzungsalgorithmus *LNC-R* (*'Least Normalized Cost Replacement'*) versucht bei einer anstehenden Verdrängung diejenigen Ergebnismengen von Anfragen aus dem Puffer zu verdrängen, die den geringsten Nutzen aller im Puffer befindlichen Ergebnismengen aufweisen. Der Nutzen B eines Anfrageergebnisses Q_i errechnet sich dabei aus der durchschnittlichen Referenzrate λ_i, der Größe des zusätzlich benötigten Speichermehraufwandes s_i und den von der Optimierungskomponente des darunterliegenden Datenbanksystems geschätzten Ausführungskosten mit Bezug auf den Rohdatenbestand c_i:

$$B_{Q_i} = \frac{\lambda_i \cdot c_i}{s_i}$$

Darüberhinaus ist an diesem Ansatz interessant, daß die potentielle Einlagerung einer Ergebnismenge in den Pufferbereich eine eigene Behandlung im Rahmen des *LNC-A* (*'Least Normalized Cost Admission'*) Algorithmus erfährt. Ziel dieses Zulassungsalgorithmus ist, das Einbringen einer Ergebnismenge in den Puffer zu verweigern, falls dadurch der Gesamtnutzen des Puffers verringert werden würde. Das Ergebnis einer Anfrage wird somit nur dann in den Puffer aufgenommen, falls der Gesamtnutzen der Menge der zur Verdrängung anstehenden Anfrageergebnisse kleiner ist als der Nutzen des neuen Anfrageergebnisses.

Beide Algorithmen werden in der Realisierung des WATCHMAN zu dem *LNC-RA* (*'Least Normalized Cost Replacement and Admission'*) Algorithmus kombiniert, der aus einer Menge vorhandener materialisierter Ergebnisse relationaler Anfragen und einer neu zu berechnenden Anfrage eine neue Konfiguration des Ergebnispuffers erzeugt. Stimmt die neue Anfrage mit einer Anfrage, dessen Ergebnis materialisiert vorliegt, überein ('exact match' !), wird der Referenzzähler für dieses Ergebnis inkrementiert. Andererseits wird durch den *LNC-A*-Algorithmus überprüft, ob eine Aufnahme des neuen Anfrageergebnisses in den Puffer den Gesamtnutzen des Puffers erhöht. Dieser Algorithmus ermittelt mit Hilfe von *LNC-R* die potentiellen Verdrängungskandidaten, die zugunsten der neuen Ergebnismenge verdrängt werden.

6.6.2 Strategie nach Deshpande, Ramasamy, Shukla und Nauhgton

Der dynamische Präaggregationsansatz von [DRSN98] basiert auf dem von einem multidimensionalen Schema aufgespannten Aggregationsgitter. Eine Verfeinerung wird jedoch dahingehend vorgenommen, daß nicht der hinter einem Gitterpunkt stehende Datenbestand Gegenstand einer Materialisierung ist, sondern Partitionen ('Chunks'), welche durch eine einmalige und somit statische Aufteilung des Datenbestandes definiert werden. Diese Aufteilung in festdefinierte Teile weist den wesentlichen Vorteil auf, daß einzelne materialisierte Chunks von mehreren Anfragen, ebenfalls in Chunks aufgeteilt, benutzt werden können. Dies setzt einen effizienten Test auf Ableitbarkeit voraus, der durch das Konzept des Aggregationsgitters vorgegeben ist. Die Einheitlichkeit von Chunks erleichtert somit das Beantworten von abzuleitenden Anfragen enorm. Als letzter Vorteil wird in [DRSN98] der Nutzen einer chunk-orientierten physischen Speicherung der Datenpartitionen, wie sie beispielsweise in [SaSt94] erläutert wird, angegeben.

```
Algorithmus: Auswahl von zu verdrängenden Chunks (CLOCK mit Aufwandsabschätzung)
Eingabe:     Neuer Chunk N, Menge von Chunks im Puffer B
             max. Speichermehraufwand S_max, Größe des Rohdatenbestandes S_Roh
Ausgabe:     Menge der zu verdrängenden Chunks M
Begin
    M := { }
    S_ges := Summe aller Chunk-Größen
    S_M   := Summe der Chunk-Größen aus M

    // Solange noch nicht ausreichend Platz für den neuen Chunk zur Verfügung steht,
    // wird ein Chunk verdrängt
    While ( ( S_ges - S_M ) < S_max)
        // Chunk C korrespondiert zur aktuellen CLOCK-Position
        C := Chunk[currentPositionOfCLOCK] ∈ B
        n := Anzahl von Chunks im gleichen Aggregationsgitterknoten

        // Falls das Gewicht negativ ist, wird der Chunk C verdrängt, ansonsten erhält er
        // eine weitere Chance, sein Einfluß W(C) wird jedoch reduziert
        If ( W(C) ≤ 0 )
            M := M ∪ { C }; B := B \ { C }
        Else
            W(C) := W(C) - ( S_Roh / n )
        End If
        // Schreite um eine Position weiter
        currentPositionOfCLOCK := currentPositionOfCLOCK + 1
    End While
    // Füge neuen Chunk dem Puffer hinzu
    B := B ∪ { N }; W(N) := ( S_Roh / n )
    Return M
End
```

Abb. 6.15: Verdrängungsalgorithmus nach Deshpande et.al.

Ähnlich dem Ansatz von [ScSV96] fließt bei der Bewertung eines Chunks in dem Auswahlverfahren eines Verdrängungskandidaten sowohl das Referenzierungsverhalten als auch der Berechnungsaufwand des jeweiligen Chunks ein. Als Verdrängungsalgorithmus findet ein gewichtetes CLOCK-Verfahren Anwendung (Abbildung 6.15). Bei jeder Referenz eines Chunks durch eine Anfrage wird dessen Gewicht W(C) um dessen ursprüngliche Berechnungskosten erhöht, da die Verwendung dieses Chunks bei der Beantwortung der aktuellen Anfrage diese Kosten eingespart hat. Die Verdrängung erfolgt durch eine Iteration über alle Chunks, die erst beendet wird, falls ausreichend Platz für den neuen Chunk zur Verfügung steht. Falls das Gewicht des aktuellen Chunks innerhalb der CLOCK-Strategie eine negative Bilanz aufweist, wird dieser Chunk verdrängt, anderenfalls erhält der Chunk mit einem reduzierten Gewicht eine weitere Chance.

6.6.3 Zusammenfassung

Obwohl in [ScSV96] für das Testszenario des TPC-D-Benchmarks ([TPC98]) im Mittel eine Verbesserung um den Faktor 3 berichtet wird, ist der Ansatz auf Grund der Restriktivität auf die exakte Wiederverwendung einer Anfrage als äußerst zweifelhaft in einer universellen Umgebung einzustufen. Der Schwerpunkt dieses Ansatzes liegt zweifellos in der Dynamik durch eine Nutzwertberechnung, in die Referenzierungsinformation, Größe und Berechnungsaufwand einfließen. Diese grundsätzliche Zielrichtung wird ebenfalls in der in Abschnitt 8.3 vorgestellten adaptiven Präaggregationsstrategie verfolgt. Als fundamentale Kritik muß, bedingt durch das relationale Datenmodell, die isolierte Betrachtung einzelner Anfragen gewertet werden. Das allen Anfragen zugrundeliegende gemeinsame konzeptionelle Schema wird in den Verdrängungsalgorithmen nicht beachtet. Analog zu dem Ansatz der Restrukturierungsmethoden relationaler Anfragegraphen (Abschnitt 5.4), erweist sich eine redundanzbasierte Optimierung auf Ebene des relationalen Datenmodells sowohl strukturell extrem aufwendig als auch durch die hohe Komplexität bei der Bestimmung der Ableitbarkeit von beliebigen relationalen Anfragen als kaum effizient durchführbar.

Zentral am Ansatz von [DRSN98] ist die Idee, eine statische Aufteilung eines multidimensionalen Datenraumes vorzunehmen und die daraus entstehenden 'Chunks' als Elemente eines Puffers materialisierter Aggregate zu verwenden. Im Gegensatz zu dem Ansatz von [HaRU96] weist dieses Vorgehen den entscheidenden Vorteil auf, nicht den gesamten Datenbestand für eine Attributkombination voraggregieren zu müssen. Analog zu [HaRU96] ist jedoch auch diesem Ansatz anzulasten, daß er auf einen großen multidimensionalen Datenraum durch Integration von Merkmalen nicht anwendbar ist. Als weiterer Nachteil ist diesem Verfahren anzulasten, daß die Größe der einzelnen Chunks von einem Administrator so gewählt werden muß, daß einerseits der Lokalität von Auswertungen Rechnung getragen wird und andererseits die Anzahl der zu verwaltenden Elemente nicht so hoch wird, daß der Verwaltungsaufwand den erzielten Nutzen kompensiert.

6.7 Bewertung existierender Präaggregationsstrategien

Das Problem einer optimalen Präaggregationsstrategie, d.h. die Auswahl der zu präaggregierenden (Teile von) Knoten in einem Aggregationsgitter unter den Nebenbedingungen des maximalen Nutzens zur Laufzeit bei einem fest vorgegebenen Speichermehraufwand, ist NP-vollständig, was leicht durch eine Reduktion auf das 'Set-Cover'-Problem zu zeigen ist. Unterschiedliche Techniken, dieses Problem durch polynomiale Verfahren anzunähern, werden in den vorangegangenen Abschnitten skizziert. Dabei läßt sich, wie in der Erläuterung zu Abbildung 6.9 bereits angesprochen wird, prinzipiell eine Einteilung hinsichtlich *konstruktiver* und *adaptiver* Verfahren vornehmen.

Die Grundidee konstruktiver Verfahren besteht darin, ausgehend von einer leeren Menge von Materialisierungen eine (möglichst) optimale Lösung oder Konfiguration von Präaggregaten zu bestimmen. Alle in den Abschnitten 6.4 und 6.5 vorgestellten Verfahren basieren auf einem Greedy-Algorithmus, für den eine untere Schranke von 63% des globalen Optimums angegeben werden kann. Die wichtigsten Strategien lassen sich hinsichtlich der strukturellen Grundlagen in zwei Klassen unterteilen: Die Ansätze der einen Klasse ([YaKL97], [Gupt97]) basieren auf einer Menge relationaler Anfragegraphen. Aggregationsoperatoren werden als Projektionen behandelt und verlieren im Vergleich zu den übrigen relationalen Operatoren ihre Sonderstellung bei der Auswahl von Präaggregaten. Im Gegensatz dazu bezieht sich der Auswahlalgorithmus von [HaRU96] auf ein beliebiges Aggregationsgitter. Wie bereits ausgeführt, muß dieser Ansatz jedoch als grundlegendes Verfahren eingestuft werden, der, wie es der Ansatz von [BaPT97] vorsieht, eine Vorstufe für eine effiziente Anwendbarkeit benötigt.Tabelle 6.2 umfasst eine Gegenüberstellung der unterschiedlichen Verfahren.

Das Prinzip adaptiver Verfahren, von denen in Abschnitt 6.6 zwei Vertreter vorgestellt werden, geht von der Vorstellung eines Aggregatpuffers aus, der mit jeder Anfrage dynamisch aktualisiert wird. Ziel ist dabei, zur Laufzeit jeweils den durch die

konstruktive Präaggregationsstrategien	basierend auf rel. Anfragegraphen		basierend auf Aggregationsgitter	
	[YaKL97]	[Gupt97]	[HaRU96]	[BaPT97]
Strukturelle Grundlage	Multiple-View-Processing-Plan (= Anfragegraph für mehrere relationale Anfragen)	AND-OR-Graph	beliebiges Aggregationsgitter	vollständiges Aggregationsgitter und Menge funktionaler Abhängigkeiten
Kostenmodell	Anfrage- und Aktualisierungskosten; lineare Kostenfunktion	Anfrage- (und Aktualisierungs) -kosten; lineare Kostenfunktion	Anfragekosten; lineare Kostenfunktion	Anfrage- und Aktualisierungskosten; beliebige monotone Kostenfunktion
Initialparameter (des Selektionsalgorithmus)	Anfragemenge, MVPP; maximaler Speicherplatz	Anfragemenge; AND/OR-Graph; maximaler Speicherplatz	Aggregationsgitter; maximaler Speicherplatz	Anfragemenge; Aggregationsgitter; Reduktionsrate
Typ des Selektionsalgorithmus	Greedy	Greedy	Greedy	Reduktionsheuristik
Komplexität (des Selektionsalgorithmus)	keine Angaben	maximal polynomialer Aufwand mit $O(n^3)$ und n als Anzahl der Gitterelmente	maximal polynomialer Aufwand mit $O(n^3)$ und n als Anzahl der Gitterelmente	maximal polynomialer Aufwand mit $O(n^2)$ und n als Anzahl der Gitterelmente

Tab. 6.2: Gegenüberstellung konstruktiver Präaggregationsstrategien

redundant gehaltenen Informationen gewonnenen Nutzen des Pufferinhalts zu maximieren. Dadurch ergibt sich die Frage nach einer effizienten Verdrängungsstrategie, welche entscheidet, ob das Ergebnis einer Anfrage in den Puffer aufgenommen wird und welche Pufferelemente dafür verdrängt werden. Analog zu den konstruktiven Verfahren ist eine Einteilung bzgl. der strukturellen Grundlage vorzunehmen. Dabei operiert der Ansatz von [ScSV96] auf Ebene relationaler Anfragegraphen. Der Ansatz von [DRSN98] basiert auf statisch definierten Chunks, die in dem Kontext eines korrespondierenden Aggregationsgitters eingebettet sind (Tabelle 6.3).

adaptive Präaggregations-strategien	basierend auf rel. Anfragegraphen	basierend auf Aggregationsgitter
	[ScSV96]	[DRSN98]
Strukturelle Grundlage	Menge von Ergebnissen beliebiger relationaler Anfragen	konstante und statisch festgelegte Chunks des multidimensionalen Datenraumes
Einflußgrößen zur Nutzenberechung	Referenzrate: λ Größe des Anfrageergebnisses: s Ausführungskosten der Anfrage: c $B_Q = \frac{\lambda \cdot c}{s}$	Anzahl Chunks pro Aggregationsgitterknoten: n Größe des Ausgangs datenbestandes: S $B_Q = \frac{S}{n}$
Typ der Verdrängungs-strateie	Greedy über B_Q	mit B_Q gewichtete CLOCK-Strategie
Wiederver-wendungsgrad	nur 'exact-match-queries' über Hash-Signatur	beliebige Nutzung von Chunks in Aggregationsanfragen
Komplexität (des Verdränungs-algorithmus)	keine Angaben	maximal polynomialer Aufwand mit $O(n^2)$ und n als Anzahl der Pufferelemente

Tab. 6.3: Gegenüberstellung adaptiver Präaggregationsstrategien

Abschließend muß bei der Betrachtung der aktuell existierenden Präaggregationsansätze festgestellt werden, daß Verfahren auf relationalen Anfragegraphen eine derartige Komplexität aufgrund beliebiger Selektionsprädikate im relationalen Ansatz aufweisen, daß ein praktischer und effizienter Einsatz dieser Strategien angezweifelt werden kann. Die Möglichkeit durch Reduktion der Ableitbarkeitsproblematik auf das Aggregationsgitter erschließt prinzipiell neue Möglichkeiten. Allen vorgestellten Verfahren muß jedoch angelastet werden, daß sie eine Unterscheidung von klassifikatorischen und beschreibenden Attributen, wie sie im multidimensionalen Modell anzutreffen sind, nicht beachten. Dadurch muß eine Skalierung bei konstruktiven Verfahren in der Laufzeit der Algorithmen und bei den vorgestellten adaptiven Verfahren hinsichtlich der Anzahl der zu verwaltenden Chunks bei einer entsprechenden anwendungslokalen Auswerteunterstützung angezweifelt werden.

C CUBESTAR: Methodologie einer erweiterten multidimensionalen Datenanalyse

Nachdem im vorangegangenen Teil der aktuelle Stand der Forschung in den Bereichen Modellierung multidimensionaler Strukturen, deren relationale Abbildung und effiziente Verarbeitung durch Einsatz von Präaggregaten umfassend aufgearbeitet wurde, fokussiert dieser Teil die Darstellung der CUBESTAR-Methodologie als ein 'Framework' für eine effiziente erweiterte multidimensionale Datenanalyse.

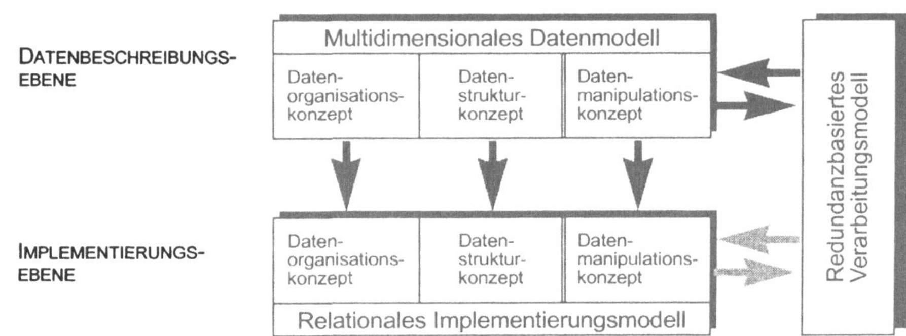

Die Darstellung orientiert sich analog zu Teil B wiederum an den einzelnen Komponenten zur Beschreibung eines multidimensionalen Datenmodells, redundanzbasierten Verarbeitungsmodells und relationalen Implementierungsmodells. Dabei besteht ein wesentlicher Unterschied des CUBESTAR-Ansatzes im Vergleich zu anderen Arbeiten darin, daß präaggregatbasierte Optimierungen nicht auf relationaler Ebene, sondern bereits auf multidimensionaler Ebene vorgenommen werden.

In Kapitel 7 wird eine detaillierte Darstellung des dem CUBESTAR-Ansatz zugrundeliegenden multidimensionalen Datenmodells gegeben. Hierbei wird insbesondere Wert auf das in anderen Modellierungsansätzen nur schwach ausgeprägte Datenstrukturkonzept der 'Multidimensionalen Objekte' gelegt. Diese Strukturen dienen als Einheiten einer multidimensionalen Anfrageoptimierung durch Einsatz von Präaggregaten. In Kapitel 8 wird dazu jeweils eine konstruktive und eine adaptive Präaggregationsstrategie eingeführt und deren Optimierungspotential durch Simulationsstudien skizziert. Das dritte Kapitel in dem folgenden Teil widmet sich im Anschluß an eine Beschreibung der logischen Implementierungsarchitektur des CUBESTAR-Systems der Darstellung der Abbildung von multidimensionalen Strukturen auf Relationen und von multidimensionalen Operatoren auf Anweisungen der relationalen Anfragesprache SQL.

7 Geschachteltes multidimensionales Datenmodell

Dieses Kapitel umfaßt die Beschreibung des in der CUBESTAR-Methodologie eingesetzten 'NESTED MULTIDIMENSIONAL DATA MODEL' ([Lehn98a]), gegliedert in die bereits in Kapitel 4 eingeführte Aufteilung der Darstellung des *Datenorganisationskonzeptes*, des *Datenstrukturkonzeptes* und der auf diesen Datenstrukturen im Rahmen des *Datenmanipulationskonzeptes* anwendbaren Operatoren. Ziel ist die Vermittlung der grundlegenden Modellierungsidee von geschachtelten multidimensionalen Datenwürfeln, formal repräsentiert durch das Konzept der 'Multidimensionalen Objekte'. Weiterhin werden die auf multidimensionalen Objekten definierten Operatoren, wie Navigations-, Aggregations- und Verbundoperatoren erläutert. Die Beschreibung des Datenorganisations- und Datenstrukturkonzeptes wird begleitet durch die korrespondierenden Sprachkonstrukte der im Rahmen des CUBESTAR-Projektes entwickelten 'CUBEQueryLanguage' (CQL, [BaLe97]).

Im ersten Abschnitt erfolgt eine detaillierte Einführung des Datenorganisationskonzeptes, dessen grundsätzliche Idee lokal gültiger dimensionaler Attribute auf der Arbeit von [LeRT96b] basiert. Nach einem Beispiel, an welchem der Mangel des rein klassifikatorischen Modellierungsansatzes aufgezeigt wird, erfolgt, begleitet durch die von CQL bereitgestellten Sprachkonstrukte, die Einführung der Konzepte der Dimensionen, der Primär- und Sekundärklassifikationen und der Klassifikationsobjekte. Unter Anwendung der im Datenorganisationskonzept beschriebenen Methoden wird im zweiten Abschnitt das Konzept der multidimensionalen Objekte eingeführt. Multidimensionale Objekte sind grundlegende Bausteine für das im dritten Abschnitt dieses Kapitels vorgestellte multidimensionale Datenmanipulationskonzept. Eine wesentliche Einteilung multidimensionaler Objekte wird dahingehend vorgenommen, ob sie einen kompakten oder nicht-kompakten Bereich eines multidimensionalen Datenwürfels adressieren. Die Darstellung der auf multidimensionalen Objekten anwendbaren Operatoren gliedert sich ebenfalls in zwei Teile. Im ersten Teil werden Navigationsoperatoren eingeführt, welche sich primär am Datenorganisationskonzept orientieren und eine implizite Aggregation vornehmen. Die multidimensionalen Operatoren im zweiten Teil hingegen fokussieren eine explizite Anwendung von Aggregationsoperatoren auf multidimensionale Objekte. Das Kapitel schließt mit der Darstellung der Konzepte der vertikalen und horizontalen Komposition. Insbesondere die horizontale Komposition ist eine notwendige Voraussetzung für eine partitionsorientierte Verwendung von Präaggregaten und daher von zentraler Bedeutung.

7.1 Multidimensionales Datenorganisationskonzept

Bei Standarddatenbankanwendungen, in denen die transaktionale Verarbeitung von Individuen einer modellierten Miniwelt vorherrscht, ist das Konzept einer expliziten, mit speziellen Ausdrucksmitteln des zugrundeliegenden Datenmodells formulierten Datenorganisation für eine anwendungsbezogene und inhaltliche Zugriffsunterstützung unbekannt. In auswertungsorientierten Anwendungen hingegen muß der Datenorganisation eine fundamentale Rolle zugesprochen werden (Abschnitt 3.2 und 4.2). Entsprechend wichtig ist ein die Anwendungsstrukturen reflektierendes Datenorganisationsschema, welches mit den Mitteln eines Datenorganisationskonzeptes spezifiziert wird. Im folgenden wird das Datenorganisationskonzept des in CUBESTAR eingesetzten multidimensionalen Datenmodells schrittweise erläutert. Basierend auf Basisklassen, die diejenigen Objekte enthalten, die bei der Adressierung von Mikrodaten Verwendung finden, erfolgt die Definition von Primär- und Sekundärklassifikationen. Die Beschreibung wird begleitet durch den Datendefinitionsteil der multidimensionalen Anfragesprache CQL.

Um die Notwendigkeit einer streng klassifikatorischen Vorgehensweise, wie es in der Beschreibung der allgemeinen Methodik multidimensionaler Aggregation in Abschnitt 3.3 sprachkritisch motiviert wird, am Beispiel zu verdeutlichen, sei folgende anwendungsbezogene Anfrage gegeben:

> "Gesucht werden für alle Artikel der Produktgruppe 'Video' die Gesamtverkaufszahlen je Produktfamilien in Deutschland, aufgeteilt nach den Regionen Nord- und Süddeutschland.
> Diese Verkaufszahlen sind gemäß ihrer Marktanteile entsprechend den unterschiedlichen Marken und des Geschäftstyps, in den die jeweiligen Verkäufe getätigt wurden, aufzuschlüsseln."

Diese Anfrage könnte aus relationaler Sicht in SQL (Abschnitt 5.3) etwa folgendermaßen formuliert werden:

```
SELECT ..., SUM(Verkäufe)
FROM ...
WHERE Produkte_Gruppe = 'Video',
        Geschäfte_Land = 'Deutschland'
GROUP BY Produkte_Familie, Produkte_Marke,
            Geschäfte_Region, Geschäfte_Typ
```

In der GROUP-BY-Klausel erfolgt eine Gruppierung gleichberechtigt nach vier Attributen. Werden die Präfixe der Attribute betrachtet, so ist offensichtlich, daß es sich eigentlich nur um ein "zwei-dimensionales Problem" mit jeweils einem den extensionalen Aspekt reflektierenden Gruppenattribut (Familie bzw. Region) und einem intensionalen Attribut (Marke bzw. Geschäftstyp) handelt. Werden im multidimensionalen Kontext alle Gruppierungsattribute gleich behandelt, so ergibt sich eine Explosion der Dimensionalität des multidimensionalen Datenraumes. Eine hohe Dimensionalität eines Datenraumes widerspricht zum einen auf Anwendungsebene der intuitiven und erfassungsorientierten Dimensionalität eines Problems (Artikel und Geschäft bestimmen bereits einen Verkaufswert). Zum anderen verschärft eine detailliert modellierte Anwendungswelt mit entsprechender Dimensionszahl auf Implementierungsebene die Problematik dünn besetzter Datenräume, da die konstante Anzahl an multidimensionalen Daten in umso größeren Datenräumen abgespeichert werden muß (Abschnitt 2.3.4).

Somit gilt es, eine zusätzliche Unterscheidung von extensionalen und intensionalen Aspekten in einem adäquaten Datenorganisations- und in einem entsprechenden Datenstrukturkonzept zu reflektieren und für eine effiziente Auswertung im Rahmen eines Verarbeitungsmodells nutzbar zu machen.

7.1.1 Basisklassen für Mikrodatenidentifikationsobjekte

Während sich die Auswertung auf extensional gebildete Klassen oder intensional spezifizierte *Mengen von Individuen* bezieht, orientiert sich die Erfassung von Mikrodaten an den *einzelnen Individuen*. Dazu erfolgt in einem ersten Schritt eine thematisch-orientierte Partitionierung der an einem Auswertekontext beteiligten Individuen, so daß zwischen den Elementen einer Partition keine semantischen Abhängigkeiten existieren ([LeAW98]). Die sich jeweils in einer Partition befindlichen Individuen werden als *Elemente einer Dimension* bzw. *dimensionale Elemente* bezeichnet. Gemäß einer konstruktivistischen Vorgehensweise werden alle dimensionalen Elemente mit ihren jeweils empirisch erhobenen Eigenschaften charakterisiert und mit einem Eigennamen eindeutig benannt. Das allen Eigennamen einer Dimension zugrundliegende Attribut wird in Analogie zu einem Primärschlüsselattribut in der relationalen Auffassung als *Primärattribut* (PA) bezeichnet. Die Attribute für die intensionalen Eigenschaften werden als *dimensionale Attribute* (DA_i) benannt. Eine *Basisklasse* enthält alle dimensionalen Elemente mit gleichen dimensionalen Attributen. Mit Bezug auf die sprachkritische Rekonstruktion aus Abschnitt 3.3.1 korrespondiert die Basisklasse eines dimensionalen Elementes mit einem Eigenprädikator und die Menge der Eigenschaften mit den Apprädikatoren eines Ausdrucks in einer rationalen Grammatik.

Definition: *Dimensionales Element*

Ein dimensionales Element ist ein Individuum einer Dimension und wird formal spezifiziert durch ein Tripel (x, $\{f_1, \ldots, f_{n_x}\}$, c), wobei x die Ausprägung des primären Attributes der Dimension ist. Die Menge $\{f_1, \ldots, f_{n_x}\}$ umfaßt die dem x zugesprochenen Eigenschaften f_i, die jeweils Ausprägung eines dimensionalen Attributes DA_i sind. c ist die Bezeichnung der korrespondierenden Basisklasse.

Mit Bezug auf das laufende Beispiel aus der Marktforschung werden einzelne Artikel folgendermaßen als Ergebnis eines empirisch gestützten Untersuchungsprozesses bzgl. ihrer Eigenschaften erfaßt und einer entsprechenden Produktklasse zugeordnet:

```
( ArtikelNr, { Marke,   Produktion,   Intro, VidSys, SoundSys, Akku,     LongPlay }, Produktklasse )
( TR-75,     { Sony,    Singapur,     06/95, Hi8,    Stereo,   2h,       nein     }  Videokameras )

( ArtikelNr, { Marke,   Produktion,   Intro, VidSys, SoundSys, Akku,     LongPlay }, Produktklasse )
( TS-78,     { Sony,    Singapur,     06/98, Hi8,    Stereo,   3h,       ja       }  Videokameras )

( ArtikelNr, { Marke,   Produktion,   Intro, VidSys, SoundSys, Akku,     LongPlay }, Produktklasse )
( A200,      { JVC,     Malaysia,     11/97, N8,     Mono,     2h,       nein     }  Videokameras )

( ArtikelNr, { Marke,   Produktion,   Intro, VidSys, SoundSys, ShowView, Standbild }, Produktklasse )
( V-201,     { JVC,     USA,          06/98, VHS,    Mono,     ja,       nein      }  Videorecorder )

( ArtikelNr, { Marke,   Produktion,   Intro, VidSys, SoundSys, ShowView, Standbild }, Produktklasse )
( Classic-1,{ Grundig, Deutschland,  09/95, VHS-C,  Stereo,   nein,     ja        }  Videorecorder )
```

Die Definition einer Basisklasse und Zuordnung dimensionaler Elemente in eine Basisklasse erfolgt in CQL sprachgestützt mit Hilfe der Anweisungen CREATE BASECLASS und INSERT INTO BASECLASS, die exemplarisch für die oben eingeführte Basisklasse der Camcorder ('Videokameras') und das dimensionale Element TR-75 wie folgt spezifiziert wird:

```
CREATE BASECLASS Videokameras (
        ArtikelNr          VARCHAR(32) IDENT,   /* IDENT -> eindeutiger
Bezeichner */
        Marke              VARCHAR(14),         /* Marke des Gerätes */
        Produktion         VARCHAR(28),         /* Herstellungsland */
        Intro              VARCHAR(8),          /* Einführungszeitpunkt */
        VidSys             VARCHAR(8),          /* Videosystem */
        SoundSys           VARCHAR(8),          /* Soundsystem */
        Akku               VARCHAR(8),          /* Betriebszeit des Akku */
        LongPlay           VARCHAR(8));         /* Langzeitaufnahmen */


INSERT INTO BASECLASS Videokameras
        (ArtikelNr, Marke, Produktion, Intro, VidSys, SoundSys, Akku, LongPlay )
        VALUES ('TR-75','Sony', 'Singapur','06/95', 'Hi8', 'Stereo', '2h', 'nein' );
```

Als Wertebereichsangaben sind in der CREATE BASECLASS-Anweisung alle in [ISO92] spezifizierten Datentypen zulässig.

7.1.2 Konzept der Dimension und Primärklassifikation

Das grundlegende Konzept einer hierarchischen Klassifikationsstruktur wird in der Beschreibung der allgemeinen Methodik bereits in Abschnitt 3.2 ausführlich erläutert. An dieser Stelle wird dargelegt, wie diese Strukturen im Rahmen der CUBESTAR-Methodologie integriert und sprachlich repräsentiert werden. Grundsätzlich wird mit der Definition von Primär- und Sekundärklassifikationen ein Basisklassen-übergreifender Auswertekontext erzeugt. Dieser Kontext wird grundsätzlich als *Dimension* bezeichnet und sprachlich wiederum am Beispiel der Produktdimension wie folgt definiert:

```
CREATE DIMENSION Produkte BASED ON ArtikelNr IDENTIFIED BY ArtikelNr;
```

Die BASED ON-Klausel vergibt eine Bezeichnung für alle dimensionalen Elemente. Im Beispiel wird die gleiche Bezeichnung verwendet wie für das primäre Attribut ArtikelNr, welches zur Referenzierung der einzelnen Elemente in der IDENTIFIED BY-Klausel angegeben werden muß*.

Wie in der Diskussion um natürliche und künstliche Klassifikationshierarchien bereits angedeutet (Abschnitt 3.2.1), sind prinzipiell mehrere Hierarchien auf einer Menge dimensionaler Elemente vorstellbar und aus Sicht eines strukturierten Zugriffs der Anwendung notwendig. Im CUBESTAR-Datenorganisationskonzept muß zum Zeitpunkt des Schemaentwurfs eine Klassifikationsstruktur ausgezeichnet werden. Diese Klassifikationsstruktur heißt entsprechend *Primärklassifikation.* Als informelle und formal nicht spezifizierbare Richtlinie für die Wahl der Primärklassifikation gilt, daß diejenige Klassifikation ausgezeichnet werden sollte, die sowohl eine "natürliche Strukturierung" der Anwendungswelt widerspiegelt als auch die Unterschiede der einzelnen Basisklassen möglichst bewahrt.

Für die Produktdimension wird durch nachfolgende Sprachanweisung die Primärklassifikation (Schlüsselwort PRIMARY) in einem ersten Schritt bekannt gemacht.

```
CREATE CLASSIFICATION Produkte.PRIMARY BASED ON ArtikelNr;
```

Dieser Vorgang entspricht konzeptionell der Instantiierung des ALL-Knotens und einer Eingliederung ohne Berücksichtigung der Basisklassenzugehörigkeit aller dimensionalen Elemente.

---

* Analog werden für das Beispiel die weiteren Dimensionen für die Geschäfte über die GeschäftsNr und Zeit über das Monat spezifiziert.

Basierend auf dieser einstufig definierten Hierarchie erfolgt durch 'Einziehen' von Kategorisierungsstufen die Konstruktion einer mehrstufigen Klassifikationshierarchie. Die Deklaration einer weiteren Kategorisierungsstufe erfolgt sprachorientiert durch Anwendung der CREATE CATEGORY-Anweisung, das Erstellen einer neuen Klasse innerhalb einer Kategorisierungsstufe durch die CREATE CLASSES-Anweisung.

```
CREATE CATEGORY Familie IN CLASSIFICATION Produkte.PRIMARY BASED
ON ArtikelNr;

CREATE CLASSES IN CLASSIFICATION Produkte.PRIMARY FOR Familie
(       Camcorder          BY (Videokameras),
        Heimrecorder       BY (Videorecorder),
        CD-Spieler         BY (CD-Spieler),
        Radiogeräte        BY (Radios),
        Kühlschränke       BY (Kühlschränke),
        Gefrierschränke    BY (Eisschränke),
        Waschmaschinen     BY (Waschmaschinen),
        Wäschetrockner     BY (Trockner) );
```

In dieser Beispieldefinition wird zuerst die Ebene der Produktfamilien deklariert. In einem zweiten Schritt werden die jeweiligen Klassen, d.h. die einzelnen Produktfamilien, festgelegt. In diesem Beispiel fallen die Basisklassen mit den Produktfamilien zusammen, so daß die empirisch festgelegte Organisation der dimensionalen Elemente für eine auswertungsorientierte Strukturierung relevant wird. Analog lassen sich sukzessiv 'höherwertige' Begriffe i.S. größerer Klassen spezifizieren. Aus Gründen der Vollständigkeit werden nachfolgend die Definitionen der Klassen auf Ebene der Produktgruppen und Produktgebiete aufgeführt:

```
CREATE CATEGORY Gruppe IN CLASSIFICATION Produkte.PRIMARY BASED
ON Familie;

CREATE CLASSES IN CLASSIFICATION Produkte.PRIMARY FOR Gruppe
(       Video                   BY (Camcorder, Heimrecorder),
        Audio                   BY (CD-Spieler, Radiogeräte),
        Kühlgeräte              BY (Kühlschränke, Gefrierschränke)
        Waschgeräte             BY (Waschmaschinen, Wäschetrockner) );


CREATE CATEGORY Bereich IN CLASSIFICATION Produkte.PRIMARY BASED
ON Gruppe;

CREATE CLASSES IN CLASSIFICATION Produkte.PRIMARY FOR Bereich
(       Unterhaltungselektronik BY (Audio, Video),
        Haushaltsgeräte         BY (Kühlgeräte, Waschgeräte) );
```

Diese exemplarisch eingeführten Konzepte bedürfen für die sich anschließende Einführung des multidimensionalen Datenstrukturkonzeptes einer formalen Darstellung, wie sie in Abschnitt 7.1.4 unter dem Begriff des Klassifikationsobjektes vorgenommen wird.

7.1.3 Konzept der Sekundärklassifikationen

Primärklassifikationen eignen sich nicht nur zur Strukturierung der Anwendungswelt, sondern besitzen einen enormen Einfluß auf die Definierbarkeit von Sekundärklassifikationen. Generell kann als Klassifikator einer Sekundärklassifikation jedes dimensionale Attribut ausgewählt werden. Dadurch ist die Möglichkeit der Bildung einer Sekundärklassifikation abhängig von der Gültigkeit des jeweiligen dimensionalen Attributs gegeben. Bei der Bildung von Sekundärklassifikationen werden im Rahmen der CUBESTAR-Methodologie drei Techniken unterschieden:

- *Überlagerung ('overlay technique'):*
  Im Fall einer Überlagerung ersetzt eine Sekundärklassifikation einen Teilbaum einer Primärklassifikation. Abbildung 7.1 verdeutlicht diese Methode für den Teilbaum der Produktdimension unterhalb der Klasse Video, indem die Gruppierung nach Produktfamilien durch eine Gruppierung nach Handelsregionen für den Bereich der Videogeräte ersetzt wird. Diese 'Reorganisation' muß mit dem Nachteil erkauft werden, daß alle familienspezifischen Merkmale nicht mehr für eine Auswertung in dem Kontext dieser Sekundärklassifikation zur Verfügung stehen.

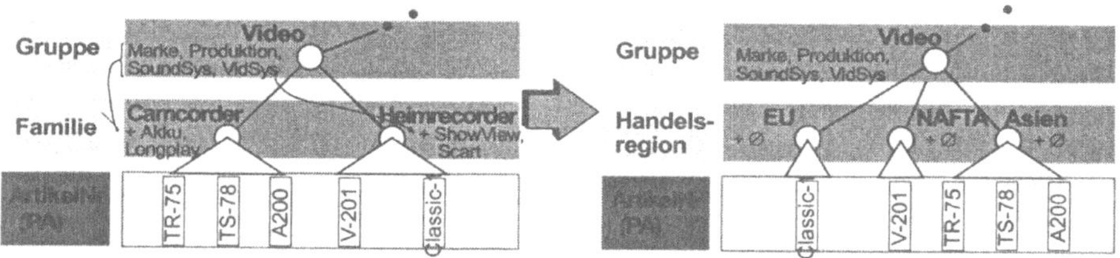

Abb. 7.1: Beispiel zur "Overlay"-Technik

- *Verfeinerung ('refinement technique'):*
  Im Spezialfall der Verfeinerung werden die in einer Basisklasse enthaltenen dimensionalen Elemente bezüglich den Ausprägungen eines dimensionalen Attributes nochmals in Unterklassen aufgeteilt.

- *Ersetzung ('replacement technique'):*
  Bei Anwendung einer Klassifikationsersetzung wird die gesamte Primärklassifikation durch eine Sekundärklassifikation ersetzt, was einer Überlagerung, angewandt auf den ALL-Knoten einer Primärklassifikation entspricht. Notwendige Voraussetzung ist somit, daß das als Klassifikator gewählte dimensionale Attribut global, d.h. für alle dimensionalen Elemente, gültig ist. Sämtliche lokal gültigen dimensionalen Attribute verlieren in der Sekundärklassifikation ihre Gültigkeit.

Sprachlich werden Sekundärklassifikationen in Analogie zur Primärklassifikation gebildet. In der Definitionsanweisung einer Sekundärklassifikation wird in der FOR NODE-Klausel der Teilbereich spezifiziert, der im Zuge der Definition der Sekundärklassifikation ersetzt wird.

```
CREATE CLASSIFICATION Produkte.Handelsstruktur BASED ON ArtikelNr
        FOR NODE 'Video';

CREATE CATEGORY Handelsregion
        IN CLASSIFICATION Produkte.Handelsstruktur BASED ON ArtikelNr;

CREATE CLASSES IN CLASSIFICATION Produkte.Handelsstruktur FOR
Handelsregion
(   EU      BY ( Produktion in ('Deutschland', 'Frankreich', 'Italien', ... ) ),
    NAFTA   BY ( Produktion in ('USA', 'Canada', 'Mexiko') )
    ASIA    BY ( Produktion in ('Singapur', 'Malaysia', ... ) ) );
```

Um die von Natur aus vorliegende Komplexität multidimensionaler Strukturen und Operationen in den folgenden Ausführungen nicht weiter zu vergrößern, wird auf eine explizite Beachtung von Sekundärklassifikationen verzichtet. Eine entsprechende Erweiterung der folgenden Konzepte auf Sekundärklassifikationen ist offensichtlich und zieht keinerlei strukturelle Veränderungen nach sich.

7.1.4 Konzept der Klassifikationsobjekte

Jede festgelegte Klasse in einer Klassifikation wird in der CUBESTAR-Methodologie als *Klassifikationsobjekt* benannt. Die 'Ebene' innerhalb einer hierarchischen Klassifikationsstruktur entspricht dem *Klassifikationsattribut* (CA) des jeweiligen Objektes. Das Klassifikationsobjekt Video ist somit Ausprägung des Klassifikationsattributes Produktgruppe. Der generische Wurzelknoten einer Klassifikationshierarchie wird in Anlehnung an das Konzept des CUBE-Operators (Abschnitt 5.3.3) ALL-

Knoten genannt und besitzt per Definition das Klassifikationsattribut Total. Im multidimensionalen Kontext wird synonym zum Klassifikationsattribut der Ausdruck *Granularität* verwendet.

Definition: *Kategorisierung einer Klassifikation*
Als Kategorisierung ζ einer Klassifikation wird die Folge von Klassifikationsattributen ausgehend vom Primärattribut bis zum Klassifikationsattribut Total bezeichnet:

$$\zeta = (PA \equiv CA_0, CA_1, CA_2, ..., CA_p \equiv Total)$$

Im Kontext einer Klassifikation wird zur Erleichterung der Schreibweise das Primärattribut auch als Klassifikationsattribut 'nullter Stufe' ($PA \equiv CA_0$) notiert. Weiterhin wird die ein Klassifikationsattribut repräsentierende Klassifikationsstufe durch $i=[CA_i]$ ausgedrückt.

Definition: *'Feiner-als'-Relation, Minimum und Maximum von zwei Klassifikationsattributen*
Zwei Klassifikationsattribute CA_i und CA_j stehen in einer 'feiner-als'-Relation $CA_i \ll CA_j$ genau dann wenn $i \leq j$ $(0 \leq i,j \leq p)$.
Das *Minimum* zweier Klassifikationsattribute CA_i und CA_j ist definiert als:

$$\min(CA_i, CA_j) := CA_{\min(i,j)}$$

Das *Maximum* zweier Klassifikationsattribute CA_i und CA_j ist definiert als:

$$\min(CA_i, CA_j) := CA_{\max(i,j)}$$

7.1.4.1 Klassifikationsobjekte

Klassifikationsobjekte bilden die Grundeinheiten einer dimensionsorientierten Adressierung für einen multidimensionalen Auswertekontext, so daß sie einer formalen Einführung bedürfen:

Definition: *Klassifikationsobjekt einer Klassifikation*
Ein Klassifikationsobjekt einer Klassifikation ist ein Tupel $C=(c, CA_i, D)$, wobei c ein dimensionsweit eindeutiger Klassenname für den jeweiligen Klassifikationsknoten, CA_i das zu c gehörende Klassifikationsattribut auf i-ter Klassifikationsstufe und $D = \{ DA_1, ..., DA_{n_c} \}$ eine Menge dimensionaler Attribute ist, die allen von c subsumierten dimensionalen Elementen zugesprochen werden können. Die Klassifikationsstufe eines Klassifikationsobjektes wird notiert als $i=[C]$.

Abbildung 7.2 zeigt die Primärklassifikation der Produktdimension in Form eines balancierten und partitionierten azyklischen Graphen, wobei die einzelnen Knoten den jeweiligen Klassifikationsobjekten der Klassifikationshierarchie entsprechen.

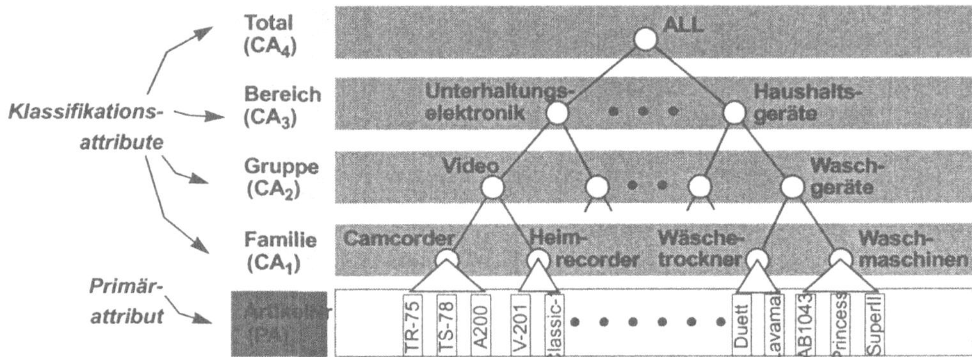

Abb. 7.2: Primärklassifikationshierarchie der Produktdimension

Definition: *1- und 0-Klassifikationsobjekt*

Das 1-Klassifikationsobjekt einer Klassifikationshierarchie ist das Klassifikationsobjekt (c, CA_i, D) mit c = ALL und somit CA_i = Total und D gleich der Menge aller global gültigen dimensionalen Attribute dieser Dimension.

Das 0-Klassifikationsobjekt ist das zum 1-Klassifikationsobjekt inverse Klassifikationsobjekt (c, CA_i, D) mit c = 'ε', CA_i = PA und D = { }.

Definition: *Klassifikationszugehörigkeit*

Zwei Klassifikationsobjekte C_1 und C_2 stehen in der Relation $C_1 \cong_K C_2$, falls sie beide der gleichen Klassifikation K angehören; die Negation wird als $C_1 \ncong_K C_2$ notiert.

7.1.4.2 Wertebereich von Klassifikationsobjekten

Für die Konstruktion möglichst kompakter multidimensionaler Datenräume ist das nachfolgend eingeführte Konzept eines Wertebereiches von Klassifikationsobjekten in Bezug auf Klassifikationsattribute und dimensionale Attribute von fundamentaler Wichtigkeit.

Definition: *Klassifikationsorientierter Wertebereich*

Der klassifikationsorientierte Wertebereich $DOM(C_{|CA})$ eines Klassifikationsobjektes C umfaßt alle Klassifikationsobjekte oder dimensionalen Elemente, die von dem Klassifikationsobjekt C bzgl. der durch das Klassifikationsattribut CA vorgegebenen Kategorisierungsstufe subsumiert werden.

Falls das Klassifikationsattribut CA dem Klassifikationsattribut von C entspricht, so gilt $DOM(C_{|CA}) = (C)$.

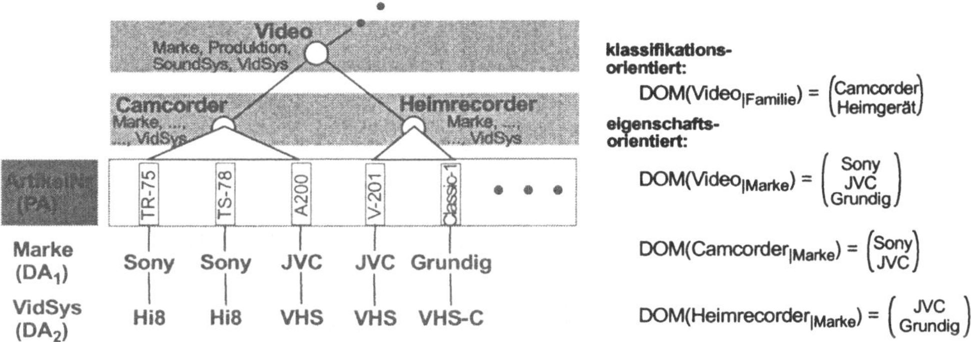

Abb. 7.3: Beispiel für den Wertebereich von Klassifikationsobjekten

Für das laufende Anwendungsszenario gilt $\text{DOM}(\text{Video}_{|\text{Produktfamilie}}) = \begin{pmatrix}\text{Camcorder}\\ \text{Heimrecorder}\end{pmatrix}$. Mit $\text{DOM}(\text{ALL}_{|\text{ArtikelNr}})$ werden beispielsweise alle Artikel der Produktdimension adressiert. Analog zum klassifikationsorientierten Wertebereich läßt sich ein eigenschaftsorientierter Wertebereich eines Klassifikationsobjektes definieren:

Definition: *Eigenschaftsorientierter Wertebereich*

Der eigenschaftsorientierte Wertebereich $\text{DOM}(\text{C}_{|\text{DA}})$ eines Klassifikationsobjektes C umfaßt die Menge aller Ausprägungen des dimensionalen Attributs DA bzgl. der durch das Klassifikationsobjekt C subsumierten dimensionalen Elemente.

Definition: *Null-Wertebereich*

Ein Wertebereich ohne Attributangabe ($\text{DOM}(\text{C}_{|})$) heißt Null-Wertebereich des Klassifikationsobjektes C.

Abbildung 7.3 verdeutlicht das Konzept des eigenschaftsorientierten Wertebereichs. Für das dimensionale Attribut Marke umfaßt die Menge der Ausprägungen bzgl. des Klassifikationsobjektes Video die Werte Sony, JVC und Grundig. Aus Sicht der Klassifikationsknoten Camcorder bzw. Heimrecorder reduziert sich die Wertemenge auf Sony und JVC bzw. JVC und Grundig. Das Konzept des Wertebereichs stellt somit ein mächtiges Mittel bereit, um kontextabhängige multidimensionale Datenstrukturen zu spezifizieren.

Als konkrete Anwendung des Konzeptes eines klassifikationsorientierten Wertebereichs sei an dieser Stelle die algorithmische Bestimmung der Menge dimensionaler Attribute eines Klassifikationsobjektes genannt.

Lemma: Sei mit $D_{[C]}$ die Menge dimensionaler Attribute eines Klassifikationsobjektes C bezeichnet; sei weiterhin CA_i $(1 \leq i \leq n)$ das Klassifikationsattribut von C. Die Menge $D_{[C]}$ bestimmt sich dann wie folgt:

$$D_{[C]} = \bigcap_{C' \in DOM(C|_{CA_{i-1}})} D_{[C']}$$

Beweis: Das Lemma folgt sofort aus der methodischen Betrachtung klassifikatorischer Strukturen (Abschnitt 3.2), indem beim Übergang vom Art- zum Gattungsbegriff die spezifischen Merkmale verloren gehen und lediglich die dem Gattungsbegriff zusprechbaren Merkmale erhalten bleiben. o

7.1.4.3 Abstand von Klassifikationsobjekten

Zur Einführung des Abstandes zwischen zwei Klassifikationsobjekten C_1 und C_2 ist die Einführung des kleinsten gemeinsamen Vorgängers nötig.

Definition: *Kleinster gemeinsamer Vorgänger von zwei Klassifikationsobjekten*
Der kleinste gemeinsame Vorgänger C von zwei Klassifikationsobjekten C_1 und C_2, $C = \lceil C_1, C_2 \rceil$, ist definiert als das Klassifikationsobjekt mit kleinster Klassifikationsstufe und C_1 und C_2 im klassifikatorischen Wertebereich:

$$\lceil C_1, C_2 \rceil = \min_{[C]}\{C | C_1 \in DOM(C_{|[C_1]}) \wedge C_2 \in DOM(C_{|[C_2]})\}$$

Innerhalb einer Klassifikation ergibt sich der Abstand zwischen zwei Klassifikationsobjekten als die Summe der Abstände zum kleinsten gemeinsamen Vorgänger.

Definition: *Abstand zwischen zwei Klassifikationsobjekten*
Zwei Klassifikationsobjekte C_1 und C_2 besitzen mit $C = \lceil C_1, C_2 \rceil$ den Abstand:

$$\begin{aligned} \|C_1, C_2\| &= ([C] - [C_1]) + ([C] - [C_2]) \\ &= 2 \cdot [C] - ([C_1] - [C_2]) \end{aligned}$$

7.1.4.4 Mengentheoretische Operationen auf Klassifikationsobjekten

Die Menge der Klassifikationsobjekte einer Klassifikation ist unter Schnittmengenbildung und Vereinigung abgeschlossen. Eine Ausnahme bildet die Differenz zweier Klassifikationsobjekte, die algorithmisch spezifiziert wird und als Ergebnis eine Menge von Klassifikationsobjekten unterschiedlicher Kategorisierungsstufen liefert. Für eine partitionsorientierte Verarbeitung multidimensionaler Strukturen, wie sie in Abschnitt 7.3.4 eingeführt wird, ist insbesondere eine Differenz von fundamentaler Wichtigkeit, die eine möglichst geringe Anzahl von Klassifikationsobjekten als Ergebnis zurückliefert. Deshalb erfolgt die Einführung einer Differenzoperation sowohl existentiell als auch konstruktiv.

Definition: *Schnittoperation zweier Klassifikationsobjekte*

Für zwei Klassifikationsobjekte $C_1 = (c_1, CA_i, D_1)$ und $C_2 = (c_2, CA_j, D_2)$ ist die Schnitt- operation für den Fall $i \geq j$ wie folgt definiert:

$$C_1 \cap C_2 := \begin{cases} C_2 = (c_2, CA_j, D_2) & \text{falls } c_2 \in DOM(c_{1|CA_j}) \\ (\varepsilon, PA, \{\}) & \text{falls } c_2 \notin DOM(c_{1|CA_j}) \end{cases}$$

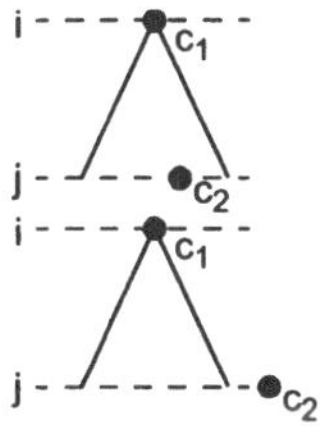

Der Fall $i < j$ gilt aufgrund der Kommutativität der Schnittoperation analog.

Definition: *Vereinigungsoperation zweier Klassifikationsobjekte*

Für zwei Klassifikationsobjekte $C_1 = (c_1, CA_i, D_1)$ und $C_2 = (c_2, CA_j, D_2)$ ist die Vereinigungsoperation für den Fall $i \geq j$ wie folgt definiert:

$$C_1 \cup C_2 := \begin{cases} C_1 = (c_1, CA_i, D_1) & \text{falls } c_2 \in DOM(c_{1|CA_j}) \\ C = \lceil C_1, C_2 \rceil & \text{falls } c_2 \notin DOM(c_{1|CA_j}) \end{cases}$$

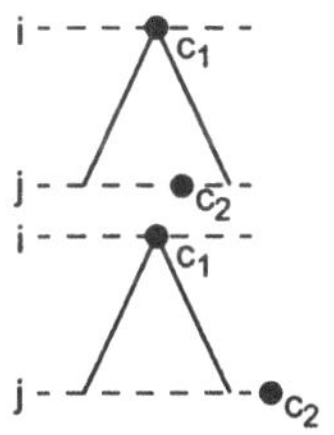

Der Fall $i < j$ gilt aufgrund der Kommutativität der Vereinigungsoperation analog.

Komplexer gestaltet sich die Einführung der Differenz von Klassifikationsobjekten. Die im folgenden algorithmisch vorgenommene Definition einer Differenz von Klassifikationsobjekten beachtet die hierarchische Struktur einer Klassifikation und liefert als Ergebnis die minimale Anzahl von Klassifikationsknoten auf unterschiedlichen Kategorisierungsstufen zur Beschreibung des Ergebnisses einer Differenzoperation.

Definition: *Differenz von Klassifikationsobjekten*

Für zwei Klassifikationsobjekte $C_1 = (c_1, CA_i, D_1)$ und $C_2 = (c_2, CA_j, D_2)$ ist die Differenzoperation unter der Nebenbedingung, daß $CA_j \ll CA_i$ gilt, wie in Abbildung 7.4 angegeben algorithmisch definiert.

Bei einer Anwendung dieser Differenzoperation im multidimensionalen Kontext, wie sie in Abschnitt 7.3.4 vorgenommen wird, ergibt sich, daß eine Differenz zweier multidimensionaler Datenwürfel als Ergebnis eine möglichst geringe Anzahl konvexer multidimensionaler Bereiche zurückliefert.

```
Algorithmus: Differenzoperation auf Klassifikationsobjekten
Eingabe:     C1 = (c1, CAi, D1), C2 = (c2, CAj, D2)
Ausgabe:     Minimale Anzahl von Klassifikationsobjekten
Begin
        // Initialisierung; c1 ist aktuelles Klassifikationsobjekt
        C := { }
        c' := c1

        // Durchlaufen aller Ebenen von Stufe i (c1) bis zur Stufe j (c2)
        For k := i To j Step -1
                // Durchlaufen aller Klassifikationsobjekte aus dem Wertebereich von c
                Foreach ( c ∈ DOM( c'|CA_{k-1} ) )
                        // c in die Lösungsmenge aufnehmen, falls aus dem Teilbaum, dessen Wurzel
                        // der Knoten c repräsentiert, der Knoten c2 nicht abgezogen werden muß
                        If ( c2 ∉ DOM( c|CA_j ) )
                                C := C ∪ { (c|CA_k , D1) }
                        Else
                                // ansonsten ist c aktuelles Klassifikationsobjekt für nächsten Durchlauf
                                c' := c
                End Foreach
        End For
        Return C
End
```

Abb. 7.4: Algorithmus zur Differenzbildung von Klassifikationsobjekten

7.1.5 Zusammenfassung

Das Datenorganisationsschema reflektiert den fundamentalen Unterschied von Modellierungsansätzen im Bereich Datenanalyse im Gegensatz zu dem Bereich der Datenverarbeitung in operativen Systemen, wo dieses Konzept 'vorgedachter' Auswertestrukturen vollkommen unbekannt und aufgrund charakteristischer Einzelsatzverarbeitung nicht notwendig ist. Das multidimensionale Datenorganisationskonzept des 'NESTED MULTIDIMENSIONAL DATA MODELS' orientiert sich stark an der in Abschnitt 3.2 eingeführten Struktur einer Klassifikation, in der sowohl extensionale als auch intensionale Aspekte berücksichtigt werden. Zentrale Bausteine bilden die Klassifikationsobjekte, die in diesem Abschnitt sowohl strukturell als auch in Verbindung mit Schnitt-, Vereinigungs- und Differenzoperationen eingeführt werden. Für eine weitergehende Betrachtung, insbesondere aus dem Blickwinkel einer Unterstützung zur Einordnung von dimensionalen Elementen in eine existierende Klassifikationsstruktur wird auf die Ausführungen in [Ruf97a] verwiesen.

7.2 Multidimensionales Datenstrukturkonzept

Unter multidimensionalen Datenstrukturen werden im 'NESTED MULTIDIMENSIONAL DATA MODEL' Partitionen multidimensionaler Datenwürfel verstanden. Diese grundsätzliche strukturelle Einheit wird unter dem Begriff 'Multidimensionales Objekt' in den folgenden Abschnitten in vier Varianten formal spezifiziert. Im sich anschließenden Abschnitt 7.3 werden multidimensionale Operatoren definiert, die eine Manipulation an multidimensionalen Objekten vornehmen. Das Konzept der 'Multidimensionalen Objekte' dient darüber hinaus als Mittel zur Beschreibung des redundanzbasierten Verarbeitungsmodells in Kapitel 8. Vor der Einführung dieser multidimensionalen Datenstrukturen werden im folgenden Abschnitt notwendige Hilfsmittel eingeführt, die zur Definition multidimensionaler Objekte nötig sind.

7.2.1 Grundlegende Konzepte multidimensionaler Strukturen

In diesem Abschnitt werden die drei grundlegenden Konzepte des *Kontextdeskriptorschemas*, des *Kontextdeskriptors* und des *Aggregationstyps* eingeführt, die für eine adäquate Definition multidimensionaler Strukturen eine notwendige Voraussetzung sind.

Definition: *Kontextdeskriptorschema (CDS; 'context descriptor schema')*
Ein Kontextdeskriptorschema ist ein n-Tupel von Klassifikationsattributen $(A^1, \ldots, A^n)$ aus unterschiedlichen Klassifikationen, so daß gilt:

$$\forall i\ (1 \le i \le n: A^i \in \{CA_0, CA_1, CA_2, \ldots, CA_p\})^{\dagger}.$$

Definition: *'Feiner-als'-Relation, Minimum und Maximum zweier Kontextdeskriptorschemata*
Zwei Kontextdeskriptorschemata CDS_1 und CDS_2 stehen in einer *'feiner-als'-Relation* $CDS_1 \ll CDS_2$ genau dann, wenn $\forall i\ (1 \le i \le n: A^i_1 \ll A^i_2)$.

Das *Minimum* zweier Kontextdeskriptorschemata CDS_1 und CDS_2 ist definiert als:

$$\min(CDS_1, CDS_2) = \begin{cases} CDS_1 & CDS_1 \ll CDS_2 \\ CDS_2 & CDS_2 \ll CDS_1 \\ \perp & \text{sonst} \end{cases}$$

† Im multidimensionalen Kontext wird jedes Primär- oder Klassifikationsattribut mit der Dimensionsbezeichnung versehen, z.B. 'Produkte.Familie' oder 'Geschäfte.Region'.

Das *Maximum* zweier Kontextdeskriptorschemata CDS_1 und CDS_2 ist definiert als:

$$\max(CDS_1, CDS_2) = \begin{cases} CDS_2 & CDS_1 \ll CDS_2 \\ CDS_1 & CDS_2 \ll CDS_1 \\ \perp & \text{sonst} \end{cases}$$

Im Kontext multidimensionaler Strukturen wird ein Kontextdeskriptorschema für die *Granulatspezifikation*, d.h. der Angabe der 'Feinheit' der jeweiligen Daten einer Datenpartition, eingesetzt. Für eine *Bereichsspezifikation*, d.h. der Angabe des Umfangs bzw. der Größe einer Datenpartition dient das Konstrukt eines kompakten Kontextdeskriptors.

Definition: *Kompakter Kontextdeskriptor (CCD; 'compact context descriptor')*

Ein kompakter Kontextdeskriptor ist ein n-Tupel von Klassifikationsobjekten $(C^1, ..., C^n)$ aus jeweils unterschiedlichen Klassifikationen.

Das Kontextdeskriptorschema eines kompakten Kontextdeskriptors $CDS_{[CCD]}$ besteht aus den Klassifikationsattributen der Klassifikationsobjekte des Deskriptors.

Für einen zweidimensionalen Kontext der Produkt- und Geschäftsdimension ist beispielsweise (('Video', Gruppe, {Marke, ...}), ('Deutschland', Land, {Geschäftstyp, ...})) ein gültiger kompakter Kontextdeskriptor mit dem korrespondierenden Deskriptorschema (Produkt.Gruppe, Geschäfte.Land). Aus Gründen der Lesbarkeit wird stellvertretend für die formale Schreibweise in den folgenden Ausführungen die Notation (Produkte.Gruppe = 'Video', Geschäfte.Land = 'Deutschland') verwendet.

Definition: *Schnitt- und Vereinigungsoperationen auf kompakten Kontextdeskriptoren*

Für zwei kompakte Kontextdeskriptoren $CCD_1 = (C^1, ..., C^n)$ und $CCD_2 = (C'^1, ..., C'^n)$ sind die Schnitt- und Vereinigungsoperationen als Homomorphismus zu klassifikationsorientierten Schnitt- und Vereinigungsoperationen wie folgt definiert:

$CCD_1 \cap CCD_2 = (C^1 \cap C'^1, ..., C^n \cap C'^n)$

$CCD_1 \cup CCD_2 = (C^1 \cup C'^1, ..., C^n \cup C'^n)$

Dabei ist zu beachten, daß das Ergebnis einer Schnittoperation leer ist, sobald eine Komponentenoperation einen leeren Schnitt erzeugt. Die Vereinigungsoperation entspricht der Bildung einer konvexen Hülle ('*boundig box*') mit Bezug auf die Operandenelemente. Abbildung 7.5 verdeutlicht für einen zweidimensionalen Kontext die Schnitt- und Vereinigungsoperationen.

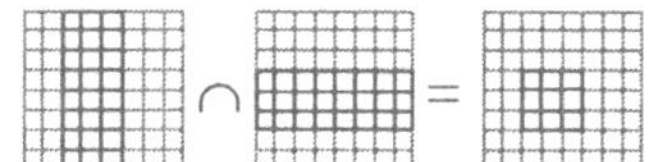

a) Schnitt von kompakten Kontextdeskriptoren

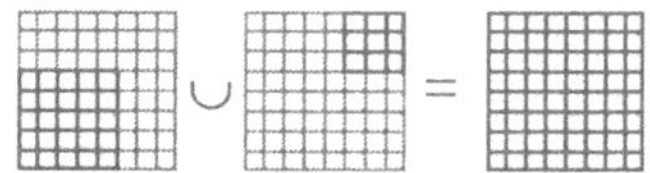

b) Vereinigung von kompakten Kontextdeskriptoren

Abb. 7.5: Schnitt- und Vereinigungsoperation auf kompakten Kontextdeskriptoren

Aggregationstyp

Ein Aggregationstyp, erstmalig in der Arbeit von [RaRi83] eingeführt, beschreibt die Menge der auf ein Datum anwendbaren Aggregationsoperationen.

Definition: Aggregationstyp (t_A)

Ein Aggregationstyp ist ein Element der Menge $t_A \in$ {'Σ', '∅', 'c'}, wobei gilt:

- 'Σ': die einzelnen Datenwerte dürfen aufsummiert werden;
- '∅': der Durchschnitt der einzelnen Datenwerte darf gebildet werden;
- 'c': keine Aggregationsoperation darf auf die einzelnen Datenwerte angewendet werden;

Zur Verdeutlichung des Konzeptes des Aggregationstyps dienen Datenwerte, die einzelne Preisangaben reflektieren. Sinnvollerweise darf auf diesen Datenwerten keine Summation vorgenommen werden, während eine Durchschnittsbildung durchaus sinnvoll erscheint.‡

7.2.2 Konzept der klassischen und kompakten multidimensionalen Objekte

Mit Hilfe der im vorangegangenen Abschnitt eingeführten Struktur des kompakten Kontextdeskriptors und entsprechender Schemata ist es möglich, im folgenden die grundlegenden Bausteine zur Repräsentation multidimensionaler Strukturen zu definieren. Die Einführung erfolgt dabei schrittweise von einfachen multidimensionalen Objekten (*'classical cube'-MOs* = C^2*-MOs*) zu kompakten multidimensionalen Objekten (*'compact'-MOs = C-MOs*). Diese multidimensionalen Strukturen erfah-

‡ In [LeSh97] wird das Konzept des Aggregationstyps dahingehend erweitert, daß der Summentyp weiter unterteilt wird in einen allgemein summierbaren Wert und in einen mit Ausnahme der Zeit summierbaren Wert. So erscheint beispielsweise eine regionale Summierung über die Anzahl von Filialen einer Handelskette sinnvoll, während aus temporaler Perspektive lediglich eine Durchschnittsberechnung adäquat ist. Auf eine derartige Unterscheidung wird jedoch in diesen Ausführungen verzichtet.

ren schließlich in Abschnitt 7.2.3 eine Erweiterung zur Repräsentation nicht-kompakter Datenwürfel, welche durch aussagenlogische Ausdrücke in disjunktiver Normalform (DNF) über Klassifikationsobjekte gebildet werden.

7.2.2.1 Klassische multidimensionale Objekte

Definition: *Klassische multidimensionale Objekte*
('classical cube'-MOs; C^2-MOs)

Ein klassisches multidimensionales Objekt ('classical cube'-MO) ist ein Tripel $\mathcal{M}^2$ = ([M, t_A, t_D], [CCD], [CDS]), wobei die erste Komponente eine eindeutige Zellenbezeichnung M, eine Angabe des Aggregationstyps t_A und des Datentyps $t_D \in$ {'N', 'Z', 'R'} des multidimensionalen Objektes enthält.

Die zweite Komponente bestehend aus einem kompakten Kontextdeskriptor CCD bestimmt den Kontext des durch das C^2-MO $\mathcal{M}^2$ reflektierten multidimensionalen Bereichs.

Die dritte Komponente fixiert durch ein Kontextdeskriptorschema CDS die Granularität des zugrundeliegenden Datenraumes.

Weiterhin gilt hinsichtlich des zum CCD gehörenden Kontextdeskriptorschemas $CDS_{[CCD]}$, daß CDS « $CDS_{[CCD]}$ und, daß der kompakte Kontextdeskriptor CCD und das Kontextdeskriptorschema CDS die gleiche Kardinalität aufweisen.

In der Spezifikation eines C^2-MOs bestimmt die Kardinalität des Kontextdeskriptors die Multidimensionalität des korrespondierenden Datenraumes. Ein Vergleich zur Notation von Makrodaten mit Hilfe der $\alpha\beta\gamma\tau$-Struktur (Abschnitt 3.1.2) liefert, daß die α- und τ-Komponenten durch die CCD-Komponente abgedeckt werden und die γ-Komponente dem Kontextdeskriptorschema CDS entspricht. Die β-Komponente wird durch den Bezeichner und den Aggregationstyp eines C^2-MOs repräsentiert. Zusammenfassend wird mit einem C^2-MO eine durch Klassifikationsknoten festgelegte Partition eines Datenwürfels mit Daten bestimmter Granularität beschrieben.

Falls alle Attribute des Kontextdeskriptorschemas CDS Primärattribute der jeweiligen Klassifikation sind, so enthält das C^2-MO Mikrodaten. Falls nur ein Attribut kein Primärattribut ist, repräsentiert das C^2-MO einen Datenwürfel mit Makrodaten. Für das laufende Beispiel beschreibt das C^2-MO

$\mathcal{M}_1^2$ = ([Verkäufe, 'Σ', 'N'], [(P.ArtikelNr, G.GeschäftsNr)],
[(P.Gruppe = 'Video', G.Land = 'Deutschland')])

den summierbaren zweidimensionalen Mikrodatenbestand aller Videogeräteverkäufe in Deutschland. Durch Modifikation des Kontextdeskriptorschemas zu (P.Familie, G.Region) beschreibt das entstehende C^2-MO die auf das entsprechende Niveau aufaggregierten Summendaten für den gleichen multidimensionalen Teilraum.

M_2^2 = ([Verkäufe, 'Σ', 'N'], [(P.Familie, G.Region)],
[(P.Gruppe = 'Video', G.Land = 'Deutschland')])

Als letztes Beispiel wird das eindimensionale C^2-MO M_3^2 mit Preisangaben (Aggregations-typ: '∅') für alle Videogeräte angegeben und in Tabellenform visualisiert:

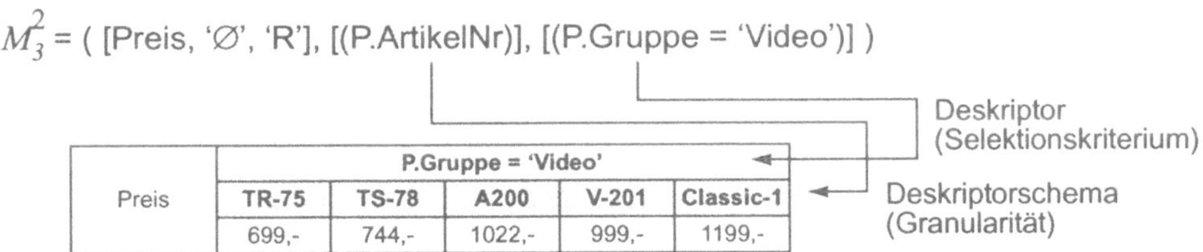

Definition: *Wertebereich eines C^2-MO*

Der Wertebereich eines C^2-MO M^2 = ([M, t_A, t_D], [CCD], [CDS]) ist definiert als das kartesische Produkt der klassifikationsorientierten Wertebereiche jedes Klassifikationsobjektes C^i des Kontextdeskriptors CCD mit Bezug auf das korrespondierende Klassifikationsattribut CA^i_j aus dem Kontextdeskriptorschema CDS:

$$\mathrm{DOM}(M^2) = \bigotimes_{i=1}^{n} \mathrm{DOM}(C_i|_{CA^i_j})$$

Die folgende Abbildung 7.6 illustriert die Konstruktion des Wertebereichs für das C^2-MO M_2^2. Der Klassifikationsknoten Video weist die Kinder Camcorder und Heimrecorder auf Ebene der Produktfamilie auf. In der Geschäftsdimension ist Deutschland regional in Nord- und Süddeutschland aufgegliedert.

Definition: *Konstantes C^2-MO und Null-C^2-MO*

Ein konstantes C^2-MO ist ein C^2-MO, dessen Kontextdeskriptorschema CDS und Kontextdeskriptor CCD leer sind und den Aggregationstyp 'c' besitzt.

Ein Null-C^2-MO ist ein C^2-MO, dessen Kontextdeskriptorschema CDS und Kontextdeskriptor CCD leer sind.

Als Beispiel eines konstanten C^2-MOs sei an dieser Stelle die Struktur

([Steuer, 'c', 'R'], [( )], [( )]),

angegeben, die den Steuersatz invariant bzgl. aller Dimensionen reflektiert.

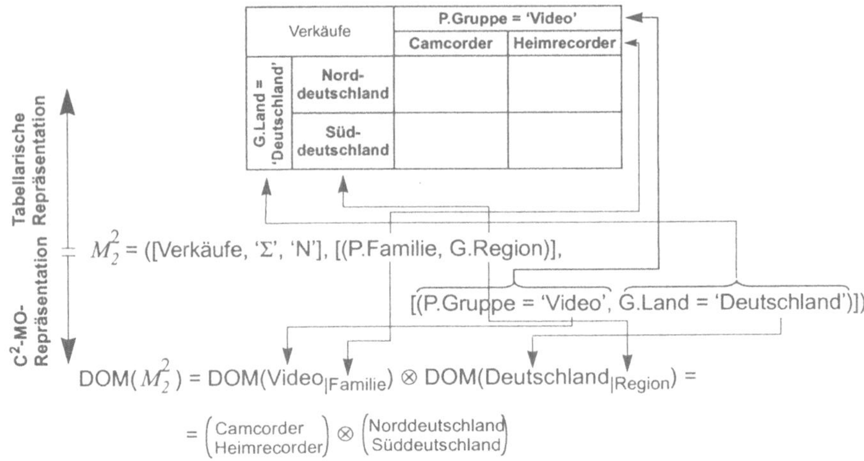

Abb. 7.6: Wertebereich eines C²-MO

7.2.2.2 MO-'Inlays'

Definition: *MO-'Inlay'*

Ein MO-'Inlay' ist ein Tupel (CCD, D) mit CCD als kompakter Kontextdeskriptor und D als Menge dimensionaler Attribute mit der Eigenschaft, daß

$$D \subseteq \bigcup_{i=1}^{n} D_{[C^i]},$$

wobei $D_{[C^i]}$ die Menge dimensionaler Attribute des Klassifikationsobjektes C^i $(1 \leq i \leq n)$ aus dem Kontextdeskriptor ist.

Die Mächtigkeit der Menge D dimensionaler Attribute eines MO-Inlays bestimmt die Dimensionalität des dadurch definierten Merkmalssplits.

Definition: *Wertebereich eines MO-Inlays*

Der Wertebereich eines MO-Inlays M^I = (CCD, D) ist definiert als das kartesische Produkt der eigenschaftsorientierten Wertebereiche, angewandt für jedes dimensionale Attribut $DA_j \in D$ $(1 \leq j \leq m)$ auf das zugehörige Klassifikationsobjekt C^i $(1 \leq i \leq n)$ des Kontextdeskriptors CCD.

$$DOM(M^I) = \bigotimes_{i=1} DOM(C^i|_{DA_j}), \text{ wobei gilt: } 1 \leq i \leq n$$

In Analogie zum Wertebereich für ein C²-MO illustriert Abbildung 7.7 das Konzept des Wertebereiches für ein MO-Inlay M_1^I für die zweidimensionale Zelle (Camcorder, Norddeutschland) aus dem Wertebereich des C²-MOs M_2^2 und den dimensionalen Elementen Marke und Geschäftstyp.

M_1^I = ((P.Familie = 'Camcorder', G.Region = 'Norddeutschland'), {Marke, Geschäftstyp})

DOM(M_1^I) = DOM(Camcorder$_{|Marke}$) ⊗ DOM(Norddeutschland$_{|Geschäftstyp}$)=

$$= \begin{pmatrix} \text{Sony} \\ \text{JVC} \end{pmatrix} \otimes \begin{pmatrix} \text{Supermarkt} \\ \text{Fachmarkt} \\ \text{Einzelhandel} \end{pmatrix} =$$

		Camcorder	
		Sony	JVC
Norddeutschland	Supermarkt		
	Fachmarkt		
	Einzelhandel		

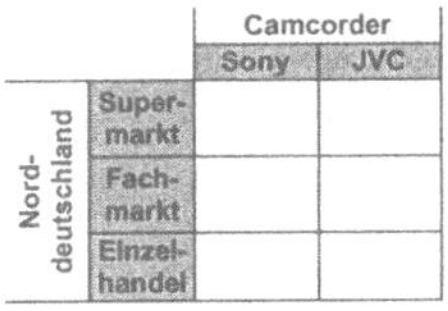

Abb. 7.7: Wertebereich eines MO-Inlays

Fundamental für das Verständnis der Inlay-Technik ist die Unterscheidung, daß die Menge der anwendbaren dimensionalen Attribute vom *Kontextdeskriptor* abhängt. Die Ausprägungen der dimensionalen Attribute werden durch die vom Kontextdeskriptor auf Ebene des Kontextdeskriptorschemas subsumierten *Klassifikationknoten* bestimmt. Der Wertebereich für das MO-Inlay

M_2^I = ((P.Familie = 'Heimrecorder', S.Region = 'Norddeutschland'), {Marke, Geschäftstyp})

ergibt sich zu

DOM(M_2^I) = DOM(Heimrecorder$_{|Marke}$) ⊗ DOM(Norddeutschland$_{|Geschäftstyp}$) =

$$\begin{pmatrix} \text{JVC} \\ \text{Grundig} \end{pmatrix} \otimes \begin{pmatrix} \text{Supermarkt} \\ \text{Fachmarkt} \\ \text{Einzelhandel} \end{pmatrix},$$

was zum Wertebereich des MO-Inlays M_1^I, DOM(M_1^I), unterschiedlich ist.

7.2.2.3 Kompakte multidimensionale Objekte

Definition: *Kompakte multidimensionale Objekte ('compact'-MOs; C-MOs)*

Ein kompaktes multidimensionales Objekt ist ein um ein MO-Inlay M^I = (CCD, D) erweitertes C^2-MO, welches sich formal durch das Tripel ([M, t_A, t_D], [CCD], [CDS, D]) spezifizieren läßt. Dabei wird die dritte Komponente zur Spezifikation der Granularität des Datenwürfels um die Menge der im MO-Inlay für den Kontextdeskriptor CCD angegebenen Menge dimensionaler Attribute D erweitert.

Abbildung 7.8 illustriert die zwei kompakten multidimensionalen Objekte M_1 und M_2 basierend auf dem gleichen C^2-MO (M_2^2) mit jeweils einer unterschiedlichen Menge an dimensionalen Attributen (links: keine eigenschaftsorientierte Aufspaltung; rechts: zweidimensionaler Inlay-Raum durch die Attribute Marke und Geschäftstyp). Jede Zelle eines durch Klassifikationsattribute bestimmten C^2-MOs zeigt auf ein MO-Inlay (links: 0-dimensional, rechts: 2-dimensional). Jede Zelle eines durch dimensionale Attribute aufgespannten Eigenschaftsraumes verweist auf die jeweiligen numerischen Zellenwerte in dem jeweiligen Kontext.

Ein beliebiges C^2-MO, welches einer multidimensionalen Struktur in einer rein klassifikatorischen multidimensionalen Umgebung entspricht, kann durch Hinzunahme der leeren Menge dimensionaler Attribute D={ } zu einer C-MO-Struktur erweitert werden. Der Wertebereich für das MO-Inlay

M_3^I = ((P.Familie = 'Camcorder', G.Region = 'Norddeutschland'), { })

resultiert somit in

DOM(M_3^I) = DOM(Camcorder_I) $\otimes$ DOM(Norddeutschland_I) = ( ).

	Camcorder
Nord-deutsch-land	

Dies impliziert, daß das Konzept der MO-Inlays als eine nahtlose Erweiterung der klassischen multidimensionalen Modellierung (Abschnitt 4.3) angesehen werden kann.

Das Konzept multidimensionaler Objekte findet seinen direkten sprachlichen Niederschlag in der SELECT-Anweisung der CUBEQueryLanguage (CQL), was exemplarisch an dem C-MO M_2 illustriert wird.

```
SELECT      SUM(VERKÄUFE)                        // M = 'VERKÄUFE', tA = 'Σ'
FROM        Produkte, Geschäfte
WHERE       Produkte.Gruppe = 'Video',           // CCD = ('Video', 'Deutschland')
            Geschäfte.Land = 'Deutschland'
UPTO        Produkte.Familie, Geschäfte.Region
                              // CDS = (Produkte.Familie, Geschäfte.Region)
SPLIT BY    Produkte.Marke, Geschäfte.Geschäftstyp
                              // D = (Marke, Geschäftstyp)
```

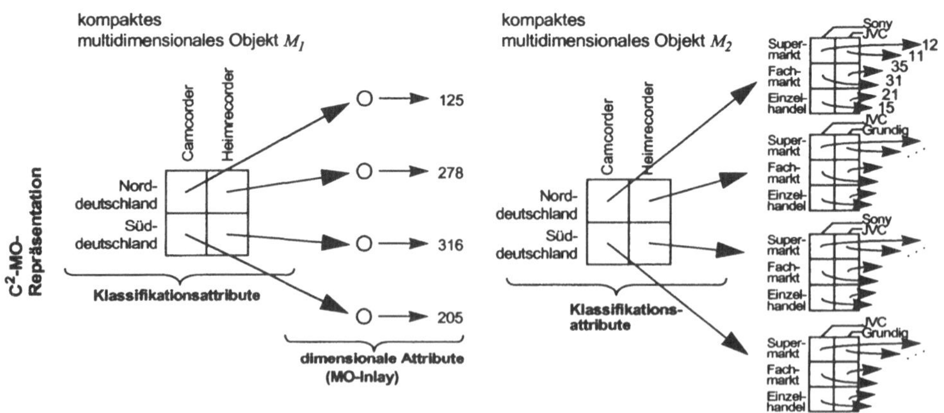

Abb. 7.8: Beispiele kompakter multidimensionaler Objekte

Für jede Klausel der CQL-Anweisung ist die korrespondierende Komponente der C-MO-Struktur angegeben. Offensichtlich ist daraus die direkte sprachliche Repräsentation eines multidimensionalen Objektes durch eine SELECT-Anweisung abzuleiten. Ein Vergleich mit dem motivierenden Beispiel aus Abschnitt 7.1 zeigt weiterhin die Ähnlichkeit der CQL-SELECT-Anweisung mit der korrespondierenden Anweisung in SQL auf. Unterschiede bestehen beispielsweise darin, daß in der FROM-Klausel Dimensionsbezeichner statt Relationennamen stehen und die WHERE-Klausel eine Liste von Selektionskriterien auf die einzelnen Dimensionen ohne explizite Verbundbedingungen umfaßt. Während in SQL keine Unterscheidung von Gruppierungsattributen vorgenommen wird, erfolgt in CQL bereits auf Sprachebene eine Unterscheidung dahingehend, daß Klassifikationsattribute in der UPTO-Klausel erscheinen und dimensionale Attribute in der SPLIT BY-Klausel auftreten und in der SELECT-Klausel nicht wiederholt werden müssen. Für eine umfassende Einführung in den DML-Teil von CQL wird auf [BaLe97] verwiesen.

Definition: *Schnittoperation auf kompakten multidimensionalen Objekten*

Für zwei kompakte multidimensionale Objekte gleicher Dimensionalität $M = ([M, t_A, t_D], [CCD], [CDS, D])$ und $M' = ([M', t'_A, t'_D], [CCD'], [CDS', D'])$ sind zwei Varianten der Schnittoperation wie folgt definiert:

$$M \cap^{+} M' := \begin{cases} ([M, t_A, t_D], [CCD \cap CCD'], [\max(CDS, CDS'), D \cap D']) & \text{falls (*) gilt} \\ \perp & \text{sonst} \end{cases}$$

$$M \cap^{-} M' := \begin{cases} ([M, t_A, t_D], [CCD \cap CCD'], [\min(CDS, CDS'), D \cap D']) & \text{falls (**) gilt} \\ \perp & \text{sonst} \end{cases}$$

(*): $M = M' \wedge CCD \cap CCD' \neq \{\} \wedge t_D = t'_D \wedge t_A = t'_A \wedge \max(CDS, CDS') \neq \perp$

(**): $M = M' \wedge CCD \cap CCD' \neq \{\} \wedge t_D = t'_D \wedge t_A = t'_A \wedge \min(CDS, CDS') \neq \perp$

Die auf kompakten multidimensionalen Objekten definierten Schnittoperationen setzen das gleiche Ausgangsdatum hinsichtlich Bezeichner, Daten- und Aggregationstyp voraus und unterscheiden sich lediglich in der Bestimmung der Granularität des Ergebnisobjektes; in der Variante $\cap^{+}$ setzt sich das gröbere, in der $\cap^{-}$-Variante das feiner granulare multidimensionale Objekt durch.

Analog zur Definition der Differenzoperation auf Klassifikationsobjekten wird im multidimensionalen Fall die Differenzoperation auf kompakten multidimensionalen Objekten algorithmisch eingeführt.

Definition: *Differenzoperation auf kompakten multidimensionalen Objekten*

Für zwei kompakte multidimensionale Objekte gleicher Dimensionalität M = ([M, t_A, t_D], [CCD], [CDS, D]) und M' = ([M', t'_A, t'_D], [CCD'], [CDS', D']) ist die Differenzoperation $M \setminus M'$ wie folgt algorithmisch definiert:

```
Algorithmus:    Differenzoperation auf kompakten multidimensionalen Objekten
Eingabe:        M = ( [M, tA, tD], [CCD], [CDS, D] ), M' = ( [M', t'A, t'D], [CCD'], [CDS', D'] )
Ausgabe:        Minimale Anzahl von kompakten multidimensionalen Objekten
Begin
        // Starte rekursive Bestimmung der Ergebnis MO-Strukturen
        Return Diff-Rek(1, M, M')
End
```

```
Algorithmus:    Diff-Rek:    Rekursive Durchführung der Differenzoperation auf
                             kompakten multidimensionalen Objekten
Eingabe:        k, M^Rest = ( [M, tA, tD], [CCD], [CDS, D] ),
                M' = ( [M', t'A, t'D], [CCD'], [CDS', D'] )
Ausgabe:        Kompakte multidimensionale Objekte für die Differenz
                innerhalb der k-ten Dimension
Begin
        // Erzeuge für jedes Klassifikationsobjekt aus dem Ergebnis der Differenz der
        // Klassifikationsobjekte in der k-ten Dimension ein neues kompaktes
        // multidimensionales Objekt und führe die Differenz für jedes dieser Objekte
        // in der nächsten Dimension durch.
        Foreach ( C ∈ C^k \ C'^k )            // C^k ∈ CCD(M^Rest); C'^k ∈ CCD'(M')
                // Neuer CCD entspricht bis auf Position k dem CCD(M^Rest)
                M^Temp := ( [M, tA, tD], [ ( C^1, ..., C^k-1, C, C^k+1, ..., C^n ) ], [CDS, D] )
                L := L ∪ { M^Temp }
        End Foreach

        // Rekursiver Aufruf, falls die letzte Dimension noch nicht erreicht ist
        If (k < n)
                M^Rek := ( [M, tA, tD], [ ( C^1, ..., C^k-1, C'^k, C^k+1, ..., C^n ) ], [CDS, D] )
                L := L ∪ Diff-Rek(k+1, M^Rek, M')
        End If
        Return L
End
```

Der Basisalgorithmus startet rekursiv die Bestimmung der multidimensionalen Differenz, so daß eine dimensionsorientierte Differenz von Klassifikationsobjekten in der ersten Dimension vorgenommen wird. Solange noch nicht in allen Dimensionen eine Differenz erfolgt ist, wird in dem aktuellen Schritt für jedes Klassifikationsobjekt aus dem Ergebnis der dimensionsorientierten Differenz ein multidimensionales Objekt erzeugt und der Gesamtergebnismenge hinzugefügt. Für das multidimensionale Objekt, welches in der aktuellen Dimension mit dem Klassifikationsobjekt des zu subtrahierenden multidimensionalen Objektes übereinstimmt, erfolgt ein rekusiver Aufruf der Funktion Diff-Rek.

Werden alle Klassifikationsobjekte einer klassifikationsbasierten Differenz als ein logisches Objekt betrachtet, so liefert dieser Differenzalgorithmus einen konstruktiven Beweis für die in [ChMM88] aufgestellte Behauptung (Theorem 2.4), daß zu zwei orthogonalen Kategorienmengen A und B mit je n Attributen eine Menge von höchstens $2n+1$ disjunkten orthogonalen Kategorien existiert, so daß A, B, und $A \cap B$ aus diesen ableitbar ist.

Für die Nutzung multidimensionaler Objekte im Rahmen des in Kapitel 8 vorgestellten redundanzbasierten Verarbeitungsmodells ist der Begriff der 'Unterstützung' eines multidimensionalen Objektes in dem Kontext der Ableitbarkeit (Abschnitt 8.1.1) fundamental.

Definition: *Unterstützung eines kompakten multidimensionalen Objektes*

Ein kompaktes multidimensionales Objekt $M = ([M, t_A, t_D], [CCD], [CDS, D])$ wird von einem weiteren kompakten multidimensionalen Objekt $M' = ([M', t'_A, t'_D], [CCD'], [CDS', D'])$ unterstützt, d.h. *M'* unterstützt *M* (*M'*   *M*) genau dann, wenn gilt:

- $CCD \cap CCD' \neq \{\}$ // *M* und *M'* überlappen sich
- $M = M' \wedge t_D = t'_D$ // *M* und *M'* referenzieren gleiche Datenpartition
- $CDS \ll CDS_{[CCD']}$ // unterstützendes *M'* hat mindestens // die Größe eines Elementes aus *M*
- $(CDS' \ll CDS \wedge D \subseteq D') \vee (\forall CA \in CDS': [CA] = 0)$ // unterstützendes *M'* besitzt feinere oder gleiche // Granularität und größeres MO-Inlay als das // unterstützte *M* oder *M'* repräsentiert Rohdaten
- $t'_A \ll t_A$ // Kompatibilität der Aggregationstypen

Beachtenswert bei der Definition der Unterstützung ist die Eigenschaft, daß Rohdaten unabhängig von der Menge dimensionaler Attribute eine Unterstützung bieten, da aus Rohdaten alle Kombinationen dimensionaler Attribute ableitbar sind.

Zusammenfassung

Das Konzept kompakter multidimensionaler Objekte mit MO-Inlays resultiert in der expliziten Repräsentation der in einer Klassifikation üblichen Unterscheidung in Klassifikationsattribute und dimensionale Attribute zur Behandlung klassenspezifischer Merkmale. Das Konzept der kontextorientierten Wertebereiche von MO-Inlays ermöglicht darüber hinaus die Modellierung von kompakt, d.h. so dicht wie möglich besetzten Datenräumen. Basierend auf diesen multidimensionalen Strukturen werden im Abschnitt 7.3 die Operatoren auf kompakten multidimensionalen Objekten definiert.

7.2.3 Konzept der nicht-kompakten multidimensionalen Objekte

Das Konzept der allgemeinen multidimensionalen Objekte ist eine Erweiterung kompakter multidimensionaler Objekte dahingehend, daß im Rahmen eines Datenorganisationsschemas beliebige Selektionskriterien zur Bereichseinschränkung spezifiziert werden dürfen. Für die Definition zerschnittener multidimensionaler Objekte ('sliced'-MOs) ist im Gegensatz zu einem kompakten Kontextdeskriptor die Einführung eines partiellen Kontextdeskriptors notwendig:

Definition: *Partieller Kontextdeskriptor (PCD; 'partial context descriptor')*
Ein partieller Kontextdeskriptor ist ein n-Tupel von Mengen von Klassifikationsobjekten $(\{C^{1,1}, ..., C^{1,k_1}\}, ..., \{C^{n,1}, ..., C^{n,k_n}\})$, wobei jede Menge von Klassifikationsobjekten der gleichen Klassifikation angehört.

Definition: *Zerschnittene multidimensionale Objekte ('sliced'-MOs; S-MOs)*
Ein zerschnittenes multidimensionales Objekt ('sliced'-MO) ist ein in der zweiten Komponente um einen partiellen Kontextdeskriptor PCD erweitertes kompaktes multidimensionales Objekt, welches sich formal durch das Tripel ([M, t_A, t_D], [CCD, PCD], [CDS, D]) spezifizieren läßt. Für die Beziehung von CCD und PCD eines S-MOs gilt:

$$\forall i\ (1 \leq i \leq n,\ C^i \in CCD: \bigcup_{j=1}^{k_i} C^{i,j} = C^i)$$

Der partielle Kontextdeskriptor spezifiziert die multidimensionalen Partitionen, die durch das S-MO im Rahmen des kompakten Kontextdeskriptors beschrieben werden. Abbildung 7.9a zeigt ein Beispiel für ein zerschnittenes multidimensionales Objekt. Wie daraus zu entnehmen ist, ist die Partitionsaufteilung regelmäßig durch Scheiben ('slices') vorgegeben, während in der verallgemeinerten Variante des im folgenden eingeführten 'patch'-MO (Abbildung 7.9b) beliebige schnittfreie kompakte Partitionen durch das entsprechende MO adressiert werden. Ein kompaktes multidimensionales Objekt wird durch Hinzunahme eines leeren partiellen Kontextdeskriptors zu einem zerschnittenen multidimensionalen Objekt.

Definition: *Zusammengesetzte multidimensionale Objekte ('patch'-MOs; P-MOs)*
Ein zusammengesetztes multidimensionales Objekte ('patch'-MO) ist ein in der zweiten Komponente um eine Menge kompakter Kontextdeskriptoren CPCDs = $\{CCD^1, ..., CCD^k\}$ erweitertes kompaktes multidimensionales Objekt, welches sich

formal durch das Tripel ([M, t_A, t_D], [CCD, CPCDs], [CDS, D]) spezifizieren läßt. Für die Beziehung von CCD und PCD eines S-MOs gilt:

$$\forall i\ (1 \le i \le n,\ C^{i,j} \in CCD^i,\ C^i \in CCD:\ \bigcup_{j=1}^{k} C^{i,j} = C^i\ )$$

Die Menge der kompakten, zur Beschreibung der Patchgrößen notwendigen Kontextdeskriptoren (‘*Compact **Patch** Context **Descriptors***’, CPCDs), spezifiziert die kompakten multidimensionalen Partitionen (=Patches), die jeweils durch den als ‘bounding box’ operierenden CCD begrenzt werden. Abbildung 7.9b zeigt ein Beispiel für ein ‘patch’-MO. ‘Patch’-MOs entsprechen mengentheoretisch gesehen dem Ergebnis einer Vereinigungsoperation kompakter multidimensionaler Objekte. Sie nehmen insbesondere bei der Betrachtung der horizontalen Komposition kompakter multidimensionaler Objekte (Abschnitt 7.3.4) eine fundamentale Rolle ein, welche wiederum ein Grundprinzip des partitions- und redundanzbasierten Verarbeitungsmodells ist.

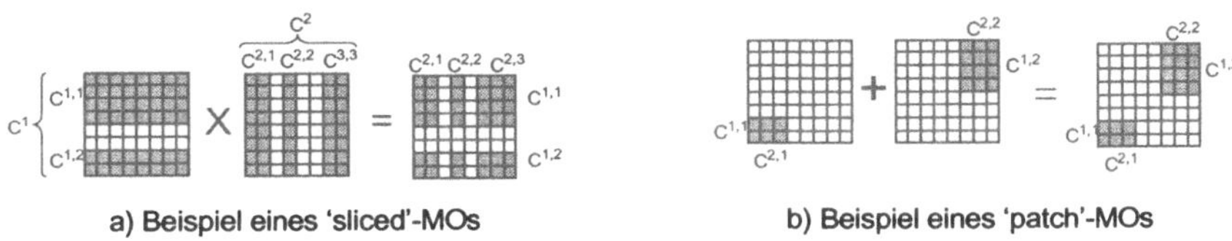

Abb. 7.9: Beispiele eines ‘sliced’-MOs und eines ‘patch’-MOs

Zum formalen Umgang mit ‘patch’-MOs werden die folgenden beiden Operationen eingeführt, welche aus einem kompakten multidimensionalen Referenzobjekt und einer Menge *generierender kompakter multidimensionaler Objekte* ein ‘patch’-MO erzeugen und vice versa die Menge generierender MOs eines ‘patch’-MOs als Ergebnis liefern.

Definition: *Konvertierung von kompakten und ‘patch’-MOs*

Ein ‘patch’-MO wird konstruktiv durch Angabe eines kompakten Referenz-MOs M = ([M, t_A, t_D], [CCD], [CDS, D]) und einer weiteren Menge kompakter MOs { M_1, ..., M_k } wie folgt beschrieben:

$P := M \bullet \{ M_1, ..., M_k \}$ = ([M, t_A, t_D], [CCD, CPCDs], [CDS, D]),

wobei alle Komponenten vom Referenz-MO geerbt werden und die Menge kompakter Patch-Kontextdeskriptoren CPCDs sich aus der Vereinigung aller kompakten Kontextdeskriptoren der Menge der multidimensionalen Objekte { M_1,..., M_k } ergibt.

Die Menge generierender multidimensionaler Objekte eines ‘patch’-MOs P wird formal durch folgenden Ausdruck spezifiziert:

$\{ M_1, ..., M_k \} = \bullet^{-1}P$,
wobei jedes generierende kompakte multidimensionale Objekt als Kontextdeskriptor ein Element des CPCDs des 'patch'-MOs P enthält.

Als Spezialfall wird ein einzelnes kompaktes multidimensionales Objekt M in ein 'patch'-MO P durch den Ausdruck $P := M \bullet \{ M \}$ konvertiert. Darüber hinaus ist eine Konvertierung eines 'sliced'-MOs in ein 'patch'-MO durch Bildung kompakter Kontextdeskriptoren aus den einzelnen Klassifikationsobjekten trivial.

7.3 Multidimensionales Datenmanipulationskonzept

Basierend auf dem Datenstrukturkonzept der multidimensionalen Objekte in den unterschiedlichen Varianten wird in diesem Abschnitt die Menge der auf multidimensionale Objekte anwendbaren Operatoren definiert, welche unter dem Begriff des multidimensionalen Datenmanipulationskonzeptes subsumiert werden. Die Darstellung des multidimensionalen Datenmanipulationskonzeptes teilt sich in zwei große Teile auf. Im ersten Teil werden die typischerweise zur Realisierung einer interaktiven multidimensionalen Datenanalyse im Sinne des 'Online Analytical Processing' (Abschnitt 2.3) notwendigen Operatoren eingeführt. Wesentliches Kennzeichen dabei ist, daß sich die Operatoren ausschließlich zur klassifikationsbasierten Selektion und Navigation am Datenorganisationskonzept orientieren und lediglich *implizit* eine Manipulation an den eigentlichen Datenstrukturen, d.h. multidimensionalen Datenwürfeln, vornehmen.

Im zweiten Teil wird diese Sichtweise dahingehend umgekehrt, daß die multidimensionalen Strukturen unter Beachtung eines Datenorganisationsschemas *explizit* manipuliert werden. Während bei einer navigatorischen impliziten Manipulation der Datenstrukturen nur einfache Analysen (Summen-, Durchschnittbildung, etc.) möglich sind, eröffnet die explizite Spezifikation von Operationen weitaus umfangreichere Analysemöglichkeiten (Verbundoperationen, etc.).

7.3.1 Datenmanipulationskonzepte für die interaktive multidimensionale Datenanalyse

Wesentliches Kennzeichen einer interaktiven multidimensionalen Datenanalyse ist die durch ein vorgegebenes Datenorganisationsschema mögliche navigatorische Erkundung eines Datenbestandes. In klassischen multidimensionalen Umgebungen orientiert sich diese Analyse an den reinen Klassifikationsstrukturen durch 'drill-down'-/'roll-up'-Operatoren. Die ausgezeichnete Modellierung von kontext-sensitiven Eigenschaften im Rahmen des 'NESTED MULTIDIMENSIONAL DATA MODELS' ermöglicht jedoch eine höhere Navigationsmächtigkeit. Dabei wird die *klassifikationsorientierte* oder *vertikale Analyse* als erste Phase eines interaktiven multidimensionalen Datenanalyseprozesses zur *Datenexploration* mit dem Ziel gesehen, einen Analysekontext zu finden.

Eine zweite Phase der *merkmalsorientierten* oder *horizontalen Analyse* zur eigenschaftsbezogenen Untersuchung ('*data cube investigation*') des aufgefundenen Analysekontextes setzt ebenfalls eine entsprechende Reflexion im Datenmanipulationskonzept voraus. Dies wird durch die neu eingeführten Operatoren 'split' und 'merge' geleistet, die die Dimensionalität eines MO-Inlays verändern. Eine navigatorische Erkundung eines Datenraumes resultiert somit in einer Sequenz einzelner Anfragen, wobei in jedem Schritt von einem kompakten multidimensionalen Objekt ausgegangen und ein modifiziertes multidimensionales Objekt erzeugt wird. Alle in den folgenden Abschnitten eingeführten Operatoren sind somit nur auf kompakten multidimensionalen Objekten definiert und entsprechend untereinander abgeschlossen.

7.3.1.1 Klassifikationsbasierte Bereichsspezifikation

Das Ergebnis einer klassifikationsbasierten Bereichseinschränkung ('*slice*') bzw. Bereichsvergrößerung ('*un-slice*') ist wiederum ein kompaktes multidimensionales Objekt, welches alle Komponenten des Ausgangsobjektes mit Ausnahme des kompakten Kontextdeskriptors übernimmt. Im Fall einer Bereichseinschränkung ist der neue Kontextdeskriptor, der als Parameter der Selektionsoperation spezifiziert wird, "kleiner", d.h. restriktiver als der Kontextdeskriptor des Ausgangsobjektes, andernfalls "größer" als der ursprüngliche Kontextdeskriptor.

Definition: *Klassifikationsbasierte Bereichsspezifikation ('slice'-/'un-slice'-Operator)*

Eine klassifikationsbasierte Bereichsspezifikation auf ein kompaktes multidimensionales Objekt $M = ([\mathrm{M}, t_A, t_D], [\mathrm{CCD}], [\mathrm{CDS}, \mathrm{D}])$ hinsichtlich eines kompakten Kontextdeskriptors CCD' ist definiert als:

$$M' := \sigma(\mathrm{CCD'})M = \begin{cases} M & \text{falls } \mathrm{CDS}_{[\mathrm{CCD'}]} \text{ « } \mathrm{CDS} \\ ([\mathrm{M}, t_A, t_D], [\mathrm{CCD'}], [\mathrm{CDS}, \mathrm{D}]) & \text{sonst} \end{cases}$$

Eine 'slice'-Operation hat keine Wirkung auf das Ausgangsobjekt, falls das Schema des neuen Kontextdeskriptors hinsichtlich der Datengranularität feiner als das Kontextdeskriptorschema des Ausgangsobjektes ist.

Die Restriktion des multidimensionalen Objektes M_2 (Abbildung 7.8) auf Camcorder-Verkaufszahlen in Norddeutschland wird wie folgt spezifiziert:

M_2' := σ(P.Familie = 'Camcorder', G.Region = 'Norddeutschland')M_2

Abbildung 7.10 illustriert den 'Slicing'-Vorgang in der tabellarischen Repräsentation multidimensionaler Strukturen.

7.3.1.2 Klassifikationsorientierte Navigationsoperatoren

Klassifikationsorientierte Navigationsoperationen werden in der interaktiven multidimensionalen Datenanalyse dazu verwendet, den zugrundeliegenden Datenbestand explorativ zu erkunden. Klassische multidimensionale Modellierungsansätze, wie sie in Kapitel 4 erläutert werden, unterstützen lediglich 'drill-down' und 'roll-up'-Operationen. Da sich diese Operatoren nur auf das Kontextdeskriptorschema eines multidimensionalen Objektes beziehen, sind sie bereits auf 'classical cube'-MOs definiert, während sich die nachfolgend eingeführten 'split'/'merge'-Navigationsoperatoren auf MO-Inlays beziehen und somit 'compact'-MOs voraussetzen.

Definition: *Klassifikationsorientierte Navigationsoperatoren ('drill-down'/'roll-up')*

- Der '*drill-down*'-Operator ('*give details*') entspricht einem impliziten Deaggregationsprozeß mit Bezug auf den Aggregationstyp t_A des Ausgangsobjektes und ist definiert als:

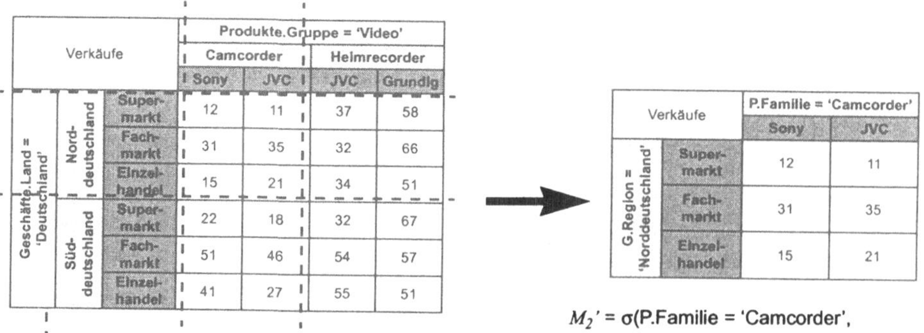

Abb. 7.10: Beispiel zur klassifikationsbasierten Bereichsspezifikation

$$M' := \downarrow(A^i)M = \begin{cases} ([M, t_A, t_D], [CCD], [CDS', D]) & \text{falls CDS} \ll \text{CDS'} \\ \perp & \text{sonst} \end{cases}$$

Dabei gilt für das Kontextdeskriptorschema

$$CDS' := (CA^1, ..., CA^{i-1}, A^i, CA^{i+1}, ..., CA^n).$$

Der 'drill-down'-Operator hat natürlicherweise keine Wirkung, falls das Deskriptorschema des Ausgangsobjektes nur aus Primärattributen besteht.

- Der '*roll-up*'-Operator ('*hide details*') entspricht einem impliziten Aggregationsprozeß mit Bezug auf den Aggregationstyp t_A des Ausgangsobjektes und ist definiert als:

$$M' := \uparrow(A^i)M = \begin{cases} ([M, t_A, t_D], [CCD], [CDS', D]) & \text{falls CDS'} \gg \text{CDS} \\ \perp & \text{sonst} \end{cases}$$

Dabei gilt für das Kontextdeskriptorschema

$$CDS' := (CA^1, ..., CA^{i-1}, A^i, CA^{i+1}, ..., CA^n).$$

Der 'roll-up'-Operator kann eine implizite 'un-slice'-Operation nach sich ziehen, falls die Auswahl eines in der Klassifikationshierarchie höheren Klassifikationsknotens eine zuvor durchgeführte 'slice'-Operation aufhebt. In Analogie zum 'drill-down'-Operator zeigt der 'roll-up'-Operator keine Wirkung, falls alle Attribute des Deskriptorschemas mit dem Total-Attribut der jeweiligen Klassifikation korrespondieren.

Die tabellarische Repräsentation in Abbildung 7.11 zeigt eine Sequenz von zwei 'drill-down'-Operationen (von links nach rechts) oder, von rechts nach links, die inversen 'roll-up'-Operationen.

- $M_1 = \downarrow$(P.Familie)M'_1 und $M''_1 = \downarrow$(P.ArtikelNr)M_1
- $M_1 = \uparrow$(P.Familie)M''_1 und $M'_1 = \uparrow$(P.Gruppe)M_1

Verkäufe		P.Gruppe = 'Video'
G.Land = 'Deutschland'	Norddeutschland	403
	Süddeutschland	521

Verkäufe		P.Gruppe = 'Video'	
		Camcorder	Heimrecorder
G.Land = 'Deutschland'	Norddeutschland	125	278
	Süddeutschland	205	316

Verkäufe		P.Gruppe = 'Video'				
		TR-75	TS-78	A200	V-201	Classic1
G.Land = 'Deutschland'	Norddeutschland	73	52	67	103	175
	Süddeutschland	121	84	91	141	175

$M_1 = \downarrow$(P.Familie)M'_1 $M_1'' = \downarrow$(P.ArtikelNr)M_1

Abb. 7.11: Beispiele klassifikationsorientierter Navigationsoperatoren

7.3.1.3 Eigenschaftsorientierte Navigationsoperatoren

In einer zweiten Phase der interaktiven multidimensionalen Datenanalyse erfolgt im Zuge einer horizontalen Analyse eine eigenschaftsorientierte Untersuchung des Datenbestandes. Diese über das klassische Konzept hinausgehende Technik wird durch 'split'- und dazu inversen 'merge'-Operatoren abgedeckt.

Definition: *Eigenschaftsorientierte Navigationsoperatoren ('split'/'merge')*

- Der '*split*'-Operator fügt der Menge der dimensionalen Attribute D eines kompakten multidimensionalen Objektes ein weiteres dimensionales Attribut DA hinzu und inkrementiert die Dimensionalität des MO-Inlays des Operanden-MOs:
  $M' := \rightarrow(\text{DA})M = ([\text{M}, t_A, t_D], [\text{CCD}], [\text{CDS}, \text{D} \cup \{ \text{DA} \}])$
- Der '*merge*'-Operator entfernt das spezifizierte dimensionale Attribut DA aus der Menge der dimensionalen Attribute D und dekrementiert damit die Dimensionalität des MO-Inlays des Operanden-MOs:
  $M' := \leftarrow(\text{DA})M = ([\text{M}, t_A, t_D], [\text{CCD}], [\text{CDS}, \text{D} \setminus \{ \text{DA} \}])$

In einem ersten Schritt in Abbildung 7.12 erfolgt die Durchführung einer 'split'-Operation bzgl. des dimensionalen Attributs Geschäftstyp in der Dimension Geschäfte auf M_1. Eine weitere 'split'-Operation für das Attribut Marke und die Rücknahme der durchgeführten Eigenschaftssplits sind aus Abbildung 7.12 ersichtlich. Die notwendigen Transformationen von M_1 zu M_2 und vice versa sind wie folgt formal spezifiziert:

- $M_2 = \rightarrow(\text{Marke})(\rightarrow(\text{Geschäftstyp})M_1)$// Vergrößern des MO-Inlays
- $M_1 = \leftarrow(\text{Geschäftstyp})(\leftarrow(\text{Marke})M_2)$// Zusammenklappen des MO-Inlays

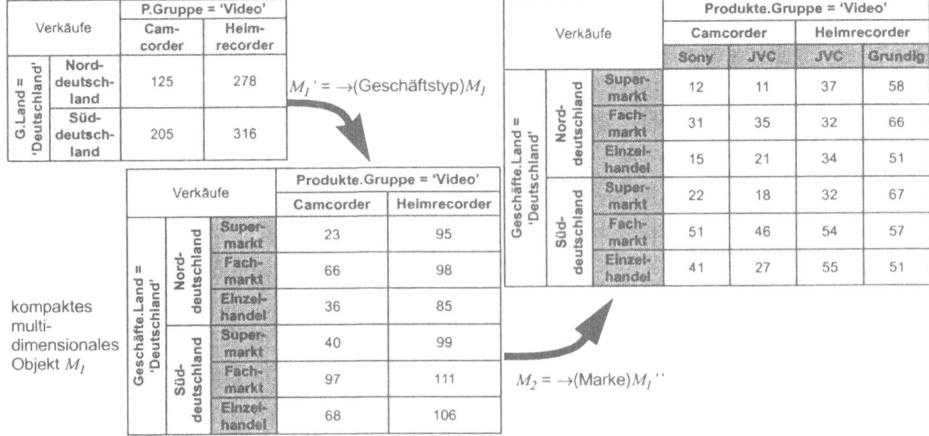

Abb. 7.12: Beispiele eigenschaftsorientierter Navigationsoperatoren

7.3.1.4 Implizite Aggregation

In der motivierenden Einleitung zu Abschnitt 7.3 wird bereits angedeutet, daß im Rahmen der interaktiven multidimensionalen Analyse lediglich eine implizite Manipulation an den multidimensionalen Strukturen vorgenommen wird. Die Anwendung von Navigationsoperatoren impliziert somit einen Aggregationsprozeß mit Bezug auf den Aggregationstyp (t_A) des Ausgangsobjektes.

Definition: *Implizite Aggregation*

Seien $\mathcal{M}$ = ([M, t_A, t_D], [CCD], [CDS, D]) und $\mathcal{M}'$ = ([M', t'_A, t'_D], [CCD'], [CDS', D']) zwei kompakte multidimensionale Objekte mit CCD = CCD' und CDS' « CDS oder D' ⊃ D. Sei weiterhin x der Wert einer beliebigen Zelle des multidimensionalen Objektes $\mathcal{M}$ und x_k ($1 \le k \le \kappa$) die Zellenwerte, die direkt aus x (über 'drill-down'-Operationen, falls CDS' « CDS, oder 'split'-Operationen, falls D' ⊃ D) mit κ gleich der Anzahl der möglichen Zellenwerte entstehen. Dann gelten für den Vorgang einer impliziten Aggregation die folgenden Eigenschaften:

- $t_A(\mathcal{M}) = \text{'}\Sigma\text{'}: \Rightarrow x = \sum_{j=1}^{\kappa} x_j$
- $t_A(\mathcal{M}) = \text{'}\varnothing\text{'}: \Rightarrow x = \frac{1}{\kappa}\left(\sum_{j=1}^{\kappa} x_j\right)$
- $t_A(\mathcal{M}) = \text{'c'}: \Rightarrow x = x_1 = \ldots = x_\kappa$

Im Fall einer klassifikationsorientierten Beziehung entspricht κ der Anzahl von Zellen, die sich aus dem kartesischen Produkt der Wertebereiche hinsichtlich des Kontextdeskriptorschemas ($CA'^1, \ldots, CA'^n$) des feineren Kontextdeskriptors CDS' = ($C'^1, \ldots, C'^n$) ergibt:

$$\kappa = \prod_{i=1}^{n} \left|DOM(c_{i|CA_k})\right|$$

Analog reflektiert im Fall einer eigenschaftsorientierten Beziehung κ die Anzahl von Zellen, die sich aus dem kartesischem Produkt der Wertebereiche der einzelnen dimensionalen Attribute aus D' = {$DA_1, \ldots, DA_m$} ergibt:

$$\kappa = \prod_{k=1}^{m} \left|DOM(c_{i|DA_k})\right| \quad (\forall c_i \in D)$$

Das Prinzip der impliziten Aggregation wird in Abbildung 7.13 an der Definition der kompakten multidimensionalen Objekte $\mathcal{M}_1$ und $\mathcal{M}_2$ gezeigt. Dabei ist zu erkennen, daß die Summe aller Partialsummen aus $\mathcal{M}_2$, die durch zwei Splitoperationen entstanden sind, gleich der Gesamtzahl aus $\mathcal{M}_1$ ist.

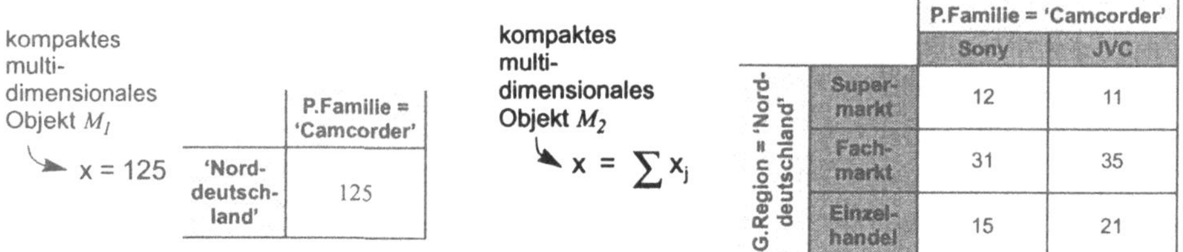

Abb. 7.13: Implizite Aggregation bei der Anwendung von Navigationsoperatoren

7.3.2 Datenmanipulationskonzepte für die Analyse komplexer Strukturen

Neben 'einfachen' Datenmanipulationskonzepten für die interaktive Analyse stehen im Rahmen des 'NESTED MULTIDIMENSIONAL DATA MODEL' Konzepte zur expliziten Manipulation von Datenwürfeln und somit zur Analyse komplexer Fragestellungen zur Verfügung. Die Menge von Operatoren teilt sich in explizite Aggregationsoperatoren (Abschnitt 7.3.2.1), sowie in unäre und binäre zellenorientierte Operatoren (Abschnitt 7.3.2.2) auf. Binäre zellenorientierte Operatoren können dabei als multidimensionale Verbundoperatoren eingeordnet werden. Anders als die Manipulationskonzepte für eine interaktive Analyse sind die folgenden Operatoren auf allgemeinen multidimensionalen Objekten (und somit auch auf kompakten multidimensionalen Objekten und dadurch wiederum auf 'classical cube'-MOs) definiert.

7.3.2.1 Explizite Aggregation

Im Rahmen der Durchführung einer expliziten Aggregation ist die Spezifikation eines multidimensionalen Objektes erlaubt, welches sowohl durch klassifikationsorientierte, als auch durch eigenschaftsorientierte Verdichtung bzw. Ausweisung aus den Mikrodaten entsteht. Explizite Aggregationsoperatoren vergröbern somit die Granularitätsspezifikationskomponente [CDS, D] eines multidimensionalen Objektes.

Definition: *Explizite Aggregationsoperation*

Eine explizite Aggregationsoperation auf ein kompaktes multidimensionales Objekt M = ([M, t_A, t_D], [CCD], [CDS, D]) hinsichtlich eines kompakten Kontextdeskriptors CCD' und einer Menge dimensionaler Attribute D' ist definiert als:

M' := θ([CDS', D'])M = ([M, t_A, t_D], [CCD], [CDS', D']),

wobei CDS « CDS' und D' $\subseteq$ D und folgende Einschränkung hinsichtlich des

Aggregationstyps t_A existiert:

$\theta \in$ { SUM, AVG, MIN, MAX, COUNT }, falls $t_A(M)$ = 'Σ'

$\theta \in$ { AVG, MIN, MAX }, falls $t_A(M)$ = '∅'

θ = ID, falls $t_A(M)$ = 'c'

Der Vorgang einer expliziten Aggregation wird an der Beispielanfrage der Berechnung von durchschnittlichen Verkaufszahlen von Videogeräten, aufgeschlüsselt nach Produktfamilie und Marke in der Produktdimension, und in Deutschland, aufgeschlüsselt nach Region und Geschäftstyp (Beispiel in Abschnitt 7.1), exemplarisch gezeigt.

M = ([Verkäufe, 'Σ', 'N'], [(P.ArtikelNr, G.GeschäftsNr)]
[(P.Gruppe = 'Video', G.Land = 'Deutschland'), { }])

M' := AVG([(P.Familie, G.Region), {P.Marke, G.Geschäftstyp}])*M*

Dieser Vorgang der expliziten Aggregation wird wie folgt als Ausdruck in der Anfragesprache CQL formuliert, wobei die UPTO- und SPLIT BY-Klauseln den Argumenten des Aggregationsoperators entsprechen:

```
SELECT    AVG(Verkäufe)
FROM      Produkte P, Geschäfte G
WHERE     P.Gruppe = 'Video', G.Land = 'Deutschland'
UPTO      P.Familie, G.Region
SPLIT BY  P.Marke, G.Geschäftstyp
```

7.3.2.2 Zellenorientierte Operationen

Während Aggregationsoperationen verdichtend auf den Datenbestand wirken, konzentrieren sich zellenorientierte Operationen auf die Veränderung, d.h. die Ausführung eines Operators jeweils lokal auf den einzelnen Zellen, so daß weder der multidimensionale Kontext (CCD) noch die Granularität ([CDS, D]) einer Veränderung unterzogen werden. Prinzipiell werden unäre und binäre Operatoren unterschieden.

Definition: *Unäre Zellenoperation*

Eine unäre parameterfreie oder durch eine numerische Variable v parametrisierte Zellenoperation auf ein multidimensionales Objekt *M* = ([M, t_A, t_D], [CCD], [CDS, D]) ist definiert als:

M' := θ(M')*M* = ([M', t_A, t_D], [CCD], [CDS, D]) bzw.

M' := θ^v(M', v)*M* = ([M', t_A, t_D], [CCD], [CDS, D]),

wobei M' eine neue Bezeichnung für *M'* ist und für die Menge der anwendbaren Operatoren gilt:

$\theta \in \{ -, ABS, SIGN \}$ bzw. $\theta^v \in \{ =, \neq, <, \leq, >, \geq \}$

Zur Durchführung eines multidimensionalen Verbundes im Zuge einer binären zellenorientierten Operation ist der Vorgang einer MO-Anpassung erforderlich, um die Verbundpartner hinsichtlich ihrer Dimensionalität anzugleichen.

Definition: *Angleichungsoperator eines multidimensionalen Objektes ('MO-alignment')*

Ein multidimensionales Objekt M' = [M', t'_A, t'_D], [CCD'], [CDS', D'] wird an ein multidimensionales Objekt M = [M, t_A, t_D], [CCD], [CDS, D] angepaßt, indem die fehlenden Dimensionen im CCD um das 1-Klassifikationsobjekt und im CDS um das Total-Klassifikationsattribut der jeweiligen Klassifikation ergänzt werden. Ferner enthält, falls die Angleichung definiert ist, das Ergebnisobjekt die Menge dimensionaler Attribute von M:

$$M'' := M \Leftarrow M' = \begin{cases} \bot & \text{falls (*) gilt} \\ ([M', t'_A, t'_D], [\,CCD^*\,], [\,CDS^*, D]) & \text{sonst} \end{cases}$$

Dabei gilt für (*):

(∃C'∈CCD', ∀C∈CCD: C'≇$_K$C) // M' hat Dimension, die M nicht hat;
∨ (∃DA'∈D': DA' ∉ D) // M' hat dim. Attribut, das M nicht hat;
∨ (∃CA'∈CDS', ∃CA∈CDS: CA « CA)
// eine Dimension in M' ist feiner als in M;

Der kompakte Kontextdeskriptor CCD* und das Kontextdeskriptorschema CDS* des multidimensionalen Objektes M'' werden mit $\dot{\cup}$ als Vereinigungsoperation für den Kontextdeskriptor wie folgt spezifiziert:

$\forall C' \in CDS'\ \neg\exists C \in CDS, C \cong_K C'$: $CCD^* := CCD\ \dot{\cup}\ (ALL_{|Total})$, $CDS^* := CDS \cup (Total)$

Der Angleichungsoperator ist somit nicht definiert, falls ein multidimensionales Objekt M' Dimensionen oder dimensionale Attribute enthält, die in dem multidimensionalen Objekt M, an welches M' angeglichen werden soll, nicht auftreten. Ferner darf M' gegenüber M in keiner Dimension Daten auf feinerer Granularität, d.h. mit kleinerem Kontextdeskriptorschema aufweisen.

Definition: *Binäre Zellenoperation*

Eine binäre Zellenoperation auf zwei multidimensionalen Objekten M_1 = ([M_1, t_{A_1}, t_{D_1}], [CCD_1], [CDS_1, D_1]) und M_2 = ([M_2, t_{A_2}, t_{D_2}], [CCD_2], [CDS_2, D_2]) ist nach einer Anpassung von M_2 an M_1 ($M'' := M_1 \Leftarrow M_2$ und $M' := M_1$) undefiniert, falls die Anpassung nicht definiert ist oder ist definiert als:

$M := \theta(M)(M_1, M_2) =$

$= ([M, \max(t_{A_1}, t_{A_2}), \max(t_{D_1}, t_{D_2})], [CCD' \cap CCD''], [CDS', D']),$

wobei für die Menge der anwendbaren Operatoren (binäre Zellenoperatoren) gilt:

$\theta \in \{ *, /, +, -, \text{cmin}, \text{cmax} \}$

Das Maximum der Datentypen $\max(t_{D_1}, t_{D_2})$ errechnet sich bzgl. der Ordnung ('N', 'Z', 'R'), das Maximum der Aggregationstypen $\max(t_{A_1}, t_{A_2})$ ergibt sich bzgl. der Ordnung ('c' < '∅' < 'Σ').

Wie aus dieser Definition hervorgeht, ist die multidimensionale Verbundoperation im 'NESTED MULTIDIMENSIONAL DATA MODEL' nicht symmetrisch. Grundsätzlich spezifiziert der erste Operand, auch '*major*'-Operand genannt, die Struktur des Ergebnisses, während der zweite Operand ('*minor*'-Operand) an diese Struktur angepaßt wird, um eine im Modell gültige Verbundoperation zu erhalten. Als Verknüpfungsfunktion dienen bei der multidimensionalen Verbundoperation die arithmetischen Grundoperationen '+', '-', '*' und '/' und die binären Maximums- bzw. Minimumsfunktionen. Eine Anwendung dieser Funktionen liefert jeweils für jede Zelle der beiden Verbundpartner den größeren bzw. kleineren Wert als Ergebnis zurück.

Die Anwendung einer multidimensionalen Verbundoperation sei an folgendem Beispiel illustriert: Aus den Verkaufszahlen einzelner Artikel, repräsentiert durch das multidimensionale Objekt M_1, wird durch Anwendung eines multiplikatorischen Verbundes mit dem jeweiligen Preis (M_3 korrespondierend zu dem C^2-MO M_3^2 auf Seite 177) für jeden Artikel und jedes Geschäft der Umsatz berechnet. Diese Berechnung ergibt sich zu:

M' := *(Umsatz)(M_1, M_3) mit

M = ([Umsatz, 'Σ', 'N'], [(P.ArtikelNr, G.GeschäftsNr)],
[(P.Gruppe = 'Video', G.Land = 'Deutschland'), { }])

In der dem eigentlichen Verbund vorausgehenden Anpassung wird das M_3 um die Geschäftsdimension erweitert, da in diesem Beispiel vereinfacht eine Preisbindung über *alle* Geschäfte hinweg angenommen wird. Auf Sprachebene ergibt sich in der Anfragesprache CQL für die obige Verbundoperation folgender Ausdruck einer SELECT-Anweisung:

```
SELECT    Verkäufe * Preise AS Umsatz
FROM      Produkte P, Geschäfte G
WHERE     P.Gruppe = 'Video', G.Land = 'Deutschland'
```

7.3.3 Vertikale Komposition multidimensionaler Objekte

Als ein weiterer Beitrag, komplexe numerische Berechnungen auf multidimensionalen Datenräumen durchführen zu können, ist die Möglichkeit der Schachtelung multidimensionaler Objekte zu sehen. Diese Technik der Schachtelung wird auch als *vertikale Komposition* bezeichnet. Das Ergebnis einer Schachtelung ist ein baumstrukturierter gerichteter azyklischer Graph, dessen Knoten multidimensionalen Objekten und Kanten entweder expliziten Aggregations- oder unären/binären Zellenoperatoren entsprechen. Die Wurzel des Graphen repräsentiert das Ergebnisobjekt einer geschachtelten Anfrage.

Als Beispiel einer vertikalen Komposition multidimensionaler Objekte sei an dieser Stelle exemplarisch die Berechnung einer Verkaufsdistribution genannt (Abbildung 7.14), die für jeden Artikel dessen Anteil am relativen Gesamtumsatz innerhalb seiner Produktfamilie pro Region berechnet. Beim relativen Gesamtumsatz eines Artikels stellen nur diejenigen Geschäfte die Grundgesamtheit, die den entsprechenden Artikel auch verkauft haben.

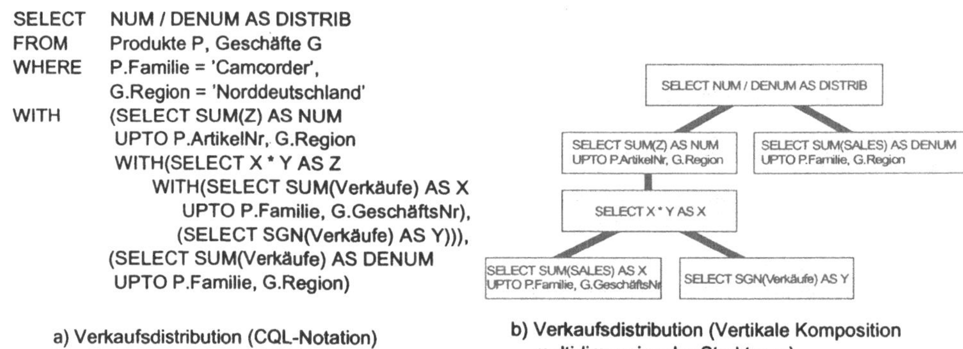

a) Verkaufsdistribution (CQL-Notation)

b) Verkaufsdistribution (Vertikale Komposition multidimensionaler Strukturen)

Abb. 7.14: Verkaufsdistribution als Beispiel vertikaler Komposition

In der CQL-Notation wird eine Schachtelung durch die WITH-Klausel spezifiziert. Zellenbezeichner, die in Teilanfragen durch den AS-Operator eingeführt werden, können in dem umfassenden Anfrageteil referenziert werden. Darüber hinaus besitzt lediglich die äußerste SELECT-Anweisung eine FROM- und WHERE-Klausel. Der multidimensionale Kontext und die Restriktionen werden nach innen vererbt.

Eine vertikale Komposition von multidimensionalen Objekten ermöglicht somit die Formulierung allgemeiner komplexer Anfragen basierend auf der multidimensionalen Datenmodellierungsidee.

7.3.4 Horizontale Komposition kompakter multidimensionaler Objekte ('Patch-Working')

Grundlegendes Kennzeichen einer horizontalen Komposition kompakter multidimensionaler Objekte ist die multidimensionale Form eines Vereinigungsoperators unter Berücksichtigung der im Datenorganisationskonzept hinterlegten semantischen Beziehungen. Abbildung 7.15 zeigt exemplarisch das Zusammenfassen mehrerer statistischer Tabellen zu einer die einzelnen Partitionen umfassenden statistischen Tabelle, begleitet durch eine sprachliche Repräsentation in Pseudo-CQL-Notation**.

Ziel einer horizontalen Komposition, die im folgenden synonym als 'Patch-Working' bezeichnet wird, ist die Generierung eines multidimensionalen Objektes auf höherer Granularitätsebene durch eine Menge multidimensionaler Objekte auf gleichem oder feinerem Aggregationsniveau. Dabei wird im Prinzip das gleiche Ziel auf multidimensionaler Ebene verfolgt, wie in den relationalen Optimierungsansätzen der Verarbeitung von Aggregationsoperationen (Abschnitt 5.4), jedoch um die Nutzung klassifikatorischer Beziehungen erweitert. Der Prozeß des 'Patch-Working' wird an zwei zentralen Stellen im multidimensionalen Verarbeitungsmodell verwendet, so daß eine ausführliche Erläuterung an dieser Stelle geboten erscheint.

Auswahlkriterium für die Kandidaten einer horizontalen Komposition

Notwendige Voraussetzung für die horizontale Komposition eines kompakten multidimensionalen Objektes ist, daß das zu komponierende Objekt von den Kandidatenobjekten unterstützt wird. Darüber hinaus ergeben sich eine Vielzahl unterschiedlicher Konfigurationen für die Komposition eines multidimensionalen Objektes, da alle Kandidaten auf jeweils unterschiedlichen Partitionsbereichen und Granularitätsebenen definiert sein können. Analog zu der Diskussion zur Ersetzung von Teilen eines relationalen Anfragegraphens, werden im folgenden partitionsorientierte Unterstützungskosten zur Auswahl einer möglichst günstigen Komposition als Vergleichskriterium eingeführt.

** Da im Gegensatz zur vertikalen Komposition eine horizontale Komposition implizit vom System durchgeführt und vor dem Benutzer verborgen bleiben soll, existiert keine explizite CQL-Repräsentation im Sinne eines UNION-Schlüsselwortes für das Konzept der horizontalen Komposition.

```
SELECT    GesVerkauf
FROM      Produkte P, Geschäfte G
(
  SELECT  SUM(Verkäufe) AS GesVerkauf
  WHERE   P.Familie = 'Camcorder',
          G.Region = 'Deutschland'
UNION
  SELECT  SUM(Verkäufe) AS GesVerkauf
  WHERE   P.Familie = 'Heimrecorder',
          G.Region = 'Norddeutschland'
UNION
  SELECT  SUM(Verkäufe) AS GesVerkauf
  WHERE   P.Familie = 'Heimrecorder',
          G.Region = 'Süddeutschland'
)
UPTO      P.Familie, G.Region
SPLIT BY  G.Geschäftstyp
```

a) Horizontale Komposition in Pseudo-CQL-Notation

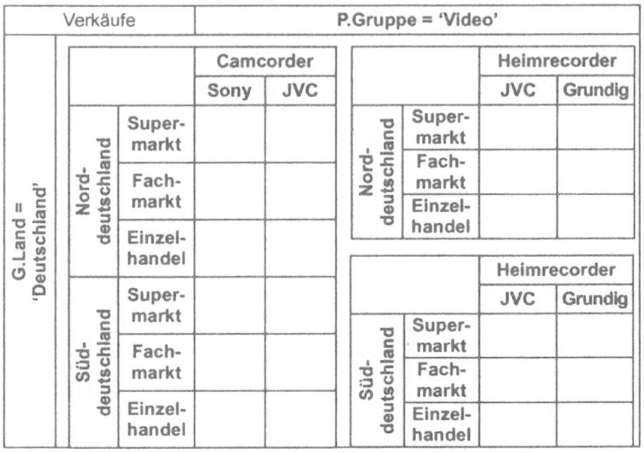

Verkäufe		P.Gruppe = 'Video'	
		Camcorder	
		Sony	JVC
G.Land = 'Deutschland'	Norddeutschland	Supermarkt		
		Fachmarkt		
		Einzelhandel		
	Süddeutschland	Supermarkt		
		Fachmarkt		
		Einzelhandel		

		Heimrecorder	
		JVC	Grundig
Norddeutschland	Supermarkt		
	Fachmarkt		
	Einzelhandel		

		Heimrecorder	
		JVC	Grundig
Süddeutschland	Supermarkt		
	Fachmarkt		
	Einzelhandel		

b) Horizontale Komposition auf Basis statistischer Tabellen

Abb. 7.15: Zwischenschritte bei der Berechnung einer geschachtelten Anfrage

Definition: *Absolute und relative Unterstützungskosten*

Die absoluten Unterstützungskosten eines multidimensionalen Objektes M' für die Unterstützung eines multidimensionalen Objektes M seien durch folgende Funktion festgelegt:

$$C_M(M') = \begin{cases} \text{cost}(M \tilde{\cap} M', [\text{CDS}, \text{DA}]) & \text{falls } M \ll M' \\ \infty & \text{sonst} \end{cases}$$

Die relativen Unterstützungskosten eines multidimensionalen Objektes M' für ein multidimensionales Objekt M ergeben sich damit zu:

$$c_M(M') = \frac{C_M(M')}{|\text{DOM}(M \tilde{\cap} M')|}$$

Die Kostenfunktion cost( ) zur Bestimmung der absoluten Unterstützungskosten, parametrisiert durch den Schnittbereich der beiden multidimensionalen Objekte und durch die Granularitätsspezifikation des zu komponierenden Objektes, ist abhängig von der jeweiligen Implementierung. Für die in diesem Kontext angestellten Betrachtungen ist die tatsächliche Kostenermittlung nicht notwendig. Die Forderung nach Monotonie, wie sie bereits für den nicht-partitionierten Fall in Abschnitt 6.3.2 eingeführt wird, ist jedoch notwendige Rahmenbedingung.

Definition: *Monotonie der absoluten Unterstützungskosten*

Die Funktion zur Ermittlung der absoluten Unterstützungskosten ist monoton, wenn für zwei beliebige kompakte multidimensionale Objekte M' und M'' hinsichtlich einer Unterstützung für ein multidimensionales Objekt M gilt:

$$(|\mathrm{DOM}(M \cap M')| < |\mathrm{DOM}(M \cap M'')|) \Rightarrow C_M(M') < C_M(M'')$$

Algorithmische Definition der horizontalen Komposition

Die zentrale Idee des 'Patch-Working'-Verfahrens besteht darin, das zu komponierende multidimensionale Objekt durch Teile unterstützender C-MOs mit den geringsten relativen Unterstützungskosten abzudecken. Dieser Prozeß ist iterativ so lange zu wiederholen, bis entweder das gesamte multidimensionale Objekt komponiert, oder keine unterstützenden multidimensionalen Objekte für eine Teilabdeckung mehr zur Verfügung stehen.

Ein naives Verfahren einer horizontalen Komposition würde alle Kombinationen möglicher Konfigurationen austesten, um eine optimale Lösung zu finden. Bei n unterstützenden multidimensionalen Objekten weist dieses naive Verfahren eine Komplexität von $O(2^n)$ auf, so daß ein günstigeres Verfahren wünschenswert erscheint. Grundsätzlich weist das Kompositionsproblem eine starke Ähnlichkeit mit dem in der Algorithmikliteratur als 'Knappsack' bekannten Problem auf ([CoLR90]). In einem Beispielszenario zur Erläuterung des *0/1-Knappsackproblems* steht ein sich auf Beutezug befindlicher Dieb vor dem Problem, seinen Rucksack mit begrenzter Kapazität mit den Gegenständen unterschiedlicher Größe und Wert so zu befüllen, daß der Gesamtwert maximiert wird, ohne den Rucksack zu überladen. In der Variante des *fraktionalen Knappsackproblems* ist es dem Dieb darüber hinaus erlaubt, die einzelnen Beutestücke beliebig zu zerteilen.

Während das 0/1-Knapsackproblem NP-vollständig und somit die optimale Lösung nicht effizient berechenbar ist, kann für das fraktionale Knappsackproblem ein Greedy-Algorithmus angegeben werden, der das Problem optimal löst. Lösungsverfahren von der Art eines Greedy-Algorithmus lösen ein Problem schrittweise, wobei in jedem Schritt die lokal beste Lösung ausgewählt wird. Allgemein sind Greedy-Verfahren sehr effizient, nehmen jedoch in Kauf, daß das zu behandelnde Gesamtproblem nur suboptimal gelöst wird. Generell sind Probleme für die Anwendung von Greedy-Algorithmen geeignet, welche die 'Greedy-Choice-Eigenschaft' besitzen und eine optimale Unterstruktur aufweisen. Die Greedy-Choice-Eigenschaft besagt, daß ein Problem optimal lösbar ist, wenn bei einer schrittweisen Bearbeitung lokal optimale, nur von vorangegangenen Entscheidungen abhängige Entscheidungen getroffen werden; eine optimale Unterstruktur ist gegeben, wenn die optimale Lösung eines Problems optimale Lösungen zu Teilproblemen enthält.

Algorithmus: Ermittlung einer horizontalen Komposition kompakter multidimensionaler O.
Eingabe: M^{comp}, $MOs^{\text{cand}} = \{ M_1, \ldots, M_n \}$
Ausgabe: Menge L und Kosten C kompakter multidimensionaler Objekte, die eine (nicht notwendigerweise vollständige) horizontale Komposition für das M^{comp} bilden

Begin
$P := M^{\text{comp}} \bullet \{ M^{\text{comp}} \}$ // zu komponierendes MO wird in ein 'patch'-MO konvertiert
L := { }; C := 0

// Iteration über alle potentiellen Kompositionsobjekte
While (TRUE)
ErsetzungStattgefunden := FALSE

// Durchlaufen aller kompakten Deskriptoren des restlichen multidimensionalen Objektes
$M^{\text{Best}} = \varnothing$; $C[M^{\text{Best}}] = \infty$
Foreach $M \in \bullet^{-1} P$

// Durchlaufen aller potentiellen Kandidaten
Foreach $M^{\text{cand}} \in MOs^{\text{cand}}$

// Eliminierung der multidimensionalen Objekte,
// die keine weitere Unterstützung bieten
If (**Not** ($M^{\text{cand}} \quad M$))
Next // nächster Kandidat
End If

// Ermittlung der Unterstützungskosten von M^{cand} für M
$C[M^{\text{cand}}] := C_M(M^{\text{cand}})$

// Merke M^{cand} als M^{Best} bei geringeren relativen Unterstützungskosten
If ($C[M^{\text{Best}}] \geq C[M^{\text{cand}}]$)
$M^{\text{Best}} := M^{\text{cand}}$
ErsetzungStattgefunden = TRUE
End Foreach
End Foreach

// Ende, falls kein Ersetzungkandidat gefunden
If (ErsetzungStattgefunden == FALSE)
Break
End If

// Aufnahme von M^{Best} in die Ergebnismenge L und Aktualisierung der Gesamtkosten
$L := L \cup \{ M^{\text{Best}} \}$
$C := C + C[M^{\text{Best}}]$

// Abziehen des lokal optimalen MOs von der Menge der generierenden C-MOs des P-MOs
Foreach $M^{\text{gen}} \in \bullet^{-1} P$
$L^{\text{gen}} := L^{\text{gen}} \cup (M^{\text{gen}} \setminus M^{\text{Best}})$
End Foreach

// Ergebnisobjekte der Differenz repräsentieren generierende C-MOs für neues 'patch'-MO
$P := M^{\text{comp}} \bullet L^{\text{gen}}$
End While
Return L, C
End

Abb. 7.16: Algorithmus zur horizontalen Komposition

Für eine genauere Diskussion von Greedy-Verfahren, insbesondere im Hinblick auf die Vorgehensweise zum Nachweis der 'Greedy-Choice-Eigenschaft', sei auf das umfassende Werk von [CoLR90] verwiesen.

Übertragen auf das Problem der horizontalen Komposition entspricht der Rucksack im Szenario des fraktionalen Knapsacks dem zu komponierendem multidimensionalen Objekt. Alle Unterstützungskandidaten korrespondieren mit den in den Rucksack einzulagernden Beutegegenständen, von denen nur Teile zur optimalen Konfiguration eines Kompositionsproblems Verwendung finden können. Als Auswahlkriterium werden korrespondierend zum Faktor aus Wert und Größe des Beutegegenstandes in der Komposition die relativen Unterstützungskosten herangezogen. Der Algorithmus (Abbildung 7.16) zur Ermittlung einer horizontalen Komposition kompakter multidimensionaler Objekte erhält als Eingabe das zu komponierende Objekt und eine um Unterstützung kandidierende Menge multidimensionaler Objekte. In einem ersten Schritt wird das zu komponierende multidimensionale Objekt in ein 'patch'-MO konvertiert (Abschnitt 7.2.3). Solange noch eine Ersetzung stattgefunden hat, werden alle kompakten Teilbereiche des zu komponierenden Objektes gegenüber allen kandidierenden Objekten hinsichtlich einer potentiellen Unterstützung gegenübergestellt und die relativen Unterstützungskosten des überlappenden Teilbereichs ($C_{\mathcal{M}}(\mathcal{M}^{cand})$) für die Ermittlung des lokal günstigsten Kandidaten ($\mathcal{M}^{Best}$) festgehalten. Der in dem aktuellen Durchlauf ermittelte günstigste Kandidat wird der Ergebnismenge L hinzugefügt. Gleichzeitig wird der von diesem Kandidaten überdeckte Teilbereich von den generierenden kompakten multidimensionalen Objekten des zu komponierenden 'patch'-Objektes abgezogen. Dieses Auswahlverfahren wird wiederholt bis entweder das zu komponierende multidimensionale Objekt vollständig von Kandidatenobjekten abgedeckt wird bzw. keine unterstützenden multidimensionalen Objekte mehr zur Verfügung stehen. Der Algorithmus weist mit n als der Anzahl der unterstützenden multidimensionalen Objekte eine Komplexität von $O(n^2)$ auf.

7.4 Zusammenfassung

Ziel dieses Kapitels ist eine umfassende Beschreibung des dem CUBESTAR-Systems zugrundeliegenden Datenmodellierungsansatzes des 'NESTED MULTIDIMENSIONAL DATA MODELS'. Die Beschreibung gliedert sich dabei in die Teile eines Datenorganisationskonzeptes, eines Datenstrukturkonzeptes und des Datenmanipulationskonzeptes auf. In Anlehnung an das Prinzip der Klassifikation (Abschnitt 3.2) stellt das

Datenorganisationskonzept ein anwendungsorientiertes, hierarchisches Raster zur Analyse des multidimensionalen Datenbestandes zur Verfügung. Wesentliche formale Einheit ist das Konzept des Klassifikationsobjektes bestehend aus einem Klassifikationsknoten und einer Menge dimensionaler Attribute, die allen von diesen Klassifikationsknoten subsumierten dimensionalen Elementen zugesprochen werden können.

Zentral im zweiten Abschnitt dieses Kapitels ist das Konzept der multidimensionalen Objekte, welche im Prinzip als Partitionen eines multidimensionalen Datenwürfels angesehen werden können. Multidimensionale Objekte reflektieren die Grundbausteine einer effizienten multidimensionalen Aggregatverarbeitung und bilden die Einheiten einer relationalen Abbildung im Implementierungsmodell. Bei der Einführung multidimensionaler Objekte wird eine Unterscheidung zwischen kompakten und nicht-kompakten multidimensionalen Objekten getroffen, die sich für die in Abschnitt 7.3 eingeführten multidimensionalen Operatoren als wesentlich ergibt. Zentral in dem Konzept multidimensionaler Objekte ist die Konstruktion von MO-Inlays, die einer multidimensionalen Repräsentation intensionaler Aspekte entsprechen.

Der Abschnitt zur Beschreibung des multidimensionalen Manipulationskonzeptes teilt sich in vier Bereiche auf: (1) Navigationsoperatoren, wie sie insbesondere in dem Anwendungsgebiet des 'Online-Analytical-Processing' auftreten, orientieren sich am Datenorganisationskonzept und führen eine implizite Manipulation multidimensionaler Objekte durch. (2) Eine explizite Manipulation erfolgt im Kontext eines gültigen Datenorganisationskonzeptes durch explizite Aggregations-, unäre und binäre Zellenoperatoren. Komplexe Analysen, wie sie am Beispiel der gewichteten Distributionsanalyse aus dem Anwendungsszenario der Marktforschung gezeigt werden, werden durch das Konzept der vertikalen Komposition multidimensionaler Objekte (3) ermöglicht. Eine 'einfache' Anfrage in Form eines kompakten multidimensionalen Objektes durch eine Vereinigung mehrerer multidimensionaler Objekte zu repräsentieren, umfaßt das Konzept der horizontalen Komposition (4). Dabei werden die in dem Datenorganisationskonzept hinterlegten semantischen Beziehungen ausgenutzt, um eine Substitutionsoperation für ein multidimensionales Objekt durch eine Menge unterstützender multidimensionaler Objekte zu realisieren. Dieser Mechanismus ist zentral für eine redundanzbasierte und, im Gegensatz zu den in Kapitel 6 vorgestellten Verfahren, eine partitionsorientierte effiziente Anfrageverarbeitung auf Ebene multidimensionaler Strukturen.

8 Multidimensionales Verarbeitungsmodell

Das vorangegangene Kapitel bietet mit der Beschreibung der modelltheoretischen Aspekte des 'NESTED MULTIDIMENSIONAL DATA MODELS' die Grundlage für die nun folgende Vorstellung eines *redundanzbasierten* multidimensionalen Verarbeitungsmodells. Grundsätzlich widerspricht die Eigenschaft 'redundanzbasiert' der fundamentalen Datenbankentwurfsphilosophie von Redundanzfreiheit. Dieses Prinzip wird jedoch, wie in Abschnitt 6.3.1 bereits ausführlich diskutiert, für eine Effizienzsteigerung der Anfrageverarbeitung absichtlich verletzt. Ein gezielter Einsatz von Redundanz in Form von materialisierten Vorauswertungen resultiert bei Einhaltung bestimmter Voraussetzungen in einer potentiell enormen Beschleunigung des Zugriffsverhaltens. Ein konkretes Beispielszenario für den Einsatz von materialisierten Vorauswertungen und den daraus resultierenden Geschwindigkeitsvorteilen ist in [BLRT96], sowie in [LeRT96a] beschrieben und soll an dieser Stelle als Motivation für das nachfolgend vorgeschlagene Verarbeitungsmodell ausreichend sein. Dieser Vorteil hinsichtlich einer Reduzierung der Anfragelaufzeiten ist jedoch mit einem zusätzlichen Speicheraufwand für die redundant gehaltenen Vorauswertungen aufzuwiegen. Darüber hinaus muß das Anwendungsszenario ein adäquates Umfeld für die Optimierungsstrategie anbieten. So wird sowohl eine stabile Auswertedatenbasis als auch ein grundsätzlich nicht völlig beliebiges Zugriffsverhalten vorausgesetzt. Gerade diese Voraussetzungen lassen den Ansatz eines redundanzbasierten Verarbeitungsmodells im Bereich multidimensionaler Datenbanksysteme zur Unterstützung statistischer Auswertungen auf einer konsistenten und für den Auswertezeitraum stabilen Datenbasis ('Data Warehouse'; Kapitel 2) als adäquat erscheinen. Weiterhin schränkt gerade das in der multidimensionalen Denkweise bereits auf Modellierungsebene stark ausgeprägte Datenorganisationskonzept die völlige Beliebigkeit des Datenzugriffs auf 'vorgedachte' Auswertestrukturen ein. Diese Einschränkung, oder positiv formuliert, dieser Auswerteleitfaden definiert zwar einen endlichen, jedoch so großen Raum an möglichen Auswertekombinationen, daß eine Vorberechnung aller möglichen Kombinationen weder aus Sicht der Anwendung sinnvoll, noch aus systemtechnischer Sicht erfüllbar erscheint. Ziel ist somit unter der Nebenbedingung eines beschränkten Speichermehraufwandes jene Auswertekombinationen auf Partitionsebene zu bestimmen, welche für eine maximale Beschleunigung der durchzuführenden Analysen zur Laufzeit sorgen.

Dazu werden im ersten Abschnitt die in Abschnitt 6.1 allgemein eingeführten Konzepte der Ableitbarkeit und des Aggregationsgitters in den Kontext des geschachtelten multidimensionalen Datenmodells übertragen. Analog zur modelltheoretischen Sichtweise wird sich dabei ein geschachteltes Aggregationsgitter aus der Kombination eines Gitters zur Repräsentation extensionaler Aspekte und jeweils lokal anwendbarer Aggregationsgitter für die aggregationstechnische Abbildung intensionaler Aspekte ergeben.

Im zweiten Abschnitt wird ein erster Ansatz einer analytischen und konstruktiven Präaggregationsstrategie vorgestellt. Ohne Berücksichtigung empirisch angesammelter Referenzierungsinformation wird vorgeschlagen, den Prozeß einer Kontextauffindung eines multidimensionalen Analysevorgangs (Abschnitt 7.3), welcher sich an den hierarchischen Beziehungen einer Klassifikationsstruktur orientiert, durch Vorberechnungen soweit wie möglich zu unterstützen. Eine eigenschaftsgetriebene Kontextexploration hingegen, kann aus analytischer Sicht nicht weiter unterstützt werden und muß durch Rückgriff auf die Rohdaten erfolgen.

Als zentralen Punkt im Kontext eines redundanzbasierten multidimensionalen Verarbeitungsmodells enthält der dritte Abschnitt die Erläuterung der im CUBESTAR-Projekt eingesetzten Präaggregationsstrategie. Dieses adaptive Präaggregationsverfahren, in Analogie zu einer Pufferverwaltung für Elemente mit unterschiedlicher Größe und inhaltlichem Beziehungen untereinander, stützt sich auf eine kostenbasierte Abwägung eines Präaggregates hinsichtlich Nutzen und Aufwand. Als grundlegende Einflußgrößen, die einzeln in Abschnitt 8.3.2 erläutert werden, sind dabei das Referenzierungsverhalten und die geschätzten Rekonstruktionskosten beim Entfernen eines Präaggregates aus dem Aggregatpuffer zu sehen. Ohne Anspruch auf eine allgemeine Gültigkeit zu erheben, wird in Abschnitt 8.4 eine Simulation der beiden Präaggregationsstrategien vorgestellt, wodurch eine tendentielle Einordnung hinsichtlich der Größe an zusätzlichem Speicherbedarf und Reduktion der mittleren Anfrageausführungszeit möglich wird.

8.1 Ableitbarkeit und Aggregationsgitter

Die Konzepte der Ableitbarkeit hinsichtlich additiver Aggregationsfunktionen und das allgemeine Gerüst eines Aggregationsgitters sind in Abschnitt 6.1 bereits eingehend untersucht worden. Ziel des folgenden Abschnittes ist eine Transformation dieser Konzepte auf das konkrete multidimensionale Daten- und Verarbeitungsmodell. Dazu wird der Begriff der 'Ableitbarkeit' auf die strukturelle Einheit der 'Multidimensionalen Objekte' übertragen. Anschließend wird schrittweise die geschachtelte Variante eines Aggregationsgitters eingeführt.

8.1.1 Ableitbarkeit multidimensionaler Objekte

Da multidimensionale Objekte nicht einen ganzen Datenraum, sondern lediglich einen durch ein vorgegebenes Klassifikationsraster ausgewählten Bereich repräsentieren, muß das Konzept der Ableitbarkeit diese Teilraumbeziehungen berücksichtigen. Darüber hinaus ist zwischen einer existentiellen Einführung und einer konstruktiven Vorgehensweise zu unterscheiden. Nachfolgende Definition führt die Tatsache der Ableitbarkeit partieller multidimensionaler Objekte ein. Das konstruktive Vorgehen wird im Anschluß, im wesentlichen basierend auf dem in Abschnitt 7.3.4 vorgestellten Verfahren der horizontalen Komposition, unter der Technik der *Substitution* bekannt gemacht. An dieser Definition wird eindrucksvoll die Mächtigkeit des in Abschnitt 7.2 eingeführten multidimensionalen Datenstrukturkonzepts demonstriert.

Definition: *Ableitbarkeit multidimensionaler Objekte*

Ein multidimensionales Objekt, formal notiert durch ein 'patch'-MO M = ([M, t_A, t_D], [CCD, CPCDs], [CDS, D]), ist von einem kompakten multidimensionalen Objekt M' = ([M', t'_A, t'_D], [CCD'], [CDS', D']) ableitbar (M « M') genau dann, wenn gilt:

- $M'' := M \Leftarrow M'$ // M'' = ([M", t''_A, t''_D], [CCD"], [CDS", D"])
  // entsteht durch Angleichung von M' an M
- M'' M // M'' unterstützt M
- $\forall C'' \in CCD'' \neg\exists C \in CCD, C'' \doteqdot_K C: DOM(C_{|PA}) \subseteq DOM(C''_{|PA})$
  // Der CCD von M umfaßt Teilwürfel des CCD' von M'

An dieser Stelle ist zu beachten, daß die Ableitbarkeit für beliebige multidimensionale Objekte, formal spezifiziert durch das Konzept des 'patch'-MOs aus der Gattung der nicht-kompakten multidimensionalen Objekte, bezüglich kompakter multidimensionaler Objekte definiert ist. Damit ist auch indirekt die Ableitbarkeit für 'classical cube'-MOs (C^2-MOs), kompakte (C-MOs) und zerschnittene multidimensionale Objekte (S-MOs) spezifiziert.

Definition: *Substitution eines multidimensionalen Objektes*

Eine Substitution eines kompakten multidimensionalen Objektes M = ([M, t_A, t_D], [CCD], [CDS, D]) durch eine Menge kompakter multidimensionaler Objekte {M_1,

..., M_n} ist definiert durch das Ergebnis der horizontalen Komposition des multidimensionalen Objektes *M* aus der Menge {M_1, ..., M_n} ∪ { *M'* }, wobei *M'* definiert ist als ([M, t_A, t_D], [CCD], [(PA_1, ..., PA_n) , { }]).

Die Definition der Substitution eines multidimensionalen Objektes greift auf die Methode der horizontalen Komposition zurück. Als Parametermenge der Komposition dient dabei die Menge der Substitutionskandidaten {M_1, ..., M_n} einschließlich der Spezifikation des zu substituierenden Objektes auf Rohdatenebene. Somit ist garantiert, daß stets eine vollständige Komposition und somit Substitution des Ausgangsobjektes möglich ist. Durch die Berücksichtigung der Kostenkomponente bei dem Vorgang der horizontalen Komposition wird jedoch ein Rückgriff auf die Rohdaten soweit wie möglich vermieden.

8.1.2 Aggregationsgitter für multidimensionale Objekte

In Analogie zur Einführung kompakter multidimensionaler Objekte durch Erweiterung von 'classical-cube'-MOs durch MO-Inlays auf Datenbeschreibungsebene, erfolgt die Einführung des Aggregationsgitters für multidimensionale Objekte in einem ersten Schritt 'klassisch' durch die Kategorien der am jeweiligen Auswertekontext beteiligten Klassifikationen. Erst in einem zweiten Schritt werden intensionale Aspekte der Auswertung auf Aggregationsebene berücksichtigt und in ein Gesamtkonzept eingebracht.

Klassifikatorisches Aggregationsgitter

Ein Aggregationsgitter gibt auf Attributebene den maximal möglichen Rahmen einer multidimensionalen Auswertung vor. In Abschnitt 6.2.3 wird ausführlich gezeigt, daß die Beachtung funktionaler Abhängigkeiten eine exponentielle Gittergröße auf eine polynomiale Größe entsprechend der Anzahl möglicher Attributkombinationen reduziert. Abbildung 8.1 zeigt für das laufende Beispiel den extensionalen Anteil des Aggregationsgitters, also ohne Berücksichtigung intensionaler Eigenschaften.

Jeder Punkt in diesem dreidimensionalen Aggregationsgitter, welches durch das Kreuzprodukt aller beteiligten Kategorien spezifiziert ist, steht stellvertretend für einen Datenraum in entsprechender Granularität. In dem Beispiel steht die Kombination (ArtikelNr, GeschäftsNr, Monat) für den Datenwürfel mit der feinsten Granularität und somit für die Rohdaten. Der zweite exemplarisch hervorgehobene Würfel spiegelt das Aggregationsniveau (Gruppe, Land, Quartal), spezifiziert durch die

Komponente des Kontextdeskriptorschemas CDS eines multidimensionalen Objektes, wider. Mit $(1+p_i)$ als Anzahl von Klassifikationsattributen einer Kategorisierung (Abschnitt 7.1.4) besitzt ein n-dimensionaler Granularitätenraum die Kardinalität auf Ausprägungsebene $\prod_{i=1}^{n}(1+p_i)$, was der Anzahl der möglichen Kombinationen von Klassifikationsattributen entspricht.

Partitioniertes Aggregationsgitter

Als Vorgriff auf die adaptive Präaggregationsstrategie (Abschnitt 8.3) erfolgt an dieser Stelle die Erweiterung des 'klassischen' Aggregationsgitters, wie es in den Arbeiten von [HaRU96], [GHRU97], [BaPT97], etc. verwendet wird, in Richtung Partitionierung. Das durch Spezifikation des kompakten Kontextdeskriptors (CCD) partitionsbasierte multidimensionale Datenstrukturkonzept legt eine direkte Abbildung auf Ebene der Datenstrukturverarbeitung nahe. Im Rahmen der Aggregationsverarbeitung erfolgt diese Abbildung innerhalb des Konzeptes eines Aggregationsgitters. Jeder *Gitterknoten* eines klassifikationsorientierten Aggregationsgitters kann in *Gitterpartitionen* zerlegt werden. Das Konstrukt, welches sich aus der Aufspaltung in Partitionen ergibt, wird entsprechend als *partitioniertes Aggregationsgitter* ('*partitioned data cube lattice*') bezeichnet.

Aggregationsgitter für dimensionale Attribute

Als weitere Komponente ist die Menge aller dimensionalen Attribute D eines multidimensionalen Objektes für die Ableitbarkeit von Bedeutung. Damit stellt sich die Frage nach einer Integration intensionaler Aspekte in das Aggregationsgitter, oder in der Terminologie multidimensionaler Objekte ausgedrückt, nach einer aggregatsorientierten Repräsentation von MO-Inlays.

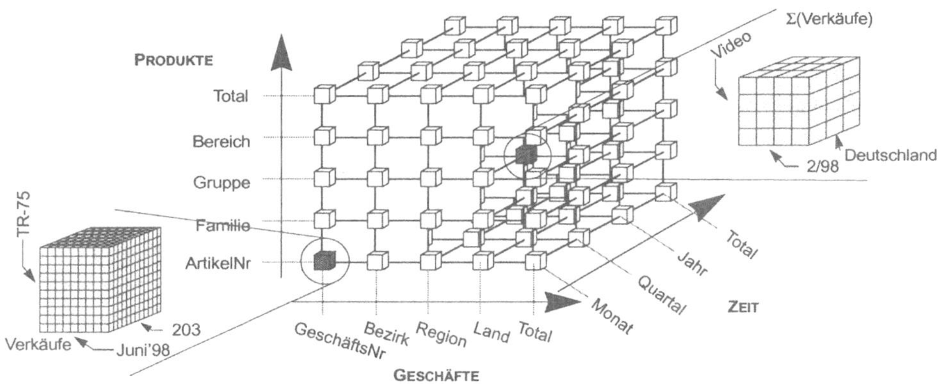

Abb. 8.1: Beispiel eines Granularitätenraumes

Abbildung 8.2 verdeutlicht das Muster eines Aggregationsgitters mit dimensionalen Attributen. Da zwischen den einzelnen Merkmalen keine gegenseitigen funktionalen Abhängigkeiten existieren (andernfalls würden eigene Sekundärklassifikationen modelliert werden), ist jede Kombination von Split (angedeutet durch eine '1' in Abbildung 8.2) oder Nicht-Split ('0' in Abbildung 8.2) einer Eigenschaft möglich. Wie bereits in Abschnitt 6.2.1 ausgeführt, besitzt das Aggregationsgitter zur Darstellung einer Gruppierung m dimensionaler Attribute die Mächtigkeit 2^m.

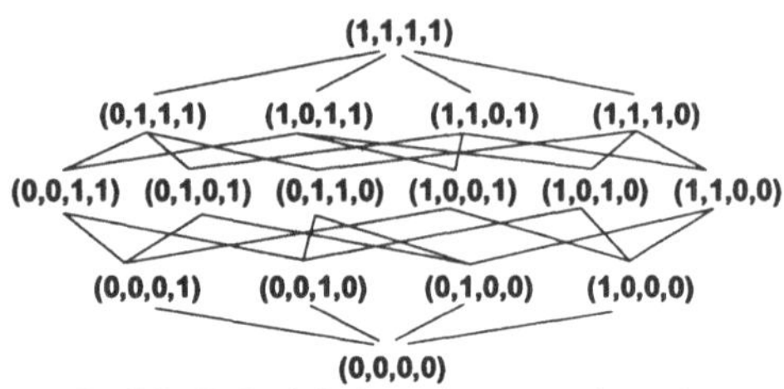

Abb. 8.2: Beispiel eines Aggregationsgitters für dimensionale Attribute

Die Problematik einer Integration dimensionaler Attribute verschärft sich dahingehend, daß die Existenz dimensionaler Attribute von den Ausprägungen einer Klassifikation abhängt (Abschnitt 3.2.2 und 7.1.1). Als eine potentielle Lösung dieser lokalen Gültigkeiten bietet sich an, alle dimensionalen Attribute aus Aggregationssicht auf globaler Ebene zu behandeln und auf *Modellierungsebene* eine Lokalität vorzutäuschen. Die Anzahl der Attribute, die die jeweilige Größe des Aggregationsgitters bestimmt, ergibt sich nach dieser Methode aus der Summe aller im System unabhängig von ihrem Gültigkeitsbereich existierenden dimensionalen Attribute. Ein naives Rechenbeispiel für eine 4-stufige Hierarchie mit Verdichtungsverhältnis 1:5 und nur zwei in jedem Knoten lokal gültigen Attributen ergibt eine Gesamtzahl von 312 Attributen und entsprechend eine Gittergröße von $2^{312}=8,3*10^{93}$ Knoten. Dies zeigt, daß eine globale Behandlung lokal gültiger Attribute als Basis effizienter Präaggregationsalgorithmen, welche auf diesen Gitterstrukturen aufsetzen, nur schwer realisierbar ist.

Eine weitere mögliche Lösung besteht darin, aus Verarbeitungssicht globale und generische dimensionale Attribute zu unterstützen, welche auf *Ebene der Anwendung* in lokale Attribute transformiert werden. Da je nach Lokalität innerhalb einer Klassifikationshierarchie ein generisches dimensionales Attribut die Rolle des tatsächlichen dimensionalen Attributes übernimmt, wären für obiges naives Szenario lediglich pro Klassifikationsstufe neue generische Attribute, insgesamt 8 Stück, notwendig. Der Vorteil eines reduzierten Aggregationsgitters der Größe $2^8=256$ wird jedoch durch den Nachteil der Verschiebung des Problems der *generischen Eigenschaftsauflösung in die Anwendung* mehr als aufgehoben, so daß diese Lösung ebenfalls als nicht praktikabel einzustufen ist.

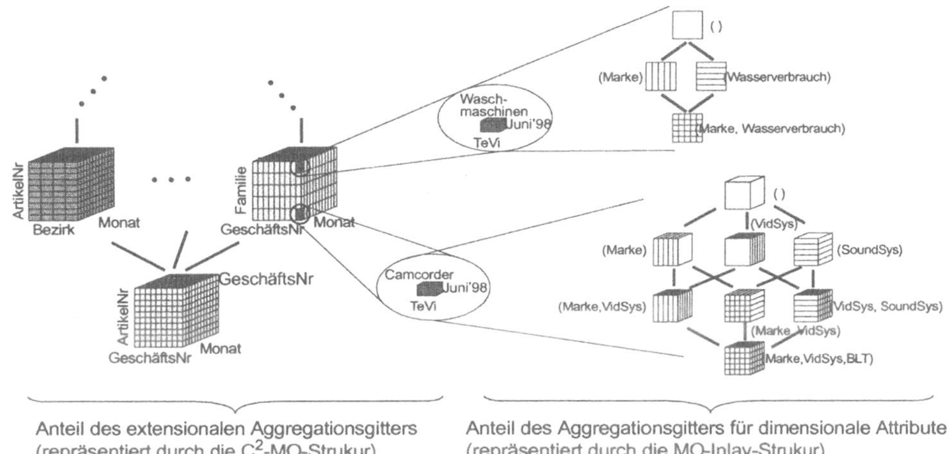

Abb. 8.3: Beispiel eines geschachtelten Aggregationsgitters

Im Rahmen des im folgenden vorgestellten multidimensionalen Verarbeitungsmodells wird aus diesen Gründen nicht der Weg eines einzigen globalen, sondern eines zweistufigen geschachtelten Aggregationsgitters eingeschlagen.

Geschachteltes Aggregationsgitter

Dem multidimensionalen Verarbeitungsmodell, welches in diesem Kapitel erläutert wird, liegt die grundsätzliche Unterscheidung von Klassifikationsattributen und dimensionalen Attributen zu Grunde. Ein partitioniertes klassifikationsorientiertes Aggregationsgitter bildet einen globalen Kontext, in welchem dimensionale Attribute jeweils lokal gültige eingebettete Aggregationsgitter aufweisen. Diese Auffassung impliziert, daß eine darauf aufsetzende Präaggregationsstrategie diese Lokalität zu beachten und entsprechend widerzuspiegeln hat. Abbildung 8.3 zeigt einen Ausschnitt aus einem geschachtelten Aggregationsgitter. Abhängig von der Ausprägung einer Produktfamilie innerhalb der Produktdimension setzt sich das zugehörige 'Inlay'-Gitter aus einer jeweils unterschiedlichen Menge dimensionaler Attribute zusammen.

Die Menge der dimensionalen Attribute, die das eingebettete Aggregationsgitter bilden, wird so restriktiv wie möglich gewählt, um unnötige Aggregationskombinationen bereits bei der Bildung des Gitters auszuschließen. Für jede mögliche Partition eines Gitterknotens wird das korrespondierende eingebettete Aggregationsgitter bzgl. der Vereinigung aller dimensionalen Attribute gebildet, welche den Knoten des Kontextdeskriptors zugesprochen werden können. Die Partitionsbildung reduziert somit weiter die maximale Kombinationszahl. Zu einer Partition von Videogeräten existiert niemals ein Aggregationsgitter über das dimensionale Attribut Akkulebensdauer, da diese Eigenschaft nicht allen Videogeräten, sondern nur Camcordern, zugesprochen werden kann.

Die Schachtelungsphilosophie des Modellierungsansatzes mit der einhergehenden Restriktivität hinsichtlich der Modellierung von lokal gültigen Eigenschaften ermöglicht ein äußerst restriktives Verarbeitungsmodell auf Basis eines möglichst kleinen Aggregationsgitters, ohne jedoch die Auswertemächtigkeit zu beeinträchtigen.

8.2 Konstruktive Apriori-Präaggregationsstrategie

In diesem Abschnitt wird eine erste, auf analytischen Gesichtspunkten basierende konstruktive Präaggregationsstrategie für das im vorangegangenen Abschnitt eingeführte geschachtelte Aggregationsgitter vorgestellt. Eine nach dem Apriori-Prinzip vorgehende Präaggregationsstrategie bestimmt auf analytischem Weg ohne Rückgriff auf empirisch erfaßtes Wissen wie Referenzierungsverhalten eine Menge möglicher Präaggregate. Ziel der hier vorgestellten Methode ist eine Einschränkung der Menge von Aggregationskombinationen, so daß in einem nachfolgenden Schritt ein Auswahlverfahren unter Beschränkung des zusätzlich zur Verfügung stehenden Speicherplatzes angewendet werden kann. Da keine instanzbasierten Aussagen vorliegen, erfolgt eine Apriori-Strategie grundsätzlich schemagetrieben. Eine Aposteriori-Präaggregationsstrategie hingegen versucht auf Grund empirisch erfaßter Informationen, wie beispielsweise der Referenzierungshäufigkeit eines Präaggregates, die Bestimmung einer optimalen Präaggregationskombination auf Ausprägungs- bzw. Partitionsebene. Mit Ausnahme von [HaRU96] sind alle in Abschnitt 6.5 vorgestellten Verfahren der Klasse der Aposteriori-Strategien zuzuordnen. Alle adaptiven Präaggregationsstrategien (Abschnitt 6.6) fokussieren darüber hinaus die permanente und inkrementelle Aktualisierung und Anpassung der Menge vorberechneter Aggregate. Als fundamental erweist sich dabei die Bestimmung einer Verdrängungsstrategie unter Beachtung von Referenzierungshäufigkeiten, Aufwand als Maß des Speichermehraufwands und Nutzen hinsichtlich einer Ableitbarkeit weiterer Aggregate.

8.2.1 Prinzip der Apriori-Präaggregationsstrategie

Als grundlegender Apriori-Präaggregationsansatz ist die Arbeit von [HaRU96] zu sehen, welche in Abschnitt 6.5.1 im Kontext existierender Präaggregationsstrategien aufgearbeitet wird. Als spezifischer Nachteil ist diesem Vorgehen anzulasten, daß der Algorithmus alle Knoten eines Aggregationsgitters gleichberechtigt in die Bewertung einfließen läßt. Die bereits sprachkritisch (Abschnitt 3.3) herausgearbeitete Unterscheidung von Gruppierungsattributen in Klassifikationsattribute und dimensionale Attribute wird in diesem Ansatz nicht berücksichtigt. Darüber hinaus ist dieses konstruktive Verfahren aufgrund seiner Komplexität von $O(n^3)$ mit n als der Anzahl der Gruppierungsknoten nur für kleine Aggregationsgitter anwendbar.

Als eine Möglichkeit die Größe eines Aggregationsgitters zu verkleinern und dadurch eine Basis für die Anwendbarkeit der Präaggregatauswahl nach [HaRU96] zu ermöglichen, ist die Unterscheidung von klassifikatorischen und dimensionalen Attributen heranzuziehen. Da sich analytisch über die 'Interessantheit' intensionaler Attribute keine Aussagen machen lassen bzw. alle dimensionalen Attribute von einem analytischen Standpunkt aus gesehen entweder *gleich* wichtig oder unwichtig für eine Präaggregation einzuordnen sind, stehen für die Menge dimensionaler Attribute lediglich die beiden extremen Präaggregationsmethoden der Vollauswertung und der Ad-hoc-Auswertung zur Verfügung. Da eine Vollauswertung dimensionaler Attribute aus speicherplatztechnischen Gründen prinzipiell ausscheidet, lautet eine Apriori-Empfehlung, auf die Integration dimensionaler Attribute bei der Präaggregatauswahl zu verzichten ([WLTA97]). Dies impliziert, daß das verbleibende Aggregationsgitter mit dem nur quadratisch anwachsenden klassifikatorischen Aggregationsgitter korrespondiert, was wiederum die Anwendung eines Apriori-Algorithmus, angelehnt an [HaRU96], ermöglicht.

Abbildung 8.4 skizziert den Algorithmus zur analytischen Bestimmung von Präaggregaten im Kontext des geschachtelten Aggregationsgitters. Solange zusätzlicher Speicherplatz für die Aufnahme weiterer Präaggregate zur Verfügung steht, werden alle noch nicht zur Präaggregation bestimmten Attributkombinationen des extensionalen Aggregationsgitters, repräsentiert durch ein multidimensionales Objekt *M* mit dem Kontextdeskriptor ('ALL', ..., 'ALL'), auf eine mögliche Präaggregierung untersucht. Dazu wird für alle Attributkombinationen, jeweils spezifiziert durch ein multidimensionales Objekt *M'*, die in mindestens einer Dimension ein gröberes Klassifikationsattribut aufweisen und somit als potentielle Nutzer einer Materialisierung von *M* gelten, eine Abschätzung der zu erwartenden Berechnungskosten vorgenommen. Dabei bezeichnet $c_{M'}(L)$ die Kosten, die sich aus der Substitution des multidimensionalen Objektes *M'* durch die aktuelle bereits für eine Präaggregation selektierte Menge L multidimensionaler Objekte ergeben. Sind diese Aufwandsabschätzungen höher als die geschätzten Kosten, die sich im Fall einer potentiellen Materialisierung von M ergeben würden ($c_{M'}(L \cup \{M\})$), so wird der absolute Nutzwert (E_M) einer Materialisierung von M um diese Kostenersparnis erhöht und die Nutzerzahl (N_M) inkrementiert. Das intensionale Aggregationsgitter findet bei der Bewertung der aktuellen Attributkombination von M dahingehend Eingang, daß die Anzahl der Nutzer dieser Materialisierung (N_M) um die Anzahl der im Mittel ableitbaren dimensionalen Attribute einer Dimension (D^i_{avg}) erhöht wird. Der relative Nutzwert, der für eine Entscheidung einer Materialisierung der jeweiligen Attributkombination herangezogen wird, ermittelt sich aus der Division von relativer Aufwandsersparnis (E_M / N_M) und zusätzlichem Aufwand, ausgedrückt durch den für M notwendigen Speicherplatzbedarf ($|M|$). Erwährenswert an dieser Stelle ist, daß an dem Verfahren sehr deutlich das Auftreten einer Nutzen-Aufwand-Schere zu sehen ist; stark aggregierte Datenbestände weisen einen kleinen Speichermehraufwand auf, haben jedoch auch nur eine geringe Zahl (in-)direkter Nutzer. Eine zusätzliche Materialisierung von nur sehr gering voraggregierten Datenbeständen hingegen impliziert eine große Anzahl von Nutzern sowohl im extensionalen als auch im intensionalen Aggregationsgitter, muß jedoch auch mit einem erhöhten Speichermehraufwand erkauft werden.

Dieses Vorgehen propagiert, daß der extensionale Kontext, soweit es die vorgegebene Grenze des verfügbaren Speicherplatzmehraufwandes zuläßt, voll ausgewertet wird, d.h. eine Aggregation für jede Kombination klassifikatorischer Attribute durchgeführt wird. Der sich dadurch ergebende Speicherplatzmehraufwand hängt von dem Grad der Besetztheit des Rohdatenraumes ab und kann direkt den Untersuchungen aus Abschnitt 6.2.3 entnommen werden. Mit beispielsweise vier Dimensionen, je drei Klassifikationsstufen mit einem Verdichtungsverhältnis von 1:10 und einer 10%-igen Besetztheit des Datenwürfels ist mit dem 3,7-fachen des Ausgangsdatenbestandes an Speichermehraufwand zu rechnen.

Aus Zugriffssicht resultiert eine Anfrage ohne dimensionale Attribute in einem Zugriff auf das korrespondierende, oder falls nicht direkt vorhanden, auf das kleinste Präaggregat in direkter Nachbarschaft mit Bezug auf den extensionalen Granularitätenraum (Abbildung 8.5a). Bei einer eigenschaftsorientierten Exploration muß das Präaggregat gewählt werden, welches in den Dimensionen, in welchen eine Referenz dimensionaler Attribute erfolgt, das Granulat des Primärattributes besitzt. Präaggregate in anderen Dimensionen können weiterhin genutzt werden. In den Abbildungen 8.5b und 8.5c erfolgt jeweils ein zweifacher Merkmalssplit, wobei in Abbildung 8.5b die beiden dimensionalen Attribute aus der Produktdimension stammen und Vorberechnungen bezüglich der Dimensionen Geschäfte und Zeit genutzt

```
ALGORITHMUS:  Analytische Bestimmung von Präaggregaten
Eingabe:      Durchschnittliche Anzahl dimensionaler Attribute pro Dimension (D^1_avg, ..., D^n_avg),
              maximaler Speichermehraufwand S_max
Ausgabe:      Menge der zu präaggregierenden Attributkombinationen aus dem extensionalen Aggregationsgitter L

Begin
    S := 0; L := { }

    // Solange der maximale Speicherplatz nicht überschritten ist, ermittle Kombination mit größtem Nutzen
    While ( S < S_max )
        B_max := 0; CDS_max := (PA^1, ..., PA^n)
        // Bestimmung des Aufwand-/Nutzenverhältnises für jede Attributkombination aus dem extensionalen
        // Aggregationsgitter, die nicht Element der Lösungsmenge ist
        Foreach (CA^1, ..., CA^n) ∈ { (A^1, ..., A^n) | ∀i (1≤i≤n: [PA^i] ≤ [A^i] ≤ [Total] ) ∧ (A^1, ..., A^n) ∉ L }
            M := ( [M, t_A, t_D], [('ALL', ..., 'ALL')], [ (CA^1, ..., CA^n) ] )

            N_M := 0; E_M := 0
            Foreach (CA'^1, ..., CA'^n) ∈ { (A^1, ..., A^n) | ∀i (1≤i≤n: [CA^i] ≤ [A^i] ≤ [Total] ) ∧ (A^1, ..., A^n) ∉ L }

                // Bestimme Berechnungsaufwand bzgl. aktueller Lösungsmenge plus Kandidat M
                M' := ( [M, t_A, t_D], [('ALL', ..., 'ALL')], [ (CA'^1, ..., CA'^n) ] )
                A_M' := c_M' (L ∪ { M })      // c_M' (L ∪ { M }): Kosten der horizontalen Komposition von M' m
                A'_M' := c_M' (L)             // c_M' (L): Kosten der horizontalen Komposition von M' ohne M

                // Gesamtersparnis E_M erhöhen und Nutzerzahl inkrementieren,
                // falls M' durch M günstiger berechnet werden kann
                If ( A'_M' ≥ A_M' )
                    E_M := E_M + ( A'_M' - A_M' )
                    N_M := N_M + 1
                End If
            End Foreach

            // Bestimme Einfluß dimensionaler Attribute
            For i := 1 To n
                If ( [CA^i] == 0 )
                    N_M := N_M * D^i_avg
                End If
            End For

            // Bestimme den relativen Nutzwert aus absoluten Nutzen pro Aufwand
            Benefit[M] := E_M / N_M * 1 / |M|       // relative Aufwandsersparnis / Speicherkosten von M

            // Merke die Aggregationskombination mit maximalem Nutzen
            If (Benefit[M] > B_max )
                B_max := Benefit[M]
                CDS_max := (CA^1, ..., CA^n)
            End If
        End Foreach

        // Füge lokal beste Attributkombination der Lösungsmenge hinzu und erhöhe entsprechend Speicherbedarf
        M_max := ( [M, t_A, t_D], [('ALL', ..., 'ALL')], [ CDS_max ] )
        L := L ∪ { M_max }
        S := S + | M_max |
    End While
End
```

werden können. Im Fall der Abbildung 8.5c muß aufgrund des dimensionalen Attributes Werbeperiode für die Ausweisung einer durchgeführten Werbekampagne zusätzlich in der Zeitdimension ein Rückgriff auf Primärattributebene erfolgen.

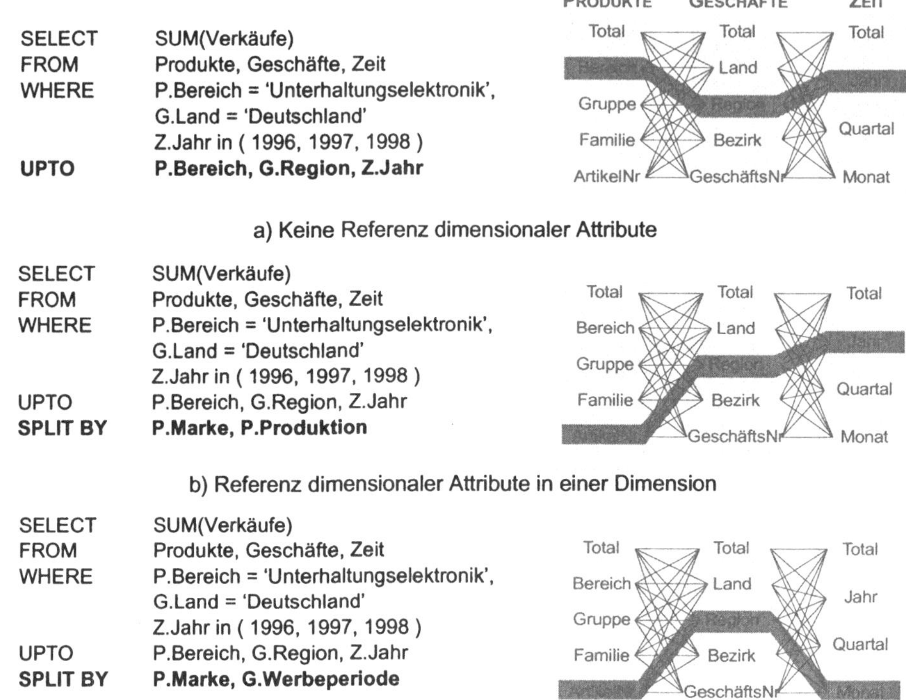

c) Referenz dimensionaler Attribute in mehr als einer Dimension

Abb. 8.5: Zugriffsmuster für die Apriori-Präaggregationsstrategie

8.2.2 Zusammenfassung und Bewertung

Die zentrale Idee der vorgestellten Apriori-Präaggregationsstrategie besteht darin, den extensionalen Granularitätenraum von den Aggregationsgittern abzukoppeln, welche durch dimensionale Attribute aufgespannt werden. Als Empfehlung für eine Präaggregation werden in einem zweiten Schritt diejenigen Attributkombinationen aus dem extensionalen Aggregationsgitter für eine Materialisierung vorgeschlagen, die das beste Verhältnis aus Anzahl an potentiellen Nutzern und zusätzlichem Speicherplatzaufwand aufweisen. Somit bietet diese von einem analytischen Standpunkt aus motivierte Präaggregationsstrategie große Vorteile bei der klassifikationsorientierten Analyse. Selbst eine eigenschaftsorientierte Analyse innerhalb einer Dimension erlaubt die Nutzung vorberechneter Präaggregate hinsichtlich anderer Dimensionen. Je detaillierter, d.h. eigenschaftsbezogener eine multidimensionale Analyse durchgeführt wird, desto mehr verliert diese Strategie ihren Einfluß. Somit erfüllt diese Strategie ihren Anspruch, die erste Phase eines navigatorischen Zugriffs zur Kontextfindung vollständig durch vorberechnete Aggregate zu unterstützen und merkmalsbasierte Detailuntersuchungen ad-hoc bzw. unter partieller Nutzung von Vorberechnungen in anderen Dimensionen durchzuführen.

Als wesentlicher Kritikpunkt muß in Analogie zu den in der Literatur bekannten konstruktiven Präaggregationsansätzen (Abschnitt 6.5) dieser Strategie angelastet werden, daß zum einen nur die *Attributkombinationen auf Schemaebene* und zum anderen alle *möglichen Kombinationen* als Grundlage des Aggregatauswahlverfahrens dienen. Aus einer analytischen Sichtweise kann letztendlich nur eine Bestimmung von 'präaggregationswürdigen' Gitterpunkten erfolgen. Weiterhin muß den konstruktiven Ansätzen der Nachteil zugesprochen werden, daß eine Abschätzung der zukünftigen Größen der Aggregate notwendig ist. Existierende Verfahren für eine derartige Abschätzung, wie beispielsweise [SDNR96], basieren entweder auf der Annahme einer gleichverteilten Datenbasis oder setzen umfangreiche Stichproben voraus. Eine Auswahl von Gitterpartitionen, die eine Berücksichtigung lokaler Auswerteschwerpunkte erlauben würde, setzt einen empirisch gesteuerten Mechanismus vorraus. Die im folgenden Abschnitt vorgestellte adaptive Präaggregationsstrategie fokussiert exakt diese Problemstellungen. Apriori-Verfahren eignen sich daher als Initialisierungsmethode für einen dynamischen und referenzierungsorientierten Präaggregationsprozeß.

8.3 Adaptive Präaggregationsstrategie

Von einem analytischen Standpunkt aus betrachtet, weisen Präaggregationsstrategien den fundamentalen Nachteil auf, daß nur aufgrund von Schemainformation die Entscheidung für eine Konfiguration einer partiellen Präaggregation gefällt wird. Durch Integration empirisch erfaßter Informationen ist es das Bestreben der in diesem Abschnitt vorgestellten adaptiven Präaggregationsstrategie, eine inkrementelle und partitionsorientierte Entscheidung für Präaggregate zu erreichen. Dazu wird in dem folgenden Abschnitt die Idee und Positionierung des Ansatzes innerhalb der Klassifikation existierender Arbeiten vorgenommen. Im zweiten Abschnitt werden die einzelnen Einflußfaktoren, die die in Abschnitt 8.3.3 vorgenommene Ermittlung des relativen Nutzwertes eines multidimensionalen Objektes wesentlich beeinflussen, detailliert erläutert und diskutiert. Die beiden letzten Abschnitte stellen strukturell die in dieser adaptiven Präaggregationsstrategie eingesetzten Verdrängungs- und Reorganisationsalgorithmen dar.

8.3.1 Idee und Positionierung des Ansatzes

Als zentrales Merkmal im Vergleich zu einer Apriori-Strategie ist einer adaptiven Präaggregationsstrategie zu Eigen, daß diese nicht schema-, sondern auswertungs-, d.h. referenz- und kostengetrieben orientiert ist. Analog zur Idee von [ScSV96] (Abschnitt 6.6.1) werden im laufenden Betrieb eines Analysesystems die Ergebnisse aller ausgeführten Anfragen in einen Aggregatpuffer übernommen. Aufgrund der Speicherbegrenzung eines maximalen Speichermehraufwands ist ein zentrales Entscheidungsverfahren nötig, welches die Menge der Präaggregate bestimmt, die aus dem Aggregatpuffer verdrängt werden, so daß die Zusicherung einer oberen Schranke an zusätzlichem Speicherbedarf für alle verbleibenden Präaggregate erfüllt bleibt.

Grundlegende Idee der adaptiven Präaggregationsstrategie

Konzeptionell läßt sich das Prinzip der adaptiven Präaggregationsstrategie damit detaillieren, daß ein multidimensionales Objekt (in der Rolle einer Anfrage) durch Substitution aus der Menge der materialisierten multidimensionalen Objekte (in der Rolle von Präaggregaten) und, sofern dadurch keine vollständige Komposition erreicht wird, aus der Menge an Rohdatenpartitionen, ebenfalls in Form multidimensionaler Objekte, komponiert und berechnet wird. Dieses neu erzeugte multidimensionale Objekt wird konzeptionell in einem ersten Schritt der Menge materialisierter Aggregate hinzugefügt.

In einem zweiten Schritt sind im Rahmen einer Auswahl möglicher Verdrängungskandidaten diejenigen multidimensionalen Objekte zu wählen, die den Gesamtnutzen der redundant gehaltenen Präaggregate im System am geringsten verkleinern, d.h. am längsten weder direkt noch indirekt referenziert werden (Belady's Optimalitätsprinzip; [Tane92]). Unter Verdrängung ist dabei die Löschung der physischen Repräsentation des entsprechenden multidimensionalen Objektes aufzufassen. Diese Bewertung wird durch folgende Besonderheiten eines Aggregatpuffers im Vergleich zu Seitenersetzungsstrategien, wie sie aus dem Bereich der Datenbanksystemimplementierung ([LoSc87]) oder der Betriebssysteme ([Hofm91], [Tane92]) bekannt sind, zu einem äußerst komplexen Vorgang:

- Alle multidimensionalen Objekte in einem Aggregatpuffer weisen eine potentiell unterschiedliche Größe auf, während Seiten eines Hauptspeicherverwaltungssystems stets eine einheitliche Größe besitzen.

- Alle redundant gehaltenen multidimensionalen Objekte sind durch das Datenorganisationskonzept in einem globalen Kontext eingebettet. Diese semantischen Zusammenhänge existieren sowohl auf Ebene der Granularität als auch auf Partitionsebene und gilt es im Rahmen einer Verdrängungsstrategie zu berücksichtigen. Klassische Pufferersetzungsstrategien kennen kein übergeordnetes Organisationsschema der einzelnen Verdrängungsobjekte.
- Der navigatorische Zugriff auf einen multidimensionalen Datenbestand (Abschnitt 7.3.1) erlaubt es, Aspekte eines durch das Datenorganisationskonzept vorgegebenen und vorausschauenden Bewertungskriteriums in den Entscheidungsprozeß zu integrieren.

Andererseits ist jedoch als zentrale Parallele zu klassischen Ersetzungsstrategien die Eigenschaft auszumachen, daß das Referenzierungsverhalten einen entscheidenden Einfluß auf die Verdrängung eines Präaggregates aus dem Aggregatpuffer besitzt. Zusammenfassend ist es bei der Bewertung multidimensionaler Objekte im Rahmen einer dynamischen Präaggregationsstrategie wesentlich, inhaltliche Strukturen und Kenntnisse zu beachten, von denen in klassischen Ersetzungsstrategien abstrahiert wird.

Anwendbarkeit der adaptiven Präaggregationsstrategie

Im Vergleich zur Darstellung der Apriori-Präaggregationsstrategie in Abschnitt 8.2, in welcher keine instanzbasierten Aussagen getroffen werden, erscheint an dieser Stelle eine Untersuchung der Anwendbarkeit der vorgeschlagenen adaptiven Präaggregationsstrategie angemessen. Diese Untersuchung erstreckt sich zum einen auf die Unterscheidung von kompakten und nicht-kompakten multidimensionalen Objekten und zum anderen auf eine Unterstützung der vertikalen Komposition multidimensionaler Objekte durch die Präaggregationsstrategie. Abbildung 8.6 illustriert die Anwendbarkeit der Strategie, aufgeteilt nach der Möglichkeit des Einbringens neuer Präaggregate und nach der Möglichkeit der Nutzung bereits vorhandener Präaggregate zur Ableitung neuer multidimensionaler Objekte.

Abbildung 8.6a verdeutlicht die äußerst restriktive Behandlung von multidimensionalen Objekten, die prinzipiell in den Aggregatpuffer aufgenommen werden können. Aufgrund der sehr eingeschränkten Wiederverwendungsmöglichkeit und demgegenüber kompakten multidimensionalen Objekten enorm erhöhten Aufwand bei der Differenzberechnung nicht kompakter Partitionen, werden nicht-kompakte multidimensionale Objekte nicht in den Aggregatpuffer aufgenommen. Ebenfalls nicht berücksichtigt werden die Ergebnisse, die sich aus dem Prozeß einer vertikalen Komposition ergeben. Diese Entscheidung ist dadurch begründet, da zum einen

	Kompakte multidimensionale Objekte	Nicht-kompakte multidimensionale Objekte
Keine vertikale Komposition	4	8
Vertikale Komposition	4 (für Blattobjekte)	8

a) Einbringen von Präaggregaten

	Kompakte multidimensionale Objekte	Nicht-kompakte multidimensionale Objekte
Keine vertikale Komposition	4	4
Vertikale Komposition	4 (für Blattobjekte)	4 (für Blattobjekte)

b) Nutzen von Präaggregaten

Abb. 8.6: Anwendbarkeit der dynamischen Präaggregationsstrategie

die Wiederverwendbarkeitsrate geringer als bei Anwendung einfacher Aggregationsoperatoren ist. Zum anderen ist der Test auf (Teil-)Ableitbarkeit algebraischer Ausdrücke, wie sie in einer vertikalen Komposition auftreten, zu umfangreich, um ein effizientes dynamisches Präaggregationskonzept zu realisieren. Lediglich die Zwischenergebnisse, die sich durch direkte Anwendung einer Aggregationsoperation ergeben, finden im kompakten Fall Eingang in die Aggregatpufferverwaltung. Abschnitt 9.1.3 greift diese Thematik im Kontext der Darstellung der einzelnen Phasen der multidimensionalen Anfrageverarbeitung aus einer realisierungstechnischen Perspektive erneut auf.

Die Berechnung neuer multidimensionaler Objekte hingegen erfolgt prinzipiell durch den Vorgang der Substitution mit Bezug auf die Menge der redundant gehaltenen Aggregate (Abbildung 8.6b). Da, wie bereits geschildert, keine Ableitbarkeit für multidimensionale Objekte als Ergebnis einer vertikalen Komposition definiert ist, ist die Nutzung von Präaggregaten für den Prozeß der vertikalen Komposition auf die Blattobjekte des entsprechenden azyklischen Anfrageausführungsgraphen (Abschnitt 7.3.3) reduziert.

Die adaptive Präaggregationsstrategie ist gemäß diesen Erläuterungen ausgerichtet auf die Unterstützung eines navigationsorientierten und insbesondere eigenschaftsorientierten Zugriffs, wie er typischerweise in 'Online-Analytical-Processing'-Umgebungen auftritt. Spezielle Erweiterungen zur Beschleunigung komplexer Auswertungen werden aktuell in der Literatur diskutiert ([ZDNS98]), gehen jedoch über den Umfang der Darstellungen in diesem Buch weit hinaus.

8.3.2 Einflußfaktoren der Aggregatverdrängungsstrategie

Nach der Vorstellung der allgemeinen Idee des dynamischen Aggregationsverfahrens werden im folgenden die für eine umfassende, d.h. sowohl aufwands- als auch nutzenbezogene Bewertung eines Aggregates notwendigen Einflußfaktoren diskutiert. Da die Bewertung der Referenzierungscharakteristik eines Präaggregates entscheidenden Einfluß hat, wird im Anschluß die Bestimmung der *multidimensionalen gewichteten relativen Referenzierungshäufigkeitsdichte* für eine adäquate referenzierungsbezogene Bewertung vorgestellt. Daran schließt sich die Erläuterung der Einflußfaktoren zur Ermittlung des *Verwandtschaftsgrades zweier multidimensionaler Objekte* und zur Bestimmung der *notwendigen Wiederherstellungskosten* für den Fall einer Verdrängung des jeweiligen Präaggregates an.

8.3.2.1 Bestimmung der multidimensionalen gewichteten relativen Referenzierungshäufigkeitsdichte

Die multidimensionale gewichtete relative Referenzierungshäufigkeitsdichte ermöglicht in Anlehnung an die gewichtete Referenzdichte ([LoSc87]) eine Abschätzung des Referenzierungsverhaltens im multidimensionalen Kontext. Zu deren Berechnung sind die im folgenden aufgeführten Referenzzähler und Referenzierungsmaße notwendig.

Grund- und Referenzzähler

In Analogie zu dem LSN-Konzept ('*log sequence number*'; [LoSc87]) aus dem Bereich der Protokollierungskomponente eines Datenbanksystems enthält jedes Aggregat bei der Einlagerung in den Aggregatpuffer eine eindeutige und fortlaufende Nummer zugewiesen. Diese Nummer wird durch den Grundzähler G bestimmt, der bei Start mit 1 initialisiert und bei jeder Einlagerung inkrementiert wird*.

Neben dem systemweit gepflegten Grundzähler besitzt jedes Element des Aggregatpuffers einen Zähler für die Gesamtzahl der Referenzierungen R_{GES}, die Angabe über den erstmaligen (R_{EIN}) und den letzten Referenzierungszeitpunkt (R_{LETZT}) bezogen auf den Grundzähler. Zu jedem beliebigen Zeitpunkt kann somit aus den beiden Referenzzeitpunkten jeweils das Alter A_{EIN} des multidimensionalen Objektes seit der Einlagerung ($A_{EIN} = G - R_{EIN}$) und das Alter A_{REF} seit der letzten Referenz mit Hilfe des momentanen Wertes von G berechnet werden ($A_{REF} = G - R_{LETZT}$). Daraus ergeben sich folgende Zusicherungen für die Referenzierungszeitpunkte und Altersangaben: $R_{EIN} \leq R_{LETZT}$ und $A_{EIN} \geq A_{REF}$.

* Werden für den Grundzähler 4-Bytes reserviert, so sind entsprechend 2^{32} unterschiedliche Werte darstellbar; würde jede Sekunde ein Eintrag erfolgen, so können $\frac{1 \cdot 2^{32}}{365 \cdot 24 \cdot 60 \cdot 60} \approx \frac{4,29 \cdot 10^9}{3,15 \cdot 10^7} \approx 136$ Jahre lang eindeutige Zahlen vergeben werden.

Dimensionsorientierte relative Referenzierungshäufigkeit

Ziel der Aufzeichnung des Referenzierungsverhaltens ist es, eine möglichst exakte Referenzierung einzelner Bereiche des entsprechenden multidimensionalen Objektes nachzubilden, da eine direkt multidimensional arbeitende Referenzzählung mehr Referenzdaten als Nutzdaten erzeugen würde. Das nachfolgend eingeführte Maß der Referenzierungshäufigkeit stützt sich dabei auf eine Kombination *dimensionsorientierter Referenzierungsinformationen*, um eine möglichst gute Approximation der tatsächlichen multidimensionalen Referenzierung zu erhalten.

Für die Darstellung der unterschiedlichen Referenzierungsmaße wird das folgende multidimensionale Objekt mit Kontextdeskriptor (Video, Deutschland) und Datengranularität (ArtikelNr, Region) angenommen.

$$M = (\ [\ \text{Verkäufe}, \text{'}\Sigma\text{'}, \text{'N'}],\ [\ (\text{Video}, \text{Deutschland})\ ]\ [\ (\text{ArtikelNr}, \text{Region})\ ]\ )$$

Da dimensionale Attribute nicht für eine Partitionierung herangezogen werden, reicht die Betrachtung eines multidimensionalen Objektes vom Typ eines 'classical cube'-MOs aus. Für die folgende dimensionslokale Betrachtung bezeichne C das Klassifikationsobjekt der Dimension aus dem Kontextdeskriptor (Video für die Produktdimension) und CA das Klassifikationsattribut der Dimension aus dem Kontextdeskriptorschema (ArtikelNr für die Produktdimension); die Klassifikationsstufen werden durch die Variablen p bzw. q für die Klassifikationsstufe von C (p = [C]) bzw. von CA (q = [CA]) benannt.

Für jedes Klassifikationsattribut C', welches in einer Dimension für ein multidimensionales Objekt partitionsbestimmend sein kann, wird die Anzahl von Referenzen $R_{C'}$ aufgezeichnet. Für ein multidimensionales Objekt muß demnach für jede Dimension die Summe aller Referenzen $R_{C'}$ gleich der Gesamtzahl von Referenzierungen R_{GES} gelten:

$$R_{GES} = \sum_{k=q}^{p} \left(\sum_{C' \in DOM(C_{|CA_k})} R_{C'} \right)$$

Die Referenzierungsinformationen $R_{C'}$ eines Klassifikationsobjektes C' werden zur Berechnung der *relativen Referenzierungshäufigkeit einer Dimension* herangezogen. Dazu werden sie in einem ersten Schritt mit der Anzahl der subsumierten Klassifikationsobjekte, bezogen auf das Kontextdeskriptorschema des multidimensionalen Objektes, gewichtet ($|DOM(C'_{|CA})| \cdot R_{C'}$). Diese Gewichtung sorgt dafür, daß große Partitionen stärker als kleine Teilbereiche berücksichtigt werden. Für jedes Klassifikationsobjekt zwischen der Klassifikationsstufe der Kontextdeskriptorschemaangabe (q) und des Kontextdeskriptors (p) werden diese Referenzen aufsummiert und durch die Division mit der Gesamtzahl der vom Klassifikationsobjekt C überdeckten Klassifikationsobjekte ($DOM(C_{|CA})$) normalisiert:

$$R_{DIM} = \frac{1}{DOM(C_{|CA})} \cdot \sum_{k=q}^{p} \left(\sum_{C' \in DOM(C_{|CA_k})} |DOM(C'_{|CA})| \cdot R_{C'} \right)$$

Abbildung 8.7 zeigt die Ermittlung der relativen Referenzierungshäufigkeit für die Produktdimension. In der Tabelle werden die einzelnen Referenzierungen auf die einzelnen Klassifikationsobjekte, die jeweilige Anzahl von Klassifikationsknoten auf Ebene des Kontextdeskriptorschemas und die damit gewichteten Referenzierungen aufgelistet.

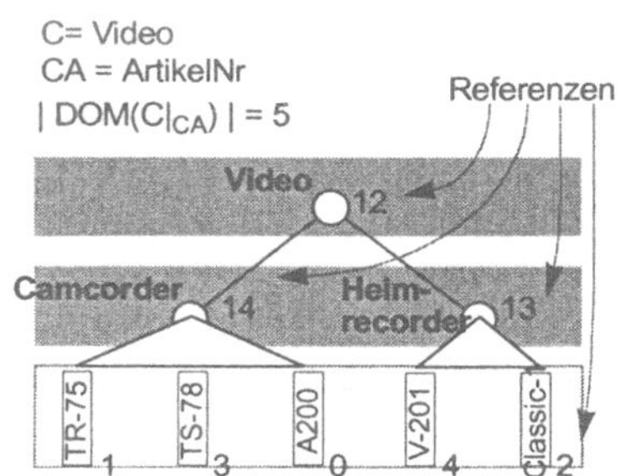

Klassifikations-objekt C'	Referenzierungen pro Knoten ($R_{C'}$)	$\|DOM(C'_{\|CA})\|$	$\|DOM(C'_{\|CA})\| * R_{C'}$
Video	12	5	60
Camcorder	14	3	42
Heimrecorder	13	2	26
TR75	1	1	1
TS78	3	1	3
A200	0	1	0
V201	4	1	4
Classic-1	2	1	2

$$\text{Mittelwert } R_d = \frac{60+42+26+1+3+0+4+2}{5} = \frac{138}{5} = 27{,}6$$

Abb. 8.7: Mittlere Referenzierungszahl pro Zelle in einer Dimension

Die relative Referenzierungshäufigkeit eines multidimensionalen Objektes für eine Dimension R_{DIM} gibt somit die mittlere Referenzierungszahl von Zellen auf der Granularität des Kontextdeskriptorschemas aus dimensionslokaler Sicht an. Für obiges Beispiel wird jede Zelle aus Sicht der Produktdimension 27,6-mal referenziert.

Relative Referenzierungshäufigkeit

Eine Multiplikation aller dimensionslokalen relativen Referenzierungshäufigkeiten (R^i_{DIM}) und entsprechender Normalisierung über die Gesamtreferenzierungshäufigkeit ergibt als multidimensionales Referenzierungsmaß die *relative Referenzierungshäufigkeit* R_{REF}.

$$R_{REF} = \frac{1}{(R_{GES})^{n-1}} \cdot \prod_{i=1}^{n} R^i_{DIM}$$

Dabei wird das Produkt der dimensionslokalen relativen Referenzierungshäufigkeiten dividiert durch die Gesamtzahl der Referenzen (R_{GES}), die wiederum mit der um eins erniedrigten Anzahl an Dimensionen des multidimensionalen Objektes potenziert wird. Bei einer Dimension ($n = 1$) stimmt die dimensionslokale mit der multidimensionalen relativen Referenzierungshäufigkeit überein. Durch diese Berechnung wird die mittlere Anzahl an Referenzierungen pro Zelle des multidimensionalen Objektes ermittelt.

In Abbildung 8.8 werden drei unterschiedliche Szenarien zur Bestimmung der relativen Referenzierungshäufigkeit vorgestellt, wobei jeweils eine andere multidimensionale Teilraumreferenzierung erfolgt. Im Szenario aus Abbildung 8.8a wird neben der Grundreferenzierung auf den gesamten Kontextdeskriptor des multidimensionalen Objektes (Video, Deutschland) ein dreifacher Zugriff auf die Partitionen (Video, Norddeutschland) und (Video, Süddeutschland) angenommen. Die relative Referenzierungshäufigkeit beträgt vier Referenzen pro Ergebniszelle. In den beiden weiteren Szenarien (Abbildung 8.8b und 8.8c) werden ebenfalls nach einer Grundreferenzierung auf dem Gesamtbereich Partitionen alternierend für jede Produktfamilie pro Region referenziert. Durch die Gewichtung der Referenzen mit der Anzahl subsumierter Elemente ergibt sich für die Produktfamilie mit größerer Kardinalität (Camcorder) eine höhere relative Referenzierungshäufigkeit als für die Aufteilung nach der Produktfamilie Heimrecorder.

Gewichtete relative Referenzierungshäufigkeitsdichte

In einem letzten Schritt wird die relative Referenzierungshäufigkeit mit den Zeitintervallen seit der Einlagerung (A_{EIN}) und der letzten Referenzierung (A_{REF}) in Verbindung gebracht, so daß sich das endgültige Referenzierungsmaß zur *gewichteten relativen Referenzierungshäufigkeitsdichte* eines multidimensionalen Objektes *M* ergibt.

$$R_{REL}(M) = \frac{R_{REF}}{A_{EIN} + 1} \cdot \frac{A_{EIN} - A_{REF} + 1}{A_{REF} + 1}$$

Das auf den Altersangaben und den Referenzierungshäufigkeiten basierende Referenzierungsmaß verhindert, daß punktuell starke Referenzierungen auf ein multidimensionales Objekt, diesem zu einem ungerechtfertigt langen Aufenthalt im Aggregatpuffer verhelfen. Die Inkrementierung der Differenz $A_{EIN} - A_{REF}$ ist nötig, da beide Altersangaben zum Zeitpunkt der Einlagerung übereinstimmen und sich dadurch fälschlicherweise $R_{REL} = 0$ ergeben würde; analog werden die Nenner jeweils inkrementiert, um eine Division durch Null zu vermeiden.

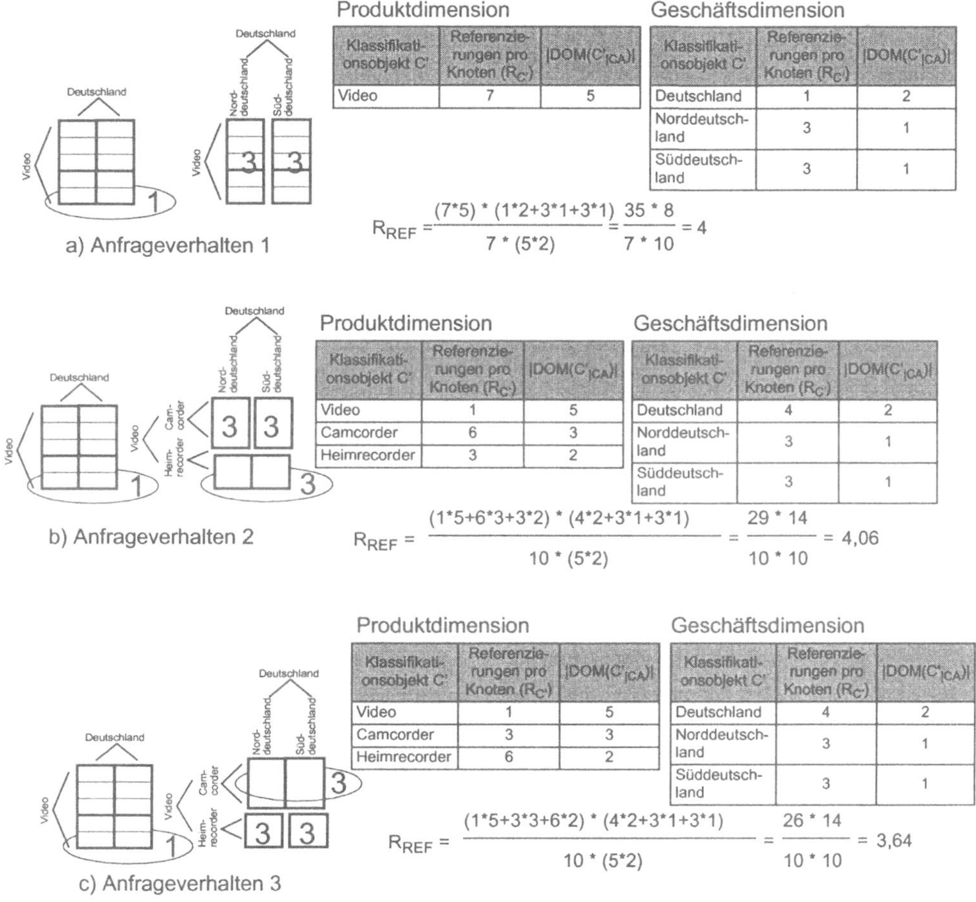

Abb. 8.8: Beispielszenarien zur Ermittlung der relativen Referenzierungshäufigkeit

8.3.2.2 Bestimmung des Verwandtschaftsgrades multidimensionaler Objekte

Das globale Datenorganisationskonzept erlaubt es, strukturelles Wissen in die Bewertung multidimensionaler Objekte in der Rolle von Präaggregaten zu integrieren. Als inhaltlicher Bewertungsaspekt wird im folgenden der Verwandschaftsgrad zwischen zwei multidimensionalen Objekten bestimmt. Die Definition des Verwandtschaftsgrades zweier multidimensionaler Objekte entspricht im wesentlichen der Anzahl von Navigationsschritten, die zur Überführung eines multidimensionalen Objektes in das andere notwendig sind. Eine geringe Anzahl deutet somit auf eine enge Verwandtschaft, eine hohe Anzahl notwendiger Navigationsschritte auf eine nur sehr entfernte Verwandtschaft hin. In Anlehnung an das Datenmanipulationskonzept für die interaktive Analyse wird der Verwandtschaftsgrad zwischen einem multidimensionalen Objekt $M = ([M, t_A, t_D], [CCD], [CDS, D])$ und einem multidimensionalen Objekt $M' = ([M', t'_A, t'_D], [CCD'], [CDS', D'])$ aus der Summe der folgenden Komponenten gebildet:

- *Anzahl der Operationen für die klassifikatorische Bereichsspezifikation:*
  In jeder Dimension der multidimensionalen Objekte bestimmt die Summe der Abstände der Klassifikationsobjekte (Abschnitt 7.1.4.3) der kompakten Kontextdeskriptoren die Anzahl der für eine Bereichsüberdeckung notwendigen Schritte:

$$V_{slice/unslice} = \sum_{i=1}^{n} \left\| C^i, C'^i \right\| \text{, wobei } C^i \in CCD \text{ und } C'^i \in CCD'.$$

- *Anzahl klassifikationsorientierter Navigationsoperationen:*
  Da klassifikationsorientierte Navigationsoperationen das Kontextdeskriptorschema eines multidimensionalen Objektes verändern, ergibt sich die Anzahl notwendiger klassifikationsorientierter Navigationsoperatoren aus der 'Subtraktion' der beiden Kontextdeskriptorschemata CDS von *M* und CDS' von *M'*:

$$V_{drill\text{-}down/roll\text{-}up} = \sum_{i=1}^{n} \left| [CA^i] - [CA'^i] \right| \text{, wobei } CA^i \in CDS \text{ und } CA'^i \in CDS'.$$

- *Anzahl eigenschaftssorientierter Navigationsoperationen*
  Die Anzahl der den Verwandtschaftsgrad beeinflussenden eigenschaftssorientierten Navigationsoperationen läßt sich aus dem Verhältnis der Mengen dimensionaler Attribute ermitteln:

$$V_{split/merge} = | D \cup D' | - | D \cap D' | \text{, wobei D aus } M \text{ und D' aus } M'.$$

Die Verwandtschaft zweier multidimensionaler Objekte resultiert aus der Summe dieser Einzelfaktoren:

$$V = V_{slice/unslice} + V_{drill\text{-}down/roll\text{-}up} + V_{split/merge}$$

Dieses Verwandtschaftsmaß ergibt Null, falls beide multidimensionale Objekte identisch sind. Der Einflußfaktor zur Abschätzung des Verwandtschaftsgrades G_V bestimmt sich dann für zwei beliebige multidimensionale Objekte *M* und *M'* aus dem Reziprokwert des inkrementierten Verwandtschaftsmaßes V:

$$G_V(M, M') = \frac{1}{1 + V} = \frac{1}{1 + V_{slice/unslice} + V_{drill\text{-}down/roll\text{-}up} + V_{split/merge}}$$

Das Konzept des Verwandtschaftsgrades am Beispiel erläutert, ergibt für die beiden folgenden multidimensionalen Objekte

M = ([Verkäufe, 'Σ', 'N'], [(Video, Norddeutschland)],
[(Familie, GeschäftsNr), { Marke, ProdLand, Geschäftstyp }])

M' = ([Verkäufe, 'Σ' , 'N'], [(Video, Süddeutschland)]
[(ArtikelNr, Region) , { Marke, Geschäftstyp, Videosystem }])

ein Verwandtschaftsmaß von 7. Daraus resultiert ein Verwandtschaftgrad von $G_V(M, M'') = 0.125$. Das Verwandtschaftsmaß setzt sich aus den folgenden Einzelwerten zusammen:

$V_{slice/unslice}$ = (|| Video, Video || + || Norddeutschland, Süddeutschland ||) = 0 + 2 = 2

$V_{drill\text{-}down/roll\text{-}up}$ = (| [Familie] - [ArtikelNr] | + | [GeschäftsNr] - [Region] |) = 1 + 2 = 3

$V_{split/merge}$ = | { Marke, ProdLand, Geschäftstyp } ∪ { Marke, Geschäftstyp, Videosystem } | -
| { Marke, ProdLand, Geschäftstyp } ∩ { Marke, Geschäftstyp, Videosystem } | = 2

8.3.2.3 Bestimmung der Wiederherstellungskosten eines multidimensionalen Objektes

Die Grundidee einer partitionsorientierten Aggregatverwaltung impliziert, daß ein einzelnes multidimensionales Objekt durch den Vorgang der horizontalen Komposition bzw. durch eine Substitution aus einer Menge multidimensionaler Objekte aggregationstechnisch hervorgehen kann. Diese Eigenschaft ermöglicht die Definition eines weiteren Einflußfaktors für die Verdrängungsbewertung. Ein Präaggregat, welches nur unter hohen Berechnungskosten aus den im Puffer verbleibenden multidimensionalen Objekten wiederhergestellt werden kann, ist für den Verbleib im Puffer im Vergleich zu Objekten, die mit geringem Aufwand 'restauriert' werden können, zu bevorzugen.

Der Einflußfaktor der Wiederherstellungskosten $W_K(M, \{M_1, ..., M_n\})$ eines multidimensionalen Objektes M aus einer Menge kompakter multidimensionaler Objekte $\{M_1, ..., M_n\}$ ergibt sich aus den Gesamtkosten der des Substitutionsvorganges zugrundeliegenden horizontalen Komposition des multidimensionalen Objektes M durch $\{M_1, ..., M_n\}$.

8.3.3 Relativer Nutzen eines multidimensionalen Objektes

Die drei im vorangegangenen Abschnitt definierten Einflußgrößen werden in diesem Abschnitt für die Bewertung eines multidimensionalen Objektes in einen gemeinsamen Kontext eingebettet, woraus eine entsprechende Bewertungszahl abgeleitet wird, die die Rangfolge für die Verdrängung bestimmt. Dieser gemeinsame Kontext wird durch den im folgenden eingeführten relativen Nutzen eines multidimensionalen Objektes geschaffen.

Der relative Nutzwert eines multidimensionalen Objektes M unter der Nebenbedingung einer bereits präaggregierten Menge multidimensionaler Objekte B und eines aktuell referenzierten multidimensionalen Objektes M_Q ergibt sich durch die Bewertungszahl

$$\mathrm{B}_{M_Q}(M, \mathrm{B}) = \lambda \frac{\mathrm{N}_M}{\mathrm{A}_M},$$

wobei für die einzelnen Faktoren gilt:

- N_M: *Nutzen des multidimensionalen Objektes M*
  Die Abschätzung eines Nutzens ist bestimmt durch die Anzahl der Aggregationsgitterknoten, die im geschachtelten Aggregationsgitter maximal ableitbar sind. Der extensionale Teil ergibt sich aus dem Produkt der Differenzen der Klassifikationsstufen des kompakten Kontextdeskriptors $[C^i]$ und Kontextdeskriptorschemas $[CA^i]$; der intensionale Anteil entspricht der Anzahl der im multidimensionalen Objekt existierenden dimensionalen Attribute D:
  $$\mathrm{N}_M := \prod_{i=1}^{n} ([C^i] - [CA^i]) \cdot (D + 1)$$
- Beachtenswert bei dieser Bewertung des Nutzens ist, daß die Größe eines multidimensionalen Objektes durch den 'Abstand' von CCD und CDS einen impliziten Einfluß besitzt. Kleine Objekte mit entsprechend kleinem 'Abstand' weisen dadurch einen entsprechend niedrigeren Nutzwert auf, was einer Zersplitterung der Pufferbelegung und einer Erhöhung des Verwaltungsaufwandes entgegenwirkt.

- A_M: *Aufwand des multidimensionalen Objektes M*
  Die Aufwandsabschätzung korrespondiert mit dem Umfang des von M benötigten Speicherplatzmehraufwands, so daß gilt:
  $$\mathrm{A}_M := |M|$$

- λ: *Gewichtung durch Einflußfaktoren*
  Der Gewichtungsfaktor λ repräsentiert eine Kombination von Einflußfaktoren, zusammengesetzt aus der multidimensionalen gewichteten relativen Referenzierungshäufigkeitsdichte $R_{REL}(M)$, des Verwandtschaftsgrades $G_V(M, M_Q)$ und den geschätzten Wiederherstellungskosten $W_K(M, (B \cup \{ M_Q \}) \setminus \{ M \}))$.

Da die einzelnen Einflußfaktoren stark unterschiedliche Bildbereiche aufweisen, ist eine entsprechende Normierung durch eine Multiplikation mit nicht-negativen Normierungsfaktoren (μ_{REL}, μ_V, μ_K) erforderlich. Darüber hinaus werden die Einflußfaktoren jeweils durch einen vom Administrator steuerbaren Parameter (ε_{REL}, ε_V, ε_K) gewichtet:

$$B_{M_Q}(M, B) = (1 + \mu_{REL} \cdot \varepsilon_{REL} \cdot R_{REL}(M) + \mu_V \cdot \varepsilon_V \cdot G_V(M, M_Q) + \mu_K \cdot \varepsilon_K \cdot W_K(M, (B \cup \{ M_Q \}) \setminus \{ M \})) \cdot \frac{N_M}{A_M}$$

Als Sonderfall dieser relativen Nutzenermittlung eines multidimensionalen Objektes, wie er auch in dem nachfolgenden Algorithmus auftritt, ist die Berechnung des als M_Q eingehenden aktuellen multidimensionalen Objektes zu werten, da sich die Ermittlung mit $R_{REL}(M_Q) \equiv 1$, $G_V(M_Q, M_Q) \equiv 1$ und $(B \cup \{ M_Q \}) \setminus \{ M_Q \}) \equiv B$ zu folgendem Ausdruck vereinfacht:

$$B_{M_Q}(M_Q, B) = (1 + \mu_{REL} \cdot \varepsilon_{REL} + \mu_V \cdot \varepsilon_V + \mu_K \cdot \varepsilon_K \cdot W_K(M_Q, B)) \cdot \frac{N_{M_Q}}{A_{M_Q}}.$$

Für die vollständige Bestimmung des Gewichtungsfaktors λ sind die Normierungsfaktoren der einzelnen Einflußfaktoren (μ_{REL}, μ_V, μ_K) so zu bestimmen, daß im Mittel jeder Einflußfaktor einen gleich starken Einfluß auf die Zusammensetzung des Gewichtungsfaktors λ nimmt. Mit m_{REL}, m_V und m_K als Mittelwerte der Einflußfaktoren R_{REL}, G_V und W_K gilt stets folgende Gleichung, aus der sich die Normierungsfaktoren ableiten lassen:

$$\mu_{REL} \cdot m_{REL} = \mu_V \cdot m_V = \mu_K \cdot m_K, \text{ mit:} \qquad \mu_{REL} = 1; \;\; \mu_V = \frac{m_{REL}}{m_V}; \;\; \mu_K = \frac{m_{REL}}{m_K}$$

Da die Ermittlung der verbleibenden Mittelwerte entweder nur sehr aufwendig oder wie im Fall der Referenzierungsdichte analytisch nicht möglich ist, werden die Mittelwerte dynamisch in jedem Schritt approximiert. Für jeden Mittelwert m_{REL}, m_V und m_K erfolgt entsprechend dem Gesetz der großen Zahlen die folgende inkrementelle Berechnung des Mittelwertes zum aktuellen Zeitpunkt $t=G$:

Bezeichne $m'(t)$ den Durchschnitt der aktuellen Werte aller $n(t)$ multidimensionalen Objekte der Menge B. Weiterhin bezeichne $m(t-1)$ den im vorangegangen Schritt ermittelten Mittelwert. Mit $N(t-1) = \sum_{\tau=1}^{t-1} n(\tau)$ ergibt sich der aktuelle Mittelwert $m(t)$ aus:

$$m(t) = \frac{m(t-1) \cdot N(t-1) + m'(t) \cdot n(t)}{N(t-1) + n(t)}$$

Aufgrund der Tatsache, daß die einzelnen Werte nicht sehr stark divergieren, konvergiert der berechnete Mittelwert gegen den tatsächlichen Mittelwert. Lediglich in einer Einschwingphase sind größere Abweichungen möglich.

8.3.4 Verdrängungsalgorithmus

Nach jeder Berechnung einer Anfrage durch das CUBESTAR-System wird der in diesem Abschnitt skizzierte Verdrängungsalgorithmus aufgerufen. Falls durch das Einbringen des multidimensionalen Objektes, welches die aktuelle Anfrage repräsentiert, der maximale Speichermehraufwand überschritten wird, ermittelt dieser Algorithmus die möglichst optimale Menge an multidimensionalen Objekten, die zu Gunsten des neuen Objektes aus dem Aggregatpuffer verdrängt und damit gelöscht werden. Im allgemeinen ist dieses Problem der Teilmengenbestimmung NP-vollständig, so daß in Analogie zur Differenzbildung multidimensionaler Objekte (Abschnitt 7.2.2.3) kein Verfahren angegeben werden kann, welches das Problem optimal in polynomialer Zeit lösen kann. Als Heuristik um die den potentiellen Lösungsraum einzuschränken, wird wiederum ein Greedy-Ansatz gewählt. Wie bereits in Abschnitt 7.3.4 angedeutet, fällen Greedy-Algorithmen ihre Entscheidungen aufgrund bereits angesammelter und nicht revisionsfähiger Informationen. Diese Eigenschaft verleiht der Klasse der Greedy-Algorithmen eine vergleichsweise gute Effizienz mit der Einschränkung, daß im allgemeinen keine optimale Lösung garantiert wird, da lokale Optima zu einem globalen Ergebnis kombiniert werden.

Skizzierung des Verdrängungsalgorithmus

Im ersten Schritt (1) des Verdrängungsalgorithmus (Abbildung 8.9) erfolgt für die Teilbereiche der multidimensionalen Objekte, die an der Substitution des aktuellen multidimensionalen Objektes M_Q beteiligt sind ('patch'-MO P), eine Inkrementierung der Referenzzähler. Die beiden folgenden Schritte schließen eine Verdrängung aus, falls M_Q größer als der zusätzlich zur Verfügung stehende Speicherplatz ist, falls M_Q Mikrodaten repräsentiert (2), exakt Teil eines sich bereits im Puffer befindlichen anderen multidimensionalen Objektes ist (3) oder noch ausreichend Speicherplatz zur Aufnahme von M_Q im Puffer zur Verfügung steht (4). In Schritt (5) werden für M_Q und alle sich aktuell im Puffer befindlichen multidimensionalen Objekte die im vorangegangenen Abschnitt eingeführten relativen Nutzwerte in Bezug auf M_Q ermittelt. Diese Nutzwerte werden im sich anschließenden Schritt (6) benötigt, um die Menge an potentiell zu Gunsten von M_Q zu verdrängenden Pufferobjekte zu ermitteln. Solange diese Menge noch nicht den von M_Q benötigten Speicher-

Algorithmus: Verdrängung von Präaggregaten

```
Eingabe:   existierende Präaggregate und Rohdatenobjekte B = {M_1, ..., M_n}, maximale Speicherobergrenze S_max,
           neues multidimensionales Objekt M_Q, Patch-MO P als Substitutionskonfiguration für M_Q, mit •^-1 P ⊆ B
Ausgabe:   neue Pufferkonfiguration

Begin
        S_ges := Σ_{i=1}^{n} |M_i|
        // (1) Referenzerhöhung der Bereiche, die zu M_Q beitragen
        Foreach M ∈ •^-1 P
                Foreach C' ∈ CCD_[M]
                        R_C' := R_C' + 1
                End Foreach
        End Foreach

        // (2) Keine Verdrängung, falls M_Q größer als maximaler Speichermehraufwand ist oder M_Q Rohdaten repräsentiert
        If ( (| M_Q | > S_max) ∨ (∀CA ∈ CDS_[M_Q] : [CA] == 0))
                Return B
        End If

        // (3) Keine Verdrängung, falls M_Q Teil eines Pufferelementes ist
        If ( | •^-1 P | == 1)
                M ∈ •^-1 P
                If ( ( M_Q ∩¯ M ) == M_Q )          // durch '∩¯' ist sichergestellt, daß keine Aggregation erfolgt ist.
                        Return B
                End If
        End If

        // (4) Falls noch ausreichend zusätzlicher Speicher zur Verfügung steht, M_Q einfach hinzufügen
        If ( ( S_ges + | M_Q | ) ≤ S_max )
                Return ( B ∪ { M_Q } )

        // (5) Bestimmung der Bewertungszahl für jedes multidimensionale Objekt
        Benefit[M_Q] = B_{M_Q} ( M_Q, B )           // ergibt sich aus: W_K(M_Q, ( B ))
        Foreach M ∈ B
                Benefit[M] = B_{M_Q} ( M, B )       // ergibt sich aus: R_REL(M), G_V(M, M_Q) ,W_K(M, (B ∪ { M_Q }) \ { M } ))
        End Foreach

        // (6) Bestimme die Menge der zu Gunsten von M_Q zu verdrängenden Präaggregate
        S^cand = 0; Benefit^cand = 0; L^cand = { }; M_min = ∅; Benefit[M_min] = ∞
        Do
                Foreach M ∈ { M' | M' ∈ B ∧ M' ∉ L^cand }
                        If ( Benefit[M] < Benefit[M_min] )
                                M_min := M
                        End If
                End Foreach
                S^cand := S^cand + | M_min |; Benefit^cand := Benefit^cand + Benefit[M_min]; L^cand := L^cand ∪ { M_min };
        While (S_ges + | M_Q | - S_cand > S_max)

        // (7) Ersetze Verdrängungskandidaten nur, falls Benefit[M_Q] größer als deren Gesamtbenefit ist
        If ( Benefit^cand ≤ Benefit[M_Q] )
                Foreach M ∈ L^cand
                        S_ges := S_ges - | M |
                        B := B \ { M }
                End Foreach
                B := B ∪ { M_Q }
        End If
Return B
End
```

Abb. 8.9: Verdrängungsalgorithmus der dynamischen Präaggregationsstrategie

platz zur Verfügung stellen kann (s_{ges} + | M_Q | > s_{max}), wird das Präaggregat den Verdrängungskandidaten hinzugefügt, welches den kleinsten relativen Nutzen unter den im Puffer verbleibenden multidimensionalen Objekten aufweist. Ein Vergleich der kumulierten relativen Nutzwerte mit dem Nutzwert vom M_Q entscheidet, ob eine tatsächliche Verdrängung der Verdrängungskandidaten erfolgt oder der Pufferinhalt unverändert übernommen und M_Q nicht dauerhaft materialisiert wird (7).

Die Frage nach der Komplexität des vorgestellten Algorithmus läßt sich durch Analyse der einzelnen Schritte beantworten. Mit n als der Anzahl der Präaggregate im Aggregatpuffer ergibt sich ein maximaler Gesamtaufwand von $O(n^3)$. Interessanterweise ist nicht das nach dem Greedy-Verfahren arbeitende Auswahlverfahren in Schritt (6) mit $O(n^2)$ bestimmend, sondern die vorausgehende Ermittlung der relativen Nutzwerte: für alle n Präaggregate werden durch die Technik der horizontalen Komposition mit $O(n^2)$ die Wiederherstellungskosten ermittelt, so daß die maximale Gesamtkomplexität in $O(n^3)$ resultiert. Im Vergleich zu den Aufwandsabschätzungen bekannter Präaggregationsstrategien ist die Komplexität des vorgestellten Verfahrens gleich den Verfahren von [HaRU96] und [Gupt97], wobei n im aktuellen Ansatz zu allen *tatsächlichen*, in den anderen Verfahren zu allen *möglichen* Präaggregaten korrespondiert.

Einordnung der Verdrängungsstrategie

Die vorgestellte Verdrängungsstrategie, im Kontext 'klassischer Seitenersetzungsstrategien' betrachtet, zählt eindeutig zur Klasse der 'Demand-Paging'-Verfahren ([Hofm91]), da durch eine Anfrage nur das 'angeforderte' Präaggregat (potentiell) eingelagert wird. Der Einflußfaktor der multidimensionalen gewichteten Referenzierungshäufigkeitsdichte, in welche sowohl Alter als auch Referenzierungen eingehen, rückt die vorgestellte Verdrängungsstrategie an die bekannten Verfahren wie 'Least-Recently-Used', 'Least-Reference-Density' oder 'Generalized Clock' ([LoSc87]) heran. Der Einflußfaktor der Wiederherstellungskosten eines Präaggregates reflektiert den Anspruch einer inhaltsorientierten Verdrängungsstrategie, der weit über die Konzepte klassischer Strategien hinausgeht. Der dritte Einflußfaktor, der die Verwandtschaftsbeziehungen eines Präaggregates zur aktuellen Anfrage bewertet, was einen Hinweis auf die Aktualität des entsprechenden Präaggregates liefert, deutet bereits eine Tendenz in Richtung 'Pre-Paging'-Strategie an. Zusammenfassend ist dieser Verdrängungsalgorithmus der Klasse der realisierbaren Verfahren zuzuordnen, auch wenn er Aspekte schwer-realisierbarer Verfahren enthält, bei denen Wissen über das zukünftige Referenzverhalten vorausgesetzt wird.

8.4 Simulation der Präaggregationsstrategien

In diesem Abschnitt werden die beiden vorgestellten Präaggregationsstrategien im Rahmen einer Simulation auf ihre Anwendbarkeit hin untersucht, um eine tendentielle Aussage über die Größenordnung der Anfragekostenersparnis bei entprechendem zusätzlichem Speicheraufwand treffen zu können. Auf eine Extrapolation dieser Ergebnisse im Hinblick auf eine Allgemeingültigkeit der Simulationsläufe, was bereits durch das Prinzip einer Simulation impliziert wird, wird dabei explizit verzichtet.

Im ersten Abschnitt wird die Simulationsumgebung skizziert, wobei auf das Verfahren der navigationsorientierten Anfragegenerierung und auf die konkrete Konfiguration der Simulation eingegangen wird. Im zweiten Abschnitt erfolgt dann die Vorstellung ausgewählter Simulationsergebnisse für die adaptive Präaggregationsstrategie. Der dritte Abschnitt skizziert einen Vergleich der adaptiven Präaggregationsstrategie mit der Apriori-Präaggregationsstrategie, wie sie in Abschnitt 8.2 erläutert wird.

8.4.1 Simulationsumgebung und Simulationskonfiguration

Die folgenden Meßergebnisse basieren auf dem CUBESTAR-Server wie er in Abschnitt 9.1.2 strukturell skizziert wird. Ein Simulationsbetrieb des CUBESTAR-Servers unterscheidet sich vom normalen Betrieb lediglich in zwei Punkten: Zum einen unterbleibt die letzte Phase der Anfrageverarbeitung, in welcher der Anfrageausführungsplan in Form einer SQL-Anweisung erzeugt und ausgeführt wird. Zum anderen wird künstlich eine Sequenz von Anfragen erzeugt, die an den CUBESTAR-Server gerichtet wird.

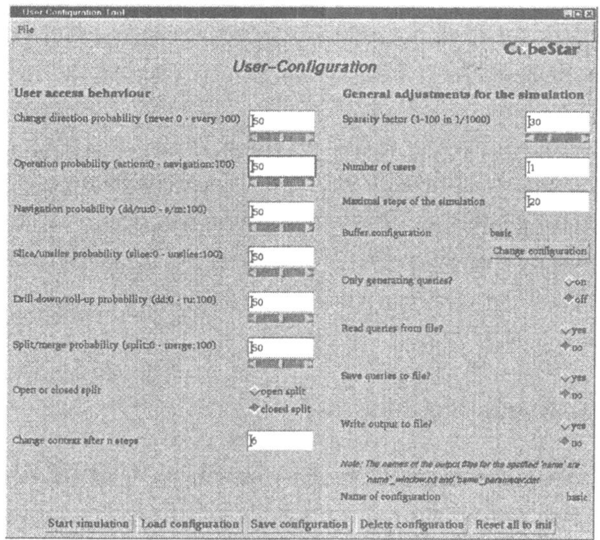

Abb. 8.10: Konfiguration der Simulationsumgebung

Generierung einer Anfragesequenz

Die CUBESTAR-Simulationsumgebung (Abbildung 8.10) bietet in Kombination mit der Pufferkonfiguration die Möglichkeit, eine frei konfigurierbare Sequenz von Anfragen zu erzeugen und deren Bearbeitung mit der gewählten Pufferkonfiguration zu simulieren.

In der Spalte '*user access behaviour*' des Dialogfensters der CUBESTAR-Simulationskonfiguration (Abbildung 8.10) werden die im folgenden beschriebenen Entscheidungswahrscheinlichkeiten für die Generierung der navigationsorientierten Anfragesequenz spezifiziert. Die zweite Spalte '*general adjustments*' der Simulationskonfiguration dient dazu, weitere Einstellungen wie die in dem Simulationslauf angenommene Dünnbesetztheit des simulierten Datenbestandes, die Anzahl der gleichzeitig simulierten Benutzer, Anzahl der Simulationsschritte und die für die Simulation gültige Pufferkonfiguration (Abschnitt 8.3.3) zu parametrisieren.

Im Rahmen einer systematischen Anfragegenerierung ist in einem ersten Schritt zu entscheiden, ob ein Kontextwechsel vorgenommen wird, oder eine Manipulation des Ergebnisses einer vorangegangenen Anfrage erfolgt. Bei einem Kontextwechsel wird der 'Einstiegspunkt' (Dimensionen, Bereichseinschränkung und Datengranularität) eines Benutzers für eine multidimensionale Datenraumexploration bestimmt. Liegt kein Kontextwechsel vor, so ist basierend auf einer vorangegangenen Anfrage eine Manipulation durch einen der sechs Operatoren des multidimensionalen Datenmanipulationskonzeptes für die interaktive Analyse (Abschnitt 7.3.1) vorzunehmen. Dazu ist in einem ersten Schritt eine Dimension auszuwählen, auf die die nachfolgende Operation angewendet wird. Bei der Wahl der Operation ist eine Auswahl zwischen einer Analyseoperation ('slice'/'un-slice') oder eine Navigationsoperation mit impliziter Aggregation zu treffen. Bei letzterer ist wiederum zwischen einer klassifikationsorientierten ('drill-down'/'roll-up') und einer eigenschaftsorientierten Navigationsoperation ('split'/'merge') zu unterscheiden.

Simulationskonfiguration

Die Ergebnisse der in den folgenden Abschnitten vorgestellten Simulationsläufe basieren auf einem multidimensionalen Datenschema mit drei Dimensionen, mit jeweils einer vier-, fünf- und sechs-stufigen Klassifikationshierarchie. Tabelle 8.1 enthält die weiteren Angaben hinsichtlich der Anzahl von Klassifikationsobjekten, dimensionalen Elementen und der Anzahl globaler und lokaler dimensionaler Attribute je Klassifikationsobjekt. Bei einem für die Simulation angenommenen Grad der Dünnbesetztheit von 3,5% ergibt sich ein potentielles Rohdatenvolumen von 250.000 Zellen des multidimensionalen Würfels.

	Dimension 1	Dimension 2	Dimension 3
Anzahl der Hierarchiestufen	4	5	6
Anzahl der Klassifikationsobjekte	40	63	121
Anzahl dimensionaler Elemente	162	195	281
Anzahl dimensionaler Attribute des Klassifikationsobjektes 'ALL'	4	2	2
Anzahl lokaler dimensionaler Attribute	2	3	2

Tab. 8.1: Konfiguration des Datenstrukturschemas für die Simulation

Ermittelte und abgeleitete Kenngrößen

Für die nachfolgende Bewertung der Simulationsergebnisse ist eine Zusammenstellung der ermittelten und abgeleiteten Kenngrößen erforderlich. Um die Kostenersparnis durch den Einsatz der Präaggregationsstrategie zu ermitteln, werden in jedem Simulationsschritt die potentiellen Anfrageausführungskosten $c(t)$ bzgl. der aktuellen Pufferkonfiguration (Abschnitt 7.3.4) und bzgl. einer Berechnung gegen die Rohdaten ermittelt ($c^R(t)$). Desweiteren wird zur Ermittlung des durchschnittlichen Gesamtnutzwertes $B(t)$ zum Zeitpunkt t das Ergebnis der Nutzwertberechnung für jedes multidimensionale Objekt im Aggregatpuffer $B[M](t)$ ausgegeben. Der maximal verfügbarer Speicherplatz des Aggregatpuffers wird mit S_{max} benannt..

Alle daraus abgeleiteten Werte sind in Tabelle 8.2 zusammengefaßt. Zentral für die Bewertung einer Präaggregationsmethode ist dabei das Ergebnis der durchschnittlichen Reduktion der Anfrageausführungskosten $R(t)$. Neben dem Gesamtnutzwert aller multidimensionalen Objekte im Aggregatpuffer finden sich in dieser Aufstellung die Angaben der durchschnittlichen Pufferauslastung $U(t)$ und damit verwandt die Angabe, welchen prozentualen Anteil ein multidimensionales Objekt am zusätzlich verfügbaren Speicherplatz einnimmt. Diese Angabe ist implizit ein Maß für die Anzahl und für die durchschnittliche Größe der Elemente im Aggregatpuffer.

Kumulierte Anfrageausführungskosten unter Berücksichtigung vorhandener Präaggregate	$C(t) = \sum_{\tau=1}^{t} c(\tau)$
Kumulierte Anfrageausführungskosten hinsichtlich einer Anfrageausführung auf Rohdatenbasis	$C^R(t) = \sum_{\tau=1}^{t} c^R(\tau)$
Durchschnittliche Reduktion der Anfrageausführungskosten	$R(t) = \frac{C^R(t) - C(t)}{C^R(t)}$
Durchschnittlicher relativer Gesamtnutzwert der multidimensionalen Objekte im Aggregatpuffer bis einschließlich Zeitpunkt t	$B(t) = \frac{1}{t} \cdot \sum_{\tau=1}^{t} \left(\sum_{i=1}^{n(\tau)} B[M_i](t) \right)$
Durchschnittliche Auslastung des Aggregatpuffers	$U(t) = \frac{1}{S_{max}} \cdot \frac{1}{t} \cdot \sum_{\tau=1}^{t} \left(\sum_{i=1}^{n(\tau)} \lvert M_i \rvert \right)$
Durchschnittlicher Anteil eines multidimensionalen Objektes am Aggregatpuffer	$A(t) = \frac{1}{S_{max}} \cdot \frac{1}{t} \cdot \sum_{\tau=1}^{t} \left(\frac{1}{n(\tau)} \cdot \sum_{i=1}^{n(\tau)} \lvert M_i \rvert \right)$

Tab. 8.2: Abgeleitete Kenngrößen zur Bewertung einer Präaggregationsstrategie

8.4.2 Simulation mit adaptiver Präaggregationsstrategie

Dieser Abschnitt untersucht das Verhalten der adaptiven Präaggregationsstrategie in der zuvor definierten Konfiguration. Die Untersuchung gliedert sich dabei in zwei Teile: Im ersten Teil wird für eine konstante Anfragesequenz eines einzelnen simulierten Benutzers die maximale Größe des zur Verfügung stehenden Aggregatpuffers variiert und die aus den resultierenden Kennzahlen ableitbaren Erkenntnisse erläutert. Im zweiten Teil erfolgt diese Untersuchung für den Fall, daß mehrere Benutzer gleichzeitig auf den Aggregatpuffer zugreifen. Aus Gründen der Vergleichbarkeit werden für diese Simulationen identische Benutzerkonfigurationen, wie sie der Abbildung 8.11 zu entnehmen sind, gewählt.

Die Benutzereinstellungen für die Simulation sind in der Form zusammengestellt, daß das resultierende Zugriffsmuster einen möglichst repräsentativen interaktiven und navigierenden Datenanalyseprozeß widerspiegelt.

Weiterhin wird bei einem konstanten Benutzerverhalten und lediglich einer Variation der Größe des Aggregatpuffers auf die gleiche Sequenz von Benutzeroperationen zurückgegriffen.

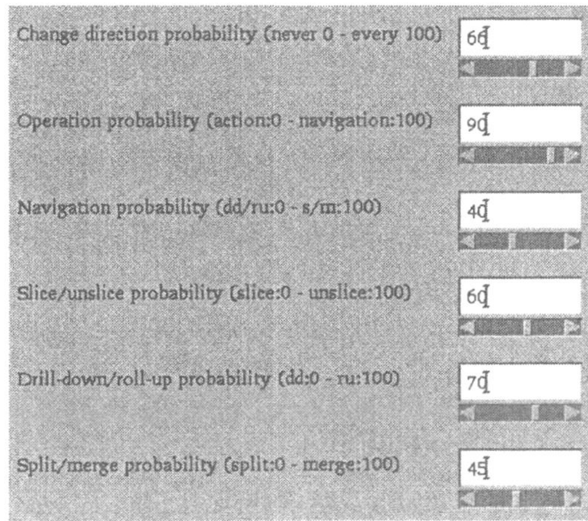

Abb. 8.11: Simulationseinstellungen für die adaptive Präaggregationsstrategie

In den gewählten Szenario wird ein hoher Anteil an Navigationsoperationen (Navigationswahrscheinlichkeit = 0,9) festgelegt. Um die Anwendbarkeit der adaptiven Präaggregationsstrategie zu demonstrieren, werden darüber hinaus absichtlich 'teuere' Aggregate auf möglichst hohem Aggregationsniveau ('roll-up'-Wahrscheinlichkeit = 0,7) in Kombination mit einer merkmalsorientierten Analyse bevorzugt ('split'-Wahrscheinlichkeit = 0,55).

Simulation des Einbenutzerverhaltens

Im ersten Szenario, dessen charakteristische Kennzahlen der Abbildung 8.12 zu entnehmen sind, wird das Verhalten der adaptiven Präaggregationsstrategie für einen einzelnen Benutzer mit den in Abbildung 8.11 aufgeführten Parametern über 2000 Schritte simuliert. Variiert wird dabei die Größe des Aggregatpuffers für die Werte von 10.000, 20.000, 50.000, 100.000 und 250.000 zusätzlichen Speichereinheiten. Wie der Abbildung 8.12a zu entnehmen ist, wird bereits mit 10.000 zusätzlichen Speichereinheiten, was einem relativen Speichermehraufwand von 4% entspricht, eine mittlere Reduktion der Anfrageausführungskosten um 22% erreicht. Eine Verdopplung des zusätzlichen Speichers auf 20.000 Einheiten resultiert in einer Reduktion der Ausführungskosten um weitere 5%. Eine weitere, wesentliche Verbesserung zu 35% ergibt sich erst bei einer Verdopplung des zur Auswertung zur Verfügung stehenden Gesamtdatenbestandes, d.h. einem zusätzlichen Speicherplatz von 250.000 Einheiten.

Abbildung 8.12b zeigt für die unterschiedlichen Größen des Aggregatpuffers die Entwicklung des relativen Nutzwertes der im Puffer befindlichen Präaggregate. Wie aus dieser Graphik hervorgeht, steigt der relative Nutzwert eines Präaggregates im wesentlichen für alle Puffergrößen monoton an, was auf den nutzwertgetriebenen Verdrängungsalgorithmus (Abschnitt 8.3.4) zurückzuführen ist. Präaggregate in einem Szenario mit kleinem Puffer weisen, wie aus der Graphik zu entnehmen ist, höhere relative Nutzwerte im Vergleich zu Präaggregaten in einem großen Aggregatpuffer auf. Dies ist dadurch begründet, daß Präaggregate in einem kleinen Puffer 'wertvoller' sein müssen, um eine Verdrängung zu überleben.

Während diese beiden Betrachtungen nutzungsorientiert sind, reflektieren die Abbildungen 8.12c und 8.12d die Belegung des Aggregatpuffers. Abbildung 8.12c zeigt die durchschnittliche Auslastung des Aggregatpuffers, die für dieses Szenario unabhängig von der Puffergröße nach einer Einschwingphase bei über 90% liegt. Abbildung 8.12d spiegelt durch die Angabe des speicherplatzorientierten mittleren Anteils eines Präaggregates am gesamten Puffer implizit die mittlere Anzahl und die mittlere Größe der Pufferelemente wider. Wie aus einem Vergleich der Werte für die Konfigurationen mit 10.000 und 250.000 Speicherelementen hervorgeht, weist die Pufferkonfiguration mit 250.000 Elementen trotz eines 25-fachen Speichervolumens nur doppelt so viele Pufferelemente auf. Dies belegt, daß ein größerer Aggregatpuffer nicht nur die Anzahl der Elemente im Puffer erhöht, sondern, bedingt

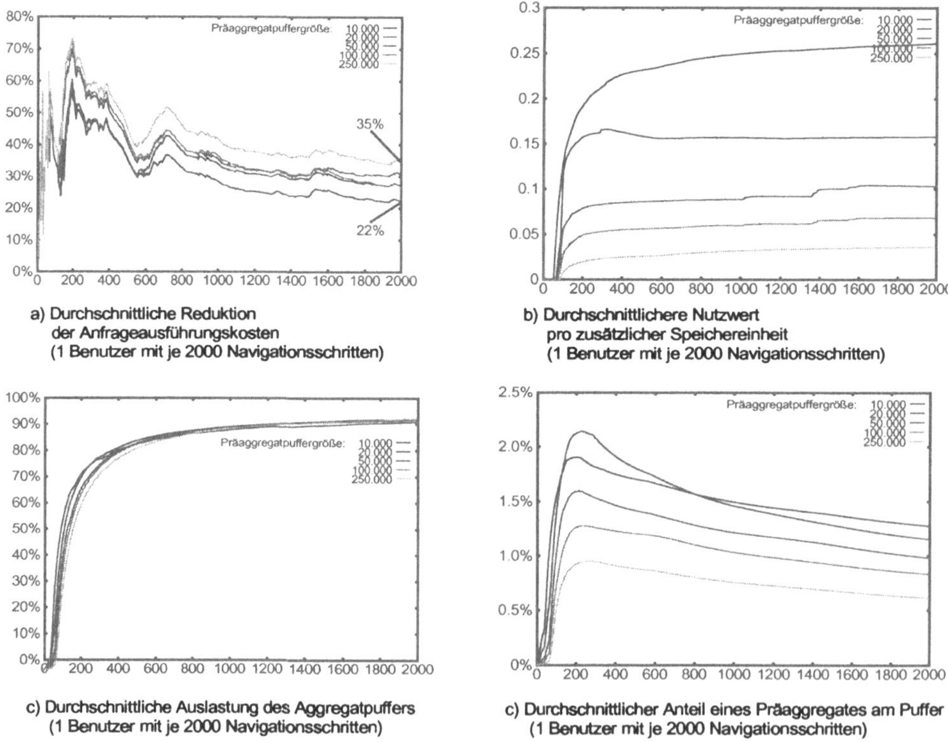

a) Durchschnittliche Reduktion der Anfrageausführungskosten (1 Benutzer mit je 2000 Navigationsschritten)

b) Durchschnittlichere Nutzwert pro zusätzlicher Speichereinheit (1 Benutzer mit je 2000 Navigationsschritten)

c) Durchschnittliche Auslastung des Aggregatpuffers (1 Benutzer mit je 2000 Navigationsschritten)

c) Durchschnittlicher Anteil eines Präaggregates am Puffer (1 Benutzer mit je 2000 Navigationsschritten)

Abb. 8.12: Simulation der adaptiven Präaggregationsstrategie (Einbenutzerbetrieb)

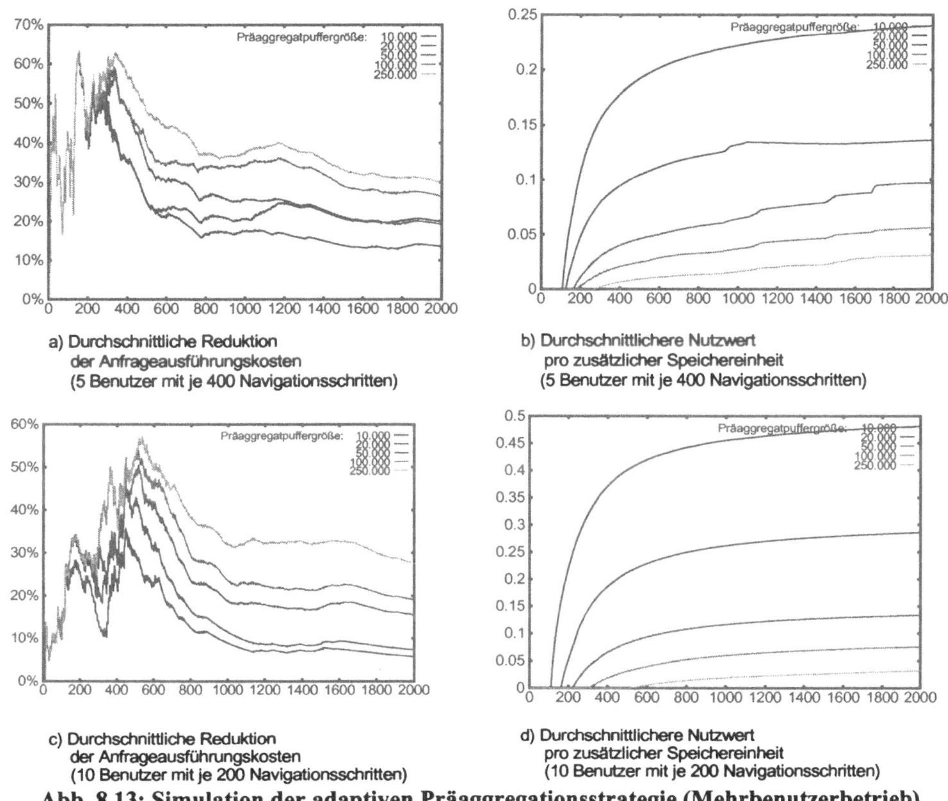

a) Durchschnittliche Reduktion der Anfrageausführungskosten (5 Benutzer mit je 400 Navigationsschritten)

b) Durchschnittlichere Nutzwert pro zusätzlicher Speichereinheit (5 Benutzer mit je 400 Navigationsschritten)

c) Durchschnittliche Reduktion der Anfrageausführungskosten (10 Benutzer mit je 200 Navigationsschritten)

d) Durchschnittlichere Nutzwert pro zusätzlicher Speichereinheit (10 Benutzer mit je 200 Navigationsschritten)

Abb. 8.13: Simulation der adaptiven Präaggregationsstrategie (Mehrbenutzerbetrieb)

durch den durchschnittlich niedrigeren relativen Nutzwert (Abbildung 8.12b), auch größere Elemente im Aggregatpuffer behält. Dies impliziert wiederum, daß der Verwaltungsaufwand selbst bei großem Aggregatpuffer nur moderat ansteigt.

Simulation des Mehrbenutzerverhaltens

Während in dem vorangegangenen Simulationslauf nur ein Benutzer betrachtet wird, wird in diesem Abschnitt das Verhalten der adaptiven Präaggregationsstrategie bei mehreren unabhängigen Benutzern mit identischen Parametern untersucht. Erwartungsgemäß verschlechtert sich durch die in das System eingebrachte 'Unruhe' die Reduktion der mittleren Anfrageausführungskosten.

Abbildung 8.13 zeigt die Simulationsergebnisse für die durchschnittliche Verbesserung und die Entwicklung des durchschnittlichen Nutzwertes der Präaggregate pro Speichereinheit für fünf parallele Benutzer mit je 400 Schritten und für zehn parallele Benutzer mit je 200 Schritten. Bei nur 10.000 zusätzlichen Speichereinheiten (4% Speichermehraufwand) wird im Fall von fünf parallelen Benutzern eine Verbesserung von 13,5% erreicht. Eine Verdopplung der Benutzer impliziert einen Rückgang der mittleren Ausführungskosten um 5,8%. Erst eine deutliche Vergrößerung des zur Verfügung stehenden Speicherplatzes resultiert in einer stärkeren Reduktion der Anfrageausführungskosten. Bei 40% zusätzlichem Speicher (100.000 Speichereinheiten) beläuft sich in diesem konkreten Simulationslauf die Reduktion auf 26% (5 Benutzer) bzw. 19% (10 Benutzer). Eine Verdopplung des für das gesamte Analyseszenario zur Verfügung stehenden Speicherplatzes (zusätzlich 250.000 Speichereinheiten) resultiert in einer 30%-igen bzw. 32%-igen Ersparnis. Neben den Ersparnissen zeigt Abbildung 8.13b und 8.13d die Entwicklung des relativen Nutzwertes der im Aggregatpuffer befindlichen Präaggregate. Analog zur Simulation mit nur einem Benutzer ergibt sich eine monoton steigende Entwicklung des Nutzwertes, was auf eine funktionierende nutzwert-orientierte Verdrängung schließen läßt.

8.4.3 Vergleich von adaptiver und Apriori-Präaggregationstrategie

In diesem Abschnitt wird die adaptive Präaggregationsstrategie der schemabasierten Apriori-Präaggregationsstrategie gegenübergestellt. Dabei wird zum einen die Benutzerkonfiguration aus der Simulation der adaptiven Präaggregationsstrategie herangezogen (Abbildung 8.11). Zum anderen wird eine zweite Benutzerkonfiguration eingeführt (Abbildung 8.14), die die Wahrscheinlichkeit einer intensiven Analyse über dimensionale Attribute, die von der Apriori-Strategie nur partiell unterstützt wird, durch einen überwiegenden Anteil an 'merge'-Operationen reduziert. Damit ist ein direkter Vergleich der beiden Strategien hinsichtlich der Auswirkung einer starken oder eingeschränkten Nutzung dimensionaler Attribute möglich. Wie sich zeigen wird, führt eine intensive Merkmalsanalyse zu einer geringeren mittleren Reduktion der Anfrageausführungskosten durch die Apriori-Strategie. Weiterhin gilt es an dieser Stelle zu erwähnen, daß eine Vollauswertung nur des *extensionalen* Aggregationsgitters nicht adäquat erscheint, da sich für die aktuelle Simulationskonfiguration (Abschnitt 8.4.1) der dafür zusätzliche Speicherbedarf rechnerisch zu 5113902 Speichereinheiten, also ca. dem 20-fachen des Rohdatenvolumens ergibt.

Abbildung 8.15 enthält für einen einzelnen Benutzer über 2000 Schritte für die drei unterschiedlichen Puffergrößen von 100.000, 250.000 und 500.000 Speichereinheiten und für die beiden Benutzereinstellungen jeweils die durchschnittliche Reduktion der Anfrageausführungskosten für die Apriori-Strategie und für die adaptive Präaggregationsstrategie. Dabei wird zum einen auf die Diagramme zur Verdeutlichung der durchschnittlichen Nutzwertentwicklung, der durchschnittlichen Auslastung und des durchschnittlichen größenmäßigen Anteils eines Präaggregates am Gesamtpuffer verzichtet, da die Verläufe für den adaptiven Fall bereits in Abschnitt 8.4.2 exemplarisch diskutiert worden sind und für den Apriori-Ansatz aufgrund des statischen Charakters nur von geringer Aussagekraft sind. Zum anderen unterscheidet sich die Simulationskonfiguration von der Darstellung der adaptiven Präaggreationsstrategie dahingehend, daß sich in den konkreten Simulationsläufen mit kleinem Pufferbereich (10.000, 20.000 und 50.000 Speichereinheiten) im Apriori-Ansatz kein Geschwindigkeitvorteil ergibt. Dafür wird zusätzlich das Verhalten bei einem, im Vergleich zum Rohdatenbestand doppelt so großen Aggregatpuffer (500.000 Einheiten) untersucht. Die Abbildungen 8.15a, 8.15c und 8.15e enthalten die Gegenüberstellung für einen Benutzer mit größerer 'split'-Wahrscheinlichkeit. Die Abbildungen 8.15b, 8.15d und 8.15f zeigen die Ergebnisse für die Benutzerkonfiguration mit überwiegender 'merge'-Wahrscheinlichkeit.

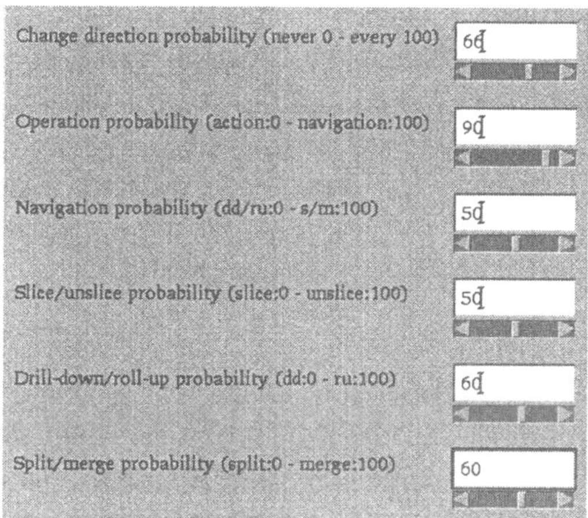

Abb. 8.14: Simulationseinstellungen für den Vergleich von adaptiver und Apriori-Präaggregationsstrategie

Wie sich bei der Situation mit 40% zusätzlichem Speicheraufwand (100.000 Speichereinheiten) zeigt (Abbildung 8.15a und 8.15b), liefern für beide Benutzerkonfigurationen die durch die Apriori-Strategie ausgewählten Präaggregate keinen Beitrag zur Reduktion der Anfragekosten. Die adaptive Strategie hingegen resultiert bereits in einer mittleren Reduktion von 27% für die Konfiguration mit überwiegend Nutzung dimensionaler Attribute bzw. in einer Kostenersparnis von 16% im Fall der überwiegend klassifikationsorientierten Benutzereinstellungen.

Wird der zusätzlich zur Verfügung stehende Speicherplatz auf 250.000 Einheiten vergrößert, so steigt die Kostenersparnis im Fall der adaptiven Präaggregationsstrategie um weitere 8% auf 35% (Abbildung 8.15c) bzw. um 5% auf 21% (Abbildung 8.15d). Die durch die Apriori-Strategie ausgewählten Präaggregate ermöglichen im Fall der stärkeren Gewichtung dimensionaler Attribute (Abbildung 8.15c) bereits eine mittlere Kostenersparnis von 10%. Im Fall der klassifikationsorientierten Analyse implizieren die Präaggregate eine Reduktion um 15%.

Im dritten Szenario wird der zusätzlich zur Verfügung stehende Speicherplatz ein weiteres Mal auf 500.000 Speichereinheiten verdoppelt, was bereits einer Verdreifachung des ursprünglichen Datenbestandes entspricht. Die Apriori-Strategie ist mit diesem Speichervolumen in der Lage, eine Vielzahl von Präaggregaten auszuwählen, die alle Einer- und Zweier-Kombinationen mit Primärattributen abdecken (Abbildung 8.5 auf Seite 214). Dadurch erreicht die Strategie zur Laufzeit eine erhebliche Verbesserung der mittleren Reduktion der Anfrageausführungskosten. Im Fall der verstärkten Nutzung dimensionaler Attribute während der analytischen Navigation beläuft sich diese Reduzierung auf 33% (Abbildung 8.15e), bei klassifikationsorientierter Analyse auf 36% (Abbildung 8.15f). Die adaptive Strategie kann ihr Ergebnis nur leicht auf 44% bzw. 22% verbesseren. Somit 'überholt' die Apriori-Strategie das adaptive Präaggregationsverfahren im Fall der klassifikationsorientierten Benutzereinstellungen. Dabei wird jedoch der Aufwand für die Initialberechnung der Präaggregate im Fall einer Apriori-Präaggregationsstrategie vernachläßigt.

8.4.4 Zusammenfassung und Bewertung

Im Rahmen einer Evaluation der in den Abschnitten 8.2 und 8.3 eingeführten Konzepte einer redundanzbasierten Verarbeitung auf multidimensionaler Ebene wird in diesem Abschnitt eine Simulation zur Bewertung der Anwendbarkeit einschließlich einer größenmäßigen Einordnung von Laufzeitersparnis und Speichermehraufwand der adaptiven und Apriori-Präaggregationsstrategie skizziert. Dabei wird das Verhalten der adaptiven Präaggregationsstrategie bei unterschiedlichen Aggregatpuffergrößen für einen einzelnen Benutzer und für ein Szenario mit fünf bzw. zehn gleichzeitigen Benutzern simuliert. Aus den sich dabei ergebenden Simulationsdaten sind Kosteneinsparungen bis zu 30% bei einem zusätzlichen Speicherplatz im Umfang von 40% des Rohdatenvolumens bzw. 35% bei einer Verdopplung des ursprünglichen Speicherbedarfs zu beobachten. Mit steigender Anzahl von gleichzeitigen Benutzern sinkt diese mittlere Einsparung ab. Bei einem Vergleich der adaptiven Strategie mit der in Abschnitt 8.2 vorgestellten Apriori-Strategie zeigt sich, daß die adaptive Strategie bereits bei einem geringen Speichermehraufwand in einer Reduzierung der Ausführungskosten resultiert, während die Apriori-Strategie in dem vorgestellten Szenario selbst bei 40% zusätzlichem Speicher keine Verbesse-

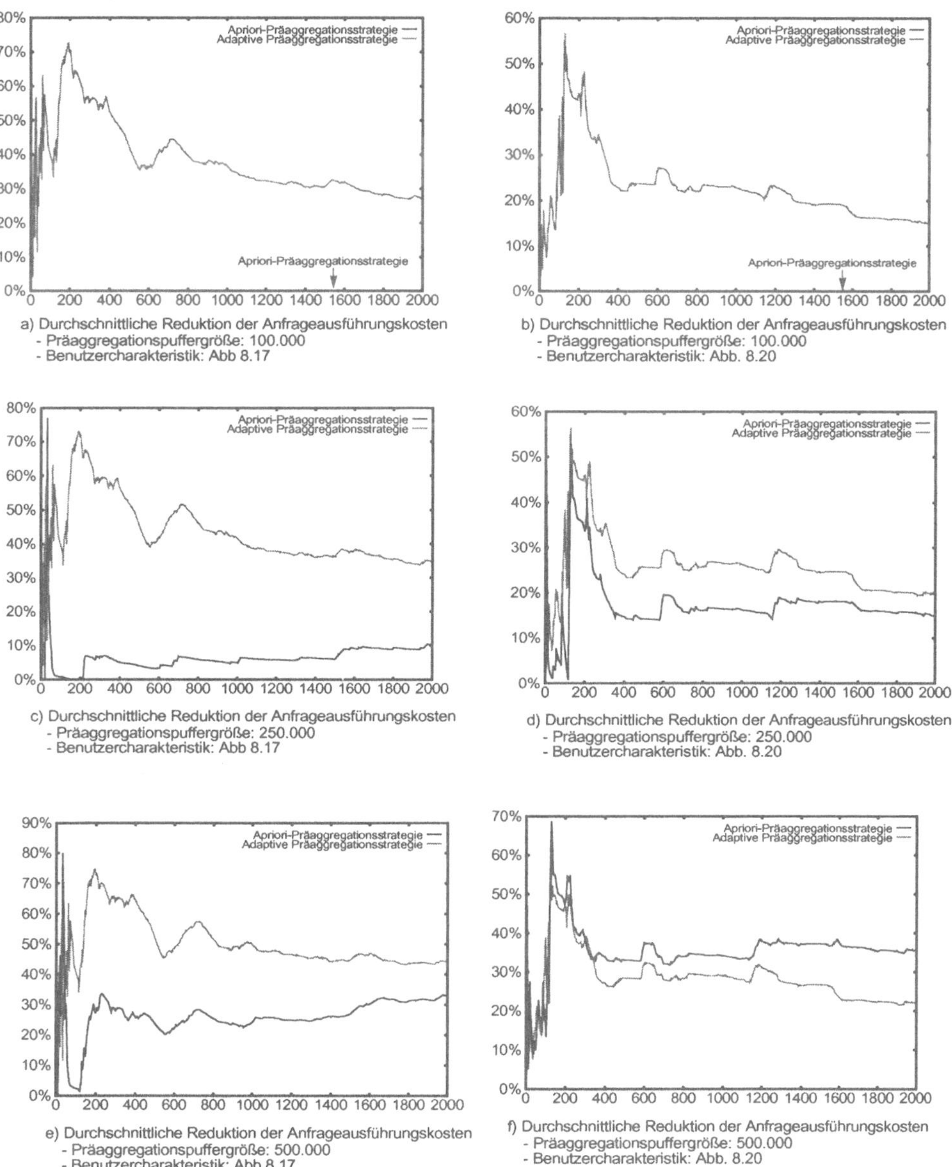

Abb. 8.15: Simulation der adaptiven und Apriori-Präaggregationsstrategie im Vergleich

rung gegenüber den Kosten auf Rohdatenbasis erbringt. Erst mit steigender Aggregatpuffergröße sorgt die Apriori-Strategie für eine deutliche Reduzierung der Anfragekosten. Bei einem Benutzerverhalten mit einem geringem Anteil an 'split'-Operationen auf dimensionale Attribute übertrifft bei einer Verdreifachung des Speicherbedarfs die Apriori- sogar die adaptive Präaggregationsstrategie.

Aus den vorgestellten Simulationen läßt sich somit folgende tendentielle Aussage über den Einsatz der beiden Präaggregationsstrategien ableiten: die adaptive Präaggregationsstrategie zeichnet sich für den Einsatz bei sehr großen Datenbeständen aus, da bereits mit relativ geringem Speichermehraufwand eine spürbare mittlere Reduktion der Anfrageausführungskosten erzielt wird und kein expliziter Vorgang einer Vorberechnung der Präaggregate benötigt wird. Für kleine Datenbestände, für die eine Verdopplung oder Verdreifachung des Datenbestandes aus speichertechnischen und aus zeitlichen Gründen eine explizite Vorberechnung der Präaggregate vertretbar ist, bietet sich der Einsatz der Apriori-Strategie an.

8.5 Zusammenfassung

Die zentrale Idee des multidimensionalen Verarbeitungsmodells, welches in diesem Kapitel vorgestellt wird, liegt darin, eine Optimierung nicht auf relationaler Ebene (Kapitel 5), sondern auf Ebene des multidimensionalen Datenmodells vorzunehmen. Dabei wird, wie es in dem Bereich der statistischen Datenanalyse als adäquates Mittel einer Anfragebeschleunigung angesehen wird, eine Präaggregation, d.h. eine redundante Materialisierung von Aggregaten und deren Verwendung zur Beantwortung einer Anfrage vorgenommen. Durch die Verschiebung der Optimierung in die multidimensionale Ebene ist es möglich, inhaltliche Kenntnisse, die detailliert im Datenorganisationskonzept hinterlegt sind, konsequent für die Bewertung von Präaggregaten hinsichtlich ihrer 'Nützlichkeit' zu verwenden.

Sämtliche Betrachtungen der Präaggregationsstrategien beachten keine Aktualisierungskosten der redundant gehaltenen Präaggregate bei einer Veränderung des Ausgangsdatenbestands und vernachläßigen somit vollkommen den Aspekt der Konsistenzsicherung ([TeUl98]). Im Kontext dieser Ausführungen werden Veränderungen aufgrund des statischen Charakters einer Analysedatenbasis prinzipiell ausgeschlossen; eine kostenmäßige Integration in Analogie zu [BaPT97] erhöht den Faktor der Aufwandsabschätzung, ändert jedoch nichts am dynamischen Verdrängungsprinzip. Darüber hinaus werden keine Verwaltungskosten beachtet, da sie im Vergleich zu den großen Datenbeständen eines statistischen Analysesystems extrem gering ausfallen. Eine weitere Vereinfachung der Algorithmen wurde dahingehend vorgenommen, daß auf eine 'Multi-Fact'-Unterstützung, d.h. ein multidimensionales Objekt repräsentiert eine Menge von Zellen, sowohl bei der Erläuterung auf Ebene der Datenmodellierung als auch in der Betrachtung des Verarbeitungsmodells verzichtet wurde. Eine Repräsentation dieser Erweiterung, wie sie aktuell im CUBESTAR-System implementiert ist, erhöht lediglich die Darstellungskomplexität und liefert keine weiteren strukturellen Erkenntnisse.

Der Vorteil einer konstruktiven und nicht-partitionsorientierten Präaggregationsstrategie, deren Gattung der Apriori-Ansatz aus Abschnitt 8.2 zuzuordnen ist, liegt wesentlich in der einfachen Methode und der strukturell einfachen Ableitung von Anfragen aus Präaggregaten zur Laufzeit, da grundsätzlich der gesamte Datenbereich für bestimmte Aggregationskombinationen vorberechnet wird. Im Gegensatz dazu besitzt die adaptive und partitionsorientierte Präaggregationsstrategie eine nicht zu vernachlässigende Komplexität sowohl auf struktureller, d.h. algorithmischer Seite, als auch aus Sicht der Effizienz zur Laufzeit. Dafür bietet dieses Verfahren sich an dem Benutzerverhalten orientierende und lokale Auswertekontexte fokussierende Präaggregate an. Die im dritten Abschnitt skizzierten Simulationen der beiden Verfahren deuten darauf hin, daß die adaptive Präaggregationsstrategie bereits mit einem relativ geringem zusätzlichem Speicherbedarf in einer beachtlichen Reduzierung der mittleren Anfrageausführungskosten resultiert. Bei einem Benutzer werden in dem konkreten Simulationsszenario bei nur 4% zusätzlichem Speicher bereits 22% Ausführungskosten im Mittel eingespart. Die Anwendbarkeit der Apriori-Strategie hingegen setzt, um die mittleren Ausführungskosten spürbar zu senken, einen größeren Aggregatpuffer voraus. Damit empfiehlt sich diese relativ einfache Strategie für kleine Szenarien, die aus zeitlichen Gründen eine Vorauswertung und speichertechnisch eine Verdopplung bzw. Verdreifachung des Rohdatenbestandes erlauben.

9 Relationales Implementierungsmodell

Während in Teil B die Vorgehensweise diskutiert wird, in welcher die relationale Abbildung multidimensionaler Strukturen vor einer Optimierung der Aggregatverarbeitung vorgenommen wird, wird diese Abfolge im CUBESTAR-Ansatz vertauscht. Auf multidimensionaler Ebene erfolgt, wie im vorangegangenen Kapitel erläutert wird, die Optimierung einer multidimensionalen Aggregationsoperation durch einen möglichst geschickten Rückgriff auf existierende Präaggregate. Im Anschluß daran werden diese optimierten Strukturen in einem zweiten Schritt auf relationaler Implementierungsebene in einen entsprechend effizienten SQL-Code transformiert. Diese relationale Abbildung multidimensionaler Strukturen und der darauf anwendbaren Operatoren wird in diesem Kapitel vorgenommen.

Um einen Kontext für die relationale Abbildungsmethode zu schaffen, erfolgt im ersten Abschnitt ein kurzer Abriß über die logische Architektur des CUBESTAR-Systems. Dabei wird deutlich, daß aus der vertikalen Perspektive der logischen Schichtenarchitektur das CUBESTAR-System nach dem Muster einer Zusatzebenenarchitektur konzipiert ist. Basierend auf einem relationalen Datenbanksystem wird somit der 'Relational OLAP'-Ansatz einer multidimensionalen Realisierungsalternative (Abschnitt 2.3.4) verfolgt. Horizontal betrachtet, nimmt der CUBESTAR-Server drei Rollen an: die eines Aggregation-Servers zur Berechnung multidimensionaler Objekte, die eines Presentation-Servers zur zweidimensionalen Darstellung multidimensionaler Berechnungsergebnisse in Form einer statistischen Tabelle und die eines Data Definition-Servers zur Verwaltung der Ausprägungen des jeweiligen Datenorganisationsschemas.

Der zweite Abschnitt widmet sich der Darstellung der relationalen Abbildung multidimensionaler Strukturen. Dabei wird der Ansatz des Star-Schemas aufgegriffen (Abschnitt 5.2.2) und aufgrund mangelnder Möglichkeiten der Abbildung klassenspezifischer dimensionaler Attribute (Abschnitt 5.2.4.2) zu einem Star-Schema mit dynamisch erzeugten Dimensionstabellen (Scope-Tabellen) erweitert. Der letzte Abschnitt in diesem Kapitel gibt einen Einblick in die SQL-Generierung bei der Abbildung von Operationen auf multidimensionale Objekte. Zentral dabei ist jeweils die dynamische Erzeugung der Dimensionstabellen im 'virtuellen' Star-Schema zur Laufzeit. Weiterhin werden die Generierungsschritte zur Abbildung der horizontalen und der vertikalen Komposition jeweils am Beispiel aufgezeigt.

9.1 Logische Architektur des CUBESTAR-Systems

In diesem Abschnitt wird der Aufbau des CUBESTAR-Systems im allgemeinen und des CUBESTAR-Servers im speziellen skizziert und die grundlegenden Phasen der multidimensionalen Aggregatverarbeitung angesprochen. In den nachfolgenden Abschnitten erfolgt eine Konzentration auf die Darstellung der Generierung der SQL-Anweisungen zur Berechnung einer Anfrage in Form eines multidimensionalen Objektes.

9.1.1 Architektur des CUBESTAR-Systems

Bereits in Abschnitt 2.3.4 werden die unterschiedlichen Realisierungsalternativen eines multidimensionalen Datenmodells bzw. der entsprechenden konkreten Schemata erläutert und in einer abschließenden Zusammenfassung gegenübergestellt. Für die Realisierung des CUBESTAR-Systems mit Fokus auf eine effiziente und redundanzbasierte Aggregatverarbeitung wird die Lösung einer Zusatzebenenarchitektur gewählt, so daß sämtliche speicherungstechnischen Implementierungsdetails bei der Realisierung des Systems keine Beachtung finden müssen. Somit läßt sich, wie aus Abbildung 9.2 hervorgeht, die Architektur von CUBESTAR grundsätzlich in die für ROLAP-Systeme typischen drei Schichten Client, OLAP- (bzw. CUBESTAR)-Server und RDBMS-Server einteilen (‘*three-tier-architecture*’, [SaHD97]).

Nach dem Start eines CUBESTAR-Servers durch das Server Control-Dialogfenster (Abbildung 9.1a) kann auf Client-Seite der Benutzer durch Auswahl einer Betriebsalternative im Dialogfenster XCQL (Abbildung 9.1b) eine Verbindung zum CUBESTAR-Server herstellen. Jede Kommunikationsalternative spiegelt eine der folgenden funktionalen Rollen des CUBESTAR-Servers wider:

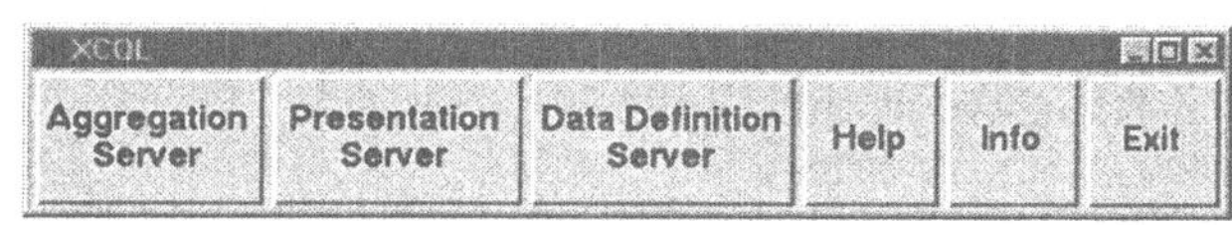

b) XCQL-Dialogfenster auf Client-Seite

a) Server Control-Dialogfenster

Abb. 9.1: Dialogfenster des CubeStar-Clients

- *Aggregatverarbeitungsmodus ('Aggregation Server'):*
Eine in der Anfragesprache CQL mit Hilfe der SELECT-Anweisung formulierte multidimensionale Anfrage wird von der Client-Anwendung an den CUBESTAR-Server übertragen. In einem ersten Schritt wird die Anfrage syntaktisch analysiert, durch multidimensionale Objekte intern repräsentiert und der redundanzbasierten Optimierung zugeführt. In einem letzten Schritt wird eine Anfrage auf SQL-Code abgebildet, im relationalen Datenbanksystem ausgeführt und dort temporär materialisiert.

- *Darstellungsmodus ('Presentation Server'):*
Im Darstellungsmodus nimmt der CUBESTAR-Server eine SHOW-Anweisung zur formatierten Ausgabe eines multidimensionalen Ergebnisses entgegen, welches in einem vorangegangenen Berechnungsschritt erzeugt worden ist, und transformiert das angesprochene multidimensionale Objekt in eine korrespondierende geschachtelte statistische Tabelle (Abschnitt 4.1.1). Bei dieser Transformation werden darüber hinaus Sortierungen, Kumulierungen und die Berechnung von Randsummen entsprechend der konkreten SHOW-Anweisung vorgenommen.

- *Klassifikationsverwaltung ('Data Definition Server'):*
Der Modus der Klassifikationsverwaltung umfaßt die Verarbeitung der im DDL-Teil ('*Data Definition Language*') von CQL festgelegten Sprachkonstrukte. Diese Konstrukte erlauben die Spezifikation und Instanziierung eines Datenorganisationsschemas, d.h. der klassifikatorischen Strukturen eines multidimensionalen Analyseszenarios. In Abschnitt 7.1 werden diese Sprachkonstrukte bei der Einführung des Datenorganisationskonzeptes erläutert.

Die unterste Schicht des CUBESTAR-Systems bildet in der aktuellen Konfiguration das relationale Datenbanksystem 'Oracle Enterprise Server V8.0.4'. Ziel jeder Server-Komponente ist eine Umsetzung der CQL-Sprachkonstrukte aus dem multidimensionalen Kontext auf Ausdrücke der relationalen Anfragesprache SQL. Dabei ist zu beachten, wie in Abschnitt 9.3.3 gezeigt wird, daß trotz (absichtlich) gleichlautender Syntax enorme Unterschiede in der Art der Anfrageformulierung und dem Umfang einer Anfrage bestehen.

Da die Darstellungs- und Klassifikationsverwaltungsmodule keine größere Komplexität aufweisen, erfolgt in den nachfolgenden Ausführungen eine Konzentration der Darstellung auf die Komponente des Aggregation-Servers, so daß dieser in den folgenden Ausführungen synonym zu dem gesamten CUBESTAR-Server verwendet wird.

9.1.2 Interne Struktur des CUBESTAR-Servers

Der CUBESTAR-Server hat die Aufgabe, sowohl einen effizienten Anfrageausführungsplan für eine CQL-Anfrage in Form einer SQL-Anweisung zu generieren, als auch die Präaggregate, die diese Effizienz ermöglichen, zu verwalten. Im Rahmen dieser Verwaltung sind Präaggregate in den Aggregatpuffer aufzunehmen bzw. zu verdrängen (Abschnitt 8.3.4). Dazu teilt sich, wie aus Abbildung 9.2 hervorgeht, die interne Struktur eines CUBESTAR-Servers wiederum in drei Schichten auf: in der obersten Schicht der Anfrageverarbeitung erfolgt nach syntaktischer Analyse die multidimensionale Optimierung durch die Komponente des 'PatchWorkers', die durch horizontale Komposition (Abschnitt 7.3.4) aus Präaggregaten und Rohdaten eine möglichst günstige Substitution des Anfrageobjektes (Abschnitt 8.1.1) ermittelt. Die mittlere Schicht der Aggregatpufferverwaltung realisiert die in Abschnitt 8.3 ausführlich diskutierte adaptive Präaggregationsstrategie. Hauptaufgabe dieser Komponente ist, Zwischenergebnisse aus dem temporären Bereich des Partitionsverzeichnisses in den Aggregatpuffer zu übernehmen und entsprechend andere Präaggregate zu verdrängen. Das Partitionsverzeichnis realisiert eine logische multidimensionale Hülle um das darunterliegende relationale Datenbanksystem. Entsprechend sind die dort eingetragenen Grenzen zwischen den Bereichen für Rohdaten, Präaggregate, temporäre Zwischenergebnisse und Ergebnisse für den Darstellungsmodus nur logisch zu sehen und physisch nicht existent.

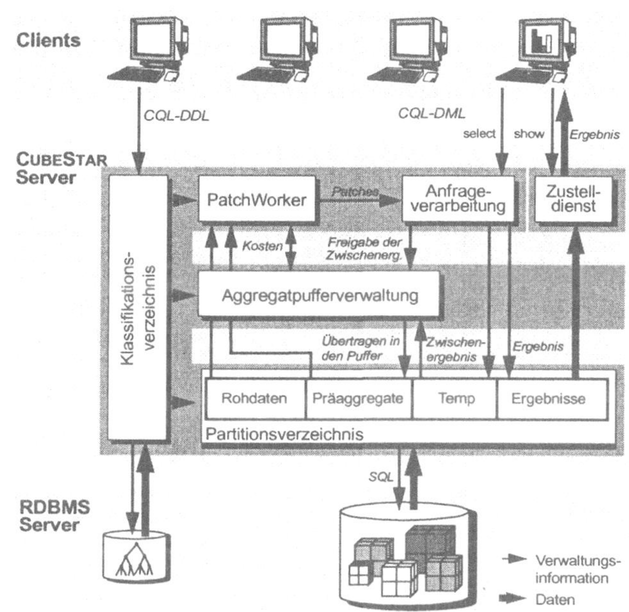

Abb. 9.2: Die Architektur von CUBESTAR

Als letzte zentrale Komponente im CUBESTAR-Server ist das Klassifikationsverzeichnis an dieser Stelle erwähnenswert, welches von allen Schichten und allen Modulen gleichermaßen benötigt wird. Das Klassifikationsverzeichnis ist als programmiersprachliche Schnittstelle (‘*application programming interface*’) realisiert und bietet einen aus Sicht der Programmierung komfortablen Zugriff auf klassifikatorische Informationen. Alle Klassifikationsknoten und dimensionalen Attribute für alle Dimensionen sind über eine Baumstruktur zugreifbar. Anfragen, die an das Klassifikationsverzeichnis gestellt werden können, umfassen beispielsweise Auskünfte über alle Kinder eines Klassifikationsknotens auf einer bestimmten Aggregationsstufe, alle dimensionalen Attribute eines Knotens oder Verwandtschaftsbeziehungen zwischen Knoten einer Klassifikationshierarchie. Diese qualifizierenden Informationen sind in Analogie zu den quantifizierenden Daten, die durch die Würfelmetapher repräsentiert werden, ebenfalls relational abgelegt und werden bei der Ausführung einer Anfrage auf relationaler Ebene herangezogen. So ist die in Abbildung 9.2 auf Ebene des relationalen Datenbanksystems vorgenommene Trennung der Datenbestände wiederum logisch und nicht physisch zu sehen.

9.1.3 Phasen der multidimensionalen Anfrageverarbeitung im CUBESTAR-Server

Bei der Erläuterung der einzelnen Komponenten des CUBESTAR-Servers (Abschnitt 9.1.1) lediglich angedeutet, werden in diesem Abschnitt die einzelnen Phasen der multidimensionalen Anfrageverarbeitung ausführlich vorgestellt ([LeAl97]) und mit dem Konzept der multidimensionalen Objekte in Verbindung gebracht. In den nachfolgenden Abschnitten wird eine relationale Abbildung dieser Objekte vorgenommen.

Phase 1: Syntaktische Analyse und Standardisierung

Im ersten Schritt der Anfrageverarbeitung wird die textuelle Anfragerepräsentation syntaktisch analysiert und in eine interne Darstellung in Form eines baumstrukturierten Anfragegraphen übertragen, wobei für jeden in der Anfrage auftretenden Operator ein Knoten in dem Graphen erzeugt wird. Jeder Knoten korrespondiert bis

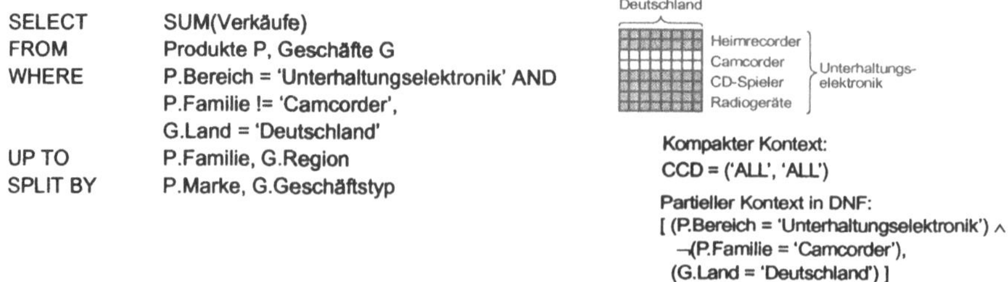

Abb. 9.3: Illustration zur ersten Phase der Anfrageverarbeitung

auf die Komponente des partiellen Kontextdeskriptors mit einem nicht kompakten 'sliced'-MO (Abschnitt 7.2.3). Nach einer Standardisierung besteht die Komponente des partiellen Kontextdeskriptors aus einem n-Tupel von beliebigen Selektionsanweisungen auf einer Dimension in disjunktiver Normalform (DNF; [Mits95], S. 44). Die folgende Abbildung 9.3 zeigt eine Beispielanfrage für eine einfache Aggregation aller Artikel der Unterhaltungselektronik auf Ebene der Produktfamilien unter Ausschluß von Camcorder-Produkten.

Phase 2: Ermittlung des kompakten Kontextdeskriptors

In der zweiten Phase der Anfrageverarbeitung wird zunächst unter Anwendung von Restrukturierungsregeln der kleinste gemeinsame Vaterknoten in der Klassifikationshierarchie bzgl. des partiellen Kontextes in disjunktiver Normalform ermittelt, so daß nach diesem Schritt jeder Knoten im Anfragegraphen einem 'sliced'-MO entspricht. Weiterhin wird an jeden Blattknoten des Anfragegraphens ein kompaktes multidimensionales Objekt angefügt, welches bis auf den partiellen Kontextdeskriptor PCD zu dem bisherigen Blattknoten vom Typ eines 'sliced'-MO äquivalent ist. Der Grund für diese Erweiterung liegt darin, daß zur Versorgung des Aggregatpuffers alle Anfragen in einem ersten Schritt für einen kompakten Bereich berechnet werden und dadurch als potentielle Präaggregate dienen können. In einem zweiten Schritt erfolgt dann eine Restriktion auf die nicht-kompakten Bereiche. Nicht-kompakte multidimensionale Objekte oder Ergebnisse einer vertikalen Komposition werden prinzipiell nicht in den Aggregatpuffer übernommen (Abschnitt und insbesondere Abbildung 8.6a). Die folgende Abbildung 9.4 verdeutlicht diesen Schritt der Anfrageverarbeitung wiederum am Beispiel.

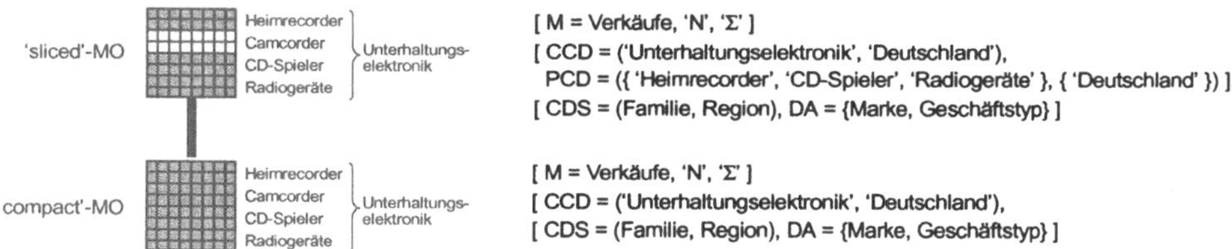

Abb. 9.4: Illustration zur zweiten Phase der Anfrageverarbeitung

Phase 3: Bestimmung der Substitution für die kompakten Blattobjekte

Wie im vorangegangenen Abschnitt bereits skizziert, wird im dritten Schritt die PatchWork-Komponente (Abschnitt 7.3.4) für das kompakte multidimensionale Objekt aufgerufen, welche aus den vorhandenen Präaggregaten und Rohdaten des Partitionsverzeichnisses einen möglichst optimalen Substitutionsplan erzeugt.

Abbildung 9.5 skizziert dieses Vorgehen der Substitution des kompakten Blattobjektes unter der Annahme, daß drei Kandidaten zur Substitution ausgewählt werden.

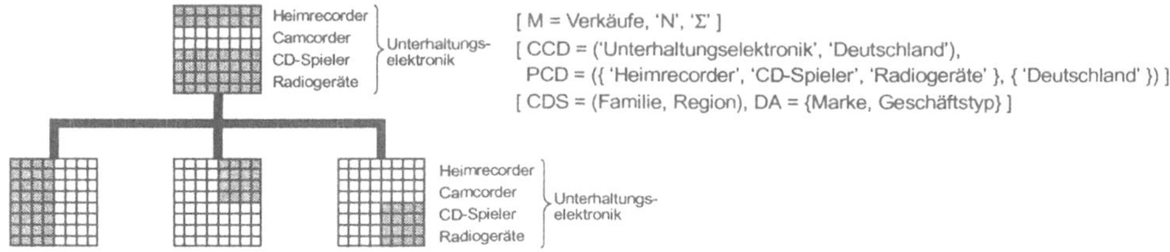

Abb. 9.5: Illustration zur dritten Phase der Anfrageverarbeitung

Phase 4: SQL-Generierung für die kompakten Blattobjekte

Nach Auswahl der horizontal zu komponierenden multidimensionalen Objekte für jedes Blattobjekt der Anfrage wird für jeden einzelnen Teilbereich die entsprechende Repräsentation in Form einer SQL-Anfrage generiert und ausgeführt (Abbildung 9.6a). Abschnitt 9.3 detailliert den Prozeß dieser SQL-Generierung. Das Ergebnis wird im temporären Pufferbereich des Partitionsverzeichnisses für eine Weiterverarbeitung zwischengespeichert und der Aggregatverwaltung für eine potentielle Aufnahme in den Aggregatpuffer übergeben.

a) Berechnung und Materialisierung des kompakten Blattobjektes

b) Berechnung des nicht-kompakten multidimensionalen Objektes der Anfrage

Abb. 9.6: Illustration zur vierten und fünften Phase der Anfrageverarbeitung

Phase 5: SQL-Generierung für nicht-kompakte multidimensionale Objekte

Weist das einem Blattobjekt übergeordnete multidimensionale 'sliced'-MO einen leeren partiellen Kontextdeskriptor auf und stimmt dieses mit der Wurzel des Anfragegraphens überein, so wird das in Phase 4 gewonnene Zwischenergebnis als Endergebnis in den Ergebnisbereich des Partitionsverzeichnisses verschoben* und die Anfrageausführung beendet (Abbildung 9.6b). Ist aufgrund eines vorhandenen

* An dieser Stelle ist wiederum anzumerken, daß für Vorgänge dieser Art keinerlei physische Operationen ausgeführt werden, sondern lediglich Verwaltungsinformation aktualisiert wird.

partiellen Kontextdeskriptors noch eine weitere Restriktion des Ergebnisses vorzunehmen, so wird für diesen Vorgang mit Bezug auf das Zwischenergebnis eine entsprechende SQL-Anweisung generiert, diese ausgeführt und das Ergebnis im Ergebnisbereich der Darstellungskomponente des CUBESTAR-Servers zur Verfügung gestellt. Bezieht sich eine Restriktion nicht auf einen Klassifikationsknoten, sondern auf ein dimensionales Attribut, so wird bereits in Phase 2 das kompakte multidimensionale Blattobjekt um die Ausweisung nach dem entsprechenden dimensionalen Attribut erweitert und an dieser Stelle eine nachgeschaltete Restriktion auf das dimensionale Attribut durchgeführt.

Falls das dem Blattobjekt übergeordnete 'sliced'-MO nicht der Wurzel des Anfragegraphens, sondern einem Operandenobjekt eines weiteren Operators entspricht (vertikale Komposition; Abschnitt 7.3.3), wird ausgehend von diesem Zwischenergebnis 'bottom-up' eine einzige geschachtelte SQL-Anweisung für den gesamten Anfragegraphen erzeugt, ausgeführt und im Ergebnisbereich zur Darstellung materialisiert. Abschnitt 9.3.3 detailliert diesen Generierungsprozeß am Beispiel der multidimensionalen Verbundoperation.

9.1.4 Zusammenfassung

Der vorangegangene Abschnitt gibt einen kurzen Einblick in die logische Architektur des CUBESTAR-Systems und in den Aufbau und die internen Abläufe des CUBESTAR-Servers. Entsprechend den Aufgaben gliedert sich der CUBESTAR-Server in Aggregationsverarbeitungs-, Darstellungs- und Klassifikationsverwaltungsmodule. Der wesentliche Teil des CUBESTAR-Servers zur Berechnung multidimensionaler Anfragen ist wiederum in drei logische Schichten der Anfrageverarbeitung, Aggregatverwaltung und in die Schicht des Partitionsverzeichnisses aufgeteilt. Wesentlich in diesem Abschnitt ist weiterhin die Erläuterung der einzelnen Phasen zur Beantwortung einer in CQL spezifizierten multidimensionalen Anfrage. Zur Generierung von Präaggregationskandidaten wird dabei der Umweg eingeschlagen, grundsätzlich in einem ersten Schritt kompakte multidimensionale Objekte zu berechnen und temporär zu materialisieren. In einem sich anschließenden zweiten Schritt wird dann dieses kompakte Zwischenergebnis dem möglicherweise nicht mehr kompakten Ergebniswürfel angepaßt. Dieses Vorgehen erfüllt exakt die in Abschnitt aufgestellten Kriterien für die Anwendbarkeit der im Abschnitt 8.3 vorgeschlagenen adaptiven Präaggregationsstrategie. Der scheinbar große Mehraufwand einer Materialisierung wird zum einen dadurch tolerierbar, daß auch nichtkompakte Anfragen Präaggregationskandidaten liefern können, was den adaptiven

Charakter des Optimierungsanspruches verstärkt. Zum anderen kann insbesondere im Hinblick auf den Einsatz des Systems für die interaktive Analyse davon ausgegangen werden, daß der Anteil nicht-kompakter Anfragen gering ausfällt, womit in dem vorgeschlagenen Verfahren kein zusätzlicher Aufwand entsteht.

9.2 Relationale Abbildung multidimensionaler Strukturen

Grundlage für eine effiziente und strukturierte relationale Abbildung multidimensionaler Manipulationsoperatoren ist eine adäquate relationale Abbildung multidimensionaler Strukturen. Wie in Abschnitt 5.2.2 bereits ausgeführt wird, hat sich das Muster eines Star- oder Snowflake-Schemas in der Praxis durchgesetzt ([Kimb96]). Abbildung 9.7 wiederholt das relationale Star-Schema, das sich für die Abbildung des laufenden Beispielszenarios ergibt. Im Zentrum des 'Stars' befindet sich die Fact-Tabelle, die den quantifizierenden Teil der multidimensionalen Daten, d.h. die Zellen des Datenwürfels enthält. Jedes Attribut des kompositen Primärschlüssels der Fact-Tabelle ist gleichzeitig ein Fremdschlüssel in einer Dimensionstabelle. Diese Dimensionstabellen reflektieren den qualifizierenden Anteil eines multidimensionalen Datenschemas auf relationaler Ebene und spiegeln somit sowohl die klassifikatorischen Strukturen als auch global gültige dimensionale Attribute zur Beschreibung dimensionaler Elemente wider.

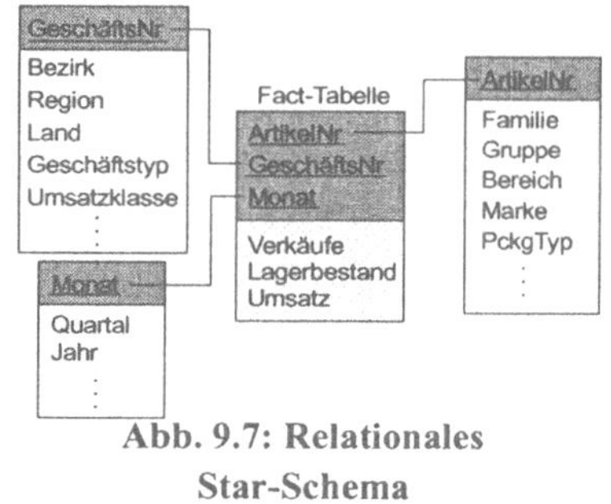

Abb. 9.7: Relationales Star-Schema

Relationale Abbildung des multidimensionalen Datenstrukturkonzeptes

Die grundlegenden Einheiten des in Abschnitt 7.2 vorgestellten multidimensionalen Datenstrukturkonzeptes bilden die multidimensionalen Objekte, welche jeweils durch eine Fact-Tabelle relational repräsentiert werden. Als Erweiterung zum klassischen Star-Schema-Ansatz existiert jedoch nicht eine einzige Fact-Tabelle, sondern aufgrund des partitionierenden Grundgedankens eine Vielzahl von Fact-Tabellen, sowohl mit jeweils gleichem Schema für unterschiedliche Partitionen, als auch mit unterschiedlichem Schema für die relationale Repräsentation von Präaggregaten. Die Metainformation, welche Bereiche auf welcher Granularitätsstufe von einer Fact-Tabelle abgedeckt werden, ist in dem Partitionsverzeichnis (wiederum relational) abgelegt. Im allgemeinen weist die relationale Abbildung für ein multidimensionales Objekt

$$M = ([M, t_A, t_D], [CCD], [CDS = (CA_1, ..., CA_n), D = \{DA_1, ..., DA_m\}])$$

das relationale Schema

$$\text{Fact\_}M(\underline{CA_1, ..., CA_n, DA_1, ..., DA_m}, M)$$

auf, wobei die Menge von Klassifikationsattributen und dimensionalen Attributen den kompositen Primärschlüssel und M das einzelne numerische Attribut reflektiert†.

Relationale Abbildung des multidimensionalen Datenorganisationskonzeptes

Die konsequente Umsetzung klassifikatorischer Strukturen (Abschnitt 3.2) im Rahmen eines Datenorganisationskonzeptes erzwingt eine Erweiterung der relationalen Abbildung nach dem Star-Schema aufgrund der Repräsentation einer Dimension durch nur eine einzige Dimensionstabelle. Werden alle Klassen einer Klassifikation mit jeweils unterschiedlichen klassenspezifischen Eigenschaften in einer Dimensionstabelle abgelegt, so ergibt sich das in Abbildung 5.8 auf Seite 95 aufgezeigte Szenario von sehr 'breiten' und extrem dünn besetzten Dimensionstabellen. Wie bereits in Abschnitt 5.2.4.2 angesprochen wird, reflektieren diese Nullwerte einen strukturellen Fehler und müssen durch einen adäquaten Schemaentwurf eliminiert werden. Das im CUBESTAR-System eingesetzte Verfahren orientiert sich dabei an der relationalen Nachbildung einer Klassifikationsstruktur nach [SmSm77].

Zunächst werden für alle Basisklassen einer Klassifikation eigene Relationen mit jeweils allen Eigenschaften, die den Elementen dieser Klasse zusprechbar sind, angelegt. Jeder Klassenname wird dabei durch einen Relationennamen wiedergegeben‡. Abbildung 9.8 zeigt die relationale Repräsentation für die Basisklassen Camcorder und Heimrecorder.

---

† An dieser Stelle sei wiederum darauf hingewiesen, daß in den Ausführungen auf die Behandlung von multidimensionalen Objekten mit einer Menge von Zellenvariablen aus Gründen der vereinfachten Darstellung verzichtet wird. Dadurch ergibt sich der quantitative Anteil des relationalen Schemas zu nur einem einzelnen Attribut.

‡ Interessanterweise würde die in Abschnitt 3.3 vorgenommene sprachkritische Untersuchung im Hinblick auf einer relationalen Rekonstruktion exakt diesen Schemaentwurfsansatz implizieren, indem der Nominator auf den Primärschlüssel, die durch Apprädikatoren spezifizierten Eigenschaften auf Nicht-Primärschlüsselattribute einer Relation und der Eigenprädikator auf den Relationennamen abgebildet werden würde ([Wede91], S. 86ff).

Produkte_Camcorder(ArtikelNr,	Marke,	Produktion,	Intro,	VidSys,	SoundSys,	Akku,	LongPlay)
TR-75	Sony	Singapur	06/95	Hi8	Stereo	2h	nein
TS-78	Sony	Singapur	06/98	Hi8	Stereo	3h	ja
A200	JVC	Malaysia	11/97	N8	Mono	2h	nein

Produkte_Heimrecorder(ArtikelNr,	Marke,	Produktion,	Intro,	VidSys,	SoundSys,	ShowView,	Standbild)
V-201	JVC	USA	06/98	VHS	Mono	ja	nein
Classic-1	Grundig	Deutschland	09/95	VHS-C	Stereo	nein	ja

Abb. 9.8: Beispiele einer relationalen Abbildung von Basisklassen

Die einzelnen Relationen mit ihren spezifischen Merkmalsschemata werden im Prozeß einer wiederholten Subordination ([Wede91], S. 117ff.) iterativ durch Sichtenbildung zu 'höheren' Klassen zusammengefaßt. Um die Information über die Klassenzugehörigkeit eines dimensionalen Elementes zu wahren, wird dabei der Klassenname, d.h. der Relationenname der unterliegenden Relation, als Ausprägung eines weiteren *diskrimierenden Attributes*, welches durch einen Pfeil hervorgehoben wird, in die relationale Repräsentation der neuen Klasse übernommen. Abbildung 9.9 verdeutlicht diese Konstruktion an der Definition der relationalen Repräsentation der Klasse Video.

```
create view Produkte_Video
(ArtikelNr, Marke, Produktion, Intro, VidSys, SoundSys, Familie) as
select ArtikelNr, Marke, Produktion, Intro, VidSys, SoundSys, 'Camcorder'
from Produkte_Camcorder
union all
select ArtikelNr, Marke, Produktion, Intro, VidSys, SoundSys, 'Heimrecorder'
from Produkte_Heimrecorder
```

Produkte_Video(ArtikelNr,	Marke,	Produktion,	Intro,	VidSys,	SoundSys,	↓ Familie)
TR-75	Sony	Singapur	06/95	Hi8	Stereo	Camcorder
TS-78	Sony	Singapur	06/98	Hi8	Stereo	Camcorder
A200	JVC	Malaysia	11/97	N8	Mono	Camcorder
V-201	JVC	USA	06/98	VHS	Mono	Heimrecorder
Classic-1	Grundig	Deutschland	09/95	VHS-C	Stereo	Heimrecorder

Abb. 9.9: Beispiel einer relationalen Abbildung von Klassen einer Klassifikation

Die relationale Abbildung der Klasse Video resultiert in einer Sicht auf die beiden eingehenden Unterklassen Camcorder und Heimrecorder, wobei nur die gemeinsamen Attribute in die neue Klasse übernommen werden. Zusätzlich wird das Klassifikationsattribut Familie in der Rolle als diskriminierendes Attribut dieser Sicht hinzugefügt.

Somit existiert für jeden Klassifikationsknoten einer Dimension eine relationale Sicht, die für jedes dimensionale Element genau die an diesem Klassifikationsknoten verfügbaren dimensionalen Attribute und feineren Klassifikationsattribute enthält ([LeTW97]). Diese relationalen Sichten werden im folgenden als virtuelle

Scope-Tabellen bezeichnet**. Wie darüber hinaus im nachfolgenden Abschnitt detailliert gezeigt wird, ist es nötig, bei bestimmten Konstellationen weitere Scope-Tabellen zur Laufzeit dynamisch zu erzeugen.

9.3 Relationale Abbildung multidimensionaler Operatoren

Basierend auf den im vorangegangenen Abschnitt aufgezeigten relationalen Strukturen, wird in diesem Abschnitt die Abbildung multidimensionaler Datenmanipulationsoperatoren auf relationale Operatoren, formuliert in SQL-Anweisungen, diskutiert. Dazu wird in einem ersten Schritt die Abbildung von Aggregationsoperationen, die bei Rückgriff auf Präaggregate zu reinen Selektionsoperationen degenerieren können, erläutert. In Analogie zur Darstellung des multidimensionalen Datenmanipulationskonzeptes in Abschnitt 7.3 erfolgt die relationale Abbildung der Techniken der horizontalen und vertikalen Komposition in den sich anschließenden Ausführungen.

9.3.1 Relationale Abbildung von Selektions- und Aggregationsoperation

Als Voraussetzung für diesen Abschnitt wird angenommen, daß eine Anfrage aus einem einzigen multidimensionalen Objekt bzw. auf relationaler Ebene aus einer einzelnen Fact-Tabelle berechnet werden kann. Der allgemeine Fall, daß mehrere multidimensionale Objekte zum Ergebnis einer Anfrage beitragen, wird im folgenden Abschnitt der horizontalen Komposition behandelt.

** Um bei jedem Zugriff die Durchführung der Sichtengenerierung einzusparen, ist der Weg der Materialisierung dieser virtuellen Scope-Tabellen naheliegend und in der aktuellen Konfiguration des CUBESTAR-Systems sogar vorgenommen. Somit wird im folgenden nur noch von 'Scope-Tabellen' gesprochen. Das Konzept des Sichtenmechanismus eines relationalen Datenbanksystems garantiert, daß eine 'CREATE VIEW'-basierte oder eine 'CREATE TABLE'-basierte Realisierung der Scope-Tabellen keine systemtechnische Veränderung bei der Abbildung multidimensionaler Operatoren nach sich zieht.

Aggregationsoperation auf Rohdaten

Der einfachste Fall der Durchführung einer Aggregationsoperation, deren Ergebnis durch das Anfrageobjekt M'_1 und deren Ausgangsobjekt durch die Rohdatenpartition M_1 spezifiziert ist, wird an folgendem Beispiel erläutert:

M'_1 = ([Verkäufe, 'N', 'Σ'] [(P.Familie = 'Heimrecorder', G.Region = 'Norddeutschland')],
[(P.Familie, G.Region), {P.Marke, G.Geschäftstyp}])

M_1 = ([Verkäufe, 'N', 'Σ'] [(P.Gruppe = 'Video', G.Land = 'Deutschland')],
[(P.ArtikelNr, G.GeschäftsNr), { }])

Die relationale Repräsentation dieser multidimensionalen Anfrage ergibt sich durch folgende SQL-Anweisung:

```
SELECT   P.Familie, G.Region, P.Marke, G.Geschäftstyp,
         SUM(M1.Verkäufe) AS Verkäufe
FROM     Fact_M1 M1,                        // Fact-Tabelle für M1
         Produkte_Heimrecorder P,           // Scope-Tabelle für die Produkte
         Geschäfte_Norddeutschland G        // Scope-Tabelle für die Geschäfte
WHERE    M1.ArtikelNr = P.ArtikelNr AND     // Verbund: Produkte - Fact-Tabelle
         M1.GeschäftsNr = G.GeschäftsNr     // Verbund: Geschäfte - Fact-Tabelle
GROUP BYP.Familie, G.Region, P.Marke, G.Geschäftstyp
```

Diese Anfrage entspricht dem klassischen Muster einer Einblockanfrage (Abschnitt) auf ein Star-Schema, wobei die einzelnen Dimensionstabellen mit der Fact-Tabelle über natürliche Verbundoperationen verknüpft werden. Obige Variante zeigt jedoch, bedingt durch die nicht traditionelle relationale Abbildung der dimensionalen Strukturen (Abschnitt 9.2), die Besonderheit auf, daß auf explizite Restriktionen in der WHERE-Klausel verzichtet werden kann, da genau die Scope-Tabellen mit der Fact-Tabelle Fact_M_1 verbunden werden, die zu dem Kontextdeskriptor der Anfrage M'_1 korrespondieren.

Aggregationsoperation auf Präaggregaten

Wird im Zuge einer Anfrageauswertung auf ein Präaggregat zurückgegriffen und ist durch diesen Zugriff keine weitere Aggregation mehr nötig, so degeneriert die Aggregationsoperation zur einfachen Selektion. Ist darüber hinaus die Granularität des Kontextdeskriptors einer Dimension gleich der gewünschten Zielgranularität, so ist im Gegensatz zum vorangegangenen Szenario kein Verbund mit einer Scope-Tabelle nötig. Für folgendes Beispiel der Anfrage

M'_2 = ([Verkäufe, 'N', 'Σ'], [(P.Familie = 'Heimrecorder', G.Region = 'Süddeutschland')],
[(P.Familie, G.Region), {P.Marke, G.Geschäftstyp}])

und das zu verwendende Präaggregat

M_2 = ([Verkäufe, 'N', 'Σ'], [(P.Gruppe = 'Video', G.Region = 'Süddeutschland')],
[(P.Familie, G.Region), {P.Marke, G.Geschäftstyp}])

ergibt sich die sehr einfache SQL-Anweisung:

```
SELECT   Familie, Region, Marke, Geschäftstyp, Verkäufe
FROM     Fact_M2 M2,                        // Fact-Tabelle für M2
WHERE    M2.Familie = 'Heimrecorder'        // Restriktion auf Präaggregat
```

Ist bei einem Zugriff auf ein Präaggregat die Zielgranularität, welche durch das Kontextdeskriptorschema des Anfrageobjektes spezifiziert ist, noch nicht erreicht, so ist eine weitere Aggregation notwendig. Dabei ist jedoch zu beachten, daß ein Verbund der entsprechenden Fact-Tabelle des Präaggregates mit einer Scope-Tabelle über die diskriminierenden Attribute, die inhaltlich den Klassifikationsattributen entsprechen, nicht direkt anwendbar ist. Dies ist dadurch bedingt, daß jede Ausprägung eines diskriminierenden Attributes in einer Scope-Tabelle für jedes dimensionale Element seiner adressierten Unterklasse auftritt (Abbildung 9.9) und ein Verbund über das diskriminierende Attribut in einer entsprechenden Vervielfachung der Tupel in der Fact-Tabelle resultieren würde. Vor der Durchführung einer Verbundoperation muß in diesem Fall entsprechend die Scope-Tabelle dynamisch durch eine geschachtelte Anfrage erzeugt werden. Zur Illustration reflektiere wiederum M'_3 ein Anfrageobjekt und M_3 das Objekt, aus dem M'_3 zu berechnen ist.

M'_3 = ([Verkäufe, 'N', 'Σ'], [(P.Familie = 'Camcorder', G.Land = 'Deutschland')],
[(P.Familie, G.Region), { Marke, Geschäftstyp }])

M_3 = ([Verkäufe, 'N', 'Σ'], [(P.Familie = 'Camcorder', G.Land = 'Deutschland')],
[(P.Familie, G.Bezirk), { Marke, Videosystem, Geschäftstyp }])

Die SQL-Anweisung ergibt sich damit zu:

```
SELECT   Familie, Region, Marke, Geschäftstyp, SUM(Verkäufe) AS Verkäufe
FROM     Fact_M3 M3,                              // Fact-Tabelle für M3
         ( SELECT   DISTINCT Bezirk, Region      // G ist eine dynamisch
           FROM     Geschäfte_Deutschland ) G    //   erzeugte Scope-Tabelle
WHERE    M3.Bezirk = G.Bezirk                     // Verbund: Scope - Fact-Tabelle
GROUP BYFamilie, Region, Marke, Geschäftstyp
```

Aus der Scope-Tabelle werden dabei nur die deutschen Bezirke mit ihrer jeweiligen regionalen Zugehörigkeit herausgefiltert. Wäre in diesem konkreten Fall die Landeszugehörigkeit von Interesse, so müßte die Konstante 'Deutschland' in die SELECT-Klausel der dynamischen Scope-Tabelle als einzige Ausprägung eines künstlichen Attributes Land für eine spätere Gruppierung und insbesondere zur Wahrung der Verträglichkeit für eine spätere Vereinigung von Teilergebnissen übernommen werden. Die Formulierung der dynamischen Scope-Tabelle in SQL würde sich wie folgt verändern:

```
SELECT     Familie, Land, Marke, Geschäftstyp, SUM(Verkäufe) AS Verkäufe
FROM       Fact_M3 M3,
           ( SELECT      DISTINCT Bezirk, 'Deutschland' AS Land
             FROM        Geschäfte_Deutschland ) G
WHERE      M3.Bezirk = G.Bezirk
GROUP BY Familie, Land, Marke, Geschäftstyp
```

Allgemeines Verfahren der dynamischen Generierung von Scope-Tabellen

Obige Beispiele zeigen, daß es eine Vielzahl von unterschiedlichen Fällen bei der dynamischen Generierung von Scope-Tabellen zu beachten gilt. Im folgenden werden alle verschiedenen Varianten einer systematischen Einordnung unterzogen und in tabellarischer Form wiedergegeben.

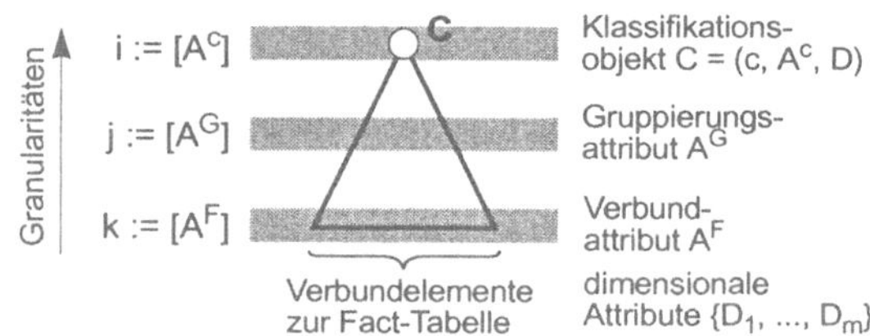

Abb. 9.10: Systematik zur Generierung von Scope-Tabellen

Abbildung 9.10 faßt alle möglichen Einflußparameter auf die Bestimmung der Scope-Tabelle in einer Dimension zusammen. Dabei stammt das Klassifikationsobjekt C aus dem Kontextdeskriptor und das Klassifikationsattribut A^G aus dem Kontextdeskriptorschema des Anfrageobjektes, welches die gewünschte Zielgranularität der Aggregation vorgibt. Das nötige Verbundattribut A^F der Scope-Tabelle zur Fact-Tabelle ergibt sich aus dem Kontextdeskriptorschema des multidimensionalen Objektes, aus welchem die Anfrage berechnet wird. Dieses Attribut spiegelt die Granularität wider, in der die auszuwertenden Daten vorliegen. Dieses Attribut muß nicht notwendigerweise mit dem Primärattribut (k=0) übereinstimmen. Die Menge der dimensionalen Attribute $\{DA_1, ..., DA_m\}$ korrespondiert zur gewünschten Menge dimensionaler Attribute in der Anfrage.

Die Einträge in Tabelle 9.1 sind in einem ersten Schritt gemäß den vier möglichen Situationen organisiert, die auftreten können, wenn alle Attribute eine unterschiedliche Stufe im Klassifikationsbaum addressieren oder sich jeweils zwei oder alle drei Attribute auf gleicher Granularitätsstufe befinden. Jede dieser Konfigurationen wird in einem zweiten Schritt dahingehend unterschieden, ob sich die Dimension auf Rohdatenniveau (k=0) oder bei Rückgriff auf Präaggregate auf ein höheres Granularitätsniveau (k>0) bezieht. Bei einer Präaggregatnutzung ist, wie im vorangegangenem Beispiel erläutert wird, eine DISTINCT-Operation auf das Verbundattribut vorzunehmen. Jede Konfiguration in der Tabelle zeigt somit den Anteil der SQL-

Generierung in der jeweiligen Dimension <DIM> für die FROM-, WHERE- und GROUP BY-Klausel an, deren Attributliste gleichzeitig für die SELECT-Klausel der SQL-Anweisung gilt.

		FROM-Klausel	WHERE-Klausel	GROUP-BY-Klausel
i > j > k	k = 0	<DIM>_c D	$D.A^F = F.A^F$	$A^G, DA_1, \ldots, DA_m$
	k > 0	(SELECT DISTINCT $A^F, A^G, DA_1, \ldots, DA_m$ FROM <DIM>_c) D	$D.A^F = F.A^F \wedge \bigwedge_{i=1}^{m} D.DA_i = F.DA_i$	$A^G, DA_1, \ldots, DA_m$
i = j > k	k = 0	(SELECT A^F, 'c' AS $A^G, DA_1, \ldots, DA_m$ FROM <DIM>_c) D	$D.A^F = F.A^F$	$A^G, DA_1, \ldots, DA_m$
	k > 0	(SELECT DISTINCT A^F, 'c' AS $A^G, DA_1, \ldots, DA_m$ FROM <DIM>_c) D	$D.A^F = F.A^F \wedge \bigwedge_{i=1}^{m} D.DA_i = F.DA_i$	$A^G, DA_1, \ldots, DA_m$
i > j = k	k = 0	<DIM>_c D	$D.A^F = F.A^F$	$DA_1, \ldots, DA_m$
	k > 0	(SELECT DISTINCT $A^F, DA_1, \ldots, DA_m$ FROM <DIM>_c) D	$D.A^F = F.A^F \wedge \bigwedge_{i=1}^{m} D.DA_i = F.DA_i$	$DA_1, \ldots, DA_m$
i = j = k	k = 0	(kein Verbund mit einer Scope-Tabelle nötig)	$D.A^F =$ 'c'	$DA_1, \ldots, DA_m$
	k > 0		$D.A^F =$ 'c'	$DA_1, \ldots, DA_m$

Tab. 9.1: Dynamische Generierung von Scope-Tabellen

9.3.2 Relationale Abbildung der horizontalen Komposition

Die vierte Phase der Aggregatverarbeitung im CUBESTAR-System (Abschnitt 9.1.3) umfaßt die SQL-Generierung für die kompakten Blattobjekte. Durch das Prinzip der horizontalen Komposition wird dabei ein einzelnes Anfrageobjekt im allgemeinen Fall aus einer Menge von Teilwürfeln ('Patches') berechnet. Die Berechnung einzelner Patches, bei denen per definitionem davon ausgegangen werden kann, daß sie direkt aus einem einzigen multidimensionalen Objekt abgeleitet werden können, ist im vorangegangenen Abschnitt erläutert worden. Die relationale Abbildung der horizontalen Komposition ergibt sich durch diese Modularisierung zu einer mehrfachen Vereinigung der Ergebnismengen aus den einzelnen Patches. Da Blattobjekte grundsätzlich materialisiert werden (Abschnitt 9.1.3), wird eine CREATE TABLE-Anweisung für ein neues multidimensionales Objekt *M'* der Vereinigung vorgeschaltet.

Zur Illustration stehe die Berechnung der folgenden durch das multidimensionale Objekt *M* spezifizierten Anfrage an:

M = ([Verkäufe, 'N', 'Σ'], [(P.Gruppe = 'Video', G.Land = 'Deutschland')],
[(P.Familie, G.Region), {P.Marke, G.Geschäftstyp}])

Die Patch-Verarbeitung wählt die bereits in Abschnitt 9.3.1 mit Blick auf eine horizontale Komposition eingeführten und auf SQL abgebildeten multidimensionalen Objekte M_1, M_2 und M_3 als Berechnungsgrundlage aus. Für dieses Szenario ergibt sich die folgende Repräsentation in SQL:

```
CREATE TABLE Fact_M' AS
( SELECT     Familie, Region, Marke, Geschäftstyp, SUM(Verkäufe) AS Verkäufe
  FROM       Fact_M1 M1,
             Produkte_Heimrecorder P, Geschäfte_Norddeutschland G
  WHERE      M1.ArtikelNr = P.ArtikelNr AND
             M1.GeschäftsNr = G.GeschäftsNr
  GROUP BY   Familie, Region, Marke, Geschäftstyp )
UNION ALL
( SELECT     Familie, Region, Marke, Geschäftstyp, Verkäufe
  FROM       Fact_M2 M2
  WHERE      M2.Familie = 'Heimrecorder' )
UNION ALL
( SELECT     Familie, Region, Marke, Geschäftstyp, SUM(Verkäufe) AS Verkäufe
  FROM       Fact_M3 M3,
             (SELECT DISTINCT Bezirk, Region
              FROM Geschäfte_Deutschland) G
  WHERE      M3.Bezirk = G.Bezirk
  GROUP BY   Familie, Region, Marke, Geschäftstyp )
```

9.3.3 Relationale Abbildung der vertikalen Komposition

Während die relationale Abbildung der horizontalen Komposition nahezu trivial ist, weist die relationale Abbildung der vertikalen Komposition, d.h. die relationale Abbildung der binären Zellenoperatoren, eine enorme Komplexität auf, die in den folgenden Ausführungen lediglich am Beispiel aufgezeigt wird. Dazu seien folgende multidimensionalen Objekte M_1 und M_2 gegeben:

M_1 = ([Verkäufe, 'N', 'Σ'], [(P.Bereich = 'Unterhaltungselektr.', G.Land = 'Deutschland')],
[(P.Familie, G.Region), { P.Marke, G.Geschäftstyp }])

M_2 = ([Lieferungen, 'N', 'Σ'], [(P.Totality = 'ALL')],
[(P.Gruppe), { P.Marke }])

Beide multidimensionalen Objekte erfüllen die für den Angleichungsoperator (Abschnitt 7.3.2.2) notwendigen Voraussetzungen, daß der 'major'-Operand M_1 im Vergleich zum 'minor'-Operand M_2 eine gleiche oder höhere Dimensionalität umfaßt, eine gleiche oder feinere Granularität hinsichtlich des Kontextdeskriptorschemas aufweist und eine größere Menge an dimensionalen Attributen besitzt. Weiterhin sind die von beiden Operanden adressierten multidimensionalen Teilwürfel nicht disjunkt. Ein gültiger multidimensionaler Verbund ist somit gesichert.

Relationale Abbildung der binären Operatoren: '-', '+', '*', '/'

Zur Illustration der relationalen Abbildung der binären Operatoren '-', '+', '*', '/' diene das folgende Beispiel, welches für jede Verkaufszahl auf Ebene der Produktfamilien aus M_1 den Anteil an den Gesamtlieferungen bezogen auf die jeweilige Produktgruppe berechnet.

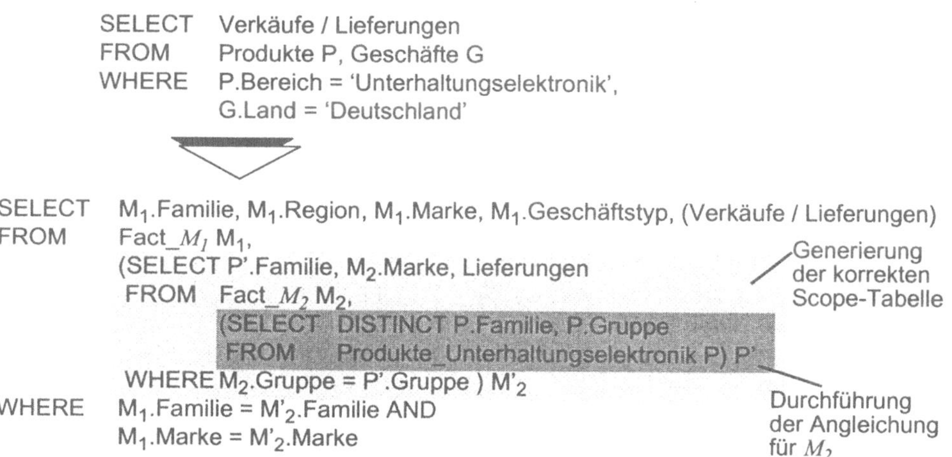

Vor Durchführung der Division ist der 'minor'-Operand an den 'major'-Operand anzugleichen. Dazu ist für alle gemeinsamen Dimensionen die Granularität des 'major'-Operanden zu ermitteln. Analog zur Durchführung einer Aggregationsoperation über ein Präaggregat ist die dazu notwendige Scope-Tabelle dynamisch zu erzeugen. Nach Angleichung des 'minor'-Partners ist dieser mit dem 'major'-Operand über die gemeinsamen Klassifikationsattribute (Familie) und die gemeinsamen dimensionalen Attribute (Marke) zu verbinden.

Relationale Abbildung der binären Operatoren: 'cmin()', 'cmax()'

Komplexer stellt sich die relationale Abbildung der binären Operatoren 'cmin()' und 'cmax()' heraus, welche aus zwei Verbundpartnern zellenweise entweder den kleineren Zellenwert (cmin-Operator) oder den größeren Zellenwert (cmax-Operator) auswählt. Da diese Operatoren anders als die oben behandelten arithmetischen binären Zellenoperatoren keine direkte Entsprechung auf relationaler Seite besitzen, müssen sie entsprechend aufwendig 'simuliert' werden. Die beiden Operandenrelationen mit dem Primärschlüssel $A_1, ..., A_n$ werden unter Beibehaltung von Duplikaten (UNION-ALL-Operator) vereinigt, so daß für jede ehemalige Primärschlüsselausprägung maximal zwei Tupel (je eines aus jeder Relation) existieren. Die umschließende SELECT-Anweisung führt eine Gruppierung mit gleichzeitiger Aggregation (MIN() bei cmin-Operator; MAX() bei cmax-Operator) durch, wodurch die Primärschlüsseleigenschaft der Attributkombination $A_1, ..., A_n$ wiederhergestellt wird.

Wie das folgende Beispiel für die Berechnung des jeweils kleineren numerischen Wertes der beiden oben eingeführten Maßzahlen Verkäufe und Lieferungen (cmin-Operator) zeigt, kann eine konkrete Ausprägung durch die nötige Angleichung des 'minor'-Operanden zu einer umfangreichen SQL-Anweisung entarten:

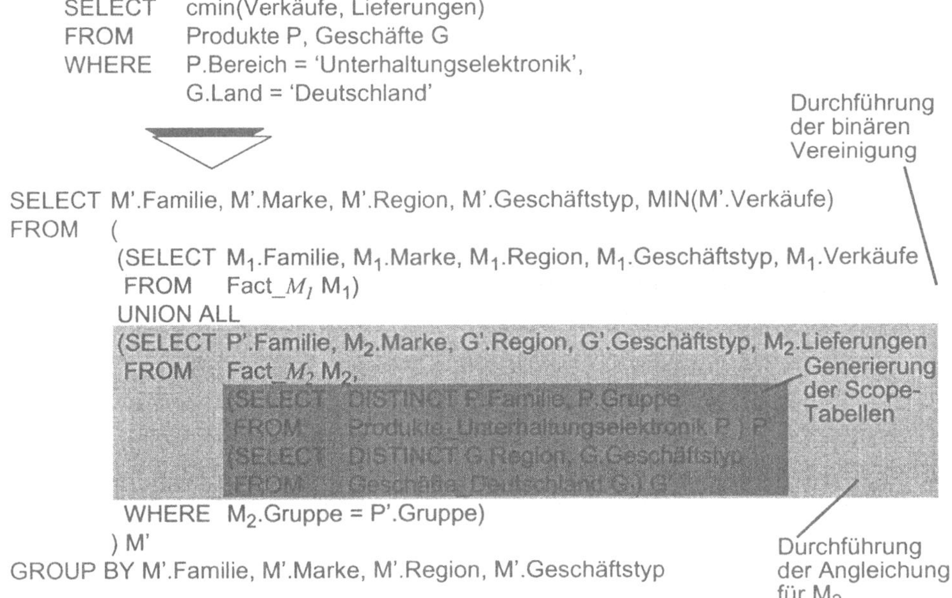

Vor der Durchführung der notwendigen Vereinigungsoperation der beiden Verbundpartner sind diese durch Angleichung des 'minor'-Partners M_2 in eine verbundverträgliche Form zu überführen. Dazu erfolgt wiederum ein Generierungsprozeß für Scope-Tabellen. Die jeweilige Zielgranularität wird durch das Kontextdeskriptorschema, der Bereich durch den Kontextdeskriptor des 'major'-Partners bestimmt. Diese Scope-Tabellen werden mit der Fact-Tabelle des 'minor'-Operanden verbunden. Für Dimensionen, die im 'major'-, aber nicht im 'minor'-Partner auftreten, wird dabei das kartesische Produkt (ohne Restriktion in der WHERE-Klausel) der Elemente der Scope-Tabelle und der Fact-Tabelle des 'minor'-Partners gebildet. Durch die abschließende Gruppierung wird schließlich das Endergebnis erzeugt.

9.4 Zusammenfassung

Ziel dieses Kapitels ist die Skizzierung der in einem Implementierungsmodell schematisch durchgeführten relationalen Abbildung des multidimensionalen Daten- und Verarbeitungsmodells im CUBESTAR-System. Dazu wird im ersten Abschnitt die logische Gesamtarchitektur, eingeteilt in die Schichten des Clients, des CUBESTAR-Servers und des darunterliegenden relationalen Datenbanksystems vorgenommen. Zur Einordnung der entsprechenden Abbildungsschritte multidimensionaler Strukturen und Operationen erfolgt gleichzeitig ein phasenorientierter Überblick über den Prozeß der Anfrageverarbeitung in CUBESTAR.

Im zweiten Abschnitt wird die relationale Abbildung der strukturellen Komponenten des dem CUBESTAR-System zugrundliegenden Datenmodells vorgestellt. Beachtenswert ist dabei, daß die konsequente Umsetzung klassifikatorischer Strukturen eine Erweiterung des 'klassischen' und in der Praxis üblicherweise Verwendung findenden Star-Schemas notwendig macht. Diese Erweiterung erfolgt dahingehend, daß jeweils globale Dimensionstabellen durch lokal gültige Scope-Tabellen, die direkt die klassifikatorische Struktur widerspiegeln, ersetzt werden.

Diese Abbildungstechnik impliziert, insbesondere im Zusammenhang mit dem Rückgriff auf Präaggregate bei der relationalen Abbildung multidimensionaler Operatoren, eine gewisse Komplexität, die im dritten Abschnitt systematisiert und erläutert wird. Die in CUBESTAR eingesetzte Methodik resultiert in entsprechend effizientem SQL-Code durch die Nutzung partieller Präaggregate, da die einzelnen Teile einer multidimensionalen Anfrage ('Patches') lokal relational abgebildet und in einem zweiten Schritt zu einem Gesamtergebnis vereinigt werden. Diese Vorgehensweise realisiert die in Abschnitt geforderte und von relationalen Optimierungsansätzen nur teilweise ermöglichte Unterstützung ([SDJL96]) von Multiblockanfragen und geht durch Nutzung klassifikatorischer Kenntnisse weit über die auf relationaler Ebene prinzipiell möglichen Restrukturierungen hinaus.

Die relationale Abbildung multidimensionaler Operatoren im allgemeinen und die Abbildung zellenorientierter multidimensionaler Verbundoperationen im speziellen lassen zwei Aussagen über die relationale Realisierung einer multidimensionalen Datenanalyse zu. Erstens zeigen die in diesem Kapitel vorgenommenen Abbildungstechniken, daß SQL-Anweisungen zur Beschreibung komplexer statistischer Auswertungen manuell nur sehr aufwendig zu erstellen und entsprechend fehlerträchtig sind. Die Systematik einer multidimensionalen Datenanalyse erlaubt jedoch eine effiziente und vom System durchgeführte automatische Generierung dieser Anweisungen. Zweitens zeigt die aufwendige Abbildung der binären Minimums- und Maximumsoperationen mögliche Grenzen einer relationalen Abbildung der multidimensionalen Denkweise auf. Eine effiziente relationale Abbildung komplexer statistischer Funktionen, wie sie in betriebs- oder finanzwirtschaftlichen Bereichen bzw. allgemein in der beurteilenden Statistik anzutreffen sind, und damit der gesamte ROLAP-Ansatz, ist sicherlich zur Diskussion zu stellen. Gemäß der Auffassung "*Die Grenzen meiner Sprache bedeuten die Grenzen meiner Welt*" ([Witt63], Nr. 5.6) muß die relationale Anfragesprache SQL entsprechend erweitert werden, um die wachsenden Analysebedürfnisse der 'Online Analytical Processing'-Welt in Zukunft befriedigen zu können. Erste Schritte dazu sind bereits unternommen worden und werden in Abschnitt 5.3 kurz vorgestellt. Diese Erweiterungen werden jedoch im Rahmen einer fortschreitenden SQL-Entwicklung (SQL3; [ISO93]), bedingt durch den kommerziellen Erfolg der 'Data Warehouse' und 'Online Analytical Processing'-Konzepte, massiv vorangetrieben.

D Zusammenfassung und Ausblick

Die Technik der multidimensionalen Datenanalyse ist in dem Gebiet der beschreibenden Statistik wesentlich für eine effiziente Auswertung und Darstellung des zugrundeliegenden Zahlenmaterials. Seit den 80-er Jahren widmet sich die Gattung der 'Statistical and Scientific Database Management Systems' einer adäquaten datenbanktechnischen Unterstützung von Anwendungen auf diesem Gebiet. In den letzten Jahren hat die Technik der multidimensionalen Datenanalyse durch die Einführung der Konzepte des 'Data Warehousing' und 'Online Analytical Processing' sowohl auf kommerzieller Seite als auch im Bereich der Datenbankforschung einen enormen Auftrieb erhalten. Dies äußert sich einerseits in steigenden Anforderungen und andererseits in entsprechenden Lösungsvorschlägen bzw. konkreten Produkten. Zentrales Problem einer interaktiven multidimensionalen Datenanalyse, wie sie für das Konzept des 'Online Analytical Processing' gefordert wird, ist eine effiziente Aggregatverarbeitung. Diese Forderung verschärft sich durch die Erkenntnis, daß die durch den Vorgang einer Aggregation gewonnenen statistischen Kennzahlen umso aussagekräftiger sind, je umfangreicher die dem jeweiligen statistischen Analyseprozeß zugrundeliegende Grundgesamtheit des Zahlenmaterials ist. Als grundsätzlicher Lösungsvorschlag zur Erfüllung dieser Forderung wird im Rahmen der eingeführten CUBESTAR-Methodologie eine redundanzbasierte Optimierung in einem erweiterten multidimensionalen Datenmodell und einer entsprechenden relationalen Implementierung vorgestellt.

Zusammenfassung

Im ersten Teil des Buches wird der Prozeß der statistischen Analyse erläutert und eine Taxonomie der Begriffe 'Statistical and Scientific Database Management Systems', 'Data Warehouse' und 'Online Analytical Processing' vorgenommen. Die durch die beiden letzten Begriffe angesprochenen Konzepte werden im zweiten Kapitel einer detaillierten Darstellung unterzogen und sowohl generelle Anforderungen als auch die für eine Optimierung notwendigen Voraussetzungen abgeleitet. Der erste Teil, dessen generelles Ziel die Schaffung eines Kontextes für die nachfolgend auf datenbanksystemtechnischer Ebene diskutierten Konzepte ist, schließt mit einer Skizzierung der allgemeinen Methoden und Techniken multidimensionaler Auswertungen.

Der zweite Teil fokussiert die Aufarbeitung des aktuellen Stands der Forschung auf den Gebieten der multidimensionalen Datenmodellierung, der relationalen Repräsentation multidimensionaler Strukturen und Operatoren und der aktuell in der Forschung existierenden Präaggregationsstrategien, welche die zentrale Grundlage einer effizienten redundanzbasierten Optimierung bilden. Als charakteristisch für das Anwendungsgebiet statistischer Auswertungen ist dabei eine zum Zeitpunkt des Schemaentwurfs festgelegte und auf Modellierungsebene explizit reflektierte Beschreibung der Zugriffsstrukturen bzw. einer anwendungsspezifischen Organisation multidimensionaler Daten zu sehen. Konzepte zur Beschreibung dieser Strukturen werden der Bedeutung entsprechend von der modellorientierten Repräsentation multidimensionaler Datenwürfel abgekoppelt und als eigene Komponente eines Datenorganisationskonzeptes aufgefaßt. Die Beschreibung der Modellierungsansätze gliedert sich somit in die Diskussion eines Datenorganisations-, eines multidimensionalen Datenstruktur- und eines Datenmanipulationskonzeptes. Dabei zeigt sich, daß Modellierungsansätze aus den Bereich des 'Statistical and Scientific Database Management Systems' ein mächtiges Datenorganisationskonzept und nur ein schwach ausgeprägtes Datenmanipulationskonzept aufweisen. Aktuelle Arbeiten kehren diese Sichtweise, motiviert durch die Dynamik des 'Online Analytical Processing'-Ansatzes, um und verstärken den operationalen Aspekt. Ziel der Diskussion der relationalen Abbildung multidimensionaler Strukturen ist einerseits die Einführung des klassischen Konzeptes des Star-/Snowflake-Schemas mit entsprechenden Vor- und Nachteilen und andererseits die Verdeutlichung der enormen Komplexität und modellbedingten Restriktion einer redundanzbasierten Optimierung auf relationaler Ebene. Als direktes Ergebnis dieser Darstellung ergibt sich die Motivation für die im dritten Teil vorgenommenen Verschiebung der Optimierung in die multidimensionale Ebene. Als dritte Komponente wird im letzten Kapitel dieses Teils die Technik der Präaggregation sowohl aus den Gesichtpunkten der formalen Ableitbarkeit als auch hinsichtlich aktuell in der Literatur bekannten Präaggregationsstrategien untersucht. Eine Einteilung partieller Präaggregationsstrategien resultiert in einer Unterscheidung von konstruktiven und adaptiven Verfahren, der sich eine detaillierte Aufarbeitung und ein gegenüberstellender Vergleich anschließt.

Der dritte Teil des Buches widmet sich der umfassenden Beschreibung der CUBESTAR-Methodologie. In Analogie zum zweiten Teil gliedert sich die Erläuterung in das dem CUBESTAR-Ansatz zugrundeliegende erweiterte multidimensionale Datenmodell ('NESTED MULTIDIMENSIONAL DATA MODEL'), in die Vorstellung des redundanzbasierten Verarbeitungsmodells auf multidimensionaler Ebene und schließlich in die Darstellung der relationalen Abbildung. Als zentraler struktureller Baustein ist auf Modellierungsebene das Konzept der multidimensionalen Objekte zu nennen, welche im wesentlichen einen Ausschnitt aus einem multidimensionalen Datenwürfel beliebiger Granularität repräsentieren. Neben 'klassischen' Navigations- und Aggregationsoperationen ist als zentrale Operation auf multidimensionalen Objekten die Technik der horizontalen Komposition ('patch working') anzuführen, welche die Grundlage einer partiellen und partitionsorientierten Nutzung existierender Präaggregate bildet. Verarbeitungstechnisch erfolgt in den weiteren Ausführungen eine Fokussierung auf die Darstellung einer konstruktiven Apriori- und einer adaptiven und somit empirisch gestützten Präaggregationsstrategie, deren Nutzen im Rahmen einer Simulation im Vergleich zu einer Aggregatberechnung auf Rohdaten gegenübergestellt werden. Das letzte Kapitel skizziert die logische Architektur des CUBESTAR-Systems und erläutert die relationale Abbildung multidimensionaler Strukturen und Operationen. Die strukturelle Abbildung orientiert sich an dem Muster eines Star-Schemas, nimmt jedoch eine Erweiterung durch den Einsatz von Scope-Tabellen vor. Die relationale Abbildung multidimensionaler Operatoren spricht die relationale Integration von Präaggregaten und die Transformation multidimensionaler Verbundoperationen auf die relationale Anfragesprache SQL an. Dabei ergibt sich tendenziell die Erkenntnis, daß die Abbildung komplexer statistischer Funktionen, wie sie insbesondere im Anwendungsbereich des 'Online Analytical Processing' Verwendung finden, die Grenzen einer relationalen Implementierung multidimensionaler Operatoren aufzeigen.

Ausblick

Die vorgestellten Konzepte und Techniken einer effizienten Aggregatverarbeitung in multidimensionalen Datenbanksystemen sind sicherlich als zentraler Punkt einer flexiblen und umfassenden betriebs- oder volkswirtschaftlichen Informationsversorgung einer Organisation einzustufen. Trotzdem bleibt eine Vielzahl von Fragen und Problemstellungen unbeantwortet. Einige davon werden im folgenden als Ausblick auf weitere Arbeiten kurz skizziert.

Als konsequente Fortsetzung der CUBESTAR-Philosophie bietet sich die Unterstützung für eine effiziente multidimensionale Auswertung dezentraler Datenbestände an. Basierend auf den strukturellen Einheiten der multidimensionalen Objekte drängt sich die Einführung von Redundanz multidimensionaler Datenbestände in zwei orthogonalen Richtungen auf: Redundanz durch zusätzlich materialisierte Präaggregate und Redundanz durch Replikation von Rohdatenbeständen und entsprechenden Präaggregaten. Erste Ideen dazu finden sich beispielsweise in [AlLe98] und [AlGL98]. Die Dynamik adaptiver Präaggregationsstrategien in Verbindung mit einer verteilten Aggregatverarbeitung impliziert die Forderung nach einer Konsistenzerhaltung der redundanten Datenbestände. Dabei gilt es, die aktuell laufenden Forschungsaktivitäten in diesem Bereich ([Lenz97], [TeUl98]) zu bündeln und entsprechend auf konzeptioneller und implementierungstechnischer Ebene zu integrieren. Als noch nicht ausreichend untersuchte Thematik sowohl aus der Sicht der Forschung als auch aus kommerzieller Perspektive gilt als letzter Punkt in dieser Aufzählung die Aufarbeitung temporaler Aspekte in der multidimensionalen Denkweise. In einem multidimensionalen Modellierungsansatz ist die herausragende Rolle einer Zeitdimension als 'primus inter pares' adäquat zu reflektieren, um somit eine Versionierung der Datenorganisationsstrukturen auswertetechnisch zu unterstützen. Forschungsaktivitäten in diese Richtung sind dringend anzumahnen.

Zusammenfassend kann festgestellt werden, daß der CUBESTAR-Ansatz sowohl auf konzeptioneller Ebene aufgrund seines mächtigen multidimensionalen Datenmodells und entsprechenden verarbeitungsorientierten Optimierungen auf multidimensionaler Ebene als auch auf Implementierungsebene eine effiziente redundanzbasierte Aggregationsverarbeitung realisiert und sich als solide Basis für eine Vielzahl weiterer Forschungsaktivitäten im Bereich einer datenbankgestützten multidimensionalen Datenanalyse anbietet.

Literaturverzeichnis

AAD+96 Agrawal, S.; Agrawal, R.; Deshpande, P. M.; Gupta, A.; Naughton, J.F.; Ramakrishnan, R.; Sarawagi, S.: On the Computation of Multidimensional Aggregates. In: *Proceedings of the 22th International Conference on Very Large Data Bases* (VLDB'96, Bombay, Indien, 3.-6. Sept.), 1996, S. 506-521

AdLi80 Adiba, M.E.; Lindsay, B.G.: Database Snapshots. In: *Proceedings of the 6th International Conference on Very Large Data Bases* (VLDB'80, Montreal, Kanada, 1.-3. Okt.), 1980, S. 86-91

AgGS97 Agrawal, R.; Gupta, A.; Sarawagi, S.: Modeling Multidimensional Databases. In: *Proceedings of the 13th International Conference on Data Engineering* (ICDE'97, Birmingham, Großbritannien, 7.-11. April), 1997, S. 232-243

Albr98 Albrecht, J.: Grundlagen der Anfrageverarbeitung in relationalen Datenbanksystemen. In: Lehner, W. (Hrsg.): Erweiterte Konzepte und Techniken der Anfrageoptimierung in Datenbanksystemen, *Arbeitsberichte des Instituts für Mathematische Maschinen und Datenverarbeitung (Informatik) 30(1998)7*, Univ. Erlangen-Nürnberg, S. 3-19

AlGL98 Albrecht, J., Günzel, H., Lehner, W.: An Architecture for Distributed OLAP. In: *Proceedings of the International Conference on Parallel and Distributed Processing Techniques and Applications* (PDPTA'98, Las Vegas (NV), USA, 13.-16. Juli), 1998, S. 1482-1488

AlLe98 Albrecht, J., Lehner, W.: On-line Analytical Processing in Distributed Data Warehouses. In: *Proceedings of the International Database Engineering and Applications Symposium* (IDEAS'98, Cardiff, Großbritannien, 8.-10. Juli), 1998, S. 78-85

AlRa92 Alsabbagh, J.R.; Raghavan, V.V.: A Framework for Multiple-Query Optimization. In: *Proceedings of the 2nd International Workshop on Research Issues on Data Engineering: Transaction and Query Processing* (RIDE'92, Tempe (AZ), USA, 2.-3. Feb.), 1992, S. 157-162

ALTK97 Albrecht, J.; Lehner, W.; Teschke, M.; Kirsche, T.: Building a Real Data Warehouse for Market Research. In: *Proceedings of the 8th International Workshop on Database and Expert Systems Applications* (DEXA'97, Toulouse, Frankreich, 1.-5. Sept.), 1997, S. 651-656

Arbo98 o.V.: *Arbor Essbase Server.* Produktinformation, Arbor Software Corporation, 1998 (http://www.arborsoft.com/essbase/datasht/server.html)

Auro98 Arora, S.:*Data Warehousing on Microsoft SQL Server.* Microsoft Corporation, 1998 (http://www.microsoft.com/sql/datawarehousing)

BaBa88 Di Battista, G.; Batini, C.: Design of Statistical Databases: A Methodology for the Conceptual Step. In: *Information Systems 13(1988)4*, S. 407-422

BaLe97 Bauer, A.; Lehner, W.: The Cube-Query-Language for Multidimensional Statistical and Scientific Database Systems. In: *Proceedings of the 5th International Conference on Database Systems For Advanced Applications* (DASFAA'97, Melbourne, Australien, 1.-4. April), 1997, S. 263-272

BaPT97 Baralis, E.; Paraboschi, S.; Teniente, E.: Materialized Views Selection in a Multidimensional Database. In: *23rd International Conference on Very Large Data Bases* (VLDB'97, Athen, Griechenland, 25.-29. Aug.), 1997, S. 156-165

BaSu97 Barabara, D.; Sullivan, M.: Quasi-Cubes: Exploiting Approximations in Multidimensional Databases. In: *ACM SIGMOD Record 26(1997)3*, S. 12-17

BeMR94 Bezenchek, A.; Massari, F.; Rafanelli, M.: STORM$^+$: Statistical Data Storage and Manipulation System. In: *Proceedings of the 11th Symposium on Computational Statistics,* (Compstat'94, Wien, Österreich, 22.-26. Aug.), 1994

Berb98 Berby, H.: On the Concepts of a Statistical Output Data Base. In: Proceedings of the 1998 Work Session on Statistical Metadata (Genf, Schweiz, 18.-20. Feb.), 1998

BeSm97 Berson, A.; Smith, S.J.: *Data Warehousing, Data Mining, & OLAP.* New York e.a.: McGraw-Hill, 1997

BFRW97 Baumann, P.; Furtado, P.; Ritsch, R.; Widmann, N.: Geo/Environmental and Medical Data Management in the RasDaMan System. In: *Proceedings of the 23rd International Conference on Very Large Data Bases* (VLDB'97, Athen, Griechenland, 25.-29. Aug.), 1997, S. 548-552

BiAl97 Bischoff, J.; Alexander, T. (Hrsg.): *Data Warehouse: Practical Advice from the Experts.* Upper Saddle River (NJ): Prentice Hall, Inc., 1997

BLRT96 Bohlen, T.; Lehner, W.; Ruf, T.; Teschke, M.: Untersuchung von Möglichkeiten der Anfragebeschleunigung durch Materialisierung verdichteter Daten. In: Ruf, T. (Hrsg.): Redundancy-Based Query Optimization in Database Systems: Modelling and Implementation Issues, *Arbeitsberichte des Instituts für Mathematische Maschinen und Datenverarbeitung (Informatik) 29(1996)6, Univ. Erlangen-Nürnberg,* S. 1-178

BoSa97 Bontempo, C.; Saracco, C.M.: *Database Management.* Englewood Cliffs (NJ): Prentice Hall, Inc., 1995

CaTo97 Cabibbo, L.; Torlone, R.: Querying Multidimensional Databases. In: *Proceedings of the 6th International Workshop on Database Programming Languages* (DBPL'97, Estes Park (CO), USA, 18.-20. Aug), 1997

ChDa97 Chaudhuri, S.; Dayal, U.: An Overview of Data Warehousing and OLAP Technology. In: *ACM SIGMOD Record 26(1997)1*, S. 12-17

ChIo98 Chan, C.-Y.; Ioannidis, Y.E.: Bitmap Index Design and Evaluation. In: *Proceedings of the 27th International Conference on Management of Data* (SIGMOD'98, Seattle (WA), USA, 2.-4. Juni), 1998, S. 355-366

ChMc89 Chen, M.C.; McNamee, L.P.: On the Data Model and Access Method of Summary Data Management. In: *IEEE Transactions on Knowledge and Data Engineering 1(1989)4*, S. 519-529

ChMM88 Chen, M. C.; McNamee, L.; Melkanoff, M.: A Model of Summary Data and its Applications in Statistical Databases. In: *Proceedings of the 4th International Working Conference on Statistical and Scientific Database Management* (4SSDBM, Rom, Italien, 21.-23. Juni), 1988, S. 356-372

ChSh81 Chan, P.; Shoshani, A.: SUBJECT: A Directory Driven System for Organizing and Accessing Large Statistical Data Bases. In: *Proceedings of the 7th International Conference on Very Large Data Bases* (VLDB'81, Cannes, Frankreich, 9.-11. Sept), 1981, S. 553-563

ChSh94 Chaudhuri, S.; Shim, K.: Including Group-By in Query Optimization. In: *Proceedings of the 20th International Conference on Very Large Data Bases* (VLDB'94, Santiago de Chile, Chile, 12.-15. Sept.), 1994, S. 354-366

ChSh95 Chaudhuri, S.; Shim, K.: An Overview of Cost-based Optimization of Queries with Aggregates. In: *IEEE Data Engineering Bulletin 18(1995)3*, S. 3-9

ChSh96 Chaudhuri, S.; Shim, K.: Optimizing Queries with Aggregate Views. In: *Proceedings of the 5th International Conference on Extending Database Technology* (EDBT'96, Avignon, Frankreich, 25.-29. März), 1996, S. 167-182

CKPS95 Chaudhury, S.; Krishnamurthy, R.; Potamianos, S.; Shim, K.: Optimizing Queries with Materialized Views. In: *Proceedings of the 11th International Conference on Data Engineering* (ICDE'95, Taipeh, Taiwan, 6.-10. März), 1995, S. 190-200

CoCS93 Codd, E.F.: Codd, S.B.; Salley, C.T.: *Providing OLAP (On-line Analytical Processing) to User Analysts: An IT Mandate*, White Paper, Arbor Software Corporation, 1993 (http://www.arborsoft.com/essbase/wht_ppr/coddTOC.html)

Codd70 Codd, E.F.: A Relational Model of Data for Large Shared Data Banks. In: *Communications of the ACM 13(1970)6*, S. 377-387

Codd72 Codd, E.F.: Further Normalization of the Data Base Relational Model. In: *Data Base Systems (Courant Computer Science Symposium Series), Vol. 6*, Englewood Cliffs (NJ): Prentice-Hall, Inc., 1972, S. 33-64

Cogn96 o.V.: *PowerPlay Administrator-Handbuch*. Cognos, Inc., 1996 (http://www.cognos.com/busintell/products/powerplay_overview.html)

Coll96 Colliat, G.: OLAP, Relational, and Multidimensional Database Systems. In: *ACM SIGMOD Record 25(1996)3*, S. 64-69

CoLR90 Cormen, T. H.; Leiserson, C. E.; Rivest, R. L.: *Introduction to Algorithms*, Cambridge (MA), London: The MIT Press; New York u.a.: McGraw-Hill Book Company, 1990

Date95 Date, C.J.: *An Introduction to Database Systems*, 6. Auflage, Reading (MA): Addison-Wesley, 1995

Daya87 Dayal, U.: Of Nests and Trees: A Unified Approach to Processing Queries that Contain Nested Subqueries. In: *Proceedings of the 13th International Conference on Very Large Data Bases* (VLDB'87, Brighton, Großbritannien, 1.-4. Sept.), 1987, S. 197-208

DRSN98 Deshpande, P.M.; Ramasamy, K.; Shukla, A.; Naughton, J.F.: Caching Multidimensional Queries Using Chunks. In: *Proceedings of the 27th International Conference on Management of Data* (SIGMOD'98, Seattle (WA), USA, 2.-4. Juni), 1998, S. 259-270

ElNa94 Elmasri, R.; Navathe, S.B.: *Fundamentals of Database Systems.* 2. Auflage, Redwood City (CA): Benjamin/Cimmings Publishing Company, Inc., 1994

Fink82 Finkelstein, S.: Common Expression Analysis in Database Applications. In: *Proceedings of the International Conference on the Management of Data* (SIGMOD'82, Orlando (FL), USA, 2.-4. Juni), 1982, S. 235-245

Fink95 Finkelstein, R.: *Understanding the Need for On-Line Analytical Servers*, White Paper, Arbor Software Corporation, 1995 (http://www.arborsoft.com/essbase/wht_ppr/finkTOC.html)

FPSU96 Fayyad, U.M.; Piatetsky-Shapiro, G.; Smyth, P.; Uthurusamy, R.: *Advances in Knowledge Discovery and Data Mining*, Menlo Park (CA) u.a.: AAAI Press / The MIT Press, 1996

FrMV94 Freytag, J.C.; Maier, D.; Vossen, G.: *Query Processing for Advanced Database Systems.* San Mateo (CA): Morgan Kaufmann Publishers, Inc., 1994

Froe97 Froeschl, K.A.: *Metadata Management in Statistical Information Processing: a unified framework for metadata-based processing of statistical data aggregates.* Wien, New York: Springer Verlag, 1997

GBLP96 Gray, J.; Bosworth, A.; Layman, A.; Pirahesh, H.: Data Cube: A Relational Aggregation Operator Generalizing Group-By, Cross-Tab, and Sub-Total. In: *Proceedings of the 12th International Conference on Data Engineering* (ICDE'96, New Orleans (LA), USA, 26. Feb.-1. März), 1996, S. 152-159

Ghos86 Ghosh, S.P.: Statistical Relational Tables for Statistical Database Management. In: *IEEE Transactions on Software Engineering 12(1986)12*, S. 1106-1116

Ghos89 Ghosh, S.P.: Numerical Operations on Relational Databases. In: *IEEE Transactions on Software Engineering SE-15(1989)5*, S. 600-610

Ghos91 Ghosh, S.P.: Statistical Relational Databases: Normal Forms. In: *IEEE Transactions on Knowledge and Data Engineering 3(1991)1*, S. 55-64

GHRU97 Gupta, H.; Harinarayan, V.; Rajaraman, A.; Ullman, J.D.: Index Selection for OLAP. In: *Proceedings of the 13th International Conference on Data Engineering* (ICDE'97, Birmingham, Großbritannien, 7.-11. April), 1997, S. 208-219

Glea97 Gleason, D.: Metadata. In: Bischoff, J.; Alexander, T. (Hrsg.): *Data Warehouse: Practical Advice from the Experts.* Upper Saddle River (NJ): Prentice Hall, Inc., 1997, S. 135-150

GLEF98 Günzel, H.; Lehner, W.; Eriksen, S.; Folkedal, J.: Modeling Census Data in a Multidimensional Environment. Erscheint in: *Proceedings of the 2th East-European Symposium on Advances in Databases and Information Systems* (ADBIS'98, Poznan, Polen, 8.-11. Sept.), 1998, S. 363-368

Grae93 Graefe, G.: Query Evaluation Techniques for Large Databases. In: *ACM Computing Surveys 25(1993)2*, S. 73-170

GrRe93 Gray, J.; Reuter, A.: *Transaction Processing: Concepts and Techniques.* San Mateo (CA): Morgan Kaufman Publishers, 1993

GuHQ95 Gupta, A.; Harinarayan, V.; Quass, D.: Aggregate-Query Processing in Data Warehousing Environments. In: *Proceedings of the 21th International Conference on Very Large Data Bases* (VLDB'95, Zürich, Schweiz, 11.-15. Sept.), 1995, S. 358-369

GuMa95 Gupta, A.; Mumick, I.: Maintenance of Materialized Views: Problems, Techniques, and Applications. In: *IEEE Data Engineering Bulletin, 18(1995)2*, S. 3-18

Gupt97 Gupta, H.: Selection of Views to Materialize in a Data Warehouse. In: *Proceedings of the 6th International Conference on Database Theory* (ICDT'97, Delphi, Griechenland, 8.-10. Jan.), 1997, S. 98-112

GyLa97 Gyssens, M.; Lakshmanan, L.V.S.: A Foundation for Multi-Dimensional Databases. In: *Proceedings of the 23th International Conference on Very Large Data Bases* (VLDB'97, Athen, Griechenland, 25.-29. Aug.), 1997, S. 106-115

Han98 Han, J.: Towards On-Line Analytical Mining in Large Databases. In: *ACM SIGMOD Record 27(1998)1*, S 97-107

HaMc83 Hammond, R.; McCarthy, J.L. (Hrsg.): *Proceedings of the 2nd International Workshop on Statistical Database Management* (2SSDBM, Los Altos (CA), USA, 27.-29. Sept.), 1983

HAMT97 Ho, C.-T.; Agrawal, R.; Megiddo, N.; Tsay, J.-J.: Fast Algorithms for Range-Max Queries in OLAP Data Cubes, *Research Report RJ 10071, IBM Almaden Research Center*, San Jose (CA), 1997

Hari97 Harinarayan, V.: Issues in Interactive Aggregation. In: *IEEE Data Engineering Bulletin 20(1997)1*, S. 12-18

HaRU96 Harinarayan, V.; Rajaraman, A.; Ullman, J.D.: Implementing Data Cubes Efficiently. In: *Proceedings of the 25th International Conference on Management of Data*, (SIGMOD'96, Montreal, Quebec, Kanada, 4.-6. Juni), 1996, S. 205-216

HeHW97 Hellerstein, J.M.; Haas, P.J.; Wang, H.J.: Online Aggregation. In: *Proceedings of the 26th International Conference on Management of Data*, (SIGMOD'97, Tucson (AZ), 13.-15. Mai), 1997, S. 171-182

Hemp74 Hempel, C.G.: *Grundzüge der Begriffsbildung in der empirischen Wissenschaft*. Düsseldorf: Bertelsmann Universitätsverlag, 1974

HNSS95 Haas, P.J.; Naughton, J.F.; Seshadri, S.; Stokes, L.: Sampling-Based Estimation of the Number of Distinct Values of an Attribute. In: *Proceedings of the 21st International Conference on Very Large Data Bases* (VLDB'95, Zürich, Schweiz, 11.-15. Sept.), 1995, S. 311-322

HoBA97 Ho, C.-T.; Bruck, J.; Agrawal, R.: Partial-Sum Queries in OLAP Data Cubes Using Covering Codes, *Research Report RJ 10074, IBM Almaden Research Center*, San Jose (CA), 1997

Hofm91 Hofmann, F.: *Betriebssysteme: Grundkonzepte und Modellvorstellungen*. Stuttgart: B.G. Teubner, 1991

Info95 o.V.: *Designing the Data Warehouse on Relational Databases*. Informix Software, Inc., 1995

Info98a o.V.: *Power Mart Version 4.0*, Informatica Software, Inc., 1998 (http://www.informatica.com/launch/familydesc.html)

Info98b o.V.: *DecisionSuite*. Information Advantage, Inc., 1998 (http://www.infoadvan.com/products.htm)

Info98c o.V.: *MetaCube ROLAP Option for Informix Dynamic Server*. Informix Software, Inc.,1998 (http://www.informix.com/informix/products/ids/mcbroweb.htm)

Inmo92 Inmon, W.H.: *Building the Data Warehouse*, 2. Auflage. New York, Chichester, Brisbane, Toronto, Singapur: John Wiley & Sons, Inc., 1996

ISO92 o.V.: *Database Language SQL*. ISO Dokument ISO/IEC 9075, 1992

ISO93 o.V.: *Database Language SQL (SQL3)*, ISO-ANSI Working Draft. ISO Dokument ISO/IEC JTC1 / SC21 / WG3, 1993

JaKo84 Jarke, M.; Koch, J.: Query Optimization in Database Systems. In: *ACM Computing Surveys 16(1984)2*, S. 111-152

JaST97 Jablonski, S.; Stein, K.; Teschke, M.: Experiences in Workflow Management for Scientific Computing. In: *Proceedings of the 8th International Workshop on Database and Expert Systems Applications* (DEXA'97, Toulouse, Frankreich, 1.-5. Sept.), 1997, S. 56-61

JoSh97 Johnson, T.; Shasha, D.: Some Approaches to Index Design for Cube Forests. In: *IEEE Data Engineering Bulletin 20(1997)1,* S. 27-35

KaWi98 Kamp, V.; Wietek, F.: Database System Support for Multidimensional Data Analysis in Environmental Epidemiology. In: *Proceedings of the International Database Engineering and Applications Symposium* (IDEAS'97, Montreal, Kanada, 27.-27. Aug), 1997, S. 180-190

Keim95 Keim, D.A.: *Visual Support for Query Specification and Data Mining*. Aachen: Verlag Shaker, 1995

Kimb96 Kimball, R.: *The Data Warehouse Toolkit*, 2. Auflage. New York, Chichester, Brisbane, Toronto, Singapur: John Wiley & Sons, Inc., 1996

Klug82 Klug, A.: Equivalence of Relational Algebra and Relational Calculus Query Languages Having Aggregate Functions. In: *Journal of the ACM 29(1982)3*, S. 699-717

KrNS96 Krug, W.; Nourney, M.; Schmidt, J.: *Wirtschafts- und Sozialstatistik: Gewinnung von Daten*, 4. Auflage. München, Wien: R. Oldenburg Verlag, 1996

LeAl97 Lehner, W., Albrecht, J: Anfrageverarbeitung in multidimensionalen Datenbanksystemen. In: *Tagungsband des 42. Internationalen Wissenschaftlichen Kolloquiums der Technischen Universität Ilmenau, Band 3* (Ilmenau, Deutschland, 22.-25. Sept.), 1997, S. 339-344

LeAW98 Lehner, W.; Albrecht, J.; Wedekind, H.: Normal Forms for Multidimensional Databases. In: *Proceedings of the 10th International Conference on Scientific and Statistical Data Management* (SSDBM'98, Capri, Italien, 1.-3. Juli), 1998, S. 63-72

Lehn98a Lehner, W.: Modeling Large Scale OLAP Scenarios. In: *Proceedings of the 6th International Conference on Extending Database Technology* (EDBT'98, Valencia, Spanien, 23.-27. März), 1998, S. 153-167

Lehn98b Lehner, W. (Hrsg.): Erweiterte Konzepte und Techniken der Anfrageoptimierung in Datenbanksystemen, *Arbeitsberichte des Instituts für Mathematische Maschinen und Datenverarbeitung (Informatik) 30(1998)7, Univ. Erlangen-Nürnberg*

Lenz93 Lenz, H.-J.: Zum Entwurf statistischer Datenbanken. In: *Allg. Statistisches Archiv 77*, 1993, S. 60-67

Lenz97 Lenz, R.: *Adaptive Datenreplikation in verteilten Systemen.* Stuttgart, Leipzig: B.G. Teubner Verlagsgesellschaft, 1997

LeRT95a Lehner, W.; Ruf, T.; Teschke, M.: Data Management in Scientific Computing: A Study in Market Research. In: *Proceedings of the International Conference on Applications of Databases* (ADB'95, Santa Clara (CA), USA, 13.-15. Dez.), 1995, S. 31-35

LeRT95b Lehner, W.; Ruf, T.; Teschke, M.: Optimizing Database Access Performance in Scientific Applications without Compromizing Logical Data Independence, in: *Proceedings of the International Conference on Applications of Databases* (ADB'95, Santa Clara (CA), USA, 13.-15. Dez.), 1995, S. 120-135

LeRT96a Lehner, W.; Ruf, T.; Teschke, M.: Improving Query Response Time in Scientific Databases using Data Aggregation - A Case Study. In: *Proceedings of the 7th International Workshop on Database and Expert Systems Applications* (DEXA'96, Zürich, Schweiz, 9.-13. Sept.), 1996, S. 201-206

LeRT96b Lehner, W.; Ruf, T.; Teschke, M.: CROSS-DB: A Feature-extended multidimensional Data Model for Statistical and Scientific Databases. In: *Proceedings of the 5th International Conference on Information and Knowledge Management* (CIKM'96, Rockville (MD), USA, 12.-16. Nov.), 1996, S. 253-260

LeRu97 Lehner, W.; Ruf, T.: A Redundancy-Based Optimization Approach for Aggregation Queries in Scientific and Statistical Databases. In: *Proceedings of the 5th International Conference on Database Systems For Advanced Applications* (DASFAA'97, Melbourne, Australien, 1.-4. April), 1997, S. 253-262

LeSh97 Lenz, H.-J.; Shoshani, A.: Summarizability in OLAP and Statistical Data Bases. In: *Proceedings of the 9th International Conference on Statistical and Scientific Database Management* (9SSDBM, Olympia (WA), USA, 11.-13. Aug), 1997, S. 132-143

LeTe97 Lehner, W.; Teschke, M.: Modellierungsalternativen im Scientific Computing - Anwendungsstudien im Bereich Marktforschung, in: *Arbeitsunterlagen GI Workshop Multidimensionale Datenbanken* (Ulm, Deutschland, 4. März), 1997

LeTW97 Lehner, W.; Teschke, M.; Wedekind, H.: Über Aufbau und Auswertung multidimensionaler Daten. In: *Tagungsband der Konferenz über Datenbanken in Büro, Technik und Wissenschaft* (BTW'97, Ulm, Deutschland, 5.-7. März), 1997, S. 241-250

LiWa96 Li, C; Wang, X.S.: A Data Model for Supporting On-Line Analytical Processing. In: *Proceedings of the 5th International Conference on Information and Knowledge Management,* (CIKM'96, Rockville (MD), USA, 12.-16. Nov.), 1996, S. 81-88

Lore87 Lorenzen, P.: *Constructive philosophy.* Amherst: Univ. of Massachusetts Press, 1987

LoSc87 Lockemann, P.; Schmidt, J. (Hrsg.): *Datenbank-Handbuch*, Berlin u.a.: Springer Verlag, 1987

McCa82 McCarthy, J.L.: Metadata Management for Large Statistical Databases. In: *Proceedings of the 8th International Conference on Very Large Data Bases* (VLDB'82, Mexico City, Mexico, 8.-10. Sept.), 1982, S. 234-243

Meta98 o.V.: *Data Warehouse Marketing Trends / Opportunities*. META Group, Jan. 1998

MeGr91 Mertens, P.; Griese, J.: *Integrierte Informationsverarbeitung 2.* Wiesbaden: Betriebs-wirtschaftlicher Verlag Dr. Th. Gabler, 1991

MeRS92 Meo-Evoli, L.; Ricci, F.L.; Shoshani, A.: On the Semantic Completeness of Macro-Data Operators for Statistical Aggregation. In: *Proceedings of the 6th International Working Conference on Scientific and Statistical Database Management* (6SSDBM, Ascona, Schweiz, 9.-12. Juni), 1992, S. 239-258

Mich91 Michalewicz, Z. (Hrsg.): *Statistical and Scientific Databases.* Ellis Horwood Limited: Chichester, West Sussex, England, 1991

Micr96 o.V.: *The Case for Relational OLAP.* White Paper, MicroStrategy, Inc., 1996 (http://www.microstrategy.com/Contact_Us/download.asp)

Micr97 o.V.: *SQL Server Transact-SQL Referenzhandbuch.* Microsoft Corporation, 1997

Micr98a o.V.: *OLE DB for OLAP Version 1.0.* Microsoft Corporation, 1998 (http://www.microsoft.com/data/oledb/olap/download.htm)

Micr98b o.V.: *DSS-Suite.* MicroStrategy, Inc., 1998 (http://www.microstrategy.com/products/index.htm)

Mits95 Mitschang, B.: *Anfrageverarbeitung in Datenbanksystemen.* Braunschweig, Wiesbaden: Friedrich Vieweg & Sohn Verlagsgesellschaft mbH, 1995

Mitt84 Mittelstraß, J.: *Enzyklopädie Philosophie und Wissenschaftstheorie*, Mannheim: Bibliographisches Institut, 1984

MuQM97 Mumick, I.; Quass, D.; Mumick, B.: Maintenance of Data Cubes and Summary Tables in a Warehouse. In: *Proceedings of the 26th International Conference on Management of Data* (SIGMOD'97, Tucson (AZ), USA, 13.-15. Mai), 1997, S. 100-111

NaWe89 Nau, H.W.; Wedekind, H.: Die Spezifikation von Nullwerten als Problem einer wissensbasierten Büroautomatisierung. In: *Tagungsband der Konferenz über Datenbanksysteme in Büro, Technik und Wissenschaft* (BTW'89, Zürich, Schweiz, 1.-3. März), 1989, S. 154-170

OLAP98a o.V.: *The OLAP Council.* 1998 (http://www.olapcouncil.org/index.htm)

OLAP98b o.V.: *The OLAP Council API Version 2.0.* OLAP Council, 1998 (http://www.olapcouncil.org/research/apily.htm)

Olke93 Olken, F.: *Random Sampling from Databases.* Technical Report 32883, University of California Berkeley; Lawrence Berkeley Laboratory, Berkeley (CA), April 1993

ONei87 O'Neil, P.: Model 204: Architecture and Performance. In: Gawlick, D.; Haynie, M.; Reuter, A. (Hrsg.): *High Performance Transaction Systems. Lecture Notes in Computer Science 359*. Springer Verlag, 1987

ONGr95 O'Neil, P.; Graefe, G.: Multi-table Joins through Bitmapped Join Indices. In: *ACM SIGMOD Record 24(1995)3*, S. 8-11

ONQu97 O'Neil, P.; Quass, D.: Improved Query Performance with Variant Indexes. In: *Proceedings of the 26th International Conference on Management of Data* (SIGMOD'97, Tucson (AZ), USA, 13.-15. Mai), 1997, S. 38-49

Orac96 o.V.: *Personal Express Language Reference Manual, Volumes I / II, Version 5.0*, Oracle Corporation, 1996

Orac97 o.V.: *Oracle Server Tuning V.8.0*, Oracle Coporation, 1997

Ortn95 Ortner, E.: Elemente einer methodenneutralen Konstruktionssprache für Informationssysteme. In: *Informatik Forschung und Entwicklung (1995)10*, S. 148-160

ÖzMÖ89 Özsoyoglu, G.; Matos, V.; Özsoyoglu, Z.M.: Query Processing Techniques in the Summary-Table-by-Example Database Query Language. In: *ACM Transactions on Database Systems 14(1989)4*, S. 526-573

ÖzÖM87 Özsoyoglu, G.; Özsoyoglu, Z.M.; Matos, V.: Extending Relational Algebra and Relational Calculs with Set-Valued Attributes and Aggregate Functions. In: *ACM Transactions on Database Systems 12(1987)4*, S. 566-592

ÖzÖz83 Özsoyoglu, Z.M.; Özsoyoglu, G.: An Extension of Relational Algebra for Summary Tables. In: *Proceedings of the 2nd International Workshop on Statistical Database Management* (2SSDBM, Los Altos (CA), USA, 27.-29. Sept.), 1983, S. 202-211

ÖzVa91 Özsu, M.; Valduriez, P.: *Principles of Distributed Database Systems*. Englewood Cliffs (NJ): Prentice Hall, 1991

PeCr95 Pendse, N.; Creeth, R.: *The OLAP Report: Succeeding with On-Line Analytical Processing; Volume 1*, Wimbledon, Norwalk: Business Intelligence, 1995

Pend98 Pendse, N.: *Database Explosion*, Business Intelligence Ltd., 1998 (http://www.olapreport.com/DatabaseExplosion.htm)

PiCo84 Piatesky-Shapiro, G.; Connell, C.: Accurate Estimation of the Number of Tuples Satisfying a Condition. In: *Proceedings of Annual Meeting on Management of Data* (SIGMOD'84, Boston (MA), 18.-21. Juni), 1984, S. 256-276

Pris98 o.V.: *Prism Warehouse Directory*. Prism Solutions, Inc., 1998 (http://www.prismsolutions.com/prod_solu/prod_solu.html)

RaBT96 Rafanelli, M.; Bezenchek, A.; Tininini, L.: The Aggregate Data Problem: a System for their Definition and Management. In: *SIGMOD Record 25(1996)4*, S. 8-13

Rahm94 Rahm, E.: *Mehrrechner-Datenbanksysteme*. Addison-Wesley Verlag, Bonn, 1994

RaRi83 Rafanelli, M.; Ricci, F.: Proposal of a Logical Model for Statistical Databases. In: *2nd International Workshop on Statistical Database Management*, (2SSDBM, Los Altos (CA), USA, 27.-29. Sept.), 1983, S. 264-272

RaRi87 Rafanelli, M.; Ricci, F.: A Graphical Approach for Statistical Summaries: The GRASS Model. In: *ISMM International Symposium on Microcomputers and their Applications*, 1987

RaSh90 Rafanelli, M.; Shoshani, A.: STORM: A Statistical Object Representation Model. In: *5th International Conference on Statistical and Scientific Database Management* (5SSDBM, Charlotte (NC), USA, 3.-5. April), 1990, S. 14-29

RBS96 Red Brick Systems: *SQL Reference Guide*. Red Brick Warehouse Version 5.0, Red Brick Systems, Inc., Las Gatos, 1996

RBS97 o.V.: *Star Schema Processing for Complex Queries*. White Paper, Red Brick Systems, Inc., 1997 (http://www.redbrick.com/products/white/whitebtm.html)

RDR+98 Ramakrishnan, R.; Donjerkovic, D.; Ranganathan, A.; Beyer, K.S.: SRQL: Sorted Relational Query Language. In: *Proceedings of the 10th International Conference on Scientific and Statistical Data Management* (SSDBM'98, Capri, Italien, 1.-3. Juli), 1998, S. 84-95

Rica90 Ricardo C.: *Database Systems: Principles, Design, and Implementation*. New York: Macmillan Publishing Company; London: Collier Macmillan Publishers, 1990

RoSC98 Ross, K.A.; Srivastava, D.; Chatziantoniou, D.: Complex Aggregation at Multiple Granularities. In: *Proceedings of the 6th International Conference on Extending Database Technology* (EDBT'98, Valencia, Spanien, 23.-27. März), 1998, S. 263-277

RoSr97 Ross, K.A.; Srivastava, D.: Fast Computation of Sparse Datacubes. In: *Proceedings of 23th International Conference on Very Large Data Bases* (VLDB'97, Athen, Griechenland, 25.-29. Aug.) 1997, S. 116-125

Röss98 Rössl, C.: Einsatz materialisierter Views zur Anfragebeschleunigung. In: Lehner, W. (Hrsg.): Erweiterte Konzepte und Techniken der Anfrageoptimierung in Datenbanksystemen, *Arbeitsberichte des Instituts für Mathematische Maschinen und Datenverarbeitung (Informatik) 30(1998)7, Univ. Erlangen-Nürnberg*, S. 165-192

Rous98 Roussopoulos, N.: Materialized Views and Data Warehouse. In: *ACM SIGMOD Record 27(1998)1*, S. 21-26

Ruf97a Ruf, T.: *Scientific & Statistical Databases*. Braunschweig, Wiesbaden: Vieweg & Sohn Verlagsgesellschaft mbH, 1997

Ruf97b Ruf, T.: Einsatz von Data Warehousing und OLAP im Bereich der Marktforschung. In: *DB-Rundbrief, Gesellschaft für Informatik e.V., Fachgruppe 2.5.1 "Datenbanken" Nov. 1997*, S. 20-24

SAC+79 Selinger, P.G.; Astrahan, M.M.; Chamberlain, D.D.; Lorie, R.A.; Price, T.G.: Access Path Selection in a Relational Database Management System. In: *Proceedings of the 5th International Conference on Management of Data* (SIGMOD'79, Boston (MA), USA, 30. Mai-1. Juni), 1979, S. 23-32

SaHD97 Sapia, C.; Höfling, G.; Dinter, B.: OLAP-Architekturen: Eine Klassifikation jenseits von ROLAP, MOLAP, COLAP und HOLAP. In: *DB-Rundbrief, Gesellschaft für Informatik e.V., Fachgruppe 2.5.1 "Datenbanken" Nov. 1997*, S. 70-74

Sara97 Sarawagi, S.: Indexing OLAP data. In: *IEEE Data Engineering Bulletin 20(1997)1*, S. 36-43

SaSt94 Sarawagi, S.; Stonebraker, M.: Efficient Organization of Large Multidimensional Arrays. In: *Proceedings of the 10th International Conference on Data Engineering* (ICDE'94, Houston (TX), USA, 14.-18. Feb.), 1994, S. 328-336

Sato81 Sato, H.: Handling Summary Information in a Database: Derivability. In: *Proceedings of the 1981 ACM International Conference on Management of Data* (SIGMOD'81, Ann Arbor (MI), USA, 29. April-1. Mai), 1981, S. 98-107

Schl98 Schlesinger, L.: Anfrageoptimierung im Bereich 'Decision Support'. In: Lehner, W. (Hrsg.): Erweiterte Konzepte und Techniken der Anfrageoptimierung in Datenbanksystemen, *Arbeitsberichte des Instituts für Mathematische Maschinen und Datenverarbeitung (Informatik) 30(1998)7, Univ. Erlangen-Nürnberg*, S. 133-165

ScSV96 Scheuermann, P.; Shim, J.; Vingralek, R.: WATCHMAN: A Data Warehouse Intelligent Cache Manager. In: *Proceedings of the 22nd International Conference on Very Large Data Bases* (VLDB'96, Bombay, Indien, 3.-6. Sept.), 1996, S. 51-62

SDJL96 Srivastava, D.; Dar, S.; Jagadish, H.V.; Levy, A.Y.: Answering Queries with Aggregation Using Views. In: *Proceedings of 22th International Conference on Very Large Data Bases* (VLDB'96, Bombay, Indien, 3.-6. Sept.), 1996, S. 318-329

SDNR96 Shukla, A.; Deshpande, P.; Naughton, J.F.; Ramasamy, K.: Storage Estimation for Multidimensional Aggregates in the Presence of Hierarchies. In: *Proceedings of 22th International Conference on Very Large Data Bases* (VLDB'96, Bombay, Indien, 3.-6. Sept.), 1996, S. 522-531

Seag98 o.V.: *Seagate Holos Version 7*. Seagate Software Inc., 1998 (http://www.seagatesoftware.com/holos/)

SeGh90 Sellis, T.; Ghosh, S.: On the Multiple-Query Optimization Problem. In: *IEEE Transactions on Knowledge and Data Engineering 2(1990)2*, S. 262-266

SeLR95 Seshadri, P.; Livny, M.; Ramakrishnan, R.: SEQ: A Model for Sequence Databases. In: *Proceedings of the 11th International Conference on Data Engineering* (ICDE'95, Taipei, Taiwan, 6.-10. März), S. 232-239

Shos82 Shoshani, A.: Statistical Databases: Characteristics, Problems, and Some Solutions. In: *Proceedings of the 8th International Conference on Very Large Data Bases* (VLDB'82, Mexico City, Mexico, 8.-10. Sept.), 1982, S. 208-222

Shos97 Shoshani, A.: OLAP and Statistical Databases: Similarities and Differences. In: *Proceedings of the 16th ACM SIGACT-SIGMOD-SIGART Symposium on Principles of Database Systems*, (PODS'97, Tucson (AZ), USA, 13.-15. Mai), 1997, S. 185-196

ShOW84 Shoshani, A.; Olken, F.; Wong, H.: Characteristics of Scientific Databases. In: *Proceedings of the 10th International Conference on Very Large Data Bases* (VLDB'84, Singapore, 27.-31. Aug.), 1984, S. 147-160

ShRa95 Shoshani, A.; Rafanelli, M.: Modeling Summary Data: The STORM Model. *Technical Report (Draft Edition), Lawrence Berkeley Laboratory*, Berkeley (CA), 1995

SmSm77 Smith, J.M.; Smith, D.C.P.: Database Abstractions: Aggregation and Generalization, *ACM Transactions on Database Systems 2(1977)2*, S. 105-133

SrTL89 Srivastava, J.; Tan, J.S.E.; Lum, V.Y.: TBSAM: An Access Method for Efficient Processing of Statistical Queries. In: *IEEE Transactions on Knowledge and Data Engineering 1(1989)4*, S. 414-423

Stat94 o.V.: *Klassifikation der Wirtschaftszweige mit Erläuterungen, Band 1993.* Statistisches Bundesamt, Wiesbaden, 1994

Su83 Su, S.Y.W.: SAM*: A Semantic Association Model for Corporate and Scientific-Statistical Databases. In: *Journal of Information Sciences 29*, 1983, S. 151-199

SuLo79 Su, S.Y.W.; Lo, D.H.: A Semantic Association Model for Conceptual Database Design. In: *Proceedings of the International Conference on the Entity-Relationship Approach to Systems Analyis and Design* (ER'79, Los Angeles (CA), USA), 1979, S. 169-192

Sund91 Sundgren, B.: *What metainformation should accompany statistical macrodata?* R&D Report 1991-05-30, Statistics Sweden, 1991

Tane92 Tanenbaum, A.S.: *Modern Operating Systems*, Englewood Cliffs (NJ): Prentice Hall, Inc., 1992

TeUl98 Teschke, M.; Ulbrich, A.: Concurrent Warehouse Maintenance Without Compromising Session Consistency, Erscheint in: *Proceedings of the 9th International Conference on Database and Expert Systems Applications* (DEXA'98, Wien, Österreich, 24.-28. Aug.), 1998

ThSe97 Theodoratos, D.; Sellis, T.: Data Warehouse Configuration. In: *Proceedings of the 23rd International Conference on Very Large Data Bases* (VLDB'97, Athen, Griechenland, 25.-29. Aug.), 1997, S. 126-135

Titl96 Titlestad, G.: *KOSTRA - Model and solutions for a management for information ressources*. Technical Report, Statistics Norway, 1996

Toto97 Totok, A.: *Data Warehouse und OLAP als Basis für betriebliche Informationssysteme*. Berichte des Instituts für Wirtschaftswissenschaften der Technischen Universität Braunschweig, AB-Nr.: 97/03, Juni 1997

TPC98 o.V.: *TPC-D Benchmark Spezification Rev. 1.3.1.* Transaction Processing Performance Council, 1998 (http://www.tpc.org/dspec.html)

TsKl78 Tsichritzis, D.C.; Klug, A.: The ANSI/X3/SPARC DBMS framework report of the study group on database management systems. In: *Information Systems 3(1978)3*, S. 173-191

UN95 o.V.: *Guidelines for the Modelling of Statistical Data and Metadata*. New York, Genf: United Nations Statistical Commision and Econocmic Commision for Europe, 1995

Vald87 Valduriez, P.: Join Indices. In: *ACM Transactions on Database Systems* 12(1987)2, S. 218-246

Vass98 Vassiliadis, P.: Modeling Multidimensional Databases, Cubes and Cube Operations. In: *Proceedings of the 10th International Conference on Scientific and Statistical Data Management* (SSDBM'98, Capri, Italien, 1.-3. Juli), 1998, S. 53-62

Wede91 Wedekind, H.: *Datenbanksysteme*, Band 1, Eine konstruktive Einführung in die Datenverarbeitung in Wirtschaft und Verwaltung, 3. durchgesehene Auflage. Mannheim/Wien/Zürich: BI Wissenschaftsverlag, 1991

Wegn95 Wegner, J.(Hrsg.): *Jahresbericht 1995*. Deutsches Klimarechenzentrum GmbH, 1995 (http://www.dkrz.de/dkrz/j95/index.html)

Whit97 White, C.: Multidimensional OLAP versus Relational OLAP. In: Bischoff, J.; Alexander, T. (Hrsg.): *Data Warehouse: Practical Advice from the Experts*. Upper Saddle River (NJ): Prentice Hall, Inc., 1997, S. 85-90

Witt63 Wittgenstein, L.: *Tractatus logico philosophicus*, Logisch-philosophische Abhandlung. Frankfurt a.M.: Suhrkamp Verlag, 1963

Wido95 Widom, J.: Research Problems in Data Warehousing. In: *Proceedings of the 4th International Conference on Information and Knowledge Management* (CIKM'95, Baltimore (MD), USA, 29. Nov.-2. Dez.), 1995

WLTA97 Wedekind, H.; Lehner, W.; Teschke, M.; Albrecht, J.: Preaggregation in Multidimensional Data Warehouse Environments. In: *Proceedings of the 4th Conference of the International Society for Decision Support Systems* (ISDSS'97, Lausanne, Schweiz, 21.-22. Juli), 1997, S. 581-590

Wong81 Wong, H.K.T. (Hrsg.): *Proceedings of the 1st LBL Workshop on Statistical Database Management* (1SSDBM, Menlo Park (CA), USA, 2.-4. Dez.), 1981

WuBu97 Wu, M.-C.; Buchmann, A.P.: Research Issues in Data Warehousing. In: *Tagungsband der Konferenz über Datenbanken in Büro, Technik und Wissenschaft* (BTW'97, Ulm, Deutschland, 5.-7. März), 1997, S. 61-82

YaKL97 Yang, J.; Karlapalem, K.; Li, Q.: Algorithms for Materialized View Design in Data Warehousing Environment. In: *Proceedings of the 23rd International Conference on Very Large Data Bases* (VLDB'97, Athen, Griechenland, 25.-29. Aug.), 1997, S. 136-145

YaLa94 Yan, W.P.; Larson, P.A.: Performing Group-By Before Join. In: *Proceedings of the 10th International Conference on Data Engineering* (ICDE'94, Houston (TX), USA, 14.-18. Feb.), 1994, S. 89-100

YaLa95 Yan, W.P.; Larson, P.A.: Eager Aggregation and Lazy Aggregation. In: *Proceedings of the 21st International Conference on Very Large Data Bases* (VLDB'95, Zürich, Schweiz, 11.-15. Sept.), 1995, S. 345-357

ZDNS98 Zhao, Y.; Deshpande, P.M.; Naughton, J.F.; Shukla, A.: Simultaneous Optimization and Evaluation of Multiple Dimensionale Queries. In: *Proceedings of the 27th International Conference on Management of Data* (SIGMOD'98, Seattle (WA), USA, 2.-4. Juni), 1998, S. 271-282

Stichwortverzeichnis

A

E

F

G

H

I

K

L

M

N

O

P

T

U

Keller/Paul
Hardware Design

Formaler Entwurf digitaler Schaltungen

Von Prof. Dr. **Jörg Keller**
Fernuniversität Hagen
und Prof. Dr. **Wolfgang J. Paul**
Universität des Saarlandes

2., bearb. Aufl. 1997.
415 Seiten mit 140 Bildern.
16,2 x 23,5 cm.
Kart. DM 69,80
ÖS 510,– / SFr 63,–
ISBN 3-8154-2304-X

(TEUBNER-TEXTE zur Informatik, Bd. 15)

Das vorliegende Lehrbuch ist aus Vorlesungen des zweiten Autors entstanden. Es beschäftigt sich in mathematisch präziser Weise mit einem ganz und gar praktischen Thema, nämlich dem Entwurf digitaler Hardware. Kapitel 1 enthält eine Diskussion mathematischer Grundbegriffe. In den Kapiteln 2 bis 4 werden die notwendigen theoretischen Grundlagen über Boole'sche Ausdrücke, Schaltkreiskomplexität und Rechnerarithmetik behandelt. Der Übergang von der abstrakten Schaltkreistheorie zum Entwurf konkreter Schaltungen findet nahtlos in Kapitel 5 statt, wo aus den Verzögerungszeiten von Gattern das zeitliche Verhalten von Flipflops und anderen Speicherbausteinen abgeleitet wird. Kapitel 6 enthält dann das vollständige Design eines einfachen Rechners.

Für die 2., bearbeitete Auflage wurden Fehler und Unstimmigkeiten bereinigt und ein Beweis vereinfacht.

Preisänderungen vorbehalten.

B. G. Teubner Stuttgart · Leipzig